Modellierung und Optimierung verfahrenstechnischer Systeme

Моделирование и оптимизация ХТС

Grundlagen der Verfahrenstechnik und chemischen Technologie

Основы химической техники и технологии

Herausgeber

Prof. Dr. K. Hartmann, Merseburg

Prof. Dr. W. Schirmer, Berlin
Ordentliches Mitglied der Akademie der Wissenschaften der DDR

Prof. Dr. M. G. Slinko, Moskau
Korr. Mitglied der Akademie der Wissenschaften der UdSSR

Редакторы

профессор доктор К. Хартманн, Мерзебург

профессор доктор В. Ширмер, Берлин
член АН ГДР

профессор доктор М. Г. Слинько, Москва
член-корреспондент АН СССР

Modellierung und Optimierung verfahrenstechnischer Systeme

Моделирование и оптимизация химико-технологических систем

Mit 117 Abbildungen und 31 Tabellen

AKADEMIE-VERLAG · BERLIN
1978

Verantwortlich für die Herausgabe dieses Bandes:

Prof. Dr. K. Hartmann, Merseburg

Erschienen im Akademie-Verlag, 108 Berlin, Leipziger Straße 3—4

Lizenznummer: 202 · 100/485/77
Einband und Schutzumschlag: Karl Salzbrunn
Gesamtherstellung: VEB Druckhaus „Maxim Gorki", 74 Altenburg
Bestellnummer: 762 041 8 (2144/6) · LSV 1205/1095
Printed in GDR
DDR 78,– M

Vorwort der Herausgeber

Die wissenschaftliche Analyse und optimale Gestaltung ganzer Produktionsanlagen sowie der Produktionsvorbereitung insbesondere der Projektierung ist zu einem wesentlichen Mittel zur Intensivierung und zur Erhöhung der Effektivität der Produktion geworden.

Für die Prozesse der Stoffwirtschaft werden diese modernen Methoden charakterisiert durch solche Begriffe wie mathematische Modellierung, Programmsysteme zur automatisierten Berechnung verfahrenstechnischer Systeme, Optimierung großer Systeme, Synthese optimaler Systemstrukturen, Zuverlässigkeit und andere.

Die dabei erzielten Ergebnisse allgemeiner und spezieller Natur stellen wichtige Beiträge für die Erweiterung der theoretischen Grundlagen der Technologie und zu konkreten Technologien selbst dar.

Im vorliegenden Buch geben Wissenschaftler aus der DDR, UdSSR und ČSSR, die selbst aktiv an theoretischen und praktischen Problemen der Systemverfahrenstechnik arbeiten, einen Überblick über neueste Ergebnisse auf diesem Gebiet. Wir hoffen, daß damit ein Beitrag zur Intensivierung der Produktion und Produktionsvorbereitung der stoffwandelnden Industrie geleistet werden kann.

Die Herausgeber danken dem Lektorat Chemie des Akademie-Verlages für die angenehme Zusammenarbeit bei der Herausgabe dieses Buches.

Die Herausgeber

Merseburg/Moskau 1976

Inhalt

Modellierung und Optimierung verfahrenstechnischer Systeme
(K. Hartmann, W. Kauschus, G. Ostrowski)

Untersuchungen zur Signifikanz von Elementen in verfahrenstechnischen Systemen
(G. Gruhn, J. Günther)

Application of Simulation Programming System SIPRO on Chemical Process Design
(J. Lutcha, J. Klemeš, V. Vašek, M. Dohnal, J. Jícha)

Simulation und parametrische Optimierung verfahrenstechnischer Systeme mit dem Programmsystem DIGSIM
(S. Arndt, O.-U. Langer)

Modellierung und Optimierung verfahrenstechnischer Systeme der Erdölverarbeitung
(G. KLEEMANN, K. HARTMANN)

Erfahrungen bei der Anwendung der Mehrebenenoptimierung
(D. AUERBACH, M. GRAUER)

Optimierung bei Parameterunsicherheit für den Entwurf und die Steuerung verfahrenstechnischer Systeme
(R. Dittmar, K. Hartmann)

Verfahren zur optimalen Strukturierung von Wärmeübertragungssystemen (K. Hartmann, I. Hacker, L. Rockstroh)

Zuverlässigkeitsanalyse verfahrenstechnischer Anlagen
(G. Gruhn, W. Neumann, H. Heinig, G. Kämpfer)

Содержание

Моделирование и оптимизация химико-технологических систем (К. Хартманн, В. Каушус, Г. Островский)

Исследование значимости элементов в химико-технологических системах (Г. Грун, И. Гюнтер)

Применение системы программ SIPRO для расчета химико-технологических процессов
(И. Лутха, И. Клемеш, В. Вашек, М. Догнал, Я. Йижа)

Расчёт и оптимизация химико-технологических систем с помощью программы автоматизированного расчёта DIGSIM
(Ш. Арндт, О.-У. Лангер)

Оптимизация с учётом неопрелeнностей параметров при проектировании и управлении химико-технологических систем
(Р. Диттмар, К. Хартманн)

Методы определения оптимальных структур систем теплообменников (К. Хартманн, И. Хаккер, Л. Рокштро)

Анализ надёжности химико-технологических установок
(Г. Грун, В. Нейманн, Х. Хейниг, Г. Кемпфер)

Modellierung und Optimierung verfahrenstechnischer Systeme

(K. Hartmann, W. Kauschus, G. Ostrowski)

Summary

In the introduction, chemical processes are characterized, comparing the structures of the systems with each other. Models in the form of mathematical equations describing the connection between the input and output streams and the parameters of the chemical process are assigned to the elements of the chemical process.

These model equations and the linear structural equations in the form of coupling equations represent the model of the system. The mathematical problem for the optimization of chemical processes is formulated as a problem of extreme value, the model parameters, state, control, design, and structural variables being taken into account in the objective function. The simulation of chemical processes which is adequate to the model calculation leads to the problems of simultaneous and sequential calculation. The essential characteristics and difficulties as well as the reserves in the application of these techniques are shown. The emphasis in the application of calculation systems for digital computers lies on the sequential block oriented methods of calculation and a general structure of such a program system is given. The number of known methods available for the optimization of chemical processes has strongly increased. A survey together with a classification of these is given in a summary.

1. Einleitung

Im Zusammenhang mit dem Übergang von der stoffwirtschaftlichen Extensität zur technologischen Intensität als Grundprinzip stoffwirtschaftlicher Verfahren sind die Probleme der optimalen Gestaltung von verfahrenstechnischen Systemen in der Vordergrund getreten.

Einige wichtige Tendenzen waren Voraussetzung für die Hinwendung zum stoffwirtschaftlichen System [1].

1. Genügend hohes Entwicklungsniveau der klassischen Verfahrenstechnik, d. h. in unserer heutigen Terminologie der Prozeßverfahrenstechnik und der Prozeßgrundlagen. Dadurch wurden die Voraussetzungen geschaffen, schnell und relativ sicher die Elemente verfahrenstechnischer Systeme berechnen und deren Eigenschaften untersuchen zu können.
2. Entwicklung und Anwendung der mathematischen Modellierung zur Abbildung der wesentlichsten Eigenschaften verfahrenstechnischer Elemente und Systeme. Dadurch wurde nicht nur ein bedeutender Schritt zur Rationalisierung in der Verfahrenstechnik getan, sondern wurden auch prinzipiell neue Wege zur Extrapolation des vorhandenen Wissens beschritten.

3. Anwendung von elektronischen Datenverarbeitungsanlagen EDVA zur Simulation von Prozeßeinheiten und verfahrenstechnischen Systemen an Hand ihrer mathematischen Modelle.
4. Erkenntnis der Rolle von Systemeffekten.
   Aus der langjährigen Nutzung und dem Betrieb verfahrenstechnischer Anlagen war die Erkenntnis gereift, daß man viele wichtige Eigenschaften verfahrenstechnischer Systeme wie Leistung, Zuverlässigkeit, Stabilität und vor allem die Wirtschaftlichkeit durch Veränderungen an der Schaltung, d. h. der Struktur des Systems bzw. den Zusammenhang zwischen Struktur und Elementdimensionen viel stärker beeinflussen kann als durch größere Veränderungen an den Elementen selbst. Dieses bewußte Erkennen der Rolle der Systemeffekte sowohl beim Entwurf als auch bei der Steuerung verfahrenstechnischer Systeme bildet einen wichtigen Faktor für die wissenschaftliche Beschäftigung mit verfahrenstechnischen Systemen, d. h. der Herausbildung der Systemverfahrenstechnik, deren Aufgabe es ist, das Zusammenwirken von Stoff-, Energie-, Informations- und Kostenfluß im System wissenschaftlich zu untersuchen und die Untersuchungsergebnisse zur Verfahrensgestaltung zu nutzen.

Der Begriff „Verfahrenstechnisches System" [2] stellt eine abstrakte Kategorie dar und umfaßt auf Grund der hierarchischen Struktur der betrachteten Systeme als kleinsten Baustein die Prozeßeinheit. Die Aggregation mehrerer gleichartiger Prozeßeinheiten führt zum Begriff der Prozeßgruppe. Die Zusammenfassung von unterschiedlichen Prozeßeinheiten und/oder Prozeßgruppen zu einem System, in dem eine charakteristische Stoffwandlung durchgeführt wird, ergibt die Verfahrensstufe. Eine der wichtigsten Hierarchieebenen verfahrenstechnischer Systeme ist das Verfahren. Es besteht aus mehreren unterschiedlichen Verfahrensstufen und umfaßt die Vorbereitung der Rohstoffe auf die chemische Reaktion, die eigentliche chemische Umsetzung der Rohstoffe in die gewünschten Strukturen der Zielprodukte und die Nachbereitung der Produkte.

Apparatetechnisch entspricht dem Verfahren die Anlage, d. h. die Gesamtheit der apparativen Hülle, in der die einzelnen Prozesse stattfinden sowie die notwendige maschinentechnische Ausrüstung. Die Kopplung mehrerer Verfahren ergibt Verfahrenszüge oder Produktionslinien.

Die Aggregation von Verfahren mit Systemen zur Energieerzeugung, Abwasseraufbereitung, Speicher- und Transportsystemen und anderen, führt zum Begriff stoffwirtschaftlicher Betrieb (Chemiekombinat). Schließlich können entsprechend enge stoffliche und informationelle Kopplungen zwischen Chemiekombinaten zur Herausbildung von Verbundsystemen führen.

Entsprechend der jeweiligen Hierarchieebene ergeben sich unterschiedliche Aufgabenstellungen und Untersuchungsmethoden.

Der vorliegende Beitrag beschäftigt sich mit Problemen und Aufgaben, die bei der Modellierung und optimalen Gestaltung von Verfahren und Anlagen zu lösen sind und gibt einen Überblick über die weiteren Beiträge des vorliegenden Bandes.

2. Charakterisierung des verfahrenstechnischen Systems „Verfahren“

Bevor auf die einzelnen Probleme bei der Modellierung, Simulation und Optimierung verfahrenstechnischer Systeme eingegangen wird, ist es erforderlich, den Untersuchungsgegenstand „Verfahren“ nach einigen Eigenschaften zu charakterisieren.

Als solche Eigenschaften sollen statistische Maße zum Beispiel mittlere Anzahl der Elemente (Prozeßeinheiten), Anzahl der Rückführungen, Signifikanz der Elemente als Grundlage für die Modellierung und Optimierung verwendet werden.

Dohnal und Lutcha [3] ermittelten auf Grund einer statistischen Auswertung von 320 Verfahren folgende Verteilungsfunktionen und statistische Maße:

1. Verteilung der Anzahl der Elemente auf die Verfahren als Maß für die Größe eines verfahrenstechnischen Systems (Abb. 1).
2. Verteilung der Gesamtanzahl der Ein- und Ausgangsströme auf die Verfahren als Maß für die Kopplungsstärke eines Verfahrens mit der Umgebung (Abb. 2).

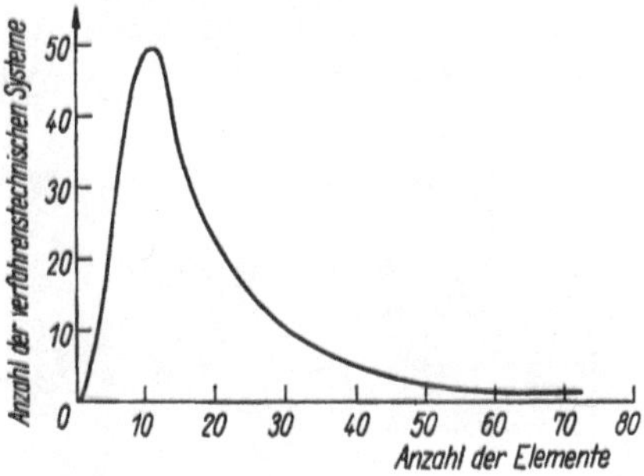

Abb. 1. Verteilung der Zahl der Elemente verfahrenstechnischer Systeme

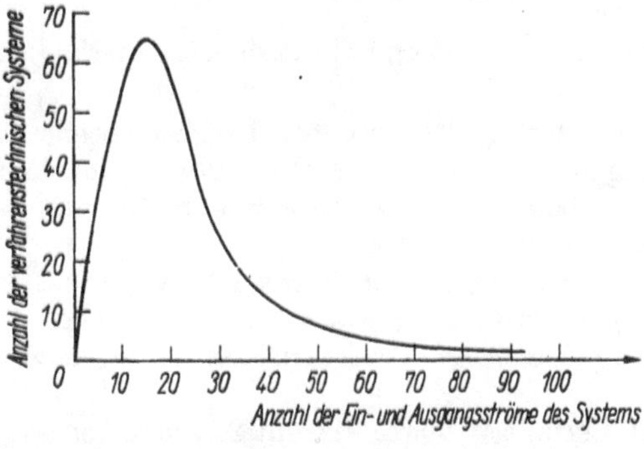

Abb. 2. Verteilung der Zahl von Ein- und Ausgangsströmen verfahrenstechnischer Systeme

3. Verteilung der Anzahl der inneren Ströme auf die Verfahren (Abb. 3).
4. Verteilung der Rückführungen auf die Verfahren als Maß für die Komplexität der Systeme (Abb. 4).

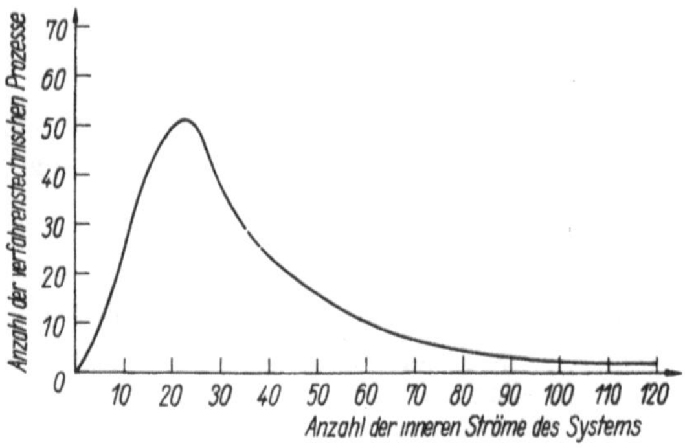

Abb. 3. Verteilung der Zahl innerer Ströme verfahrenstechnischer Systeme

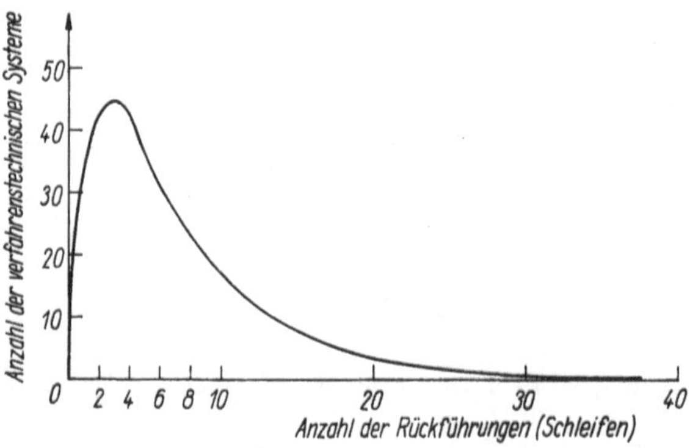

Abb. 4. Verteilung der Zahl der Rückführungen verfahrenstechnischer Systeme

Die Verteilungsfunktionen lassen Maxima bei 13 Elementen, 25 inneren Strömen, 15 Aus- und Eingangsströmen und 3 Rückführungen erkennen.

Die aus den Verteilungen berechneten Mittelwerte ergeben auf Grund der Asymmetrie der Verteilung höhere Werte:

Ein „mittleres" Verfahren besteht demnach aus 17 Elementen, 40 inneren Strömen, 27 Ein- und Ausgangsströmen sowie 6 Rückführungen.

In einer früheren Arbeit [4] wurden Strukturuntersuchungen zu Reaktorsystemen durchgeführt.

Die Auswertung von 31 Verfahren zeigte, daß in 25 Systemen stoffliche, in 30 Systemen energetische und 2 Systemen Katalysatorrückführungen vorlagen.

Reihenschaltungen waren in 22 Anlagen und Parallelschaltungen in 5, Kombinationen in 19 Anlagen vorhanden. (Einzelne Schaltungsarten traten mehrmals auf.)

Günther und Gruhn [5, 6] führten statistische Untersuchungen zur Signifikanz der Elemente in verfahrenstechnischen Systemen durch. Entscheidungskriterien für die Signifikanz waren der Anteil der Elemente am Gesamtzielfunktionswert des Systems.

Zielgrößen waren Exergie, Entropie und Kosten. Dabei wurde festgestellt, daß nur ungefähr 70% der Elemente signifikanten Einfluß auf die untersuchten Zielgrößen besaßen.

Die Auswertung nach der Art der Prozeßeinheiten zeigt, daß zu den signifikanten Elementen Prozeßeinheiten der folgenden Grundoperationen zählen.

- thermische Stofftrennung
- Stoffumwandlung
- Kompression von Gasen und Dämpfen
- Wärmeübertragung mit und ohne Phasenwandlung

Zu den häufigsten nichtsignifikanten Elementen zählen Prozeßeinheiten der Grundoperationen

- Drosselentspannung
- Flüssigkeits- und Feststofförderung
- mechanische Stofftrennung
- mechanische Stoffvereinigung

Aus diesen Informationen lassen sich Strategien für die Modellierung und Optimierung verfahrenstechnischer Systeme ableiten.

Hlavaček [7] hat für einige konkrete verfahrenstechnische Systeme die Anzahl der beschreibenden Prozeßgleichungen zusammengestellt. So besteht die mathematische Beschreibung eines Verfahrens zur Herstellung von Schwefelsäuren aus Schwefel aus 500 nichtlinearen Gleichungen, zur mathematischen Beschreibung eines Verfahrens zur Trennung leichter Kohlenwasserstoffe war ein Gleichungssystem bestehend aus 2000 nichtlinearen Gleichungen erforderlich.

Ein Verfahren zur Herstellung von Styrol durch Dehydrierung von Athylenbenzol umfaßt 400 Gleichungen.

Zur Beschreibung der Feinreinigung eines Xylolgemisches in einem Kolonnensystem wurden 2240 Gleichungen benötigt.

Diese Zahlenangaben lassen die Aussage zu, daß zur Verfahrensauslegung des „mittleren" Verfahrens, das aus ca. 20 Elementen besteht, von denen 2/3 der Elemente durch physikalisch-chemische Modelle relativ hoher Genauigkeit beschrieben werden müssen, die mathematische Beschreibung ungefähr 10^3 nichtlinear algebraische Gleichungen und Differentialgleichungen umfaßt. Durch das Auftreten von durchschnittlich 6 Rückführungen sind Komplikationen bei der Systemsimulation zu erwarten.

3. Mathematische Formulierung von Aufgabenstellungen für die optimale Gestaltung verfahrenstechnischer Systeme

Das allgemeine Ziel bei der Gestaltung verfahrenstechnischer Systeme besteht in der Ermittlung eines solchen Systems, daß bei bestimmten Vorgaben wesentliche Eigenschaften bestmöglich erfüllt sind. Zur komplexen Bewertung dieser Eigenschaften wählt man in der Regel eine Zielgröße Z, in die diese Eigenschaften — meist gewichtete Systemausgangsgrößen sowie spezielle Elementeigenschaften — zusammengefaßt und vergleichbar eingehen. Diese Zielgröße Z ist im allgemeinen Fall als Funktion folgender Gruppen von Variablen anzugeben:

- Variablen, die die Struktur des Systems, also die Kopplung der Elemente untereinander beschreiben und Strukturvariablen genannt werden,
- Variablen, die die Hauptabmessungen der Elemente beschreiben und Entwurfsvariable genannt werden und
- technologische Variablen, die in gewissen Grenzen bzw. unter bestimmten Bedingungen frei wählbar sind und die als Steuervariablen bezeichnet werden.

Mathematisch läßt sich diese globale Aufgabenstellung wie folgt formulieren:

$$Z(x, u, d, a, p) \rightarrow \textit{Extremum} \tag{3.1}$$

$$M(x, u, d, a, p) = 0 \tag{3.2}$$

$$N(x, u, d, a, p) \leqq 0 \tag{3.3}$$

Es bedeuten:

Z — skalare Zielfunktion
M — Vektor der mathematischen Modellgleichungen
N — Vektor der Nebenbedingungen in Gleichungsform oder (und) Ungleichungsform
x — Vektor der Zustandsvariablen
u — Vektor der Steuervariablen
d — Vektor der Entwurfsvariablen
a — Vektor der Strukturvariablen
p — Vektor der Modellparameter

Die Gleichungen können finit sein, aber auch gewöhnliche oder partielle Differentialgleichungen, Integralgleichungen u. a. m. darstellen.

Ist noch die Zeit t in den Gleichungen (3.1) bis (3.3) enthalten, so erhält man ein instationäres Optimierungsproblem. Nachfolgend sollen nur stationäre Optimierungsprobleme behandelt werden, das heißt, die Zielfunktion, die Modellgleichungen und die Nebenbedingungen sind von der Zeit t nicht abhängig und stellen damit autonome Systeme dar.

Auf Grund der hohen Dimension des Entscheidungsvariablenvektors dim a + dim b + dim c ist eine direkte Optimierung nur für einfache verfahrenstechnische Systeme möglich.

Zur Vereinfachung der allgemeinen Aufgabenstellung werden deshalb zwei prinzipielle Vorgehensweisen angewendet:

– die horizontale Dekomposition des Systems durch Bildung von elementfremden Teilsystemen die global oder mit Hilfe anderer Methoden optimiert werden, wobei durch spezielle Koordinationsalgorithmen die Teilsysteme zu einem funktionierenden Gesamtsystem so zusammengefügt werden müssen, daß (3.1) bis (3.3) erfüllt wird und die
– vertikale Dekomposition des Optimierungsproblems, d. h. die sukzessive Lösung der einzelnen Aufgaben Strukturoptimierung als Ermittlung einer optimalen Struktur, Auslegungsoptimierung als Ermittlung der optimalen Hauptabmessungen und technologische Optimierung als Ermittlung der optimalen Steuervariablen. Entsprechend der Verknüpfung der einzelnen Variablengruppen nicht nur in (3.1), sondern auch in (3.2) und (3.3) führt die vertikale Dekomposition nicht auf ein Geradeausverfahren zur Erfüllung des Optimierungszieles (3.1), sondern es ist in der Regel iterativ vorzugehen.

Die Anwendung der Mehrebenenoptimierung auf Probleme der optimalen Gestaltung verfahrenstechnischer Systeme wird im Beitrag von Auerbach und Grauer [8] beschrieben.

Die einzelnen Aufgabenstellungen lauten in der Reihenfolge vom einfacheren zum komplizierteren Problem:

1. Technologische Optimierung bzw. optimale Steuerung

$$
\begin{aligned}
&Z(x, u, d_0, a_0, p) \to \mathit{Extremum}\\
&M(x, u, d_0, a_0, p) = 0\\
&N(x, u, d_0, a_0, p) \leqq 0
\end{aligned}
\tag{3.4}
$$

Bei der technologischen Optimierung liegen mithin sowohl die Struktur, als auch die Hauptabmessungen des Systems fest.

2. Auslegungsoptimierung:

$$
\begin{aligned}
&Z(x, u, d, a_0, p) \to \mathit{Extremum}\\
&M(x, u, d, a_0, p) = 0\\
&N(x, u, d, a_0, p) \leqq 0
\end{aligned}
\tag{3.5}
$$

Bei der Auslegungsoptimierung sind nur die Strukturvariablen des betrachteten Systems fixiert, während die Entwurfsvariablen frei variieren können.

3. Strukturoptimierung:
Diese wird durch die Gleichungen (3.1) bis (3.3) beschrieben und stellt den übergeordneten kompliziertesten Fall dar, da sowohl die Strukturvariablen a und die Entwurfsvariablen d als auch die Steuervariablen u variieren können.

Bei der praktischen Anwendung der Horizontal- und Vertikaldekompositionen werden oft gemischte Strategien angewendet.

Erstens ist eine strenge Abgrenzung in technologische Optimierung, Auslegungsoptimierung und Strukturoptimierung nicht immer möglich und auch nicht nötig. Als Beispiel sei nur das praktisch wichtige Problem einer Anlagenrekonstruktion genannt, bei der auf der Stufe einer Strukturoptimierung ein Anlagenteil zu ermitteln ist, der in einen durch die nichtrekonstruierten Teile fixierten Rahmen einzupassen ist, an den Nahtstellen liegen also Struktur- und Hauptabmessungsvorgaben vor.

Zweitens ist eine weitere Untergliederung des Optimierungsproblems in vertikaler Richtung durchaus möglich, indem zum Beispiel Teilsteuerungsziele bei untergliederter technologischer Optimierung oder zusammenfassende Betrachtungen von Apparategruppen bei untergliederter Strukturoptimierung vorgenommen werden. Schließlich können drittens horizontale und vertikale Dekompositionen in mannigfacher Weise miteinander kombiniert sein. Das Ergebnis ist eine Hierarchiestruktur einer Menge von Suboptimierungsproblemen, die als Ganzes die Ausgangsoptimierungsaufgabe darstellen und deren jedes einzelne sich mit geringerem Aufwand lösen läßt.

Die Parameter p des Systems sind in vielen Fällen nicht genau bekannt, sondern nur mit einer bestimmten statistischen Sicherheit, die kleiner als 1 ist. Kennt man die Streuungen der Parameter oder deren Verteilungsfunktionen, dann sind zum Beispiel die Entwurfsvariablen bei der Auslegungsoptimierung mit ebensolchen statistischen Merkmalen zu versehen. Man hat damit als eine weitere Problemstellung die Optimierungsaufgaben mit Parameterunsicherheit erhalten.

Strategien und Methoden zur Optimierung verfahrenstechnischer Systeme unter Berücksichtigung von Unsicherheiten werden im Beitrag von DITTMAR und HARTMANN [9] behandelt.

4. Modellierung verfahrenstechnischer Elemente und Systeme

Wichtigste Grundlage für die Berechnung und optimale Gestaltung verfahrenstechnischer Systeme ist die mathematische Abbildung der wesentlichsten Eigenschaften der Elemente in Form mathematischer Modelle sowie der Struktur des Systems.

Die Modellbildung hängt in starkem Maße von der zu untersuchenden Hierarchieebene, der Art der Dekomposition des Systems und der Aufgabenstellung für die Optimierung ab. Bei Beschränkung auf die Hierarchieebene „Verfahren" ergeben sich als Elemente Prozeßeinheiten und Verfahrensstufen.

Führt man für das allgemeine Element i das Modell in der Form

$$y_i = f_i(x_i, u_i, p_i), \qquad i = 1, 2, \ldots, n \tag{4.1}$$

ein, wobei y_i, x_i, u_i, p_i entsprechend die Vektoren der Ausgangs-, Eingangs- und Steuervariablen sowie der Modellparameter sind, so besteht der Funktionsvektor f_i aus den Bilanz- und Zustandsgleichungen sowie der Prozeßkinetik. Je nach Aufgabenstellung für die Prozeßmodellierung kann der Zusammenhang (4.1) vereinfacht werden bzw. muß man das vollständige Gleichungssystem berücksichtigen. Eine wesentliche Vereinfachung ist z. B. die Linearisierung des Zusammenhanges (4.1) in der Form

$$y_i = A_i(p_i) \cdot x_i + B_i(p_i) \cdot u_i + c_i(p_i). \tag{4.2}$$

Modelle in Form von (4.2) können mit Erfolg bei der Bilanzierung, die bei geeigneter Formulierung linear gestaltet werden kann und zur näherungsweisen Berechnung verfahrenstechnischer Systeme an Hand sogenannter Verteilermodelle angewendet werden.

Faßt man die Variablen x_i, u_i zu einem neuen Vektor z_i zusammen, so läßt sich Gleichung (4.2) zusammenfassen.

$$y_i = D_i z_i + d_i \tag{4.3}$$

Für Verteilermodelle gilt $d_i = 0$.

Die Matrix D_i enthält eine näherungsweise Abbildung der Prozeßeigenschaften, die Koeffizienten stellen Aufteilungs- und Transformationsfaktoren dar. Für viele verfahrenstechnische Prozeßeinheiten, wie Destillationskolonnen, Absorber, Reaktoren u. a. sind Ausdrücke zur Berechnung der Elemente von D_i bekannt [7]. Prinzipiell ist es möglich, den Gültigkeitsbereich der Beziehungen (4.3) zu erweitern, indem man Korrekturfaktoren, die die ersten partiellen Ableitungen $\partial f_i/\partial z_j$ beinhalten verwendet, Gleichung (4.3) bleibt dabei weiter linear. Die lineare Form (4.3) der Modelle hat bedeutende rechentechnische Vorteile für die Simulation des Systems.

Speziell für Probleme der optimalen Steuerung hat sich eine weitere Variante zur Vereinfachung von (4.1) bewährt, die quadratische Approximation. Faßt man wieder die Vektoren u_i und x_i zusammen, so gilt für die quadratische Approximation

$$y_i^k = z_i' A_i^k z_i + b_i^{k\prime} z_i + c_i^k, \tag{4.4}$$

worin k den Komponentenindex des Vektors y_i bedeutet.

Die Koeffizienten der Approximation können entweder durch Reihenentwicklung von (4.1) bzw. Regressionsanalyse am Modell (4.1) oder aus Versuchsergebnissen der Anlage berechnet werden.

Die Form (4.4) besitzt für die optimale Steuerung bei Gewährleistung der Echtzeitbedingung, d. h. der Einhaltung einer solchen Zeit für die Berechnung der notwendigen Steuerinformation, daß diese rechtzeitig für den Steuereingriff für die Prozeßführung zur Verfügung steht, in der Regel auch die notwendige Adäquatheit.

Neben der Darstellung (4.4) sind weitere Approximationen z. B. durch die Anwendung der multiplen Regression, die Spline-Approximation und andere Verfahren möglich. Falls auf Grund der geforderten Genauigkeit Vereinfachungen von (4.1) nicht zulässig sind, muß das vollständige auf physikalisch-chemischen Grundlagen beruhende Modell verwendet werden, wobei auch in diesem Falle eine bestimmte Anzahl von Elementen durch lineare Modelle beschrieben werden (Mischer, Verteiler usw.).

Bewährt hat sich bei der Modellierung folgendes Vorgehen: Bei Voruntersuchung verfahrenstechnischer Systeme wird die Modellierung und Simulation mit (linearen) Verteiler- oder Bilanzmodellen begonnen und nach Sammlung ausreichender Kenntnisse über das System und Festlegung der endgültigen

Spezifikation das System genau mit den vollständigen physikalisch-chemischen Modellen berechnet. Von großer praktischer Bedeutung für die Modellierung ist die Verwendung von Typenmodellen verfahrenstechnischer Prozeßeinheiten. Unter einem Typenmodell versteht man eine allgemeine mathematische Beschreibung einer bestimmten Prozeßeinheit, die jeweils den konkreten Eigenschaften des zu modellierenden Objektes angepaßt werden muß. In diesem Zusammenhang ist auf die Modellanpassung, d. h. die Präzisierung bestimmter Modellparameter auf Grund von experimentellen Daten hinzuweisen. Durch Modellanpassung kann in der Regel eine relativ genaue Beschreibung der Prozeßeinheiten erreicht werden.

Eine relativ häufig anzutreffende Form der Modelldarstellung verfahrenstechnischer Elemente besteht darin, daß der Zusammenhang zwischen den Aus- und Eingängen der Elemente nicht explizit wie in Gleichung (4.1), sondern implizit in der Form

$$F_i(x_i, u_i, p_i, y_i) = 0 \tag{4.5}$$

bekannt ist. Die Ausgänge können somit nur über die (meist iterative) Lösung des Gleichungssystems (4.5) berechnet werden.

Neben der Modellierung der Prozeßeinheiten ist die mathematische Abbildung der Struktur der verfahrenstechnischen Systeme von großer Bedeutung für die Simulation eines Verfahrens.

Der Zusammenhang der einzelnen Modellgleichungen (4.1) eines Systems ist durch die Kopplungsbeziehungen gegeben.

$$x_i = \sum_{j=0}^{n} N_{ij} y_j \qquad i = 0(1)\, n \tag{4.6}$$

Jede Kopplungsmatrix N_{ij} charakterisiert die Verbindung des i-ten Elementes mit dem j-ten Element durch Zuordnung der Komponenten des Ausgangsvektors zu den entsprechenden Komponenten des Eingangsvektors; die Matrizenelemente haben dementsprechend die Werte 0 oder 1. Es ist zweckmäßig, das verfahrenstechnische System, das eine Vielzahl von Kopplungen mit der Umgebung d. h. Systemein- und -ausgangsströme besitzt und damit „offen" ist, durch die Einführung eines Nullelementes, das den Außenbereich des Systems vertritt, formal abzuschließen. Das Nullelement stellt damit ein Modell der Systemumgebung dar mit zwei Merkmalen, erstens ist der Systemeingangsvektor y_0 der Ausgangsvektor und zweitens ist der Systemausgangsvektor x_0 nach entsprechender Abbildung der Elementausgänge durch $x_0 = \sum N_{0j} y_j$ der Eingangsvektor des Nullelementes.

Zur Untersuchung der Struktur eines Verfahrens ist es zweckmäßig, das verfahrenstechnische System auf einen Graphen abzubilden, der als Strukturgraph bezeichnet wird. Die Elemente des verfahrenstechnischen Systems bilden die Knoten und die Kopplungen informationeller Art, die Stoff- und Energieströme und die sonstigen wertemäßigen Beziehungen zwischen den Elementen bilden die gerichteten Kanten des Graphen. Es ist offensichtlich, daß ein solcher Strukturgraph G aus einer endlichen Menge von Knoten K (Indexmenge) und einer endlichen Menge gerichteter Kanten S besteht.

$$G = \{K, S\} \tag{4.7}$$

Die Menge K stimmt überein mit der Menge der Einzelmodelle (4.1) und der Menge S entsprechen alle Komponenten des Systems, also sind insbesondere die Komponenten der Eingangs- und Ausgangsvektoren der Elemente Untermengen von S.

$$x_i \subset S, y_i \subset S \tag{4.8}$$

Mit Blick auf die Kopplungsbeziehungen (4.6) liegt es nahe, diese ebenfalls als Modellgleichungen aufzufassen und es wird jeder Kopplungsgleichung (4.6) ein fiktives Element des verfahrenstechnischen Systems zugeordnet. Zur Unterscheidung werden die letzten Elemente als passive bezeichnet, während die zu den Modellen (4.1) gehörigen die aktiven Elemente des Systems darstellen. Insgesamt erhält man eine zweckmäßige Darstellung eines verfahrenstechnischen Systems; jeder Knoten $K_i \in K$ bildet eine Untermenge $S_i \subset S$ von Kanten auf eine andere Untermenge $S_i' \subset S$ ab. Viele Fragestellungen der Strukturbestimmung, der Berechnungsreihenfolge, der Koordination in Dekompositionsverfahren usw. sind mengentheoretisch formulierbar. Zur Darstellung der entsprechenden Berechnungsverfahren für Digitalrechner werden vorzugsweise Matrizen bzw. Listen eingesetzt. Zur Abbildung der Struktur eines verfahrenstechnischen Systems auf den Strukturgraphen kann dieser vereinfacht werden, indem die Teilmenge von gerichteten Kanten zwischen zwei Blöcken, falls es mehrere sind, zu einer zusammengefaßt werden. Dieser Kante wird ihre ehemalige Zahl als Gesamtdimension d_{ij} der vom Element i zum Element j übergehenden Ströme zugeordnet. Trägt man die Dimensionszahlen in eine Matrix ein, an deren Spalten und Zeilen die Elementnummern in der gleichen Reihenfolge angetragen sind, so hat man die Strukturmatrix erhalten, die die Struktur des Graphen und damit die des verfahrenstechnischen Systems vollständig beschreibt. Da die Matrix in der Regel schwach besetzt ist, also ein relativ großer Anteil der d_{ij} den Wert 0 haben, ist es meist zweckmäßiger die Strukturmatrix speicherplatzsparend als Strukturliste zu schreiben.

5. Mathematische Probleme bei der Simulation verfahrenstechnischer Systeme

Unter der Simulation eines verfahrenstechnischen Systems wird dessen Berechnung auf der Grundlage der mathematischen Modelle bei Beachtung aller dabei auftretenden Probleme verstanden. Die Berechnung bildet die Grundlage aller weiterführenden Operationen in verfahrenstechnischen Strukturen, wie zum Beispiel der Entwurf und die Optimierung verfahrenstechnischer

Systeme. Nach den Ausführungen in den vorhergehenden Abschnitten ist ein verfahrenstechnisches System auf eine Menge berechenbarer Elemente abgebildet, die Menge ist entsprechend den Kopplungsbeziehungen der Elemente untereinander und mit der Umgebung strukturiert. Ein verfahrenstechnisches System zu berechnen heißt, den entsprechenden Strukturgraphen mit — die Aufgabenstellung repräsentierenden — Zahlenwerten zu belegen derart, daß die Modellgleichungen der Elemente und die Kopplungsgleichungen erfüllt sind. Dazu sind grundsätzlich zwei Vorgehensweisen möglich, das simultane und sequentielle Berechnungsprinzip.

Simultane Berechnungsverfahren kommen für verfahrenstechnische Systeme nur in Ausnahmefällen zur Anwendung. Ist das System linear, das heißt sind die Modellgleichungen (4.1) alle linear, die Kopplungsgleichungen (4.6) sind ihrer Natur nach linear, dann ist insgesamt ein lineares Gleichungssystem zu lösen. Faßt man diese Lösung als einen Berechnungsschritt auf — in Wirklichkeit erfolgt die Bestimmung der Lösung eines linearen Gleichungssystems etwa nach dem GAUSSschen Algorithmus ebenfalls schrittweise — hat man ein brauchbares simultanes Berechnungsverfahren erhalten. Dieser Berechnungsvorteil eines linearen Systems wird auch für linearisierte Systeme genutzt, indem nichtlineare Modellgleichungen durch ein geeignetes Linearisierungsverfahren — beispielsweise die TAYLOR-Reihenentwicklung mit Abbruch nach dem linearen Gliedern — linearisiert und damit den genannten Verfahren zugänglich gemacht werden. Allerdings müssen die Entwicklungsstellen der Reihenentwicklungen oder der anderen linearen Ansätze nachgeführt werden, was eine iterative Verbesserung durch mehrmalige Lösung des linearen Gleichungssystems erforderlich macht. Dabei können auch Konvergenzprobleme zum Beispiel bei schlechter Wahl der Startwerte auftreten.

Für ein allgemeines simultanes Berechnungsverfahren entsteht das Problem der Koordination. Es wird von geschätzten Elementeeingangsvektoren x_j^0 ausgegangen, die Ausgangsvektoren y_j^0 sind damit gemäß (4.1) berechenbar und man hat gemäß (4.6) neue Eingangsvektoren x_j^1 erhalten, die im allgemeinen mit den Schätzwerten nicht übereinstimmen. Das Koordinationsproblem und damit die simultane Systemberechnung ist gelöst, wenn diese Abweichungen Nullvektoren sind. Nimmt man als skalares Maß für die Abweichungen die Fehlerquadratsumme

$$Z = \sum_{i=0}^{n} \left| x_i^0 - \sum_{j=0}^{n} N_{ij} f_j(x_j^0, \ldots) \right|^2 \geqq 0 \tag{5.1}$$

so können auf dieser Zielfunktion Koordinationsalgorithmen aufgebaut werden. Durch Variation der Eingangsvektoren x_i^0 ist das Ziel $Z_0 = 0$ zu erreichen.

Bei sequentiellen Berechnungsverfahren wird das Koordinationsproblem in der allgemeinen Form (5.1) vermieden. Man nutzt hierbei die natürliche Struktur verfahrenstechnischer Systeme. Die Elementemodelle werden meist so dargestellt, daß die stofflichen, energetischen und informationellen Eingänge denen der Modelle entsprechen und gleiches für die Ausgänge gilt. Da weiter zu jedem Element vor- und nachgeschaltete Elemente im verfahrenstechnischen Sinne existieren, ergibt sich daraus in natürlicher Weise eine Berechnungsreihenfolge der Elemente. Voraussetzung dabei ist, daß im verfahrenstechnischen System keine stofflichen, energetischen oder informationellen Rückführungen vorhanden sind. Bezeichnet man ein derartiges System als ein Geradeaussystem, so ist dieses dadurch gekennzeichnet, daß mindestens eine Berechnungsreihenfolge zur Berechnung der Elemente gemäß den Gleichungen (4.1) und (4.6) existiert derart, daß aus den Vorgabewerten am Systemeingang y_0 alle anderen Vektoren x_i und y_i eindeutig berechnet werden können. In der Tat existiert in diesem Fall das Koordinationsproblem (5.1) nicht, da $Z = 0$ natürlicherweise gilt.

Sind dagegen Rückführungen im verfahrenstechnischen System vorhanden und ein „mittleres" System besitzt ungefähr 6 (s. Abschnitt 2.), so ergeben sich im Strukturgraphen Zyklen. Damit eine Kette von Elementen, die einen Zyklus bilden, berechenbar wird, sind für ein Element der Eingangsvektor oder einige Komponenten desselben zu schätzen und nach Durchrechnung aller Elemente des Zyklus zu überprüfen. Man hat damit wieder ein zur simultanen Berechnungsmethode analoges Koordinationsproblem zu lösen, allerdings jetzt nur für eine Teilmenge von Eingangsvektoren x_i und genauer auch nur für eine Teilmenge von Komponenten dieser Vektoren. Die geringere Dimension dieser Koordination ist der Grund dafür, daß allgemein dem sequentiellen Berechnungsprinzip der Vorrang vor dem simultanen gegeben wird. Ein Vergleich der simultanen Vorgehensweise mit der sequentiellen ist bei UMEDA [10] zu finden.

Da von vornherein nicht angegeben werden kann, welcher Eingangsvektor für die Elemente eines Zyklus zu schätzen ist und da im allgemeinen in einem Strukturgraphen eines verfahrenstechnischen Systems mehrere Zyklen enthalten sind, entsteht die Frage der günstigsten Auswahl der zu schätzenden Komponenten. Es ist eine zweckmäßige Wahl der Berechnungsreihenfolge der Elemente eines verfahrenstechnischen Systems vorzunehmen. Dazu ist es erforderlich, die Struktur des Systems oder den zugehörigen Strukturgraphen näher zu untersuchen. Man bestimmt zunächst eine vorläufige Berechnungsreihenfolge dadurch, daß die über Zyklen zusammengehörige Elemente zu Teilmengen von Systemelementen zusammengefaßt werden. Werden auf diese Weise alle Zyklen eliminiert, so erhält man schließlich eine eindeutige Zerlegung des Strukturgraphen in Teilgraphen, wobei letztere bezogen auf die Elementemengen als Komplexe bezeichnet werden.

Faßt man die Komplexe als Superelemente des Ausgangssystems auf, so bilden diese Superelemente ein Geradeaussystem; eben damit ist die vorläufige Berechnungsreihenfolge festgelegt, zu bestimmen ist noch die Reihenfolge innerhalb eines jeden Komplexes. Es genügt daher weiterhin einen Komplex zu betrachten.

Ein Komplex enthält nur Elemente, die mindestens einem Zyklus angehören (bis auf den elementaren Fall, daß der Komplex selbst nur aus einem Element besteht). Mithin ist mindestens eine Komponente zu schätzen, das heißt zur Berechnung eines nichtelementaren Komplexes ist zwingend als Koordinationsalgorithmus ein geeignetes Iterationsverfahren anzuwenden. Als brauchbare Arbeitshypothese wird je Komplex die Zahl der zu iterierenden Komponenten minimiert, woraus sich eine oder mehrere Berechnungsreihenfolgen je Komplex ergeben. Für diese Aufgabe der Schnittzahlminimierung und damit der endgültigen Festlegung der Berechnungsreihenfolge der Elemente sind eine Reihe von Algorithmen entwickelt worden. Eine Übersicht über diese Algorithmen enthält [7]. Zur Durchführung der notwendigen Iterationen werden in das System in der Regel selbständige Iterationselemente eingefügt. Entsprechend der hierarchischen Anordnung der Zyklen innerhalb eines Komplexes lassen sich derartige Elemente in mehrfacher Weise lokal oder global pro Komplex einfügen, im ersten Fall erhält man eine hierarchische Anordnung der entsprechenden Iterationsschleifen. Welche Anordnung günstig ist, hängt von der inneren Struktur der Modellgleichungen ab und ist von vornherein nicht zu entscheiden. Wegen der starken Kopplung der Modellgleichungen innerhalb eines Komplexes wird in der Regel der globalen Anordnung der Vorzug gegeben. Praktische Erfahrungen zeigten weiter, daß die durch die Schnittzahlminimierung ermittelten Schnitte nicht immer günstig sind, erstens weil die spezielle Struktur der Modellgleichungen keine Berücksichtigung findet, zweitens da sich gelegentlich die stofflichen Rückführungen trotz hoher Dimension (hoher Komponentenzahl) für eine Aufschneidung als günstig erweisen und drittens genauere Vorgabewerte für den Start der Iteration sich an anderen Stellen angeben lassen.

Derartige Effekte lassen sich durch eine geeignete Bewertung der der Eingangs- und Ausgangsvektoren der Elemente berücksichtigen, indem nicht die Dimension der die Elemente verbindenden Stromvektoren, sondern eine auf- bzw. abgewertete Pseudodimension der Schnittzahlminimierung zugrunde gelegt wird. Diese grundsätzlichen Mängel einer sequentiellen Berechnung lassen sich vermeiden oder zumindest stark vermindern, wenn das Konzept der elementweisen Berechnung aufgegeben wird und in Anlehnung an die simultane Berechnung zu einer gleichungsorientierten Berechnung übergegangen wird. Ausgangspunkt ist die Erkenntnis, daß es für die Berechnung nicht erforderlich ist, in Fließrichtung der Stoffe und der Energie vorzugehen. Beispielsweise lassen sich Reaktorfolgen aus Rührkesseln, in denen einfache Reaktionen ablaufen, in Fließrichtung nur iterativ, entgegengesetzt aber vollkommen elementar berechnen. Dasselbe trifft gegebenenfalls für die im Strukturgraphen enthaltenen Teilgraphen mit Zyklen zu, in der Regel lassen sich die Dimensionen der Iterationsprobleme erheblich vermindern. Dies wird noch dadurch begünstigt, daß bei verfahrenstechnischen Systemen ein großer Teil der Modellgleichungen natürlicherweise linear sind, wie zum Beispiel Bilanzgleichungen, und daher auflösungsfreundlich sind. Die entsprechenden Berechnungsprobleme sind denen analog, die sich bei der Bestimmung einer Lösung eines großen nichtlinearen teilweise linearen Gleichungssystems mit schwach besetzter Jacobi-Matrix ergeben.

Einige weitergehende Untersuchungen zur Simulation verfahrenstechnischer Systeme werden in [11] durchgeführt.

6. Programmsysteme

Systeme zur Berechnung verfahrenstechnischer Systeme sind bisher in einer großen Anzahl bekannt geworden. Es existieren Programme zur Simulation allgemeiner verfahrenstechnischer Systeme abwärts bis zu solchen, die die Berechnung ganz spezifischer Anlagentypen gestatten.

Eine neuere Übersicht geben MOTARD, SHACHAM und ROSEN [12]. Eine grobe Klassifizierung dieser Programme ist in Abb. 5 angegeben.

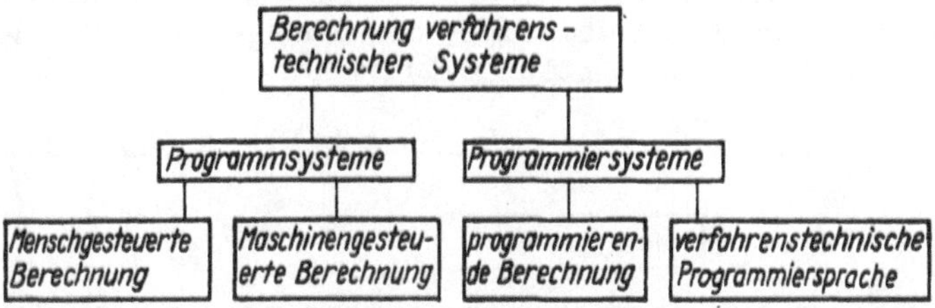

Abb. 5. Grobgliederung der Berechnungssysteme für verfahrenstechnische Systeme

Danach ist es zweckmäßig, die Berechnungssysteme in zwei große Gruppen einzuordnen, der Gruppe der Programmsysteme und der Programmiersysteme. Innerhalb der ersten Gruppe werden ein oder mehrere Berechnungsprogramme mensch- oder maschinengesteuert gefahren und liefern gegebenenfalls nach oftmaligen Wiederholungen und Programmverbesserungen die gewünschten Ergebnisse [13–15].

In der zweiten Gruppe werden aus den Strukturdaten des verfahrenstechnischen Systems und einigen anderen Angaben mit Hilfe eines programmierenden Programms das eigentliche Objektprogramm in einem Vorlauf erst hergestellt [17, 18]. In diese Gruppe sind auch die anzustrebenden verfahrenstechnischen Programmiersprachen bzw. -sprachergänzungen einzuordnen. Anwendungsmöglichkeiten einer verfahrenstechnisch orientierten Sprache für den direkten Mensch-Maschine-Dialog sind ebenfalls denkbar.

Die Basis der bekannten Berechnungssysteme ist durch das sequentielle Berechnungsprinzip gegeben. Es werden dazu den Elementen des verfahrenstechnischen Systems in der Regel Unterprogramme zugeordnet. Diese Unterprogramme realisieren die Modellgleichungen. Es ist möglich, daß das gleiche Unterprogramm für verschiedene Elemente Verwendung finden kann, indem beispielsweise falls erforderlich, jedem Element eine Menge elementspezifischer Parameter zugeordnet werden. Die Struktur des verfahrenstechnischen Systems wird durch eine Strukturmatrix oder Strukturliste beschrieben, in der Regel werden dort auch die Zahlenwerte aller Komponenten der die Elemente verbindenden Ströme zur Verfügung gehalten. Die sogenannten passiven Elemente treten in einigen Programmsystemen als Unterprogramme auf, die entsprechend der Struktur aus der Komponentenliste die für die Berechnung eines Elementes erforderlichen Zahlenwerte entnehmen und die berechneten Werte in dieser Liste einordnen. Alle Berechnungssysteme enthalten Hilfsunterprogramme, die einige bei der Berechnung der Elemente erforderlichen Hilfsarbeiten durchführen. Derartige Unterprogramme sind für die Integration vorhanden, falls einige Modellgleichungen als Differentialgleichungen vorliegen; zur Durchführung der bei Zyklen im Strukturgraphen erforderlichen Iterationsrechnungen sind Iterationsalgorithmen vorhanden. Die im verfahrenstechnischen System künstlich zum Zwecke der Berechnung eingeführten Iterationselemente üben die Funktion der Organisation der Iteration aus. Der prinzipielle Aufbau eines Berechnungsprogramms für ein verfahrenstechnisches System ist in Abb. 6 dargestellt.

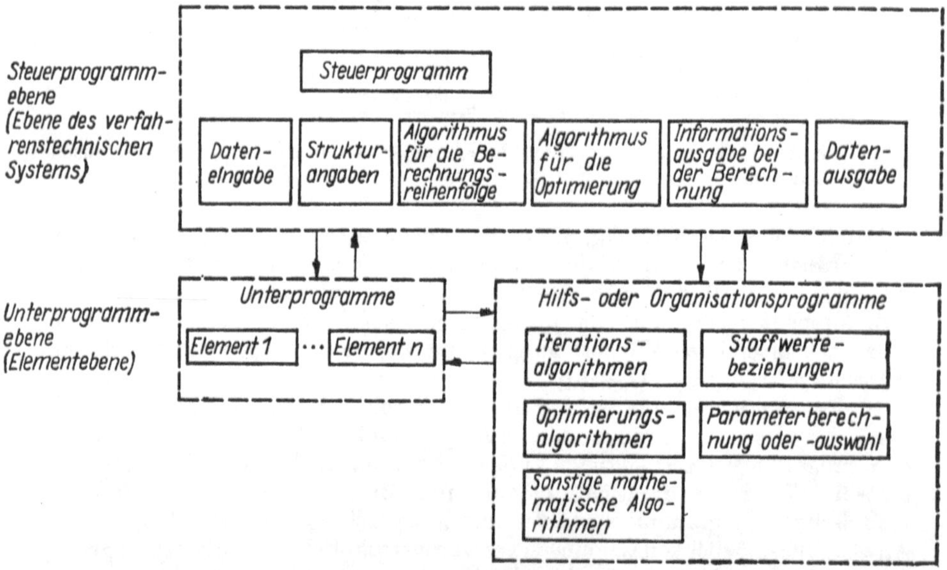

Abb. 6. Allgemeine Struktur von Berechnungssystemen

Berechnungssysteme können danach beurteilt werden, welche Unterstützung sie dem Berechnungsingenieur geben können. Das Grundanliegen bei der Zuordnung der Unterprogramme zu den Elementen und bei der Abhebung der Struktur des verfahrenstechnischen Systems im Strukturgraphen bzw. dessen rechentechnischer Darstellung besteht in der Rationalisierung der Berechnung verfahrenstechnischer Systeme und der dazu erforderlichen Vorarbeiten. Da beim Entwurf und bei der Berechnung verfahrenstechnischer Systeme häufig Änderungen vorzunehmen sind, sollen die Änderungsarten betrachtet werden (Tab. 1).

Tabelle 1: Änderungsarten bei Programmen zur Berechnung verfahrenstechnischer Systeme

Änderungen i-ter Art	Änderung der
0	Modellparameter und Startdaten
1	Modelle der Elemente
2	Strukturgraph
3	Elementenmodelle und Strukturgraph

Änderungen 0-ter Art sind bei allen Rechenprogrammen üblich, indem die Eingabedaten verändert werden.

Für Änderungen 1. Art werden Veränderungen der Modellgleichungen zugelassen, wobei der Aufbau der Eingangs- und Ausgangsvektoren der Elemente erhalten bleibt. Derartige Änderungen treten beispielsweise auf, wenn ein grobes Modell durch ein genaueres ersetzt wird. In diesem Fall ist nur das entsprechende Unterprogramm auszutauschen. Änderungen 2. Art und 3. Art beinhalten Änderungen des Strukturgraphen allein oder kombiniert mit Modelländerungen. Die dem Nutzer eines Berechnungssystems gebotenen Hilfsleistungen sind unterschiedlich. Solche Hilfsleistungen sind die Untersuchung der Struktur des verfahrenstechnischen Systems. Das Berechnungssystem kann veranlaßt werden, aus den Strukturangaben einschließlich der entsprechenden Bewertungsgrößen die Berechnungsreihenfolge der Elemente zu ermitteln (s. Abschnitt 4). Hierzu wäre zweckmäßig ein Programmiersystem anzuwenden; bei einer Änderung 1. Art ist dann die aufwendige Strukturuntersuchung nicht erforderlich. Sind die Schnittstellen im verfahrenstechnischen System ermittelt, dann können bei Anwendung eines Programmiersystems auch die Iterationselemente automatisch eingefügt werden, indem man sich etwa nach den Bemerkungen des vorigen Abschnittes auf die globale Iteration festlegt. Auf diese Weise kann dem verfahrenstechnisch orientierten Nutzer eines Berechnungssystems Hilfestellung bei den berechnungstechnischen Problemen gegeben werden.

Im vorliegenden Buch werden drei Programmsysteme zur Berechnung verfahrenstechnischer Anlagen näher vorgestellt:

SIPRO [15], ASYP [16] und DIGSIM [19].

Berechnungssysteme für verfahrenstechnische Systeme, die von einer gleichungsorientierten Darstellung der Modelle ausgehen, sind in ausgereifter Form noch nicht bekannt. Eine Übersicht über die vorliegenden Entwicklungen derartiger Programme sind in [7] enthalten.

7. Bewertung und Optimierung

Auf Grund der unterschiedlichen Eigenschaften verfahrenstechnischer Systeme — ein stoffwirtschaftlicher Prozeß wird durch stoffliche, energetische, informationelle, ökonomische und viele andere Aspekte charakterisiert — ist die Auswahl einer bestimmten Eigenschaft als Maß für die Güte eines Systems eine einschneidende Vereinfachung der Aufgabenstellung. Die globale Aufgabenstellung erfüllt eine mehrdimensionale Bewertung des Systems, wobei unter Bewertung die Wertzuordnung einer bestimmten Ausführung des Systems bezüglich der gewählten Eigenschaften verstanden wird. Die zur Bewertung ausgewählten Eigenschaften bezeichnet man als Zielgrößen, die wesentlichsten davon lassen sich in folgende Gruppen einteilen:

- Zielgrößen der Stoff- und Energieausnutzung (z. B. Ausbeuten, Exergie)
- Zielgrößen der Versorgungssicherheit (Zuverlässigkeit, Verfügbarkeit)
- Ökonomische Zielgrößen (z. B. Kosten, Gewinn, Rentabilität, Qualität).

Weitere zu berücksichtigende Eigenschaften sind

- Ökologische Parameter (z. B. Luftverschmutzung, Gewässer- und Bodenschädigung, Lärmemission)
- Sozial-industriepsychologische Parameter (z. B. Bedienbarkeit, Bedingungen am Arbeitsplatz)

Der Zusammenhang zwischen Zielgrößen und den Struktur-, Entwurfs- und technologischen Variablen wird als Zielfunktion (s. Abschnitt 1) bezeichnet:

$$Z = Z(x, d, a)$$

Die Forderung

$$Z \to Extremum$$

heißt Optimalitätskriterium.

Die o. g. Forderung nach mehrdimensionaler Bewertung führt zur Aufgabenstellung der Poly- oder Vektoroptimierung, d. h. zu einer komplexen Zielgröße.

Eine mögliche Formulierung der Polyoptimierung besteht in der Wichtung der einzelnen Zielgrößen

$$\lambda_1 Z_1 + \lambda_2 Z_2 + \lambda_3 Z_3 + \cdots \to Extremum$$

wobei die Koeffizienten λ_i Wichtungsfaktoren darstellen.

Die Theorie der Polyoptimierung ist z. Z. in stürmischer Entwicklung begriffen.

Um die komplizierte Polyoptimierung zu umgehen ist es üblicher, die anderen zu erreichenden Eigenschaften als Nebenbedingungen zu berücksichtigen.

Eine ähnliche Komplikation, die durch diskrete Entscheidungsvariable entsteht (Anzahl der Elemente im System, Kopplung von Elementen usw.) umgeht man, indem die diskreten Variablen stetig eingebettet und nach erfolgter Optimierung wieder diskretisiert werden. Damit ist allerdings ein Verlust an Optimalität verbunden.

Die Ermittlung des Extremums der Zielgröße unter Einhaltung aller Nebenbedingungen — die Optimierung — ist bei verfahrenstechnischen Systemen durch folgende Besonderheiten gekennzeichnet:

- Große Anzahl von Elementen und deren Nichtlinearität
- Große Anzahl von Optimierungsvariablen
- Vorhandensein von Nebenbedingungen für die Optimierungsvariablen und Zustandsgrößen
- Rückkopplungen im System.

Das führt dazu, daß viele bekannte Optimierungsmethoden nicht oder nur mit Einschränkungen für die Systemoptimierung angewendet werden können.

Vorteilhaft für die Optimierung von Systemen wirkt sich der Umstand aus, daß einige oft gebräuchliche Zielgrößen und -funktionen additiv sind (z. B. Kosten), wobei die einzelnen Summanden nur noch von einer Teilmenge der Variablen abhängen. Für die Strukturoptimierung ist von Vorteil, daß die Strukturmatrix meist schwach besetzt ist.

Auf Grund der genannten Probleme ist es bei jeder Systemoptimierung zweckmäßig, alle möglichen verfahrenstechnischen und mathematischen Vereinfachungen durchzuführen, wie

- Reduzierung der Elemente im System durch Elimination nichtsignifikanter Elemente
- Reduzierung der Kopplungen im System (z. B. Vernachlässigung schwacher Kopplungen)
- Vereinfachung der Elementemodelle (z. B. Linearisierung)
- Modifizierung der Nebenbedingungen (z. B. durch Informationsflußumkehrung)
- Globale Reduzierung der Variablen und Parameter auf Grund einer Empfindlichkeitsanalyse.

Die zur Lösung im Abschnitt 1 formulierten verschiedenen Optimierungsaufgaben — Strukturoptimierung, Auslegungsoptimierung und technologische Optimierung — angewendeten Optimierungsverfahren unterscheiden sich meist nicht wesentlich voneinander, obwohl für spezielle Aufgabenstellungen spezifische Optimierungsmethoden bekannt sind, z. B. für die Strukturoptimierung [20].

Hinsichtlich der Beurteilung der Lösungsmengen der Optimierungsprobleme lassen sich für verfahrenstechnische Systeme kaum Aussagen machen, außer für spezielle Systeme. Sowohl für die Modellgleichungen und Nebenbedingungen als auch für die Zielfunktion lassen sich weder Konvexität voraussetzen, noch derartige Eigenschaften allgemein nachweisen. Es ist also für allgemeine Systeme durchaus möglich, daß mehrere relative Optima existieren (siehe z. B. [21]), was ihre Feststellung erheblich erschwert. Man ist hier nach wie vor noch auf verfahrenstechnisches „Fingerspitzengefühl“ und auf Erfahrungen angewiesen.

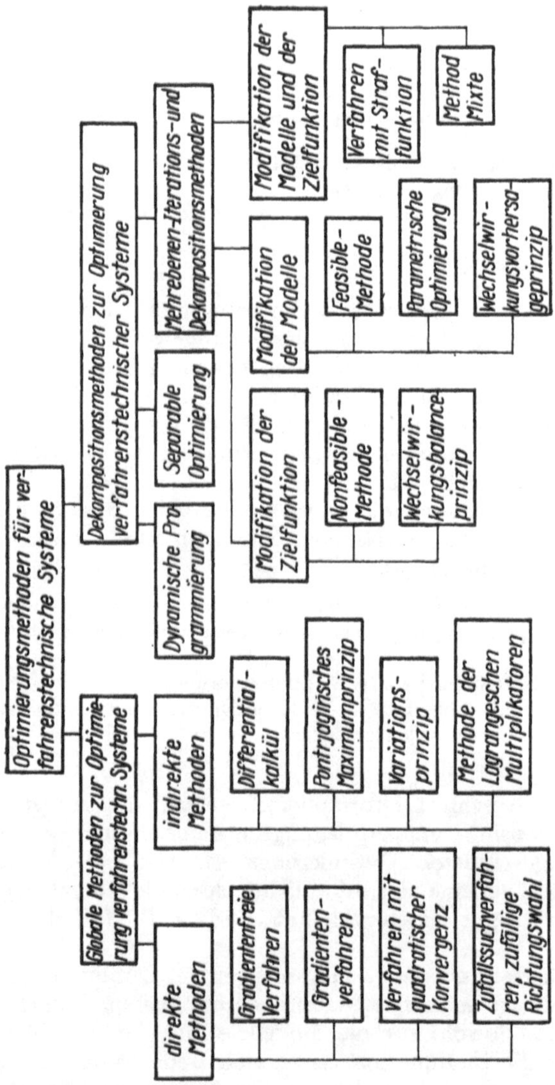

Abb. 7. Klassifikation der Optimierungsmethoden für verfahrenstechnische Systeme

Die verschiedenen Optimierungsmethoden, die zur Anwendung kommen, sind in Bild 7 dargestellt. Sie untergliedern sich in zwei große Gruppen, die Gruppe der globalen Methoden und die der Dekompositionsmethoden. Die globalen Optimierungsmethoden lösen das Optimierungsproblem als Ganzes; für das das vollständige verfahrenstechnische System beschreibende Gleichungs- und Ungleichungssystem und die komplette Zielfunktion wird eine optimale Lösung gesucht. Bei Anwendung direkter Methoden bewegt man sich auf der Zielfunktionsfläche im zulässigen Variablenbereich, bis das gesuchte Extremum erreicht ist. Die einfachsten Verfahren sind die, bei denen durch gezielte oder zufällige Suche ein Punkt im Variablenraum mit verbessertem Zielfunktionswert erreicht wird. Einige dieser Verfahren sind in [21] beschrieben. Bei Benutzung von Gradientenverfahren kann diese Suche lokal in der Richtung des steilsten Anstiegs (Abstiegs) erfolgen und Verfahren mit quadratischer Konvergenz ergeben eine Konvergenzbeschleunigung [22].

In allen Fällen wird die Suche nach der optimalen Lösung bei einer gewissen erreichten Genauigkeit abgebrochen. Der Berechnungsaufwand steigt in der Reihenfolge der angegebenen Verfahren und ist wegen der hohen Dimension des Optimierungsproblems beträchtlich.

Bei der Anwendung von indirekten Methoden werden durch Differentation notwendige Bedingungen in Gleichungs- bzw. auch in Ungleichungsform abgeleitet und das entstehende in der Regel nichtlineare Gleichungssystem ist zu lösen. Ihre Anwendung ist problematisch bei großen Systemen bzw. bei Optimierungsproblemen mit vielen Variablen.

Auf Grund der Struktur eines verfahrenstechnischen Systems und der zugehörigen Optimierungsaufgabe bieten sich Dekompositionsmethoden an.

Das System wird dazu in Teilsysteme zerlegt, ein entsprechender Zielfunktionsanteil wird zugeordnet und es können die Teiloptimierungsprobleme, deren Komplexität wesentlich verringert ist, bei Beachtung ihres hierarchischen Zusammenhanges gelöst werden. In besonders einfachen Fällen zerfällt das globale Optimierungsproblem dadurch in voneinander unabhängige Teiloptimierungsprobleme (separable Optimierung). Im allgemeinen ist die Unabhängigkeit der Teilprobleme nur relativ, beispielsweise sind sie über die Kopplungsgleichungen der Elemente miteinander verknüpft. Man löst dann die Teiloptimierungsprobleme unabhängig, muß sie aber im Verlaufe des Lösungsverfahrens so modifizieren, daß auch das Gesamtoptimum erreicht wird. Dieses Vorgehen wird als Koordination bezeichnet und stellt jetzt das eigentliche Problem der Bestimmung des globalen Optimums dar. In Abhängigkeit von der Art der Einwirkung auf die Teiloptimierungsprobleme unterscheidet man Verfahren mit Modifikation der Zielfunktion, solche mit Modifikation der Modelle und kombinierte Verfahren. Sie sind in [8] ausführlich dargestellt. Weiterführende Arbeiten findet der Leser in [23—30].

Die künftigen Untersuchungen sind auf die Effektivität der Optimierungsmethoden zu richten. Dabei ist sicher die Suche nach einer „besten“ Methode wenig sinnvoll, vielmehr sind Aussagen zu gewinnen unter welchen Bedingungen die eine oder andere Methode zweckmäßig anzuwenden ist.

Analog zu automatisierten Berechnungsverfahren für verfahrenstechnische Systeme ist es auch möglich, geeignete Optimierungsverfahren zu automatisieren.

In Erweiterung der Berechnungsverfahren wird für die globalen Methoden folgende Automatisierungsrichtung verfolgt: Ergänzung der Verfahren zur Berechnung des stationären oder des dynamischen Zustandes eines verfahrenstechnischen Systems erstens durch automatisierbare Algorithmen zur numerischen oder direkten Berechnung von Ableitungen für die Gradientenbildung und zweitens durch entsprechende Suchstrategien.

Ansätze für eine Automatisierung der Dekompositionsmethoden sind bisher nicht bekannt geworden.

Für die optimale Systemgestaltung ist die Berücksichtigung von Unsicherheiten sowohl der Systemparameter (Stoffdaten, Kinetik, Transportkoeffizienten, Preise) als auch der Auslegungs- und technologischen Variablen von großer Bedeutung. Die Berücksichtigung dieses „Risikos" führt auf spezielle Optimierungsaufgaben, die unter Verwendung von Empfindlichkeitsinformationen sowie einer Erwartungswertstrategie gelöst werden können. Einige neuere Lösungsverfahren sind in [9] dargestellt.

Weitergehende spezielle Aspekte der Modellierung und Optimierung verfahrenstechnischer Systeme sind in den Berichten der Konferenzen „*Computers in the Design and Erection of Chemical Plants*", Karlovy Vary, September 1975 [31] und „*Mathematische Modellierung komplexer chemisch-technologischer Systeme*", Jerevan, Oktober 1974 [32] enthalten.

8. Literatur

[1] K. HARTMANN, Vortrag „*Nutzung von systemtechnischen Grundlagen bei der Verfahrensentwicklung*", Wissenschaftliche Tage der Technischen Hochschule „Carl Schorlemmer" Leuna-Merseburg 17. 9. – 21. 9. 1974

[2] Autorenkollektiv, „*Systemverfahrenstechnik I*", VEB Deutscher Verlag für Grundstoffindustrie, Leipzig 1976

[3] M. DOHNAL, J. LUTCHA, Vortrag „*Application of Simulation Systems*", Symposium „*Computers in the Design and Erection of Chemical Plants*", Karlovy Vary, 31. Aug. bis 4. Sept. 1975

[4] R. HOFFMANN, Diplomarbeit, Technische Hochschule „Carl Schorlemmer" Leuna-Merseburg, Sektion Verfahrenstechnik 1973

[5] J. GÜNTHER, Dissertation, Technische Hochschule „Carl Schorlemmer" Leuna-Merseburg 1975

[6] J. GÜNTHER, G. GRUHN, „*Untersuchungen zur Signifikanz von Elementen in verfahrenstechnischen Systemen*", Beitrag im vorliegenden Buch

[7] V. HLAVAČEK, Vortrag „*Analysis and Synthesis of Complex-Plants-Steady State and Transient Behavior*", Symposium „*Computers in the Design and Erection of Chemical Plants*", Karlovy Vary 31. Aug. – 4. Sept. 1975

[8] D. AUERBACH, M. GRAUER, „*Erfahrungen bei der Anwendung der Mehrebenenoptimierung*", Beitrag im vorliegenden Buch

[9] R. DITTMAR, K. HARTMANN, „*Optimierung bei Parameterunsicherheit für den Entwurf und die Steuerung verfahrenstechnischer Systeme*“, Beitrag im vorliegenden Buch

[10] T. UMEDA, Dissertation, Tokyo Institute of Technology, Tokyo 1972.

[11] K. DAMERT, R. DITTMAR, K. HARTMANN, Chem. Engrg. Communs.

[12] R. L. MOTARD, M. SHACHAM u. E. M. ROSEN, Steady State Chemical Process Simulation. AIChE Journal, **21** (1975) 417

[13] PACER 245 User Manual, Digital Systems Corp., Hannover, N. H. (1971)

[14] Autorenkollektiv, „SIMUL“, Akademie-Verlag Berlin und Akademiai Kiado, Budapest 1977

[15] Autorenkollektiv, „*Some Experience with Flowsheet Simulation Program* SIPRO“, Beitrag im vorliegenden Buch

[16] G. KLEEMANN, K. HARTMANN, „*Optimierung verfahrenstechnischer Systeme der Erdölverarbeitung*“, Beitrag im vorliegenden Buch

[17] W. KAUSCHUS, Dissertation, Technische Hochschule „Carl Schorlemmer“ Leuna-Merseburg 1973

[18] W. KAUSCHUS, G. M. OSTROWSKI, Rechentechnik/Datenverarbeitung 8 (1969), 36

[19] S. ARNDT, O.-U. LANGER, „*Simulation und parametrische Optimierung verfahrenstechnischer Systeme mit dem Programmsystem* DIGSIM“, Beitrag im vorliegenden Buch

[20] K. HARTMANN, I. HACKER, L. ROCKSTROH, „*Verfahren zur optimalen Strukturierung von Wärmeübertragungssystemen*“, Beitrag im vorliegenden Buch

[21] G. M. OSTROWSKI, J. M. WOLIN, „*Methoden zur Optimierung komplexer verfahrenstechnischer Systeme*“, Akademie-Verlag, Berlin, 1973

[22] Autorenkollektiv, „*Analyse und Steuerung von Prozessen der Stoffwirtschaft*“, Akademie-Verlag, Berlin, VEB Deutscher Verlag für Grundstoffindustrie, Leipzig, 1971

[23] A. I. BOJARINOW, W. W. KAFAROW, „*Optimierungsmethoden in der Chemie und chemischen Technologie*“, Akademie-Verlag, Berlin, 1972

[24] E. POLAK, „*Computational Methods in Optimization*“, Academic Press, New York, London, 1971

[25] H. ERFURT, G. JUST, „*Modellierung und Optimierung chemischer Prozesse*“, VEB Deutscher Verlag für Grundstoffindustrie, Leipzig 1973

[26] U. HOFFMANN, H. HOFMANN, „*Einführung in die Optimierung mit Anwendungsbeispielen aus dem Chemie-Ingenieurwesen*“, Verlag Chemie, Weinheim 1971

[27] S. G. BEVERIDGE, R. S. SCHECHTER, „*Optimization: Theory and Practice*“, McGraw-Hill, New York 1970

[28] K. DAMERT, D. BALZER, G. REINIG, „*Nichtlineare Optimierung und Prozeßsteuerung*“, Akademie-Verlag, Berlin 1976

[29] D. M. HIMMELBLAU, „*Applied Nonlinear Programming*“, McGraw-Hill, New York 1972

[30] G. M. OSTROWSKI, J. M. WOLIN, „*Methoden zur Optimierung chemischer Reaktoren*“, Akademie-Verlag, Berlin 1973

[31] Symposium-Proceedings „*Computers in the Design and Erection of Chemical Plant*“, Karlovy Vary, 31. Aug.—4. Sept. 1975

[32] Konferenzberichte „*Mathematische Modellierung komplexer chemisch-technologischer Systeme*“ (SChTS-1), Jerewan, November 1975

Untersuchungen zur Signifikanz von Elementen in verfahrenstechnischen Systemen

(G. Gruhn, J. Günther)

Summary

Issuing from the various phases of the solution process design of chemical processes and design of mathematical model systems, the position of significance studies in process stages and the obtainable results are analysed. The statements are orientated principally on the problems of model designs and especially on the problem of the appropiate simplification of models. By means of extensive investigation into some methods of petrol chemistry it is demonstrated that the method of differentiated estimation of process stages is a practicable principle capable of generalization for evaluating the necessary accuracy of models in the first phases of the design of models of great chemical processes. Conditions and boundary conditions of its application are discussed.

0. Einleitung

Die Signifikanzanalyse ist Bestandteil der Entscheidungsvorbereitung. Sie beinhaltet alle diejenigen Aufgaben, die zur Selektion wesentlicher Eigenschaften, Merkmale und Verhaltensweisen des jeweiligen Untersuchungsobjektes dienen. Die vorliegende Untersuchung hat in diesem Sinne die Analyse des Einflusses der Elemente verfahrenstechnischer Systeme auf das Systemverhalten zum Ziel. Als verfahrenstechnische Systeme werden entsprechend [1] nachfolgend komplette Verfahren der Stoffumwandlung mit Prozeßeinheiten als Elemente berücksichtigt. Insbesondere werden Verfahren der chemischen Industrie mit den hier vorliegenden typischen Prozeßeinheiten untersucht. Analysen auf dem Gebiet der petrolchemischen Verfahren haben gezeigt, daß unter diesen Bedingungen ein Verfahren in den häufigsten Fällen eine Menge von 30 bis 50 Prozeßstufen als Elemente umfaßt [2, 3].

Dies ist von erheblichem Vorteil für die mathematische Modellierung und Simulation des Verhaltens dieser Systeme. Verfahrenstechnische Systeme dieses Umfanges sind derzeitig mit Hilfe moderner EDVA simulierbar. Damit sind auch bestimmte, durch separate Betrachtung einzelner Elemente nur unvollständig analysierbare Eigenschaften Untersuchungen zugängig. Die Vielfalt der bei Signifikanzuntersuchungen für Elemente verfahrenstechnischer Systeme vorliegenden Problemstellungen soll durch folgende Festlegungen eingeschränkt werden:

1. Es werden vorzugsweise petrolchemische Verfahren untersucht. Damit sind Einschränkungen auf die in diesem Verfahren vorzugsweise auftretenden Typen von

Elementen vorgenommen und weitere Verfahrensmerkmale, wie kontinuierlicher Stoff- und Energiefluß und fluide Stoffe, als Arbeitsmedium meist implizit als Voraussetzung enthalten.
2. Die Signifikanzuntersuchungen werden für das stationäre Verhalten der Systeme durchgeführt.
3. Die Signifikanz von Elementen wird in bezug auf die Systembewertung dienende extensive Größen untersucht.
4. Die Untersuchungen werden im Hinblick auf die bei der Verfahrensentwicklung vorliegenden Aufgaben des Strukturentwurfes bzw. der Strukturoptimierung und der Parameteroptimierung vorgenommen. Damit sind Anwendungsfälle erfaßt, bei denen Alternativentscheidungen häufig und meist mit bedeutenden Auswirkungen vorliegen.

Trotz dieser Einschränkungen ist nach wie vor noch eine erhebliche Breite der notwendigen Untersuchungen vorhanden und eine weitreichende Anwendung der Ergebnisse gewährleistet.

1. Signifikanzuntersuchungen an Systemelementen im Rahmen der Strukturoptimierung

Bei dem Strukturentwurf, unter dem die Auswahl einer eingeschränkten Menge von Grobstrukturen zu verstehen ist, wird die Bewertung einzelner Systemelemente zunächst von untergeordneter Bedeutung sein. Vielmehr werden hier in erster Linie globale Näherungsmethoden zur Bewertung der unterschiedlichen Grobstrukturen eingesetzt, die ohne eine differenzierte Erfassung des Einflusses einzelner Systemelemente auskommen.

Wegen der meist sehr großen Menge möglicher Strukturvarianten erweist sich defacto die Strategie der Annäherung an die optimale Struktur durch sukzessive Verfeinerung der Strukturen und der eingesetzten Bewertungskriterien als unumgänglich. Ist in dieser Weise die Anzahl der Strukturvarianten auf im Mittel 2 bis 3 Grobstrukturen eingeschränkt, erfolgt im allgemeinen die Untersuchung von Feinstruktur. Dieser als eigentliche Strukturoptimierung aufzufassende Schritt kann im Normalfalle nur unter Berücksichtigung des Einflusses der einzelnen Systemelemente und mit entsprechenden Bewertungskriterien durchgeführt werden. Der zu Beginn des Strukturentwurfs meist hohe Anteil verbal formulierter Auswahl- und Signifikanzkriterien (z. B. in Form von auf Erfahrungswerten beruhenden Vorschriften, siehe auch [4]) wird zunehmend durch quantitativ darstellbare thermodynamische und thermoökonomische Zielgrößen ersetzt.

Dies kann jedoch nur in dem Maße erfolgen, wie die Anzahl der Strukturvarianten eingeschränkt wird, da der Bearbeitungsaufwand mit der Verfeinerung der Systemstrukturen und Bewertungskriterien stark ansteigt [3, 5].

Im allgemeinen wird im Rahmen der Strukturoptimierung der Einfluß eines beliebigen Systemelementes, das in bestimmter Weise mit den anderen Systemelementen gekoppelt ist, auf den Wert einer Bewertungsgröße des Systems untersucht. Dies erfolgt praktisch bei festgehaltenen Werten der frei wählbaren Parameter der Elemente, um den Einfluß bestimmter Strukturen frei von Wirkungen anderer Faktoren beurteilen zu können. Außerdem bereitet eine simultane Struktur- und Parameteroptimierung zur Zeit wegen des damit verbundenen Aufwandes erhebliche Schwierigkeiten. Folglich ist auf diesem Wege nur zwischen solchen Strukturen zweifelsfrei zu entscheiden, die stark unterschiedliche Zielfunktionswerte ergeben, d. h. zwischen solchen Strukturen, von denen zu erwarten ist, daß durch eine nachfolgende Parameteroptimierung die Rangfolge in der Wertung der einzelnen Strukturvarianten nicht verändert wird und die als optimal erkannte Struktur als solche erhalten bleibt.

2. Signifikanzuntersuchungen an Systemelementen im Rahmen der Parameteroptimierung

Zwischen der Entwicklung eines optimal gestalteten materiellen Objektes und der optimalen Gestaltung seines Modells besteht ein Zusammenhang. Es ist insbesondere bei der Modellierung großer verfahrenstechnischer Systeme davon auszugehen, daß nicht alle Elemente des Systems im Modell erfaßt und nicht alle im Systemmodell berücksichtigten Elemente durch gleiche Genauigkeit ihrer Modelle charakterisiert werden können und müssen. Hierzu sind in [2] ausführliche Betrachtungen enthalten. Es gibt zunächst folgende Faktoren, die es erfordern, das Modell gegenüber dem Systemoriginal zu vereinfachen.

Die im allgemeinen große Menge an Prozeßeinheiten in stoffwandelnden Verfahren und die relative Verschiedenartigkeit der in den Prozeßeinheiten ablaufenden Operationen der Stoff- und Energiewandlung bedingen eine Vielzahl unterschiedlicher Prozeßmodelle. Die Komplexität der Kopplungsbeziehungen sowohl innerhalb des verfahrenstechnischen Systems als auch zwischen diesem und seiner Umgebung führt zu einer komplizierten Struktur des Modells. Der Kompliziertheitsgrad der input-output-Relationen der Ströme für die Systemelemente erfordert im allgemeinen komplizierte Prozeßmodelle.

Bei der Verwendung „unvereinfachter“ Modelle verfahrenstechnischer Systeme würde somit schon aus diesen Gesichtspunkten heraus ein extrem hoher Bedarf an Rechenzeit und Speicherkapazitäten entstehen, der mit der Größe des zu simulierenden Systems progressiv ansteigt. Durch den hohen Freiheitsgrad hinsichtlich der Auswahl der unabhängigen Systemvariablen bzw. -parameter würde die Handhabbarkeit derartiger Modelle auch bei ihrer Umsetzung in Programmsysteme wesentlich beeinträchtigt und es müßten außerordentliche Anforderungen an ein entsprechendes Qualitätssicherungssystem gestellt werden [5]. Außerdem kann man aussagen, daß die Verwendung vereinfachter Modelle auch hinreichend ist, oder anders ausgedrückt, ein problemgerecht formuliertes Modell für ein verfahrenstechnisches System stets Vereinfachungen bezüglich der Modellierung der Elemente zuläßt.

Zusammenfassend kann damit die Tendenz festgestellt werden, daß mit

Modellvereinfachungen bei den Elementen die Leistungsfähigkeit des Systemmodells erhöht werden kann. In diesem Sinne spricht man mitunter auch von einer Optimalität des Systemmodells. Unter einer Modelloptimierung versteht man dann die Auswahl derjenigen Einflußgrößen, die den maßgebenden Einfluß auf die Gestaltung der verfahrenstechnischen Systeme als materielles Objekt haben, während die Parameteroptimierung die Bestimmung der Werte dieser Einflußgrößen für eine optimale Systemfunktion selbst zum Gegenstand hat. Im Verlauf der Problembearbeitung ergeben sich im allgemeinen mehrmalige Rückkopplungen zwischen Modell- und Objektgestaltung, falls mit einem „vorläufigen" Modell durchgeführte Systemsimulationen zu neuen Erkenntnissen hinsichtlich der Objektgestaltung führten, die eine Modellkorrektur erfordern.

Wegen der geringen Menge an Informationen, auf denen die Modellierung anfangs aufbauen kann, erweist sich der erste Schritt einer Modellkonzipierung als der problematischste.

Eines von mehreren Prinzipien der Modelloptimierung basiert auf der Bewertung der Elemente hinsichtlich ihres Anteils am Wert der Zielgröße des Bewertungs- bzw. des verfahrenstechnischen Systems. Eine Bewertung dieser Art führt letztendlich zu einer differenzierten Modellgenauigkeit für die Elemente und reicht bis zur Elimination von Elementen des verfahrenstechnischen Systems im Modell. Solche Signifikanzuntersuchungen für Elemente in bezug auf Bewertungsgrößen des Systems, d. h. im Rahmen von Bewertungsmodellen, sind vorzugsweise Gegenstand der nachfolgend dargestellten Untersuchungen.

3. Bewertungs- und Signifikanzkriterien

Für die Bewertung verfahrenstechnischer Probleme werden analytische und verbal formulierte Kriterien im Rahmen ein- und mehrdimensionaler Bewertungs- bzw. Zielsysteme verwendet. Bereits aus dieser Angabe ist zu entnehmen, daß Signifikanzuntersuchungen im Rahmen von Bewertungsmodellen die Entscheidung über das jeweilige Bewertungs- bzw. Zielsystem zur Voraussetzung haben. Anders ausgedrückt bedeutet das, daß das Ergebnis von Signifikanzuntersuchungen von der Beschaffenheit des Bewertungssystems direkt abhängig ist.

Zur Demonstration dieser Aussage an einem einfachen Fall kann die in Abb. 1 dargestellte Prozeßgruppe dienen.

Beurteilt man hierfür z. B. die Signifikanz der Elemente in bezug auf ein Kriterium für die Güte der Energieumwandlung dieser Prozeßgruppe, so erweist sich die Zyklonstufe als nichtsignifikant. Bei einem diesbezüglichen Modell könnte somit diese Stufe unberücksichtigt bleiben.

Untersucht man dagegen die Signifikanz der Elemente bezüglich der Zuverlässigkeit der Prozeßgruppe, so muß die Zyklonstufe als signifikant betrachtet werden, da der Abscheidegrad dieser Stufe einen maßgebenden Einfluß auf das Ausfallverhalten der gesamten Prozeßgruppe besitzt. Für eine

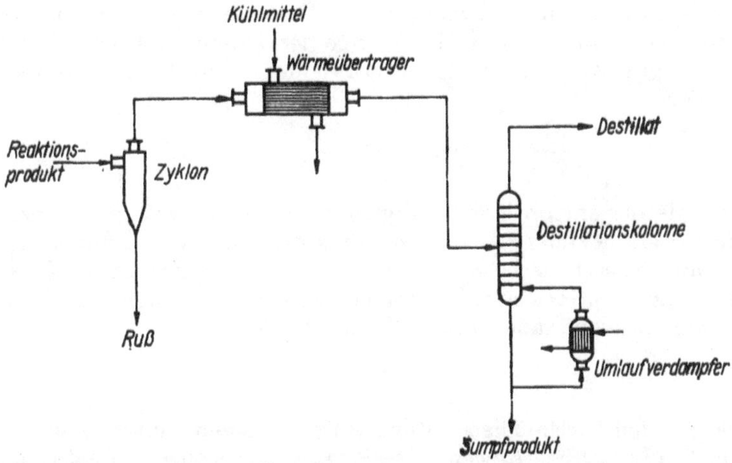

Abb. 1. Prozeßgruppe mit Zyklonstufe zur Rußabscheidung

systematische Bearbeitung des gesamten Signifikanzproblems ist es unter diesen Umständen notwendig, folgende Schritte zu gehen:

1. Es sind Signifikanzuntersuchungen für die Elemente verfahrenstechnischer Systeme für unterschiedliche Bewertungskriterien im Rahmen eindimensionaler Bewertungssysteme vorzunehmen, wobei sowohl analytische als auch verbal formulierte Kriterien zu berücksichtigen sind.
2. Es ist zu untersuchen, auf welchem Wege die unter 1. gewonnenen Ergebnisse zur Beurteilung der Signifikanz von Elementen bei mehrdimensionalen Bewertungssystemen zusammengefaßt werden können.

Für den ersten Schritt besitzen diejenigen Kriterien eine vorrangige Bedeutung, die zur Kennzeichnung der Güte der Stoff- und Energiewandlung in verfahrenstechnischen Systemen geeignet sind. Im Rahmen thermodynamischer Bewertungsmodelle sind dies

– die Aufwendungen an Roh- und Hilfsstoffen zur Bereitstellung der geforderten Haupt- und Nebenprodukte (Stoffbilanz),
– die energetischen Aufwendungen in stoffgebundener und nichtstoffgebundener Form (Energiebilanz) und
– die exergetischen Aufwendungen bzw. die Exergieverluste (Exergiebilanz).

Im Rahmen thermoökonomischer bzw. ökonomischer Bewertungsmodelle sind die kostenmäßigen Aufwendungen als ein Ausdruck des gesellschaftlichen Aufwandes zu erfassen (Kostenbilanz). Wie vorstehend bereits angedeutet, sind auf diese Kriterien ausgerichtete Signifikanzuntersuchungen für die Formulierung der entsprechenden Bilanzgleichungen erforderlich.

Durch folgende Überlegung kann man somit zur allgemeinen Formulierung von Signifikanzkriterien kommen.

Die Signifikanz eines Elementes j des Systems wird gemessen durch seinen Beitrag $|\Delta Z^{(j)}|$ zur Bildung des Wertes der jeweiligen abhängigen Variablen (Bewertungsgröße) Z des Systems, so daß die entsprechende Kriterialgleichung in der Form

$$\varepsilon^{(j)} = \frac{|\Delta Z^{(j)}|}{Z} \quad \text{bzw.} \quad \varepsilon^{(j)} = \frac{Z^{(j)}}{Z} \tag{1}$$

mit $\varepsilon^{(j)}$ als der entsprechenden dimensionslosen Kriterialgröße anzugeben ist

Die Unterscheidung zwischen signifikanten und nichtsignifikanten Elementen kann dadurch herbeigeführt werden, daß der Kriterialgröße ein Grenzwert $\varepsilon_G{}^{(j)}$ zugeordnet wird. Vereinbarungsgemäß sind dann alle diejenigen Elemente als signifikant zu betrachten, für die

$$\varepsilon^{(j)} \geqq \varepsilon_G{}^{(j)} \tag{2}$$

gilt.

Die mit den Gleichungen (1) und (2) getroffenen Aussagen sind allgemeingültig. Die praktische Anwendbarkeit wird hinsichtlich des notwendigen Aufwandes wesentlich durch das spezielle Modellierungsproblem bestimmt. Besonders einfache Verhältnisse ergeben sich, wenn sich die abhängige Variable (Bewertungsgröße) des Systems gemäß

$$Z = \sum_{j=1}^{N} |\Delta Z^{(j)}| \tag{3}$$

additiv aus den Beiträgen aller Elemente N zusammensetzt. In diesem Fall kann aus diesem Beitrag des Elementes j unmittelbar auf dessen Signifikanz im Rahmen des Systems geschlossen werden. Die durch Gleichung (3) ausgedrückte Bedingung ist für bestimmte extensive Größen erfüllt, wie für

- den Energieaufwand,
- den Exergieaufwand bzw. die Exergieverluste und
- die Kosten.

Das heißt, daß auf diesem Wege in relativ einfacher Weise Signifikanzuntersuchungen im Zusammenhang mit der Formulierung von Energie-, Exergie- und Kostenbilanzen durchgeführt werden können. Dieses Ergebnis ist sowohl für die Synthese als auch für die Analyse verfahrenstechnischer Systeme von wesentlicher Bedeutung.

Spezielle Überlegungen sind für Signifikanzuntersuchungen bei der Formulierung von Stoffbilanzen notwendig.

Mit der Einführung des Grenzwertes nach Gleichung (2) können für den speziellen Untersuchungsfall die signifikanten Elemente ermittelt werden. Den zahlenmäßigen Anteil dieser Elemente an der Gesamtzahl der Elemente des Systems wird als Signifikanzgrad

$$\sigma_S = \frac{n_S}{n} \tag{4}$$

bezeichnet.

4. Methoden der Modellvereinfachung bei den Elementen

Es lassen sich folgende Methoden bzw. Prinzipien angeben, die zu einer graduell-differenzierten Modellvereinfachung bei den Elementen verfahrenstechnischer Systeme führen:

1. Veränderung der Modellgleichungen der Elemente mit dem Ziel, für die Modellierung des Systems einfache auswertbare Elementenmodelle zu verwenden [6, 7, 8].
2. Aggregation von Elementen, um mehrere miteinander gekoppelte Elemente durch ein geschlossenes Modell zu beschreiben [9].
3. Vereinfachungen bei Eingangs- und Ausgangsströmen von Elementen mit dem Ziel, durch Vernachlässigung ausgewählter Ströme im Modell die Systemstruktur vereinfacht zu modellieren [10].
4. Vernachlässigung von ausgewählten Elementen im Modell [10, 11, 12].

In der Praxis der Modellierung werden im allgemeinen mehrere dieser Methoden bzw. Prinzipien simultan angewendet, wobei oft eins dieser Prinzipien eine vorrangige Bedeutung besitzt.

Die Entscheidung darüber, inwieweit Vereinfachungen der vorgenannten Art zulässig sind, ist jeweils durch eine Kontrolle der abhängigen Variablen vorzunehmen. Das heißt, es ist zu prüfen, ob die Forderungen an die Darstellung der abhängigen Variablen erfüllt sind. Voraussetzung hierfür ist, daß diese Forderungen an die Darstellung der abhängigen Variablen des Systems zuvor geklärt wurden und damit die von dieser Seite her geforderte Aussagekraft des Modells in Übereinstimmung zu den vorgesehenen Anwendungszweck festgelegt ist. Dabei sind die bereits vorliegenden Möglichkeiten für Einschätzungen hinsichtlich der Darstellung der abhängigen Variablen auszuschöpfen [11, 13, 14, 15].

Diese Möglichkeiten bestehen im folgenden:

- Einschränkungen hinsichtlich der Anzahl der darzustellenden abhängigen Variablen, wie z. B. die Reduzierung der mehrdimensionalen auf die eindimensionale Bewertung,
- Substitution schwierig darstellbarer durch einfacher zu bestimmende abhängige Variable und
- Reduzierung der Genauigkeitsanforderungen für die Darstellung der abhängigen Variablen.

Die Anwendung der oben genannten vier Prinzipien der Modellvereinfachung erfordert eine Erfassung und Bewertung der Auswirkungen dieser Maßnahmen.

Im Rahmen von Bewertungsmodellen können diese Aussagen mit Hilfe der im Abschnitt 3. formulierten Bewertungs- und Signifikanzkriterien gewonnen werden, wobei für deren Anwendung bereits bestimmte Informationen über die Eigenschaften des Systems vorliegen müssen.

Für den Fall, daß über das zu modellierende System lediglich für einen (in der Nähe des Optimums liegenden) Systemzustand Informationen verfügbar sind, was in der Praxis der Systemmodellierung häufig der Fall ist, scheiden von vornherein alle diejenigen Vereinfachungsprinzipien aus, für deren

Anwendung die Kenntnis des Systemverhaltens über einen bestimmten Zustandsbereich erforderlich ist. In der Praxis der Systemmodellierung ist die Forderung nach problemgerechten Informationen über einen Zustandspunkt des Systems häufig erfüllt (z. B. Betriebsmeßwerte, Literaturwerte, anderweitige experimentelle Untersuchungsergebnisse). Die Anwendung der oben unter 1. und 2. aufgeführten Vereinfachungsprinzipien erfordert im allgemeinen Informationen über einen bestimmten Zustandsbereich. Demgegenüber sind für die Nutzung der unter 3. und 4. genannten Prinzipien meist Informationen über einen Systemzustand ausreichend, womit zugleich auch eine informierende Anwendung dieser Prinzipien gewährleistet ist. Die Anwendung von Vereinfachungen bei den Strömen ist dabei auf die Auswahl solcher Ströme gerichtet, die einen signifikanten Einfluß auf den Wert der abhängigen Systemvariablen besitzen. Mit Hilfe der im Abschnitt 3. angegebenen Kriterien kann eine Einschätzung zur Signifikanz der einzelnen Ströme für Berechnungsmodelle vorgenommen werden, wenn hierzu die in der Kriterialgleichung (1) auftretenden Größen in geeigneter Weise interpretiert werden. Für eine eindeutige Kennzeichnung eines dem Element zugeführten Stromes wird der Betrag, der ihn charakterisierenden extensiven Größe (Stoff-, Energie-, Exergie-, Kostenstrom) verwendet.

Für die Bildung der Vergleichsgröße Z besteht dagegen Mehrdeutigkeit, auch wenn man davon ausgeht, daß diese Größe stets als Summe der charakterisierenden extensiven Größen einer Menge von Strömen zu bilden ist. Diese Mehrdeutigkeit ist dadurch gegeben, daß diese Ströme nach unterschiedlichen Gesichtspunkten ausgewählt werden können. Ein einfacher Sonderfall liegt dann vor, wenn eine Beurteilung der Signifikanz von dem System von außen zugeführten Strömen vorgenommen werden soll. In dieser Situation ist die Vergleichsgröße aus der Gesamtheit aller zugeführten Ströme zu bilden, da offenbar zu beurteilen ist, welcher Anteil jeder der einzelnen Ströme an den Gesamtwert aller Eingangsströme besitzt.

Problematischer gestaltet sich generell die Bewertung innerer Ströme des Systems, da in diesem Falle keine begründete Aussage über die Vergleichsgröße möglich ist und bei einer willkürlichen Auswahl der zur Bildung der Vergleichsgröße heranzuziehender Ströme weder der Grenzwert der Kriterialgröße nach Gleichung (2) im Einzelfall begründet festgelegt werden kann noch damit eine Verallgemeinerung im Einzelfall erhaltbarer Ergebnisse möglich ist. Besondere Probleme treten außerdem bei der Bewertung von Rückführungsströmen auf. Diese Probleme werden deutlich, wenn man z. B. berücksichtigt, daß diese Ströme in ihrer Größe die von außen zugeführten Ströme nur übertreffen können und bereits aus dieser Sicht die Bildung geeigneter Vergleichsgrößen mit Hilfe der von außen zugeführten Ströme in Frage gestellt ist.

Auch Hilfsvorstellungen entsprechend [2] können hier noch keine befriedigende Lösung bringen.

Schließlich soll ausdrücklich erwähnt werden, daß der dargestellten Methodik zur Beurteilung der Signifikanz von Strömen die allgemeine Voraussetzung zugrunde liegt, daß die Wertung eines Stromes im System umso bedeutender ist, je höher der Wert, der dem Strom im obigen Sinne charakterisierenden Größe liegt. Diese Voraussetzung ist zwar plausibel, aber nicht ohne weiteres allgemein beweisbar.

5. Vernachlässigung von Elementen im Modell

Von den in den ersten Phasen des Modellentwurfes einsetzbaren Vereinfachungsprinzipien besitzt das der Vernachlässigung von Prozeßeinheiten die größte Bedeutung. Es basiert auf der Analyse des Transformationswertes extensiver Größen für jede Prozeßeinheit des verfahrenstechnischen Systems. Dieser Transformationswert $\Delta Z^{(j)}$ wird gemäß Gleichung (1) als Maß für die Signifikanz des Elementes j hinsichtlich seines Einflusses auf eine Zielgröße Z betrachtet. Auf dieser Grundlage wird gemäß Gleichung (2) ein Element j dann als signifikant betrachtet, wenn für einen gegebenen Systemzustand der Quotient $\varepsilon^{(j)} = \Delta Z^{(j)}/Z$ größer als ein festzulegender Signifikanzgrenzwert $\varepsilon_G{}^{(j)}$ ist.

Die in der Bewertung eines Elementes j einbezogene Menge an Ein- bzw. Ausgangsströmen des Elementes wird als Kopplungsbreite bezeichnet. Als Grenzfall der Kopplungsbreite ergibt sich die Gesamtheit aller Ein- bzw. Ausgangsströme eines Elementes des sogenannten Kopplungsquerschnitts. Verdeutlicht ist dieser Zusammenhang in Abb. 2. Beliebige Kombinationen der Ströme 3 bis 5 stellen eine Kopplungsbreite und die Gesamtheit der Ströme 3 bis 5 den Kopplungsquerschnitt der Eingangsströme k des Elementes j dar. Entsprechendes gilt für die Ströme 6 und 7 auf der Ausgangsseite des Elementes j.

Die Anwendung dieses Prinzips der Bewertung von Systemelementen erscheint zunächst aus folgenden Gründen problematisch:

1. Die auf diesem Wege erhaltenen Aussagen zur Signifikanz von Elementen gelten exakt nur für den ausgewählten Zustand des Systems.
2. Es muß zunächst angenommen werden, daß die Ergebnisse der Signifikanzuntersuchungen vom Typ der Zielgröße Z abhängig sind.

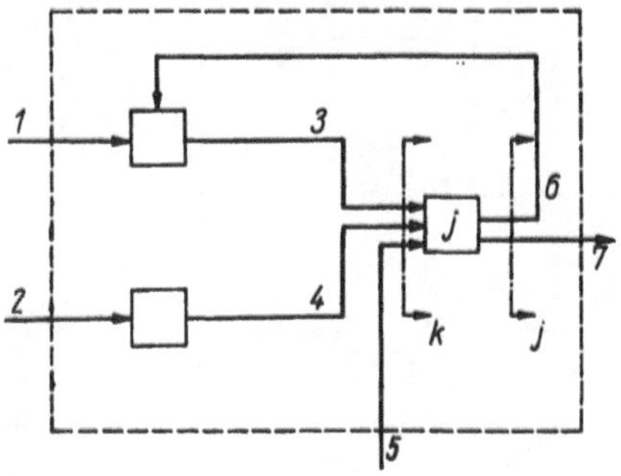

Abb. 2. Zur Definition von Kopplungsbreite und Kopplungsquerschnitt

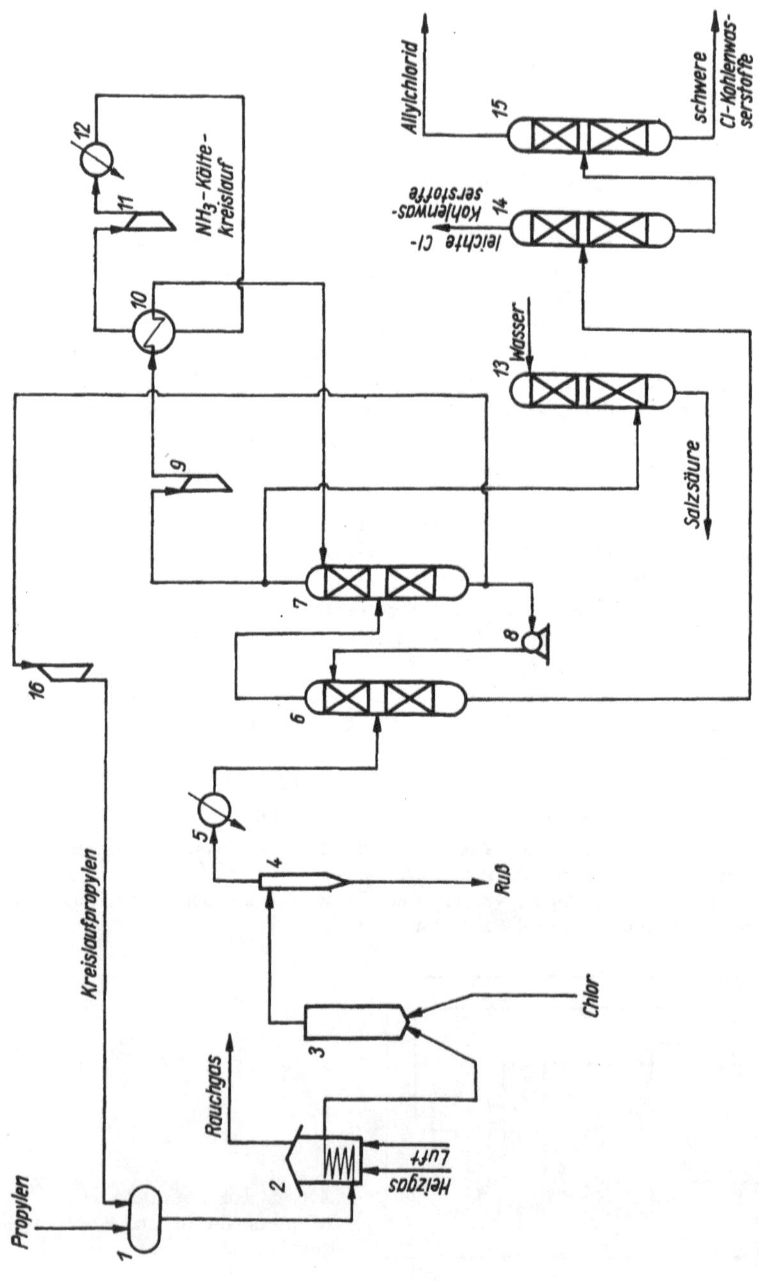

Abb. 3. Schema eines Verfahrens zur Propylenchlorierung

Durch Untersuchungen an verschiedenen petrolchemischen Verfahren kann zu 1. gezeigt werden, daß aus der Analyse eines einzigen, in der Nähe des Optimums liegenden Systemzustandes, allgemeingültige Erkenntnisse gewonnen werden können. Aus den in [2] enthaltenen Untersuchungen werden im folgenden ausgewählte Ergebnisse am Beispiel eines Propylenchlorierungsverfahrens dargestellt. Abb. 3 enthält hierzu ein technologisches Prinzipschema, wie es in seinen Grundzügen [15] zu entnehmen ist. Als Bewertungsbasis für die folgenden Untersuchungen wurden verwendet:

1. Die Energiebilanz zur Quantifizierung der energetischen Aufwendungen, die eine charakteristische Kenngröße des Systems und seiner Prozeßeinheiten bei der Bewertung auf Basis des ersten Hauptsatzes der Thermodynamik darstellen.
2. Die Exergiebilanz zur Quantifizierung des Exergieverlustes als der charakteristischen Kenngröße des Systems und seiner Prozeßeinheiten bei der Bewertung auf der Basis des ersten und zweiten Hauptsatzes der Thermodynamik.
3. Die Kostenbilanz zur Quantifizierung der Produktionsselbstkosten als charakteristische Kenngröße des gesellschaftlichen Aufwandes.

5.1. *Verteilung der Transformationswerte*

Für eine problemgerechte Selektion signifikanter Systemelemente müssen zwischen den Transformationswerten aller $j = 1, 2 \ldots N$ Elemente des Systems eindeutige Unterschiede bestehen bzw. muß die Menge der sich nichtsignifikant unterscheidenden Transformations- oder Kriterialwerte klein sein gegenüber der Gesamtmenge der Elemente. Als vorteilhaft für die Darstellung und Beurteilung der Transformationswerte der Elemente hat sich die Einführung von Verteilungsfunktionen der Transformationswerte in Abhängigkeit der in bestimmten Transformationswert-Bereichen liegenden Mengen an Systemelementen vom Transformationswert erwiesen. In Abb. 4 sind derartige Verteilungsfunktionen für Transformationswerte verschiedener extensiver Berechnungsgrößen graphisch dargestellt.

Wie aus Abb. 4 zu entnehmen ist, weisen die Transformationswerte der Elemente deutliche Größenunterschiede auf. Für alle untersuchten Transformationswert-Verteilungsfunktionen ist ein s-förmiger Verlauf bei halblogarithmischer Darstellung typisch.

Der Bereich steileren Anstiegs beinhaltet eine relativ große Menge von Elementen. Es konnte jedoch in keinem Fall beobachtet werden, daß der Funktionsverlauf dem einer Sprungfunktion nahekommt. Vielmehr läßt Abb. 5 vermuten, daß eine Sprungfunktion in diesem Zusammenhang auszuschließen sein wird. Offensichtlich besteht ein allgemeingültiger, objektiver Zusammenhang zwischen dem Transformationswertebereich des steilen Anstiegs der Transformationswert-Verteilungsfunktion und der Menge, der in diesem Transformationswertbereich liegenden Elemente. Dies umso mehr, als sich die in Abb. 5 eingezeichneten Punkte sowohl aus Transformationswert-Verteilungsfunktionen verschiedener extensiver Bewertungsgrößen als auch verschiedener verfahrenstechnischer Systeme ergeben haben.

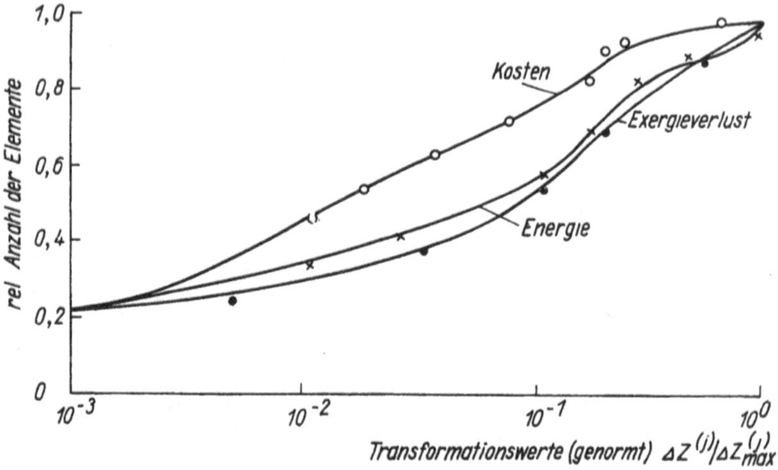

Abb. 4. Verteilung der Transformationswerte für Energie, Exergieverluste und Kosten für ein Verfahren der Propylenchlorierung

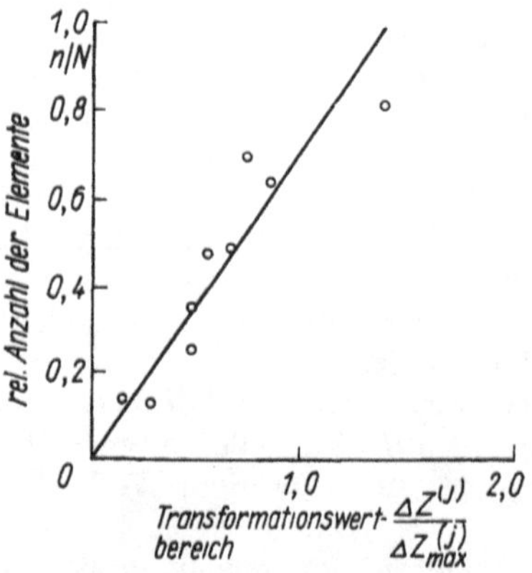

Abb. 5. Zur Analyse der Transformationswerte

Wird angenommen, daß die untersuchten Objekte für eine bestimmte Klasse verfahrenstechnischer Systeme (Petrolchem. Verfahren) repräsentativ sind, dann kann aus diesen Ergebnissen prinzipiell die Möglichkeit einer problemgerechten Selektion signifikanter und nicht signifikanter Systemelemente abgeleitet werden. Darüber hinaus gibt der Verlauf der Verteilungsfunktion der Transformationswerte erste Anhaltspunkte über den notwendigen Umfang des vereinfachten Systemmodells hinsichtlich der darin zu berücksichtigenden Menge an Elementen.

Der Wert der Zielgröße wird im allgemeinen durch etwa 40–60% der

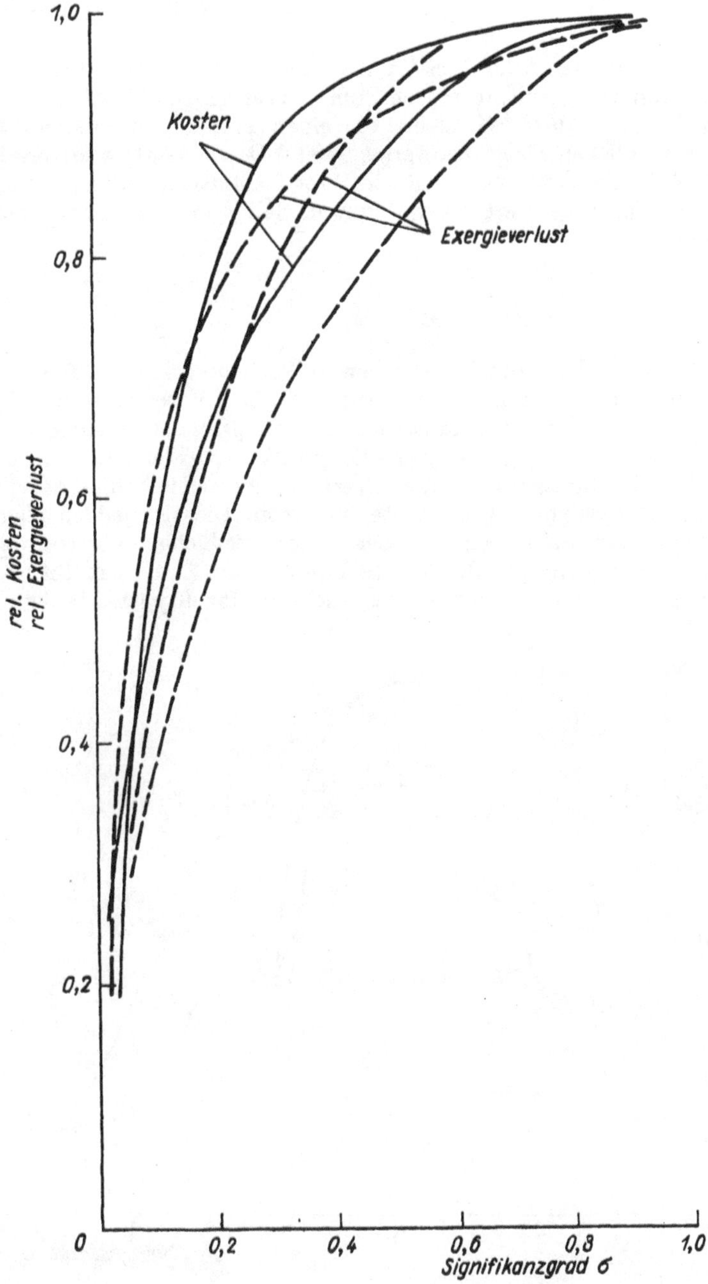

Abb. 6. Darstellung der Kosten und Exergieverluste durch vereinfachte Modelle verfahrenstechnischer Systeme in Abhängigkeit des Signifikanzgrades

Elemente des Systems wesentlich bestimmt. Offensichtlicher wird dieser Umstand bei einer Darstellung in Form von Summenkurven gemäß Abb. 6. Man erkennt, daß der o. g. Anteil an Elementen einen Transformationswert von ca. 90% des tatsächlichen Zielgrößenwertes liefert. Das bedeutet andererseits, daß etwa 60—40% der Systemelemente in ihrer Gesamtheit nur zu 10% an der Bildung des Zielgrößenwertes beteiligt und damit im allgemeinen nicht signifikant sind.

5.2. Aufbau der vereinfachten Modelle

Bei der Betrachtung der Transformationswert-Verteilungskurven fällt auf, daß die Verläufe für die gewählten extensiven Größen unterschiedlich sind. Diese Unterschiede resultieren daraus, daß die entsprechenden Modelle des Systems, in die vereinbarungsgemäß nur die signifikanten Elemente eingehen, bei gleichen Signifikationsgrad σ unterschiedliche Prozeßeinheiten des verfahrenstechnischen Systems als Elemente umfassen. Dies ist jedoch gleichbedeutend damit, daß mit diesen Modellen unterschiedliche Kriterien abgeleitet werden. Abb. 7 veranschaulicht diese Feststellung. In diesem Bild sind die Abweichungen zwischen den drei untersuchten Modelltypen hinsichtlich

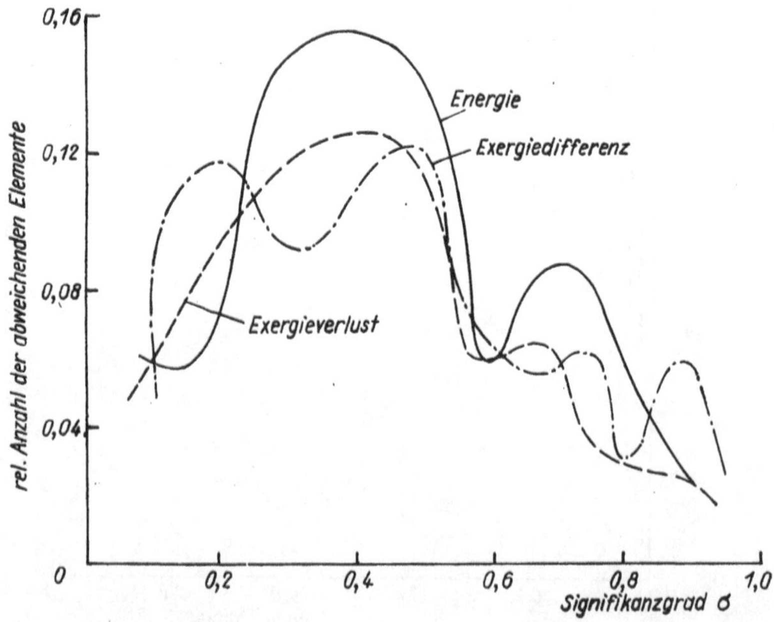

Abb. 7. Vergleich der Elementenanzahl vereinfachter Modelle für ein Verfahren der Propylenchlorierung

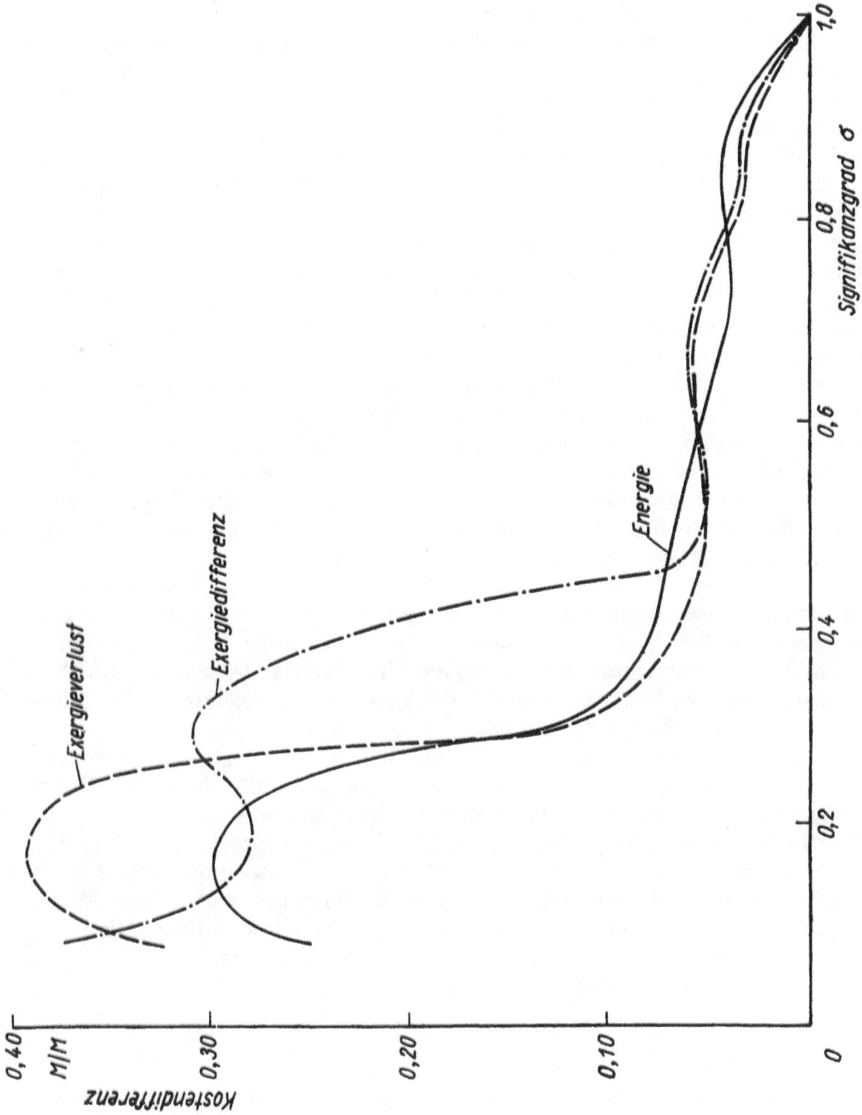

Abb. 8. Abweichungen in der Modellierung der Kosten auf der Grundlage unterschiedlich vereinfachter Modelle für ein Verfahren der Propylchlorierung

der Anzahl der Elemente, die in das jeweilige vereinfachte Modell eingehen, dargestellt. Das Kostenmodell dient hierbei als Vergleichsgrundlage. Allgemein ist hierbei folgendes Verhalten typisch:

Im Bereich $\sigma \leqq 0{,}6$ bilden sich Maxima in den Abweichungen aus. Für $\sigma = 0{,}6$ beträgt die Abweichung im Mittel weniger als 10% der genannten Elementenmenge des verfahrenstechnischen Systems.

Bei höherem Signifikanzgrad wird dieser Wert noch unterschritten. Das heißt, daß ein Bereich der für die Modellierung praktisch interessierenden Signifikanzgrade hinsichtlich der Anzahl der im Modell zu erfassenden Elemente für die unterschiedlichen Modelltypen existiert. Dieses Ergebnis ist für die Anwendung bereits von erheblichem Vorteil. Er ergibt sich jedoch hiermit die weiterführende Frage, inwieweit für die untersuchten Modellierungsaufgaben darüber hinaus Übereinstimmung im Aufbau der vereinfachten Modelle (hinsichtlich der speziellen Elemente) vorliegt. Das heißt, es ist zu klären, ob die Darstellung der interessierenden Ziel- bzw. Bewertungsgrößen des Systems auf der Grundlage einer in allen 3 Fällen übereinstimmenden vereinfachten Systemstruktur mit gleichen Elementen erfolgen kann.

Zur Beantwortung dieser Frage wird für unterschiedliche Signifikanzgrade geprüft, welche Abweichungen sich in der Darstellung ein und derselben abhängigen Bewertungsgrößen bei Verwendung jeweils der drei Typen vereinfachter Modelle ergeben. Abb. 8 gibt die Ergebnisse für die Darstellung der Kosten. Hieraus lassen sich folgende Aussagen ableiten.

Im Bereich $\sigma < 0{,}6$ treten erhebliche Unterschiede in der Darstellung der betrachteten Bewertungsgröße auf, die bei $\sigma = 0{,}1$ bis 0,2 mit der Ausbildung eines Maximums der Abweichung Beträge von 30—40% des Wertes annehmen, den man bei Darstellung der Kosten auf der Grundlage allgemein vereinfachter Modelle erhalten würde. Für $\sigma > 0{,}6$ betragen die Abweichungen im Mittel weniger als 5% des Zielgrößenwertes.

Dieses Ergebnis wurde nicht nur für das hier als Beispiel angeführte Verfahren der Propylenchlorierung gewonnen, sondern konnte durch die Untersuchung weiterer petrolchemischer Verfahren bestätigt werden.

Für die Anwendung vereinfachter Modelle ist dieses Ergebnis insofern von Bedeutung, als hiermit für einen Bereich praktisch interessierender Signifikanzgrade auf eine Übereinstimmung der Modelle für unterschiedliche Modellierungsaufgaben hingewiesen wird. Allerdings ist diese Übereinstimmung hiermit zunächst nur hinsichtlich der Anzahl der im Modell zu berücksichtigenden Elemente gezeigt worden.

5.3. *Gültigkeitsbereiche*

An dieser Stelle soll untersucht werden, inwieweit die Ergebnisse der Signifikanz von Elementen durch eine Variation der veränderlichen Systemparameter beeinflußt werden, also nicht nur für einen Zustandspunkt, sondern auch über einen bestimmten Zustandsbereich des Systems gültig sind.

Die Signifikanz der Elemente für einen gegebenen Systemzustand läßt sich in diesem Sinne durch deren Signifikanzstellung und die Transformationswertänderung durch die Schwankungsbreite ausdrücken.

Die sogenannte Signifikanzstellung der Elemente eines Systems erhält man durch deren Ordnung nach der Höhe ihrer Transformationswerte. In dieser

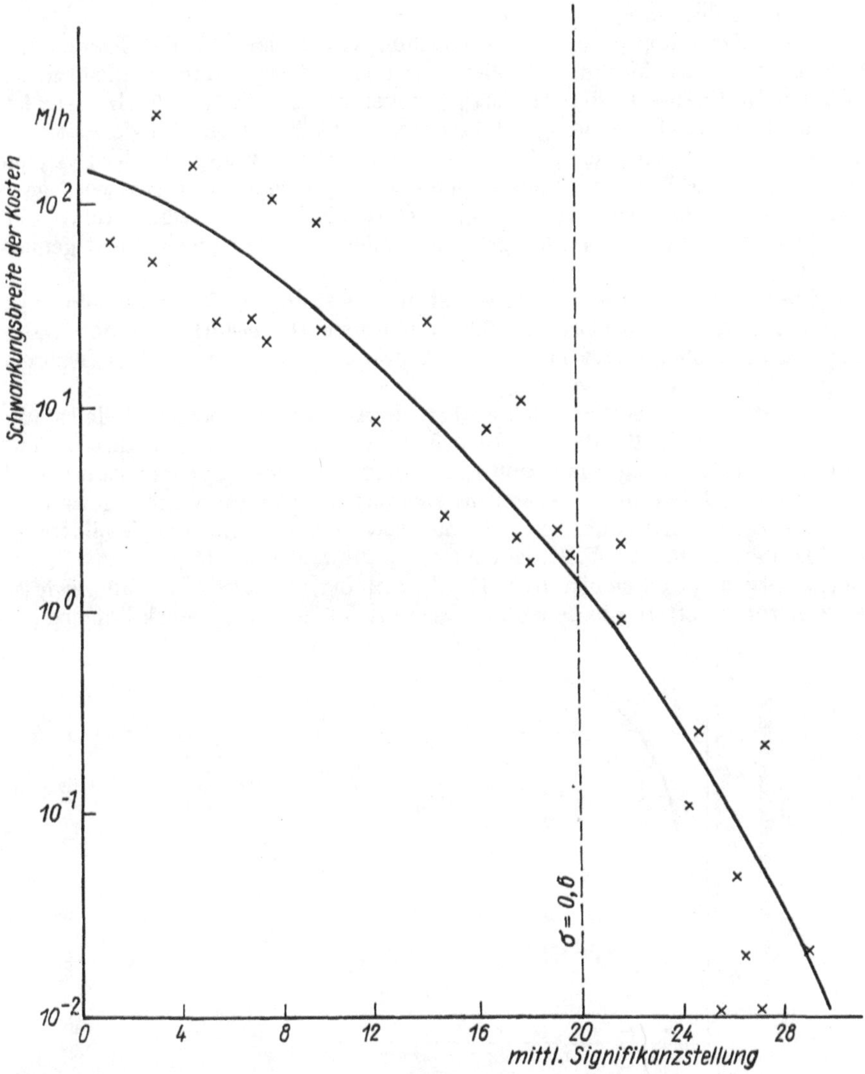

Abb. 9. Schwankungsbreite der Kosten in Abhängigkeit von der mittleren Signifikanzstellung für ein Verfahren der Propylenchlorierung

Weise erhält das Element mit dem höchsten Transformationswert die Signifikanzstellung 1 und dasjenige mit dem niedrigsten Transformationswert die Signifikanzstellung N.

Mit der sogenannten Schwankungsbreite wird der Änderungsbetrag eines das Element charakterisierenden Merkmales infolge der jeweils möglichen Variation der Systemparameter erfaßt.

Abb. 9 zeigt entsprechende Untersuchungsergebnisse für die Kosten als charakterisierendes Merkmal, wobei durch eine Ausgleichkurve gleichzeitig der generelle Charakter der Abhängigkeit veranschaulicht wurde. Hieraus ist zu entnehmen, daß für diejenigen Elemente, die den höchsten Transformationswert besitzen, das heißt, den größten Beitrag zur Bewertungsgröße des Systems bringen, auch die höchsten Änderungen des Transformationswertes vorliegen.

Eine weitere quantitative Aussage liefert hierzu die Summenkurve der Transformationswert-Schwankungsbreite aller N-Systemelemente gemäß Abb. 10.

In Übereinstimmung zu bereits weiter oben getroffenen Feststellungen zeigt sich auch hier, daß nur etwa 40—50% der Elemente wesentlich an der Änderung des Zielgrößenwertes beteiligt sind, wenn der Steuerraum des Systems weitgehend ausgeschöpft wird.

Damit ist allerdings noch nichts über die Adäquatheit beider Modellstrukturen gesagt, das heißt über die Identität zwischen der Struktur des Modellsystems, das durch Signifikanzuntersuchungen für einen Systemzustand und dem das auf Basis der Transformationswert-Schwankungsbreite gewonnen wurde. Vergleicht man daher diese Modellsysteme hinsichtlich der sie bildenden signifikanten Elemente nach dem gleichen Prinzip wie in Abschnitt 5.2. gezeigt, so ergeben sich gemäß Abb. 11 Abweichungsverläufe in den ausgewiesenen Zielgrößenwerten, die denen in Abschnitt 5.2. gezeigten stark ähneln.

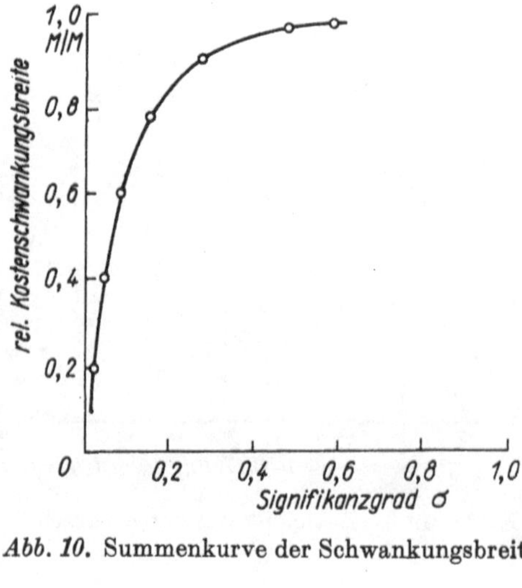

Abb. 10. Summenkurve der Schwankungsbreite (für die Kosten)

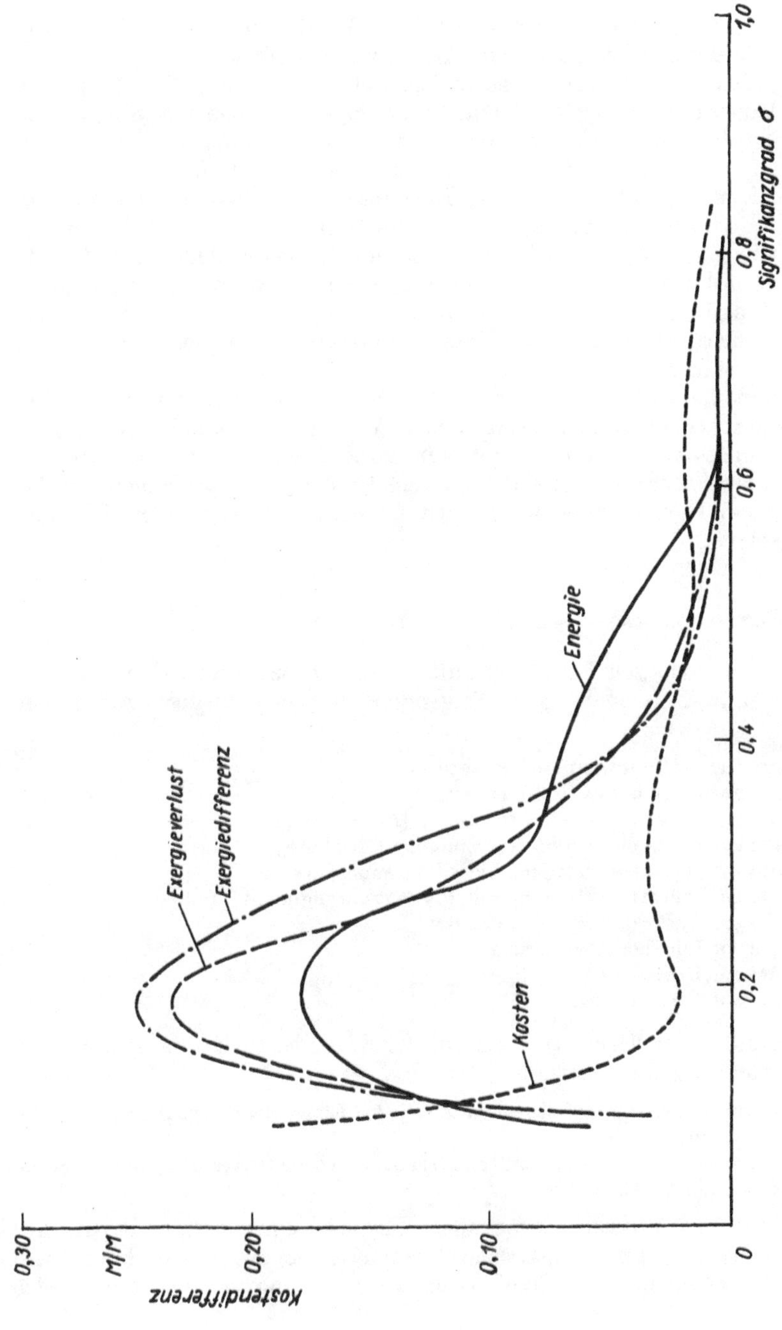

Abb. 11. Abweichungen in der Darstellung der Kosten für unterschiedliche Modellsysteme

Es erweist sich somit auch im Rahmen dieses Vergleichs, daß der Signifikanzgrad von $\sigma = 0{,}6$ den Charakter eines Grenzwertes besitzt.

Abb. 9 läßt einen weiteren, wesentlichen Aspekt erkennen. Die Menge derjenigen Elemente, die auf Grund von Parametervariationen ihre Signifikanzstellung ändern und dabei den Grenzwert des Signifikanzgrades $\sigma = 0{,}6$ in dieser oder jener Richtung überschreiten, ist klein, gemessen an der Gesamtmenge der Systemelemente. Da diese Elemente sich außerdem für ein großes Gebiet des Steuerraumes in der Nähe dieses Grenzwertes befinden (etwa im Bereich $0{,}45 \leqq \sigma \leqq 0{,}75$), ist damit eine hinreichende Bedingung für die Anwendung des auf der Analyse eines Systemzustandes beruhenden Prinzips der Bewertung und Vernachlässigung von Systemelementen gegeben.

Zusammenfassend gestatten die Untersuchungsergebnisse nunmehr folgende vorläufige Aussagen:

Es existiert eine bestimmte Menge an Elementen eines verfahrenstechnischen Systems, die zur Beschreibung des stationären Verhaltens minimal notwendig ist.

Die für einen beliebigen, dem Optimum nahe liegenden Systemzustand ermittelten Transformationswerte der Systemelemente sind prinzipiell zur Abschätzung von Genauigkeitsanforderungen an die entsprechenden Elementmodelle geeignet.

5.4. *Signifikanz unterschiedlicher Elementetypen*

Die in den untersuchten Verfahren auftretenden Prozeßeinheiten werden für die vorliegende Untersuchung zu folgenden 10 Elementetypen zusammengefaßt.

1. Elemente zur Stoffumwandlung (Reaktion)
2. Elemente zur thermischen Stofftrennung
3. Elemente zur mechanischen Stofftrennung (Abscheidung)
4. Elemente zur mechanischen Stoffvereinigung (Mischung)
5. Elemente zur Wärmeübertragung ohne Phasenumwandlung
6. Elemente zur Wärmeübertragung mit Phasenumwandlung
7. Elemente zur Gasförderung (Kompression)
8. Elemente zur Flüssigkeitsförderung
9. Elemente zur Drosselentspannung
10. Elemente zur Formgebung.

Der Einfluß dieser Elementetypen auf den Wert der Zielgröße wird mit folgenden Zielstellungen untersucht

a) zur Ermittlung des summarischen Anteils jeder Elementeart am Betrag der Zielgröße des Systems,
b) zur Bestimmung des durchschnittlichen Transformationswertes der jedem Elemententyp zuordenbaren Elemente.

Die Transformationswertsumme aller Elemente eines Elementetyps wird vereinbarungsgemäß als summarischer Transformationswert bezeichnet. Wird dieser in Abhängigkeit vom Signifikanzgrad σ bestimmt, dann ergeben sich

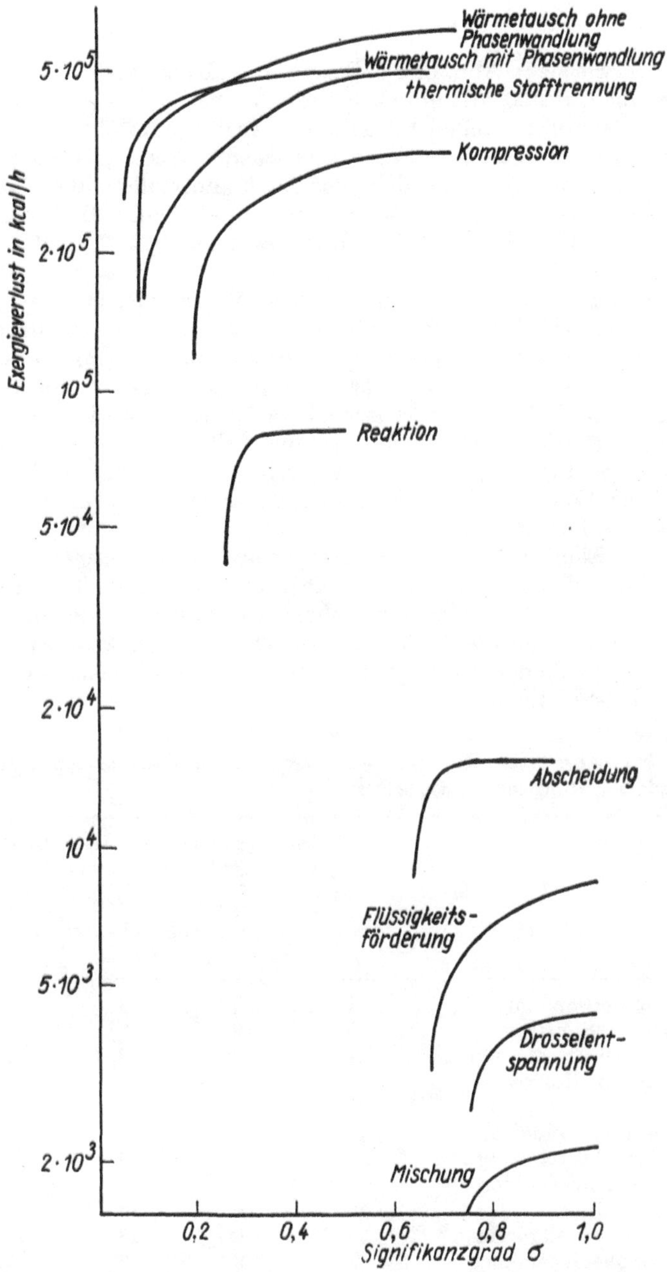

Abb. 12. Zur Signifikanz unterschiedlicher Elemententypen für die Darstellung der Exergieverluste

Kurvenverläufe, wie sie in Abb. 12 am Beispiel der Exergieverluste dargestellt sind. In Anbetracht des logarithmischen Ordinatenmaßstabes sind die Unterschiede in den Zielgrößenanteilen beträchtlich. Auch wenn für die verschiedenen Bewertungsgrößen eines verfahrenstechnischen Systems (als auch für die verschiedenen Systeme) Unterschiede in der Signifikanzstellung der Elementetypen auftreten können, so ergibt sich im Mittel eine eindeutige Differenzierung zwischen den Elementetypen 1, 2, 5, 6, 7 einerseits und 3, 4, 7, 9, 10 andererseits.

Die letztgenannten Elementetypen sind sowohl hinsichtlich ihres Anteils am Wert der Zielgröße des Systems für einen gegebenen Systemzustand als auch hinsichtlich der Schwankungsbreite ihres summarischen Transformationswertes über einen bestimmten Zustandsbereich des Systems vernachlässigbar. Berücksichtigt man, daß der summarische Transformationswert sowohl durch das Niveau der Transformationswerte der einem Elementetyp zuordenbaren Elemente als auch durch deren Menge beeinflußt wird, dann ist hierin ein Ansatzpunkt zur Wertung der verfahrenstechnischen Prozeßeinheiten hinsichtlich ihrer Signifikanz zu sehen.

Der Anteil der Elemente eines Elementetyps an der Gesamtmenge der Systemelemente ist abhängig von der Struktur und der stoffwirtschaftlichen Funktion des betrachteten verfahrenstechnischen Systems, wie aus Tab. 1 hervorgeht. Aus den darin enthaltenen Werten läßt sich kein eindeutiger Zusammenhang zwischen der Menge an Elementen eines Elementetyps und dessen Signifikanzstellung nachweisen.

Tabelle 1: Anteil der Elemente an verschiedenen Elementetypen für verschiedene verfahrenstechnische Systeme

Elementetyp	Äthylen-polymerisation	Anteil an der Gesamtmenge der Systemelemente %		
		Spaltgas-trennung	Propylen-chlorierung	Mittelwert[1])
1. Stoffumwandlung	4	0	3	6,8
2. Therm. Stofftrennung	0	19	18	18,3
3. Mechan. Stofftrennung	4	2	3	8,2
4. Mechan. Stoffvereinig.	17	2	6	13,3
5. Wärmeübertrag. ohne Phasenumwandlung	27	34	21	17,4
6. Wärmeübertragung mit Phasenumwandlung	13	22	9	11,6
7. Gasförderung	18	19	16	4,6
8. Flüssigkeitsförderung	13	0	18	17,5
9. Drosselentspannung	2	2	6	1,8
10. Formgebung	2	0	0	0,5

[1]) Entsprechend der Analyse von 31 verfahrenstechnischen Systemen

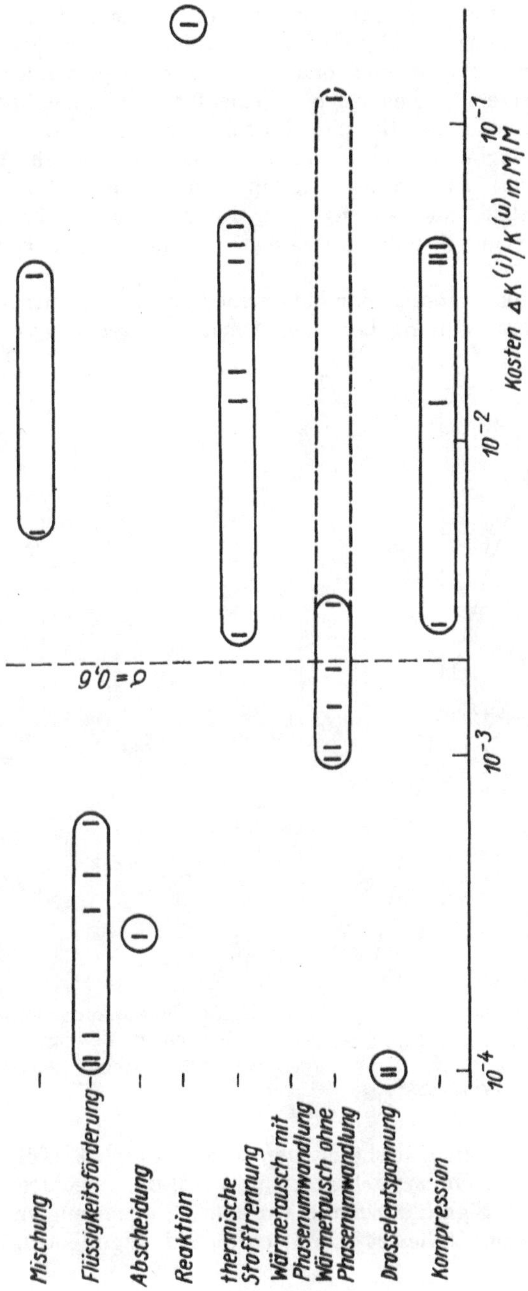

Abb. 13. Kostenverteilung für die Elementetypen für ein Verfahren zur Propylenchlorierung

Tatsächlich erweist sich das Niveau der Transformationswerte als ein ausschlaggebender Faktor. Sehr einprägsam ist dies anhand von Diagrammen zu erkennen, bei denen die Transformationswerte der Elemente aller im verfahrenstechnischen System enthaltenen Elementetypen gegenübergestellt werden. Abb. 13 gibt hierfür ein Beispiel. Es zeigt sich hier, daß jedem Elementetyp ein relativ engbegrenzter Transformationswertebereich (gemessen am Gesamtwertebereich) zugeordnet werden kann. Diese Bereiche sind gegeneinander abgrenzbar, und es sind den Elementetypen Signifikanzen zuzuordnen, die die gleiche Tendenz aufweisen, wie die integralen Transformationswerte.

Zwischen der Schwankungsbreite der unterschiedlichen Elementetypen und ihrer mittleren Signifikanzstellung bestehen Abhängigkeiten gemäß Abb. 14.

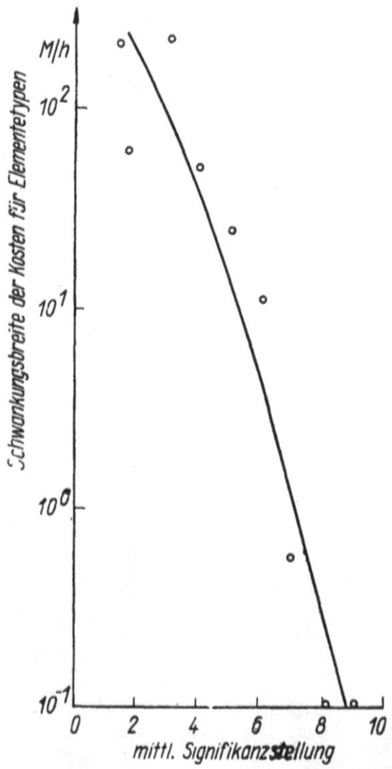

Abb. 14. Schwankungsbreite der Kosten in Abhängigkeit von der mittleren Signifikanzstellung

Die vorstehend getroffenen Einschätzungen werden durch Einführung von Signifikanzmaßen für Elementetypen unterstützt. Auf die verschiedene Form und Aussagekraft dieser Signifikanzmaße wird in [2] eingegangen. Die Anwendung der Signifikanzmaße liefert im Mittel folgende Signifikanzstellungen der Elementetypen:

1. Stoffumwandlung
2. Thermische Stofftrennung
3. Wärmeübertragung mit Phasenumwandlung
4. Gasförderung
5. Wärmeübertragung ohne Phasenumwandlung
6. Mechanische Stofftrennung
7. Mechanische Stoffvereinigung
8. Drosselentspannung
9. Flüssigkeitsförderung

Die erstgenannten 5 Elementetypen sind gegenüber den restlichen signifikant.

Folglich stimmen diese Ergebnisse sehr gut mit denen der Signifikanzuntersuchungen auf Basis der summarischen Transformationswerte überein. Es sei an dieser Stelle darauf aufmerksam gemacht, daß obige Untersuchungsergebnisse auf der Analyse solcher stoffwandelnden Verfahren beruhen, in denen vorwiegend fluide Medien auftreten und bei denen den physikalischen Stoffwandlungen überwiegend thermische Prinzipien zugrunde liegen. Daher sind die an diesen Verfahren gewonnenen Erkenntnisse und Mittelwerte nicht unmittelbar auf andere übertragbar (z. B. größere Abweichungen bei Verfahren der Plast- und Elastherstellungen).

6. Signifikanzanalyse und Systemmodellierung

Auf der Grundlage des Signifikanzgrades kann man eine Klassifizierung von Modellgenauigkeiten vornehmen. Dabei sind vorzugsweise folgende Bereiche des Signifikanzgrades zu unterscheiden:

1. $\sigma \leqq 0{,}2$:

Die in diesem Bereich liegenden Elemente besitzen sehr hohe Transformationswerte, die summarisch im Mittel ca. 50% des Zielgrößenwertes oder dessen Änderungsbetrages ausmachen. Demzufolge sind diese Elemente hochsignifikant, und für ihre Modelle ist höchste Genauigkeit erforderlich.

2. $0{,}2 \leqq \sigma \leqq 0{,}45$:

Elemente in diesem Bereich sind signifikant, da

- ihr summarischer Anteil am Zielgrößenwert erheblich ist (im Mittel 25–35%).
- Parameteränderungen wesentliche Änderungsbeträge in den Transformationswerten hervorrufen
- der Grenzwert $\sigma = 0{,}6$ im Niveaubereich nicht überschritten wird.

Vereinfachungen der Elementenmodelle sind zulässig.

3. $0{,}45 \leqq \sigma \leqq 0{,}6$:

In diesem Bereich liegen sogenannte Übergangselemente (bezüglich $\sigma = 0{,}6$) vor, die primär als signifikant zu betrachten sind. Dies resultiert aus dem noch immer wesentlichen summarischen Zielgrößenanteil.

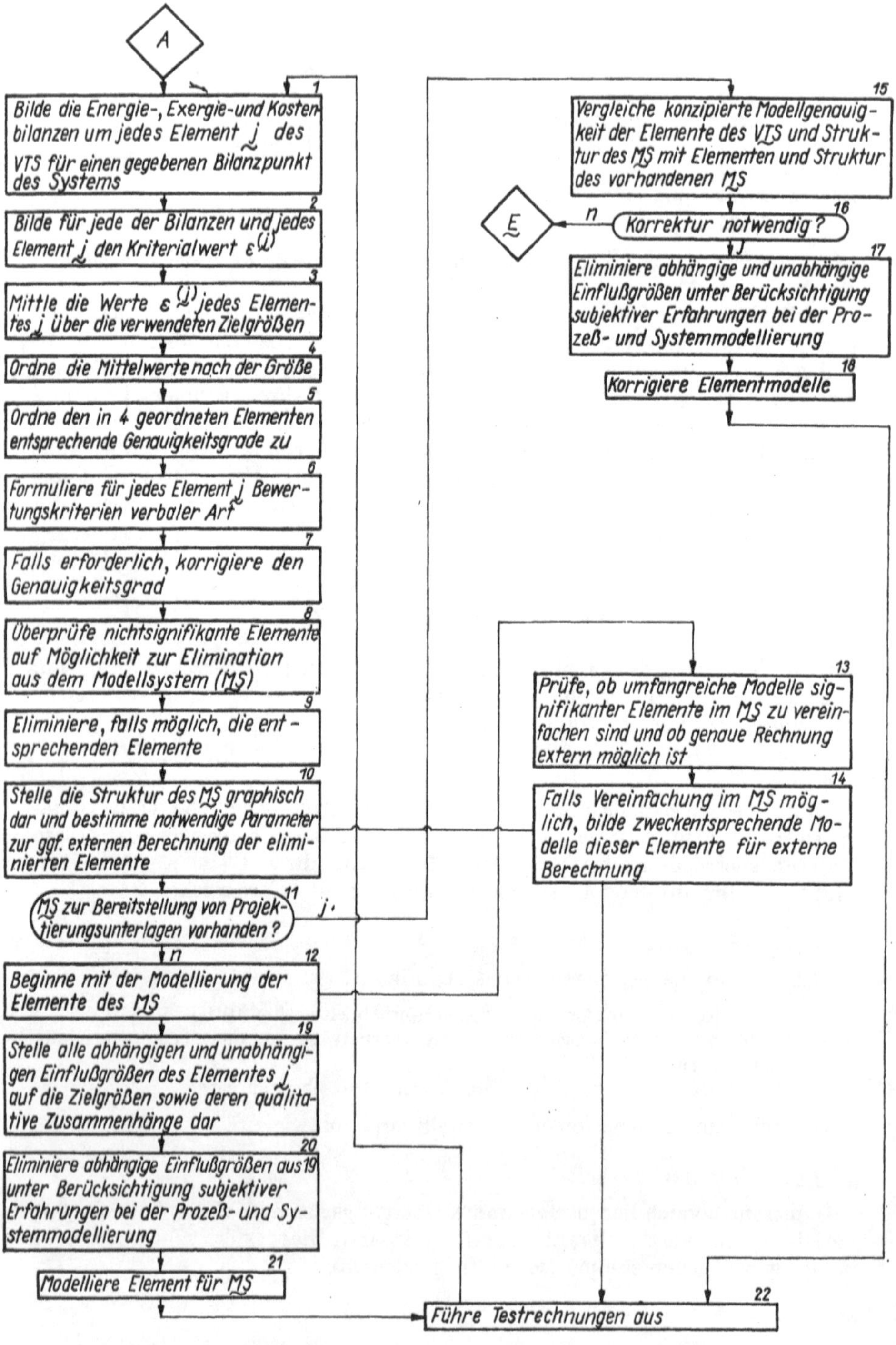

Abb. 15. Ablaufplan für die Modellierung

4. $0{,}6 \leqq \sigma \leqq 0{,}75$:
Die ebenfalls als Übergangselemente mit allerdings primär nichtsignifikanten Charakter anzusehenden Elemente in diesem Bereich erfordern, da sie die Signifikanzgradgröße von $\sigma = 0{,}6$ auch überschreiten können, ähnliche Modellgenauigkeiten wie für den Bereich $0{,}45 \leqq \sigma \leqq 0{,}6$.

5. $0{,}75 \leqq \sigma \leqq 0{,}85$:
Dieser Bereich wird durch Elemente mit bereits relativ starker Nichtsignifikanz gekennzeichnet.

6. $0{,}85 \leqq \sigma \leqq 1{,}0$:
Die Transformationswerte derartiger Elemente sind weitgehend vernachlässigbar (Wertebereich etwa 10^{-2} bis 10^{-4}% des Zielgrößenwertes). Falls der Transformationswert nicht z. B. konstant vorgegeben ist, kann die entsprechende Prozeßstufe auch völlig aus dem Modellsystem eliminiert werden.

Ausgehend von diesen Ergebnissen läßt sich ein Algorithmus entwickeln, der ausgehend von den Transformationswerten der in bestimmten Signifikanzgradbereichen liegenden Elemente den Modellen unter Berücksichtigung verbal zu formulierender Kriterien differenzierte, problemgerechte Genauigkeitsgrade zuordnet. Diese besitzen für einen großen Bereich des technologisch zulässigen Zustands- und Steuerraumes eines verfahrenstechnischen Systems Gültigkeit.

Der Grundgedanke eines solchen Algorithmus läßt sich in der in Abb. 15 aufgezeigten Schrittfolge festhalten.

Die Schritte 1—5 dienen der Ermittlung solcher extensiven Größen, die Grundlage der Bewertungskriterien sind, und auf denen dann die Zuordnung von Genauigkeitsgraden der Modelle aufgebaut werden kann. Nach Berücksichtigung verbaler Kriterien (Schritt 6 und 7) erfolgt die Konzipierung der Struktur des Modellsystems in Schritt 8—10.

Liegt noch kein Modellsystem aus zeitlich zurückliegenden Aktivitäten vor, so werden die Schritte 12 und 19—22 bearbeitet.

Schritt 14 wird nur dann zu einer echten Aktivität, wenn entweder nichtsignifikante oder gegebenenfalls auch signifikante Elemente extern, das heißt, außerhalb des Modellsystems, zu simulieren sind. Existiert bereits ein Modellsystem, so ist zu prüfen, inwieweit dieses problemgerecht strukturiert ist. Dies erfolgt in den Schritten 17, 18 und 22, von dem eine Rückkopplung zu Schritt 1 besteht, die die Problematik der Modelladaption einschließt.

7. Literatur

[1] Autorenkollektiv: „*Systemverfahrenstechnik I*", VEB Deutscher Verlag für Grundstoffindustrie, Leipzig 1976

[2] GÜNTHER, J.: „*Beitrag zum Entwurf vereinfachter Modelle zur Simulation des stationären Verhaltens verfahrenstechnischer Systeme*", Dissertation TH „Carl Schorlemmer" Leuna-Merseburg 1976

[3] Anonym: Internat. Hydrocarb. Prozeß **50** (1971) 11, 113–226
[4] RAINER, H.: Chem. Techn. **22** (1970) 217–220
[5] KALMYKOW, A. N., SVARTINA, N. M.: Chim. Prom. (1970) 12, 53–63
[6] BEVERIDGE, G. S. G., SCHECHTER, R. S.: „*Optimization – Theory and Practice*", McGraw Hill Book Camp. New York, St. Louis 1970, S. 48ff.
[7] HIMMELBLAU, D. M.: „*Decomposition of large scale systems of equations*", Univ. of Texas 1968
[8] ANDREW, S. M.: Trans. Instn. Chem. Engrs **47** (1969), T 79–T 84
[9] UMEDA, T., u. a.: Chem. Engng. Sci. **27** (1972) 4, 795–804
[10] HAASE, B., GÜNTHER, J.: Wiss. Ztschr. TH „Carl Schorlemmer", **11** (1969) 4, 467–471
[11] SEINFELD, J. H., Mc. BRIDE, W. L.: Ind. Engng. Chem. Process Des. a. Dev. **9** (1970) 1, 53–57
[12] ELSAWY, A.: „*Optimierung einer Benzolgewinnungsanlage durch geometrische Programmierung*", Vortrag IV CHISA-Kongreß Prag 1972
[13] URONEN, P. u. a.: Process, Technol. internat., **17** (1972) 12, 942–944
[14] ALMASY, G. A. u. a.: Brit. Chem. Engng. **11** (1966) 3, 188–192
[15] ASINGER, F.: „*Die Petrolchemische Industrie*", Bd. 2, S. 946–948, Akademie-Verlag, Berlin 1971
[16] DI BELLA, C. W., STEVENS, W. F.: Ind. Engng. Chem. Process, Des. a. Dev. **4** (1965) 1, 16–20

Application of Simulation Programming System SIPRO on Chemical Process Design

(J. Lučcha, J. Klemeš, V. Vašek, M. Dohnal, J. Jícha)

Summary

The purpose of this chapter is to indicate the range of the chemical process design problems which could be successfully tackled by flowsheeting simulation technique. The common features of classified design problems lead to a suggestion how the computer simulation programming system should be constructed. The SIPRO system is being contrasted with desirable features and by way of illustration its application on various design problems is demonstrated.

1. Introduction

The simulation technique on a digital computer has firmly established itself in the chemical process analysis. The most pronounced feature of the process industry appears to be a complex structure of many stages each containing many subcomponents. Since the process comprises number of mutualy interlinked units it is to some advantage to look upon it as on a system and use this characteristic in its analysis. This approach may assist in formulating the quantitative — mathematical — description of the process and thus enable one to manipulate with its mathematical image that is to simulate the process functioning.

Because the modern high capacity chemical plant involves a large flow of material having a fairly high economic value even small changes in design and operating conditions may have a considerable economic impact. So it is rather important for a process engineer to know how these flow of different substances and energies would vary with modification of process characteristics beforehand; that is to learn about the process characteristics before this actually exists.

There are usually recognized two main tasks in the process industries with which engineers are ultimately concerned: The operation of existing plant and the design of new or modified processing equipment.

In order to find best operating conditions of existing plant it is usually necessary to define a strategy of manipulated — controlled — variables changes in such a way so certain objectives, quantitatively expressed, approach their desired values. The plant management rarely cares to have engineers arbitrary make changes in a successfully operating plant just to see what happens. In this situation a simulation of an existing plant may provide the right answer. Also it is much more easy to manipulate a mathematical model rather then the actual plant. In addition to this the process may be run by simulation in extreme conditions which in real plant may have disasterous consequences.

The design of a new process seems to present even more difficult problem. It is beyond the process designer mental capacity to appreciate, quantitatively, all the alternatives of an envisaged plant. Therefore should he wish to analyse various process structures and differing parameters of processing units just at his desk the computer simulation appears to be the only avenue.

The significance of the process simulation may be emphasized by a few benefits which are listed by Himmelblau and Bischoff [1] as follows:

(i) Economical experimentation — it is possible to study existing process more quickly, economically, and thoroughly than in the real plant. Simulation can compress or expand real time in somewhat the same fashion that a motion-picture camera can take slow motion or rapid-motion pictures; hence the operation of the system is more easily observed.

(ii) Extrapolation — with a suitable mathematical model it is possible to test extreme ranges of operating conditions, some of which might be impractical or impossible to use in a real plant. Also it is possible to establish critical patterns in performance.

(iii) Study of compatability and evaluation of alternate policies — new factors or elements of a system can be introduced and old ones removed while the system is examined to see if these changes are compatible. Simulation makes it possible to compare various proposed design and processes not yet in operation and to test hypotheses about systems or processes before acting.

(iv) Replication of experiments — simulation makes it possible to study the effect of changes of variables and parameters with reproducible results. Error can be introduces into the mathematical model at will and removed at will, which cannot be done in a real plant.

(v) Computer control — simulation aids materially in the study of closed-loop and open-loop computer control.

(vi) Test of sensitivity — the sensitivity of cost parameters and basic-system parameters can be tested; for example, conceivably a 10 per cent increase in input rate could have either a minimal effect or a serious effect on plant performance.

(vii) Study of system stability — the stability of process systems and subsystems to disturbances can be examined.

Great majority of high capacity chemical processes operate continuously. A long experience in process calculation has rather suggested that one does not deviate too far from reality if the steady state is assumed. Therefore the programming systems development for a steady state simulation will cover fairly large scope of problems.

The technical and economical characteristics of the future plant are decided upon at the designers desk. Therefore more process arrangements are investigated into by simulation better the chance of impressing most favourable characteristics to the newly designed plant. Since the designer of a new plant appears to have more freedom in developing a process with inherently favourable characteristics than a process engineer who attempts to find most favourable operating conditions of an existing plant, the simulation technique may be even more important tool for the former.

Thus designers of the programming simulation systems have concentrated more on the process design problem rather than control problems in operating plants.

2. Flowsheet simulation in design problems

The computer simulation is usually understood as a procedure where the input together whith device characteristics are given and the output streams are found by computation. However the design is defined as devicing a flowsheet and sizing of processing units to achieve a required changes from input to output streams. Crowe et al [2] most appropriately suggest that a design may be considered as a kind of boundary value problem whereas simulation is the analogous to initial value problem. This is summarized in Fig. 1.

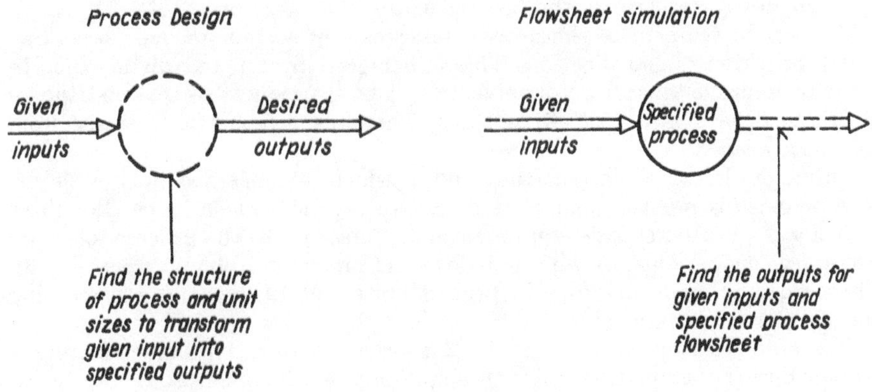

Fig. 1. Difference between process design and flowsheet simulation

Although the flowsheet simulation does not solve the design problem directly, it may be recognized that the iterative technique could circumvent this boundary value problem. This is to understand that the process designer will specify a certain arrangement of the flowsheet, usually employing all the data available, his past experience and some heuristical guides, and the computer simulation will return the responce to modifications he has made. The changes in the flowsheet set up are carried out successively so as to achieve the best process arrangement.

The following examples are intended to illustrate how the computer simulation could assist in tackling various process design problems.

2.1. *Open simulation problem*

A dewaxing plant is to be analysed by means of simulation (DOHNAL et al [3]). That is given the input — a mixture of wax and lubricating oil — the process flowsheet and quantitative description of conversion in process units from their inputs into the outputs, the outflowing quantity and composition of both wax and oil is to be found. The actual process is fairly simple. The incoming mixture is being chilled to the temperature of approximately 250 K so wax crystallizes. In order to eleviate the subsequent filtration a solvent is being added to form the slurry of wax crystals in the solvent — oil — complex. Solvent being used in this particular process is formed by mixture of acetone, benzene and toluene. The filtration is carried out in four stages in vacuum rotary drum filters with washing the cake with the solvent and repulping between the stages. The filter cake consists of wax crystals and residuum liquid. The second output from this process part forms a mixture of lubricating oil and solvent as a filtrate. Chilling and filtration is being carried out in the low temperature section of the process within the range of 313 K—250 K.

The second segment of the process takes care of solvent recovery and wax and lubrication oil purification. This is achieved by repeted distillation. In order to improve separation of solvent from both products a stream stripping is arranged as a last distillation stage. Therefore separation of water from solvent is needed.

Although the basic part of the process which is concerned only with the flow of mass is not too complicated despite several recycle loops (flowsheet is in Fig. 2), heat exchange equipment incorporated into the process to secure necessary economy makes the whole flowsheet much more complex (see Fig. 3). The process is made up from 76 process units and 121 streams representing the interconecting piping.

It should be emphasized that in this practical design problem setting a straightforward simulation — open simulation — could be used. The transformation in all process units (the mathematical models) is specified so that for a given input the output stream characteristic are uniquely defined. E.g. heat exchangers with given heat exchange area and overall heat transfer coefficient as parameters enables one to calculate the temperatures of ouput streams.

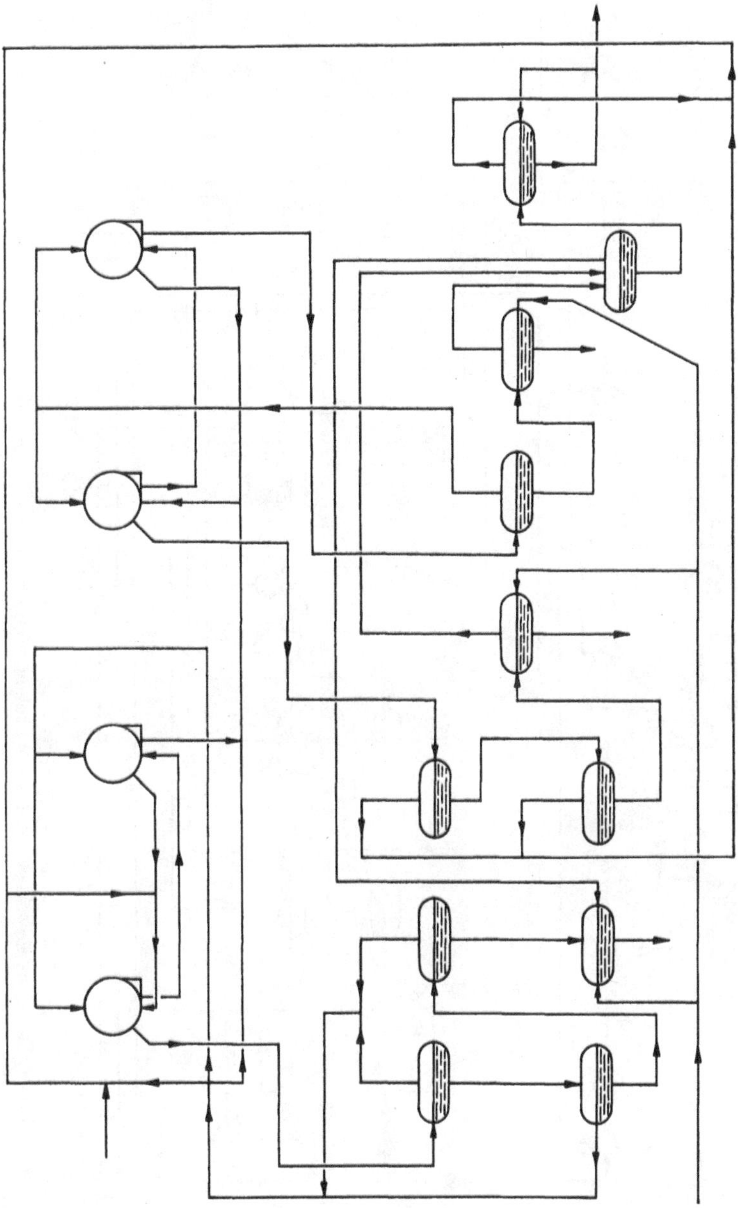

Fig. 2. Dewaxing plant flowsheet (without heat exchange equipment)

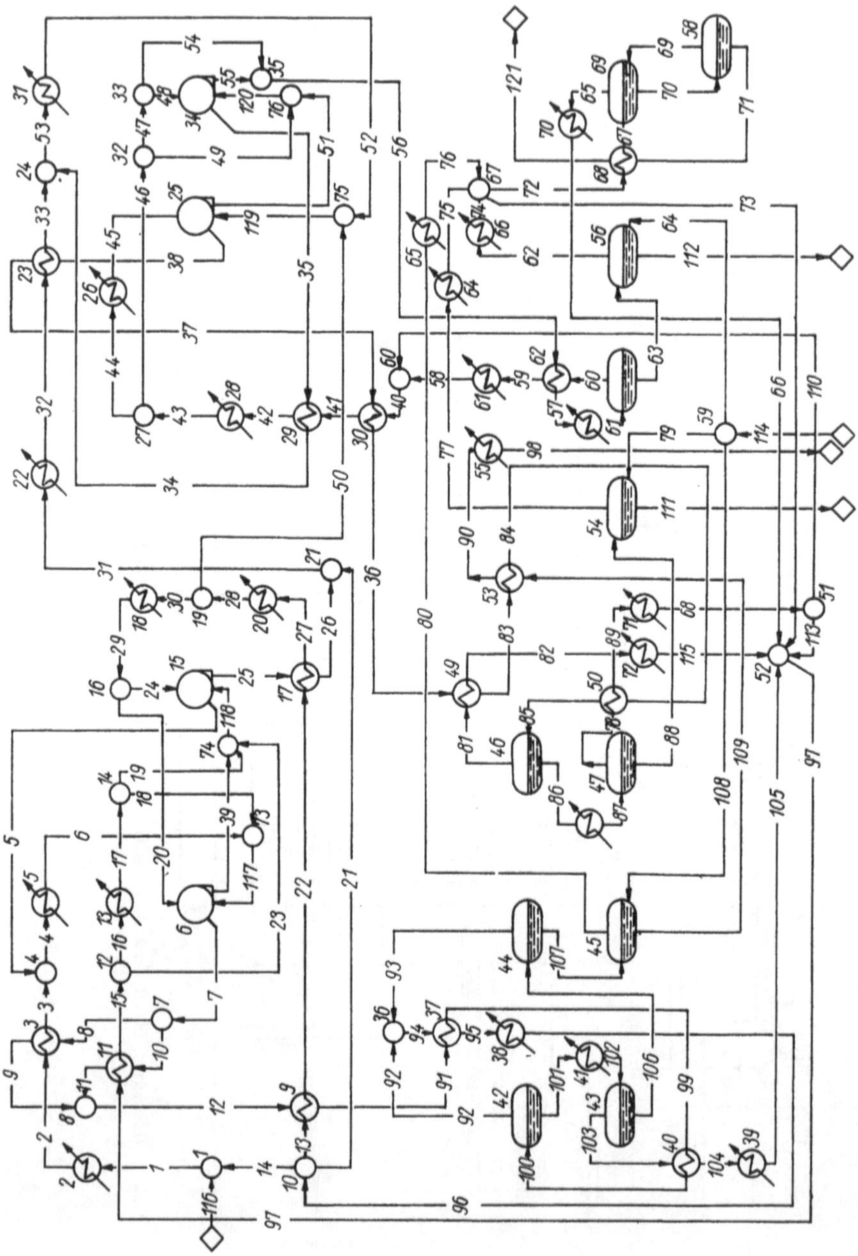

Fig. 3. Dewaxing plant flowsheet (with heat exchange equipment)

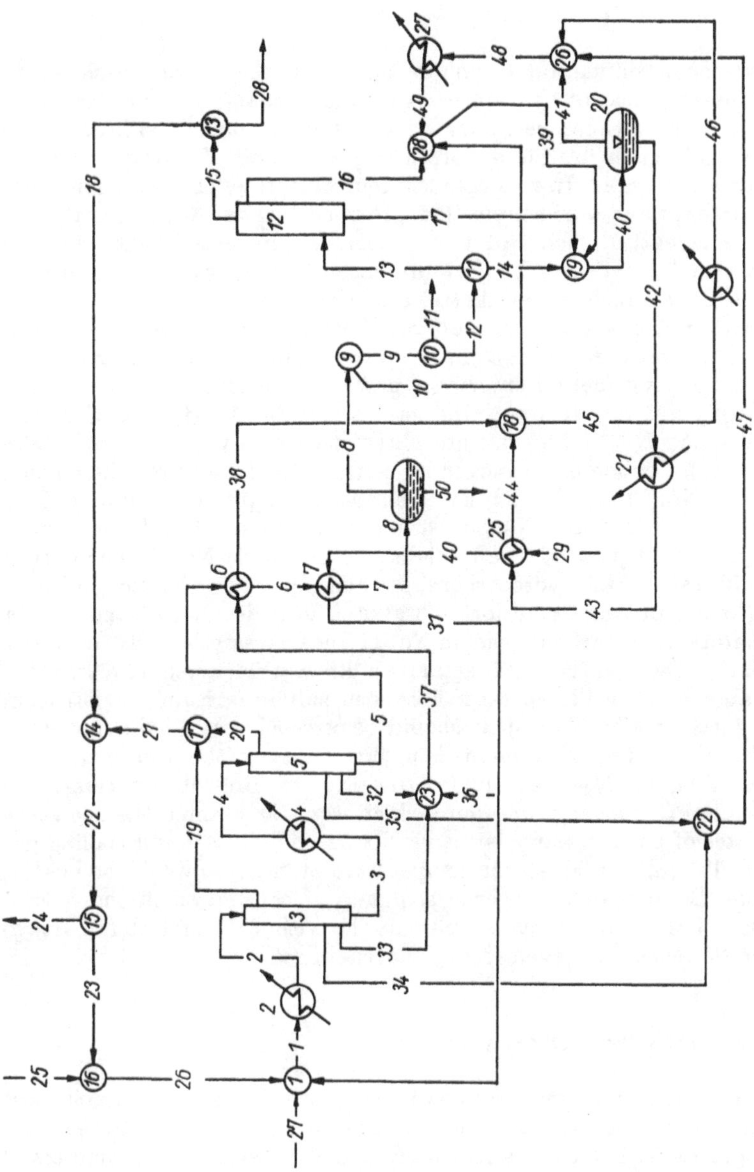

Fig. 4. **Process of heavy fuel oil desulphurization by hydrocracking at presence of water gas**

2.2. Modified open simulation problem

Although the open simulation technique may help the process designer to appreciate the responce of the process to various changes of process units parameters it is sometimes necessary to incorporate some modifications to satisfy constraints given by the design of a specific unit. A catalytic reactor may serve as an example. In this case the temperature of the bed should not exceed certain limit and so the input flowrate of cooling gas has to be calculated in the mathematical model of the reactor. A process of heavy fuel oil desulphurization by hydrocracking at presence of water gas may give us a good example of this technique (KLEMEŠ and VAŠEK [4]).

It is seen from Fig. 4 that make up gas flows into the process by stream No. 25 and mixes with recycled gas in the process unit No. 16. Water is input stream No. 27. Heavy fuel oil enters the process through stream No. 29 and after preheating mixes with water and gas in unit No. 1. After heating in a fired heater (node No. 2) the mixture enters two catalytic reactors (nodes No. 3 and No. 5). Cooling gas comes in by streams No. 19 and No. 20, cooling water (streams No. 33 and No. 32) as "reaction water product" flows out by fictitious streams No. 34 and No. 35. Output from the reactors forms a mixture which is being separated in an adiabatic flash (node No. 8). The output stream No. 50 is set up for hydrocarbons, gas and water flows by stream No. 8. The node No. 9 represents addition of water. The nodes No. 10 and No. 11 serve to separate hydrocarbons (stream No. 11), gas (stream No. 13) and water (stream No. 15). The node No. 12 is actually a direct water cooler of a scrubber type. The absorber No. 13 separates hydrogen sulfide (stream No. 28) from recirculating gas (stream No. 18). It should be stressed that all the models of process units (the nodes) are presented in such a way so the open simulation technique may be employed except for the reactors. Here it is necessary to prepare a special calculating procedure which would determine the necessary input flowrates of cooling water (streams No. 32 and No. 33) and cooling gas (streams No. 19 and No. 20) so the temperature of catalyst would be held at certain value. Because of this special sequence of calculation in the reactor model values of those flowrates come up as the output. Therefore the arrowheads in the flowsheet are reversed to the actual flow.

2.3. Controlled simulation design problem

Frequently the process designer has to observe certain conditions which must be satisfied if the process is to function satisfactorily. That is the characteristics of process unit output streams are usually preset and parameters of the unit have to be adjusted according to this pre-determined values. In this case the open simulation technique could be applied, however, the mathematical model of units have to exhibit a special features.

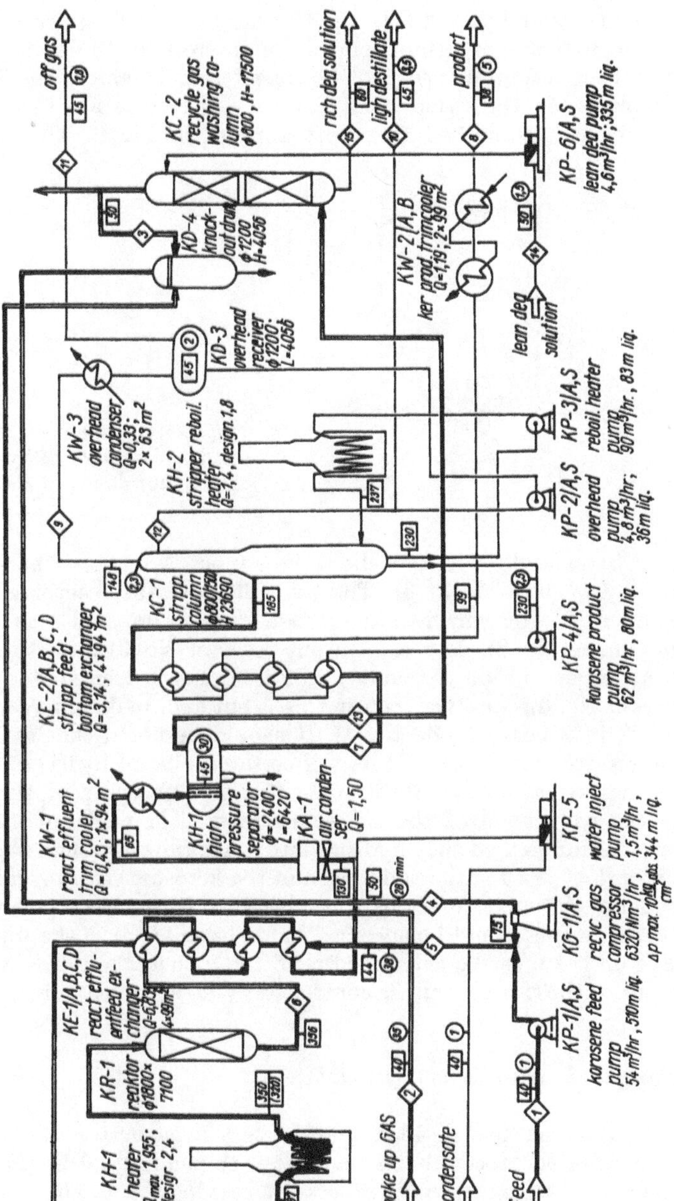

Fig. 5. **Flowsheet of hydrogenation refining of kerosine**

This procedure may be illustrated on the process of hydrogenation refining of kerosine (KLEMEŠ and VAŠEK [5]), the flowsheet of which appears in Fig. 5. Since only the flowrate of components is of interest at the early stage of process design, the heat flow need not be considered. Therefore the flowsheet may be simplified so the reactor, mixers and separators are incorporated. The outline of such simplified flowsheet appears in Fig. 6. The preheated

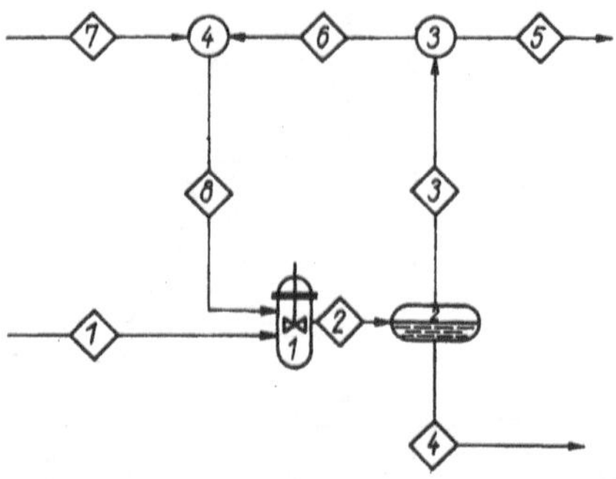

Fig. 6. Simplified – computation – flowsheet of hydrogenation refining of kerosine

kerosine feed (stream No. 1) enters the reactor (node No. 1) together with the hydrogenating gas (stream No. 8). The effluent from the reactor enters the high pressure separator which actually is a distillation still with specified temperature (node No. 2). The top output (stream No. 3) goes to absorber where the hydrogen sulfide is removed. Purified gas is recirculated back to reactor (stream No. 6), however, before this is entered, make-up gas is added (stream No. 7) in a mixer (node No. 4). It should be noted that satisfactory work of the reactor can be secured only if certain value of hydrocracking gas flowrate is maintened. Only in this case the manufacturer of the reactor guarantees the conversion of the kerosine stream. The model of the reactor is then being formulated so that hydrogenating gas flows through the reactor without any influence upon the conversion of the kerosine stream. The mathematical model of the mixer must be constructed in such a way that the total flowrate of the output could be specified beforehand. That is the input flowrate of make up gas must be calculated from the model. From this we can see that the input of the process unit is controlled by its specified output.

2.4. *Parametric optimization by simulation*

Provided the designer has decided upon a certain structure of the process – i.e. he has selected process units together with the mutual linking he still has enough freedom to optimize the process by varying the parameters of units (nodes). For this purpose the simulation serves well because we can obtain the response surface of the objective function using the results of simulation.

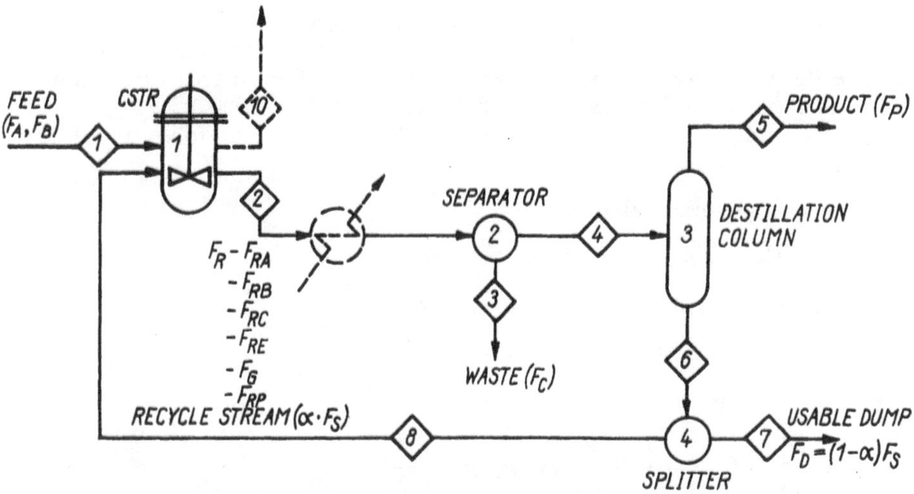

Fig. 7. Flowsheet of Williams-Otto process

In order to illustrate this technique let us consider a testing process deviced by Williams and Otto [6].

The process contains many of features present in chemical plant (Fig. 7). It consists of an ideally mixed stirred reactor, a decanter and a distillation column, a reboiler (which is actually a splitter) and recycle to the reactor.

The plant is to manufacture 0.600128 kg of product (component P) per second. The amount of fresh feed of components A and B is assumed to be unlimited. Components C and E are intermediats and/or by-products of the reaction. By-product G is a heavy oily material which must be disposed of as a waste.

The chemical reactions involved in manufacturing component P are assumed to be irreversible second order reactions. Their mechanism is known. The chemical reaction kinetics are expressed in Table 1. The more detailed description is in Williams-Otto's original paper.

Table 1: Williams-Otto reactor kinetics

$A + B \rightarrow C$, reaction coefficient k_1
$C + B \rightarrow P + E$, reaction coefficient k_2
$P + C \rightarrow C$, reaction coefficient k_3

The reaction coefficients are expressed by the Arrhenius equation:

$k_i = a_i \cdot \exp\,(-b_i/T)$

The most of authors have slightly modified both the process and the objective function (e.g. Vinturella and Law [7], Jung, Mirosh and Ray [8],

Vermouzek et al [9]). We have incorporated some modifications (Klemeš, Vašek and Dohnal [10]): The amount of product F_p has been considered to have the value given by simulation; the amount of fresh feed of component A and B has been fixed ($F_A = 1.826969$ kg s^{-1}, $F_B = 4.202029$ kg s^{-1}).

Thus Williams-Otto process may be described by the following steady-state balance equations:

1. Over-all material balance

$$F_A + F_B - F_G - F_P - F_D = 0 \tag{1}$$

2. Fractionation of the distillation column

$$F_{RP} - 0.1F_{RE} - F_P = 0 \tag{2}$$

3. Material balance on component P

$$\left[K_2F_{RB}F_{RC} - \left(\frac{M_P}{M_C}\right)K_3F_{RC}F_{RP}\right]\frac{V_Q}{F_R^2} - F_D\left(\frac{F_{RP} - F_P}{F_R - F_G - F_P}\right) - F_P = 0 \tag{3}$$

4. Material balance on component A

$$(-K_1F_{RA}F_{RB})\frac{V_P}{F_R^2} - F_D\frac{F_{RA}}{F_R - F_P - F_G} + F_A = 0 \tag{4}$$

5. Material balance on component B

$$(-K_1F_{RA}F_{RB} - K_2F_{RB}F_{RC})\left(\frac{V_Q}{F_R^2}\right) - F_D\left(\frac{F_{RB}}{F_R - F_P - F_G}\right) + F_B = 0 \tag{5}$$

6. Material balance on component C

$$\left[\left(\frac{M_C}{M_B}\right)K_1F_{RA}F_{RB} - \left(\frac{M_C}{M_B}\right)K_2F_{RB}F_{RC} - K_3F_{RP}F_{RC}\right]\frac{V_Q}{F_R^2} - F_D\left(\frac{F_{RC}}{F_R - F_C - F_P}\right) = 0 \tag{6}$$

7. Material balance on component G

$$\left(\frac{M_G}{M_C}\right)K_3F_{RC}F_{RP}\frac{V_Q}{F_R^2} - F_G = 0 \tag{7}$$

8. Material balance on component E

$$\left(\frac{M_E}{M_B}\right)K_2\left(\frac{F_{RB}F_{RC}}{F_R^2}\right)V_Q - F_D\left(\frac{F_{RE}}{F_R - F_G - F_P}\right) = 0 \tag{8}$$

9. Definition of F_R

$$F_{RA} + F_{RB} + F_{RC} + F_{RE} + F_G + F_{RP} - F_R = 0 \tag{9}$$

In our example the modified WILLIAMS-OTTO objective function — annual rate of return on the investment — reads

$$\begin{aligned}\%\ \text{return} = {} & 100 \cdot [3.024_{10}\,7 \cdot (0.66137 \cdot F_P + 0.01499 F_D - 0.04409 F_A \\ & - 0.06614 F_B - 0.02204 F_G) - 17619.04 F_R - 0.124 \\ & \cdot 3.04_{10}\,7 \cdot (0.66137 F_P + 0.01499 F_D) - 132.275 \cdot V \\ & \cdot 800.925]/(1322.75 \cdot V \cdot 800.925)\end{aligned} \tag{10}$$

For the process considered there is a freedom in varying the reactor volume, temperature in the reactor and recycle stream fraction in the splitter (node No. 4). For the fixed values of these three design variables obviously the simulation run may be performed which will return the all component flowrates and thus we shall be in the position to calculate the value of the objective function (10). Of course the process designer does not have a complete freedom in variation of the design variables since he has to observe certain limitations given by physical conditions of the process, i.e. he has to meet certain constraints.

The independent design variables are:

V — reactor volume [m³]
T — temperature in the reactor [K]
α — recycle stream fraction

Explicit constraints for V, T and α are considered as:

$$\begin{aligned} & 0\ \text{m}^3 \leqq V \leqq 14.0\ \text{m}^3 \\ & 333.22\ \text{K} \leqq T \leqq 377.78\ \text{K} \\ & 0.05 \leqq \alpha \leqq 1.0 \end{aligned} \tag{11}$$

It should be realized that the additional constraints on the state variables such as that all flowrates must have a positive value are automatically satisfied by simulation.

2.5. *Structural optimization by simulation*

The most crucial stage in development of a new process appears to be the synthetic step when a designer suggests the basic layout of the process, i.e. he selects process units and their mutual linkage. By this the designer actually impresses inherent characteristics to the future plant. While he has decided on the flowsheet he may investigate into the process properties quantitatively by the simulation. However because the synthesis of the process structure is essentially enormous combinatorial problem it is impossible to hope that the main objectives will be achieved at the first trial. Therefore should the designer want to find a best arrangement of the process he has to modify the structure usually using some heuristic rules. The designer will find useful if he has some quantitative guidance for these changes. This he can obtain by simulation different flowsheets of the some process.

In order to demonstrate some of the sketched ideas we picked on an equipment for a crude oil atmosferic distillation. Although the basic layout of the unit by a long tradition has remained nearly unchanged over the years the recent demands for a large capacities and rather strained energy balances have brought a few fresh factors into the play. These new considerations, which a process designer must take into account, form some additional objectives which are, in a way, further heuristics for a system structure development.

For increased capacity it is possible to suggest one or two preflash columns to separate the low boilings and thus to reduce the main column diameter due to lower vapour flowrate. However the increased danger of crude cracking and heating furnace coking because of necessary higher furnace outlet temperature must be considered. The system structure may be also arranged so that light fractions could be used in the main column instead of stripping steam and therefore a waste-water treatment problem may be eased somehow. These views will certainly reflect upon the system structure.

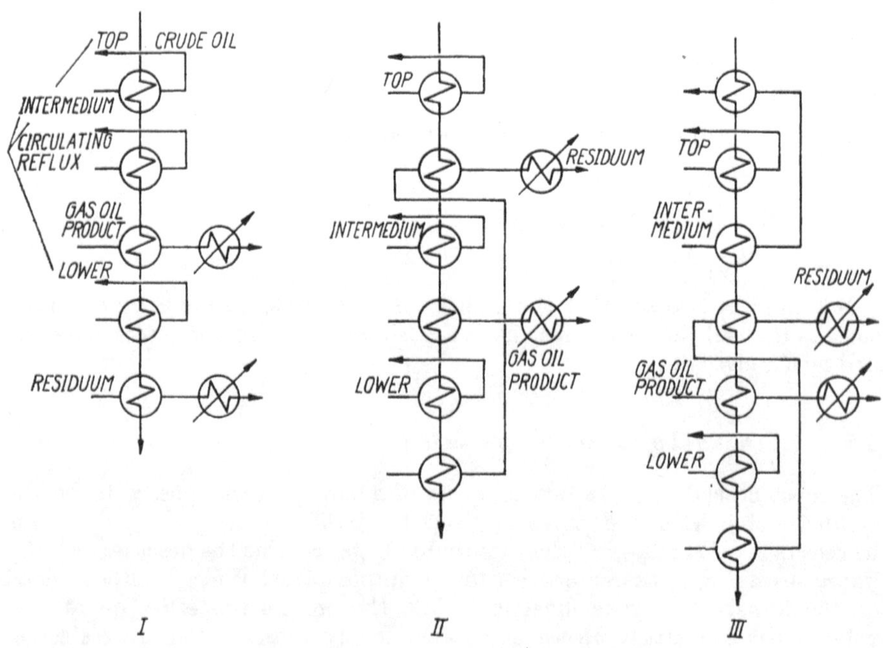

Fig. 8. Flowsheets of crude oil distillation unit preheat train

We have considered the preheat train without the fired heater in an atmospheric distillation unit with the capacity of 6 Mt/year (DOHNAL et al [11]). It has been further assumed that crude oil is preheated by a exchange with the following hot streams:

- top circulating reflux
- intermedium circulating reflux
- gas oil product
- lower circulating reflux
- residuum.

Three heat exchanger networks have been investigated into. (For the layout see Fig. 8.) First system has no recirculating stream. The other remaining systems have one or two recirculating streams. Objective of the study was to find out the necessary total heat exchange area for the whole preheat train. For this purpose a parametric optimization was carried out with respect to this objectivities while using simulation technique.

2.6. *Uncertainty analysis by simulation*

An essential part of the new process design — the calculation of material balance, energy requirements or economics of chemical processes usually employs average values of the process variables. However, the process designer uses the data, the correlations and other relevant information which are hardly exact figures but by the nature usually vary within certain intervals. These variations cause the variability of the process performance, too. Should we have some information on the variable process performance then this knowledge may lead to an improved process design and will permit a more accurate evaluation of process economy. In other words the process designer will select design margins not by his intuition only but he will have a quantitative foundation to guide him in his decision making.

Again the simulation offers a powerful tool for this analysis. To illustrate the case a preheat train of crude oil distillation is considered (KLEMEŠ et al [12]). The simplified flowsheet in Fig. 9 shows the network consisting of 9 heat exchangers with three recycle streams. The preliminary investigation into the expected errors has suggested that it is appropriate to assume the variation in the overall heat-transfer coefficients and in temperatures of the system input streams. For all quantities the minimum, most likely and maximum values have been estimated and are summarized in Tab. 2. It should be noted that for the overall heat-transfer coefficients two cases have been considered. The first — the symmetrical deviations of ± 10 per cent is assumed and the second deviation of $+10$ per cent and -20 per cent from most likely value is considered. The latter case depicts the reality somehow better because it is necessary to take into account the most probable fouling of heat exchange area and so one can reasonably anticipate the deviation more to the negative.

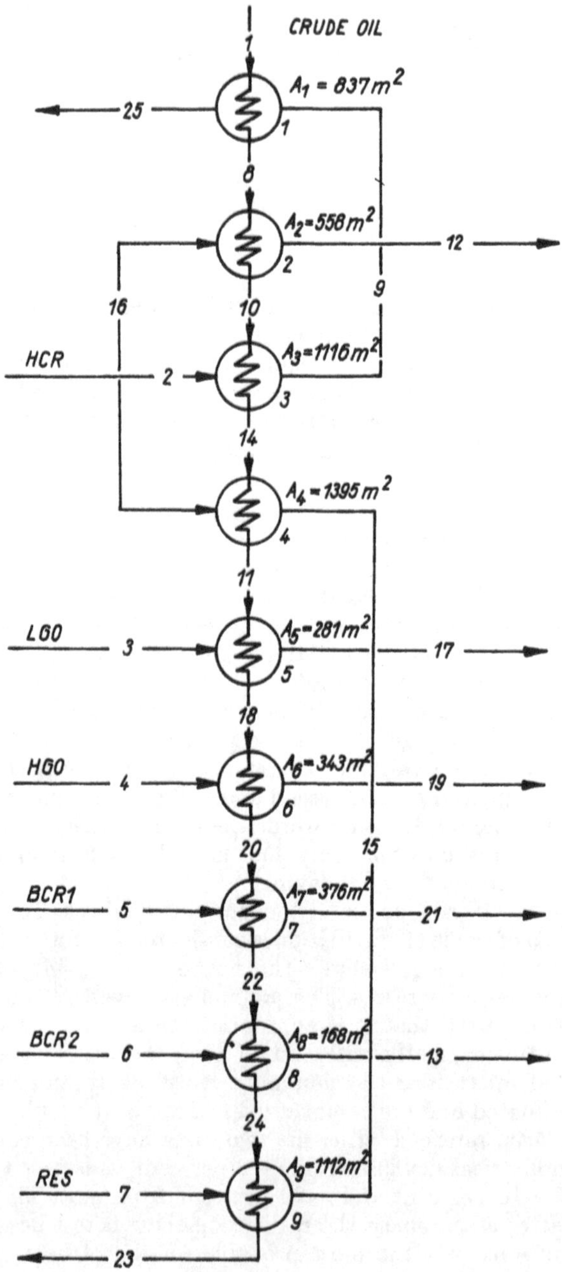

Fig. 9. Preheat train of heat exchanger network of crude oil distillation

Table 2: Variation of heat – transfer coefficients and input stream temperatures

Δk – FOR NODES NO. 1–9 (+10, –20 PER CENT)

	MINIMUM	MOST LIKELY	MAXIMUM
Δk_1	215.8	269.8	296.7
Δk_2	120.9	151.1	166.3
Δk_3	286.5	358.2	394.0
Δk_4	162.8	203.5	223.8
Δk_5	260.5	325.6	358.2
Δk_6	200.9	251.2	276.3
Δk_7	273.5	341.9	376.1
Δk_8	282.8	353.5	388.9
Δk_9	217.7	272.1	299.3

$\Delta X_{0,I}^T$ – FOR INPUT STREAMS NO. 1–7

	MINIMUM	MOST LIKELY	MAXIMUM
$\Delta X_{0,1}^T$	283.15	303.15	311.15
$\Delta X_{0,2}^T$	431.15	446.15	456.15
$\Delta X_{0,3}^T$	541.15	576.15	576.15
$\Delta X_{0,4}^T$	587.15	622.15	622.15
$\Delta X_{0,5}^T$	484.15	509.15	509.15
$\Delta X_{0,6}^T$	536.15	561.15	561.15
$\Delta X_{0,7}^T$	613.15	633.15	633.15

Notes:
k – Overall heat – transfer coefficient [$\mathrm{Wm^{-2}\,K^{-1}}$]
X^T – Temperature [K]

The values of errors for the temperature input streams, i.e. particularly for the crude feed, recirculation refluxes and side products streams are also specified in Tab. 2 in K. It has been further assumed, somehow to simplify the problem, that the variation of all quantities are mutualy independent.

This problem could be again approached by simulation, provided we have some description of the mode how the inaccurate data vary (Gaddy and Culberson [13]). In this case it is usually required to have some kind of assessment of relative frequency probability distribution in the considered interval. The resultant performance of the chemical process is obtained by the simulation where the inaccurate input streams and process unit parameters are being varied at random according to the assumed probability distribution. If we produce a sufficient number of simulation runs we acquire this way a representative sample of the whole population for the statistical analysis process performance.

2.7. *Classification and definition of design problems*

It might help to elucidate different types of design problems where the simulation technique takes the important role if we introduce some more general definitions together with notation used throughout this chapter. To start with it should be realized that only steady-state simulation is considered. Having this in mind we can put forward the following definitions which describe the system formed by a chemical process.

Let φ is a set of all component flowrates and energy flux in all process streams. s_{ij}^t denotes an element of the set φ and represents a flowrate of the component t in the stream leaving a node i and entering a node $j \cdot \varphi'$ is a subset of φ and includes all component flowrates in streams incomming from the environment into the process. Further, let q is such a set that for every element $Q \in q$ is

$$Q = f(\varphi) \tag{13}$$

i.e. the elements of q are function of component flowrates in process streams only and f is the element of a finite set of functions (q incorporates e.g. component concentrations, specific enthalpy, total flowrates etc). Than we may define a set B so

$$B \equiv q \cup \varphi \tag{14}$$

that is all elements of B in essence are related to the balance quantities and determine the state of the process — thus they are state variables.

We can now extract some elements from the set φ in such a way that the elements of a subset x_i from φ are those of inputs into the node i (process unit i) and y_i are those of effluents from node i. The behaviour of a process unit i in steady state is further determined by the values of some quantities characterising the design and operating conditions of this unit — the process unit variables, which are incorporated into a set P_i (for the whole process $P \equiv \underset{i \in K'}{U} P_i$). And node's i mathematical model then reads

$$A_i(X_i, Y_i, P_i) = 0 \tag{15}$$

A mathematical model of the whole process may be grouped into two distinct systems of equations. Namely:

i) Mathematical models of all process units

$$A = \underset{i \in K}{U} A_i$$

where K is a set of nodes. It may be recognized that a mathematical model — system of equations A_i belonging to the node i is usually separable into two groups; one expresses the mass and energy conservation law here denoted A_i' and the other one represents the chemical engineering rate equations (incorporating the usual transport and kinetics data) — a set A_i''. For the whole process we can again define sets

$$A' = \bigcup_{i \in K} A_i' \tag{16}$$

and

$$A'' = \bigcup_{i \in K} A_i'' \tag{17}$$

ii) Set T determines a process topology. By its mean we are simply describing the fact that most of the elements of φ are for some nodes inputs and at the same time for some others outputs.

Therefore a mathematical model of the whole process is given by an equations set M

$$M = A \cup T \tag{18}$$

Provided the optimization problem enters the picture, different variables we are concerned with are usually subjected to some additional constraints. If we denote all independent variables as belonging to set D we may express these constraints as follows

$$\Psi_i(D) \geqq 0, \qquad i = 1, \ldots, m; \tag{19}$$

$$X_j(D) = 0, \qquad j = 1, \ldots, p; \tag{20}$$

1. If a balancing problem (*BP*) is to be solved the equations only from the set $A' \cup T$ must be satisfied [15]. Both the independent and dependent variables are elements from the set B only.
2. An open simulation problem (*SP*) requires solving of equation from the whole set M, while the independent variables are all elements from the sets P and φ'. It is a rather prominent feature of simulation that the node's mathematical model, eqs. (15) are usually expressed in a form

   $$Y_i = \bar{A}_i(X_i, P_i), \tag{21}$$

   i.e. from the values of the state variables entering the process unit the output state variables values are found [5].
   In some cases the form of the equations may somewhat differ as it could be seen from example in par. 2.2.
3. The most practical specification from a process designer viewpoint seams to be a mixed problem — the balance-simulation problem (BSP)- controlled simulation. The system of eqs. (18) is being solved while the independent variables may be any elements from the sets q, φ and P.
4. While the parametric optimization is to be tackled it is necessary to formulate some objective function. Its value obviously depends on independent variables which are appropriate to the process concerned. Therefore, the optimization problem is defined as follows:

   $$\min (\max) \{F(D) \mid D \in \mathbf{R} \cap \mathbf{K} \subseteq \mathbf{E}^n\} \tag{22}$$

where

$$\mathbf{R} = \left\{ D \left| \begin{array}{ll} M = A \cup \tau & \\ X_i(D) = 0, & i = 1, \ldots, m \\ \Psi_j(D) \geqq 0, & j = 1, \ldots, p \end{array} \right. \right\} \tag{23}$$

where $F(D)$ is a real function — in the considered case an objective function — defined on a set $\mathbf{K} \subseteq \mathbf{E}^n$ where D is from region $\mathbf{R}$. The position of simulation in the parametric optimization procedure is indicated in Fig. 10.

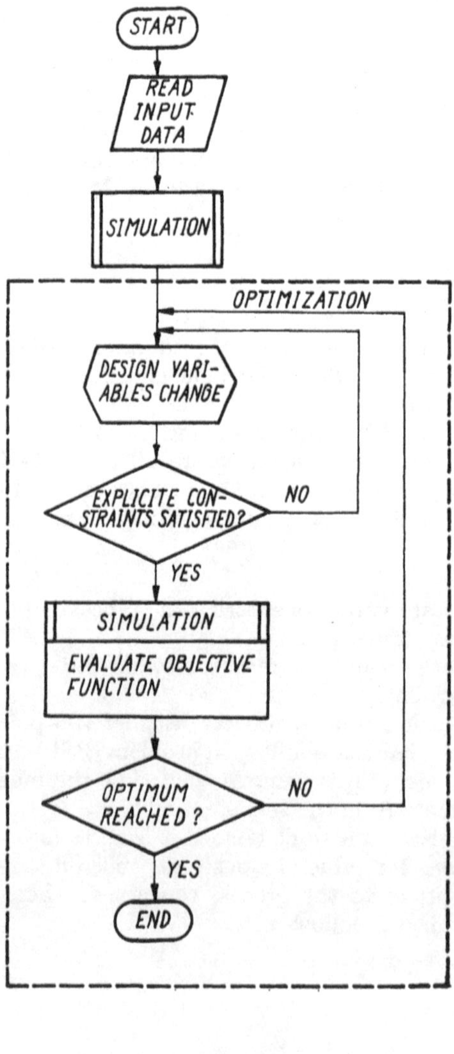

Fig. 10. Simulation in the parametric optimization procedure

5. The value of the selected objective function depends then, for the fixed system's inputs specified by the feed and the environmental conditions, on, first, the system structure setting and, second, the values of design variables, see Fig. 11. It is obvious that an objective function extremum may be reached by variation of the structure and the design variables, too. It should be rather said that for various fixed structure setting the parameters process unit variables are being modified so the optimum is obtained. We may thus recognize two levels of optimization. Whereas at first level the structure variation is usually discrete at second level the design variables variation causes a continuous change of the objective function value.

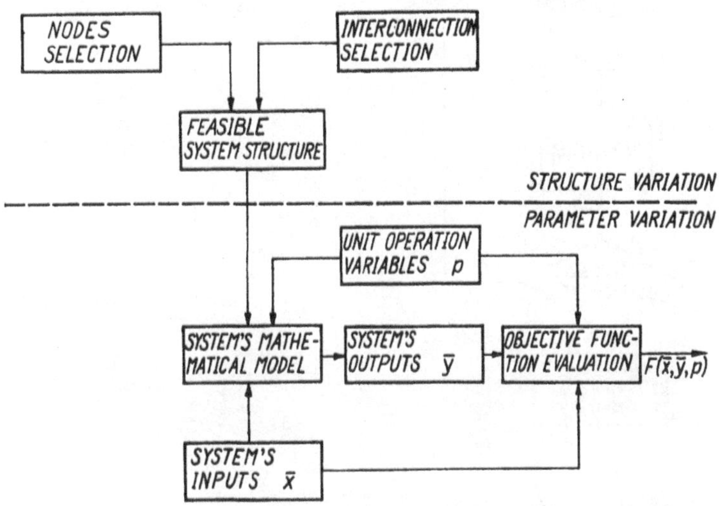

Fig. 11. Structuring of the optimization task

6. An uncertainty data analysis employing the simulation technique by its repeated aplication to generate a sample from the population of the process performance requires some description of the uncertain information variation. The mutual linkage of special programming segments with the simulation programming system is indicated in Fig. 12.

3. Desirable properties of simulation systems

If we want to cope with process design problems of possibly widest range while relaying on the computer simulation technique the programming system should exhibit certain features. We may attempt to detect some common points of the problems the process designer encounteres as they have been

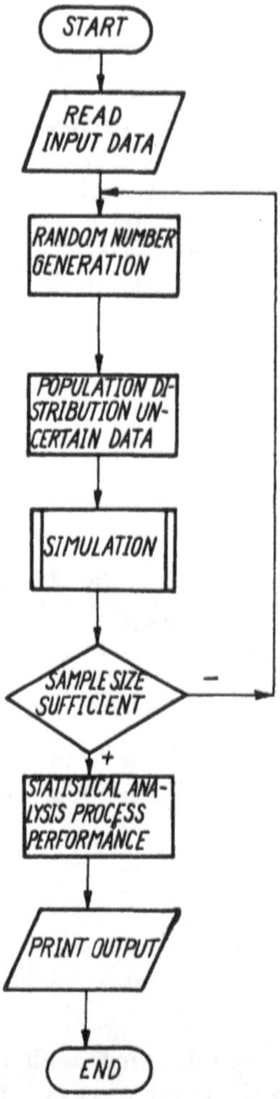

Fig. 12. Uncertainty analysis by simulation

illustrated e.g. by preceding paragraphs. Keeping this in mind, the requirement on the simulation programming systems may be summarized as followes.

(i) First of all it is desirable that the process designer could use the simulation systems by himself. It is always to some disadvantage if he needs too much of assistance from a professional programmer who serves as a mediator between him and the system. It is therefore necessary to construct the simulation system so that there will be some easily understandable interface, that is simply a problem oriented language. The input format should be as free as possible and syntax rules should be deviced so that will be easy to work up a coding sheet from the process flowsheet. The problem oriented language should have some default options and several means to ease debugging.

(ii) The above shown illustrative examples suggest that simulation system should be used in different modes. This means that sufficient flexibility from the viewpoint of user is required. That is the system must be capable to assimilate a wide range of structure alternatives of the process together with easy way of modification of process units parameters.

(iii) It is absolutly mantadory that the simulation system is built in a modular form that it can accept the necessary extension if the problem so requires. If the simulation system is to be general enought it is expected that it will be equiped with a sufficient library of process unit modeles usually found in certain class of chemical process and have access to a data base of physical and chemical properties of process media. Its modularity should allow to add the models of some special process units and to incorporate the properties of processed substances into the data base.

(iv) Since the chemical processes might have different characteristics from the view-point of the mathematical description, the simulation system should incorporate a few different methods which would solve the problem most efficiently.

(v) The simulation technique have proven useful in a great variety of the process design problem solving. It has been already shown that a simulation programming system has to cooperate closely with some optimization procedure or perhaps with programs returning distribution of uncertain data if the designer wishes to analyse some important features of a newly developed process. Therefore, an easy linking of the simulation programming system with some other programs appropriate to performe the job at hand should be a prominent feature.

4. Simulation programming system SIPRO

In this paragraph we would like to bring some information about the Simulation Programming System SIPRO for steady-state modelling of complex chemical plants.

The first work on building the SIPRO system started in 1969 at the Chemical Engineering Department of Technical University Brno (Dohnal and Klemeš [16, 17]).

The first complete version of the SIPRO system was formulated in 1972 (Klemeš and Vašek [5, 18]). Now the SIPRO system forms a compact module which may be used for solving most of the practical problems.

By a solution of a simulation problem, in our case, we understand determination of the whole material and heat balance of a process that complies with the characteristic functions of chemical apparatuses and their interactions.

The programming system SIPRO can solve a simulation problem for arbitrary chemical process if the following information are available:

- types and interconnections of all the units in the chemical process are known,
- the flowrate, composition, temperature (or heatflow) and pressure in certain streams of the process (they are usually feed streams, i.e. streams entering into the process) are specified so as to secure the unique solution,
- in the library of mathematical models of SIPRO system are suitable models for all the unit operations appearing in the process,
- all the operation and design data required to compute the functions values of all selected mathematical models (e.g. heat transfer area and the heat transfer coefficient in the heat exchanger model) are known,
- the properties of all substances involved in the process can be drawn from the SIPRO data base.

For simulation of a chemical process it is essentially possible to use any from two known methods. In the simultaneous method the function of the unit operations is linearized and the whole process is solved by iterative solution of a set of balancing equations alternately with checking the function of all the mathematical models. The whole process is solved as one unit simultaneously. In the sequential method, the so called decomposition of the process graph is performed before the simulation. On the basis of decomposition the most suitable calculation strategy is determined. In accordance with it, the apparatus mathematical models are repeatedly checked till the material and heat flows in all the streams satisfy the balancing equations on individual apparatuses and total balance of the process.

Each of the above mentioned method has its advantages and is more convenient for a specific simulation problem (VAŠEK et al [19]). The programming system SIPRO includes both the above mentioned algorithm, and enables the user to apply one or the other, according to his analysis of the specific problem. This is a rather unique feature of SIPRO in contrast with the other known programming systems which are mostly based on one or the other method of simulation.

The programming system SIPRO consists of a number of programs the function of which is controlled by means of SIPRO dynamic job supervisor, which is based on the computer DATASAAB D21 operating system, where the computation are executed. It contains the following basic parts:

1. Decoding program which converts input data from alphanumeric form (an example see in Fig. 14) into such form that is required by the computer.
2. Decomposition program which determines the optimal sequence of computation of process units mathematical models, in case a sequential simulation method is selected for the calculation.
3. Physical-chemical data bank required for the simulation and programs for manipulation with the data.
4. Set of procedures securing the calculation of material characteristic of the balanced components and their mixtures.
5. Library of mathematical models of unit operations (see Table 3).

6. Executive program for calculation by simultaneous simulation method.
7. Executive program for calculation by sequential simulation method.
8. Program for printing the results in form requested by the user.
9. Set of numerical methods used as auxiliary procedures in the calculation of process units models and properties of material components.

Table 3: The list of some unit computations in programming system SIPRO

Model No.	Macroinstruction	Description
1	MIXER	Uniform adiabatic mixing — one outlet stream
2	SPLITTER	Stream splitter-uniform adiabatic mixing, two outlet streams, the spliting fractions in two streams are given
4	CSPLITTER	Uniform adiabatic mixing — two outlet streams, the flow-rate of one component in a stream is given as a constant
5	DNODE	Two outlet streams, the flow-rates of all components in one stream are defined
6	CMIXER	Mixing of several input streams while the flow-rate of component (total) in the output stream is given
7	SPLITTER	Component splitter — two outlet streams, the split fraction for each component being specified separately
8	FLASH	Flash drum — adiabatic flash
9	FLASH	Flash drum — isothermal flash
10	FLASH	Flash drum — the splitting fraction of one component in one stream is given
11	DISTILLATION	Distillation — Fenske-Underwood method
12	ABSORBER	Absorbtion
13	DESORBER	Desorbtion
15	COOLER (HEATER)	Cooling or heating, the temperature in outlet stream is given
22	BOILER	Steam boiler
21	CONDENSER	Water condenser
23	TEXCHANGER	Heat exchanger, the temperature of one outlet stream is given
25	AEXCHANGER	Counter-current heat exchanger, given heat transfer area and heat transfer coefficient
28	QEXCHANGER	Heat exchanger, heat flux is defined
32	COMPRESSOR	Adiabatic compressor
34	PNODE	Empty node

The flowchart of individual parts interlinking of the SIPRO system is shown in Fig. 13.

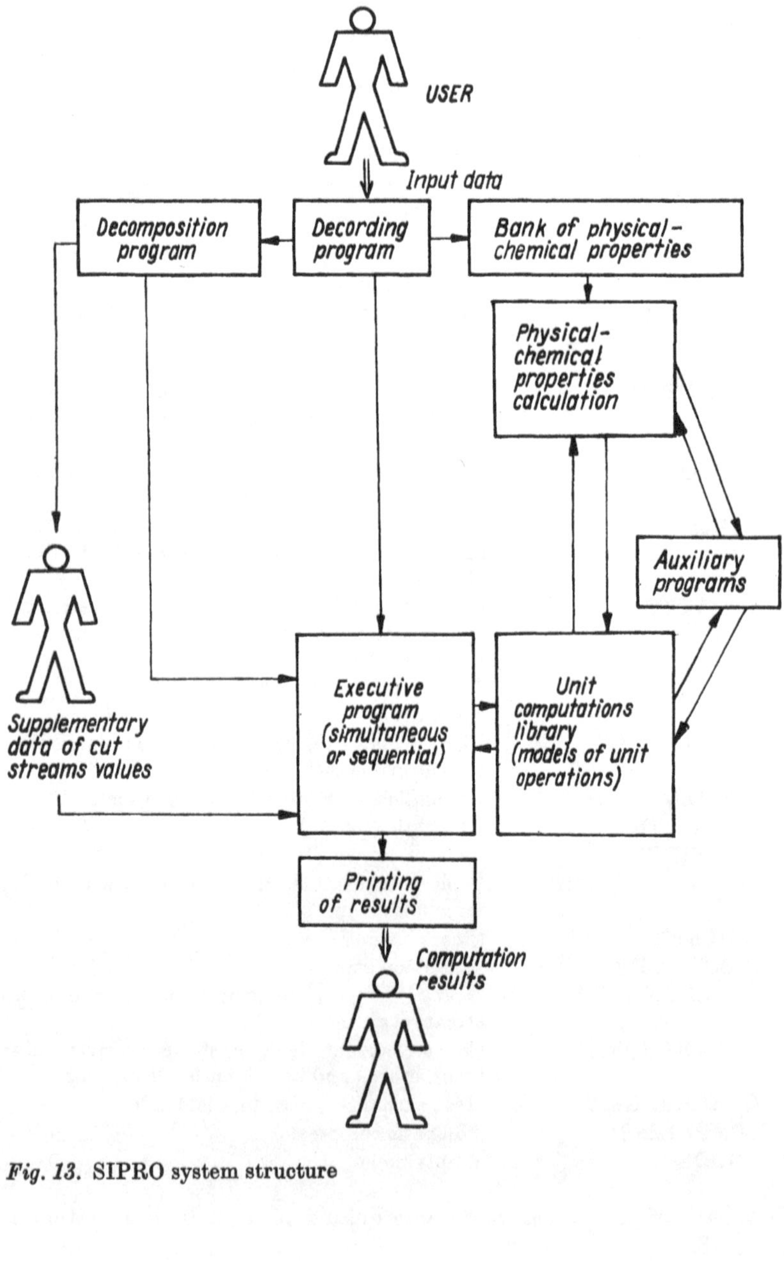

Fig. 13. SIPRO system structure

The modular structure of the programming system SIPRO enables modification of its individual parts (e.g. the way of calculation of physical-chemical data, mathematical models of apparatuses) or supplementation of special module according to the needs of a particular process.

In the library of mathematical models there are 42 models by means of which most of the usual unit operations can be described. There are six methods of calculating the vapor-liquid equilibrium and three methods of calculating the liquid and gas mixtures enthalpy incorporated in SIPRO from which the user may select the most convenient one. The data base consists of all information needed on 54 pure components mostly hydrocarbons and some crude oil fractions.

In solving practical problem by means of the SIPRO system, valuable experience has been gained for further development of the system, and especially additional principles for building of mathematical models of unit operations which should be adhered to (VERMOUZEK, VAŠEK and KLEMEŠ [20]). It is:

(i) Consistent modularity that enables not only supplementation of the library of unit operation models but also composition of complex models from simple elements.

(ii) For one and the same unit operation it is advisable to have more models which result from different design variables (parameters of process units).

(iii) For one unit operation it is also useful to have models of various complexity and precision so that it should be possible to use a model of corresponding complexity and accuracy in various stages of process design.

The programming system SIPRO organically falls into the DIS system (Design Integrated System) that is being prepared by Research Institute of Chemical Equipments Brno in cooperation with Chemical Engineering Department of Technical University Brno (LUŤCHA et al [21]).

5. Applications of programming system SIPRO

The purpose of this paragraph is to indicate how the programming system SIPRO can be used in solving of various process design problems. The following examples picked out as being identical with those in par. 2 will show some prominent characteristics of the programming system.

5.1. *Dewaxing plant simulation*

To simulate the steady-state characteristics of dewaxing plant by programming system SIPRO it is necessary to enter the system through its chemical engineering problem-oriented language interface. With reference to the flowsheet of the analysed process (Fig. 3) the user has to prepare appropriate coding sheet. This is presented in Fig. 14 and its syntax and vocabulary is nearly selfexplanatory.

```
DEWAXING PLANT SIMULATION
METHOD: SEQUENTIAL ;
STOP CRITERION: 1.0 ;
EQUILIBRIUM: PARAFFIN ;
ENTHALPY: FUNDAMENTAL ;
COMPONENTS: ACETONE BENZENE TOLUENE
WATER LOIL SPARAFFIN PARAFFIN ;
 1 MIXER IN 116 14 OUT 1 PAR .0 ;
 2 HEATER IN 1 OUT 2 PAR 45.0 .0 ;
 3 TEXCHANGER IN 2 8 OUT 3 9 PAR .0 2 3 .0 .0 ;
 4 MIXER IN 3 5 OUT 4 PAR .0 ;
 5 COOLER IN 4 OUT 6 PAR -23.0 .0 ;
 6 FILTER IN 20 117 OUT 7 39 PAR 50.0 .0 ;
 7 SPLITTER IN 7 OUT 8 10 PAR .05 .0 ;
 8 MIXER IN 11 9 OUT 12 PAR .0 ;
 9 TEXCHANGER IN 12 13 OUT 22 91 PAR 23.0 13 22 .0 .0 ;
10 SPLITTER IN 96 OUT 14 13 21 PAR .65 .25 .0 ;
11 TEXCHANGER IN 97 10 OUT 11 15 PAR 10.0 97 15 .0 .0 ;
12 SPLITTER IN 15 OUT 16 23 PAR .6 .0 ;
13 COOLER IN 16 OUT 17 PAR -23.0 .0 ;
14 SPLITTER IN 17 OUT 18 19 PAR .8 .0 ;
15 FILTER IN 118 24 OUT 25 5 PAR 50.0 .0 ;
16 SPLITTER IN 29 OUT 20 24 PAR .5 .0 ;
17 TEXCHANGER IN 22 25 OUT 27 26 PAR 10.0 25 26 .0 .0 ;
18 COOLER IN 30 OUT 29 PAR -19.0 .0 ;
19 SPLITTER IN 28 OUT 30 50 PAR .9 .0 ;
20 COOLER IN 27 OUT 28 PAR .0 .0 ;
21 MIXER IN 21 26 OUT 31 PAR .0 ;
22 HEATER IN 31 OUT 32 PAR 45.0 .0 ;
23 TEXCHANGER IN 32 38 OUT 37 33 PAR 10.0 37 38 .0 .0 ;
24 MIXER IN 33 34 OUT 53 PAR .0 ;
25 FILTER IN 119 45 OUT 38 51 PAR 50.0 .0 ;
26 COOLER IN 44 OUT 45 PAR -3.0 .0 ;
27 SPLITTER IN 43 OUT 46 44 PAR .3 .0 ;
28 COOLER IN 42 OUT 43 PAR 2.0 .0 ;
29 TEXCHANGER IN 41 35 OUT 42 34 PAR 20.0 41 42 .0 .0 ;
30 TEXCHANGER IN 40 37 OUT 36 41 PAR 30.0 40 41 .0 .0 ;
31 COOLER IN 53 OUT 52 PAR -4.0 .0 ;
32 SPLITTER IN 46 OUT 47 49 PAR .7 .0 ;
33 SPLITTER IN 47 OUT 48 54 PAR .66 .0 ;
34 FILTER IN 120 48 OUT 35 55 PAR 50.0 .0 ;
35 MIXER IN 54 55 OUT 56 PAR .0 ;
36 MIXER IN 92 93 OUT 94 PAR .0 ;
37 TEXCHANGER IN 94 91 OUT 95 99 PAR 73.0 91 99 .0 .0 ;
38 HEATER IN 95 OUT 96 PAR 40.0 .0 ;
39 COOLER IN 104 OUT 105 PAR 40.0 .0 ;
40 TEXCHANGER IN 99 103 OUT 104 100 PAR 85.0 99 100 .0 .0 ;
41 HEATER IN 101 OUT 102 PAR 150.0 .0 ;
42 FLASH IN 100 OUT 92 101 PAR 85.0 .0 ;
43 FLASH IN 102 OUT 103 106 PAR 150.0 .0 ;
44 FLASH IN 106 OUT 93 107 PAR 150.0 .0 ;
45 FLASH IN 107 OUT 80 109 PAR 150.0 .0 ;
46 FLASH IN 85 OUT 81 86 PAR 130.0 .0 ;
47 FLASH IN 87 OUT 88 78 PAR 150.0 .0 ;
48 HEATER IN 86 OUT 87 PAR 150.0 .0 ;
49 TEXCHANGER IN 36 81 OUT 82 83 PAR 80.0 81 82 .0 .0 ;
```

```
50 TEXCHANGER IN 84 78 OUT 85 89 PAR 130.0 84 85 .0 .0 ;
51 SPLITTER IN 68 OUT 110 113 PAR .9 .0 ;
52 MIXER IN 115 105 113 73 66 OUT 97 PAR .0 ;
53 TEXCHANGER IN 109 83 OUT 84 90 PAR 80.0 109 90 .0 .0 ;
54 FLASH IN 79 88 OUT 77 111 PAR .0 ;
55 COOLER IN 90 OUT 98 PAR 20.0 .0 ;
56 FLASH IN 64 63 OUT 62 112 PAR .0 ;
57 HEATER IN 57 OUT 61 PAR 160.0 .0 ;
58 FLASH IN 70 001 69 71 PAR 80.0 .0 ;
59 SPLITTER IN 114 OUT 79 108 64 PAR .71 .2 .0 ;
60 MIXER IN 58 110 OUT 40 PAR .0 ;
61 COOLER IN 59 OUT 58 PAR 40.0 .0 ;
62 TEXCHANGER IN 56 60 OUT 57 59 PAR 90.0 60.0 59 .0 .0 ;
63 FLASH IN 61 OUT 60 63 PAR .0 ;
64 COOLER IN 77 OUT 75 PAR 50.0 .0 ;
65 COOLER IN 80 OUT 76 PAR 50.0 .0 ;
66 COOLER IN 62 OUT 74 PAR 50.0 .0 ;
67 SPLITTER IN 75 74 76 OUT 72 73 PAR 0 .6 .01 .01 .99 .0 .0 .0 .0 ;
68 TEXCHANGER IN 72 71 OUT 121 67 PAR 60.0 72 67 .0 .0 ;
69 FLASH IN 67 69 OUT 65 70 PAR .0 ;
70 COOLER IN 65 OUT 66 PAR 40.0 .0 ;
71 COOLER IN 89 OUT 68 PAR 40.0 .0 ;
72 COOLER IN 82 OUT 115 PAR 40.0 .0 ;
73 MIXER IN 18 6 OUT 117 PAR .0 ;
74 MIXER IN 39 19 23 OUT 118 PAR .0 ;
75 MIXER IN 50 52 OUT 119 PAR .0 ;
76 MIXER IN 51 49 OUT 120 PAR .0 ;
SYSTEM INPUT [C,AT,KMOL/H]
116 20.0 1.0 .3448 .2564 .1087 .5556 73.3333 10.9091 7.1429 ;
114 180.0 10.0 .0 .0 .0 63.3333 .0 .0 .0 ; ;
```

Fig. 14. Input coding sheet of dewaxing plant

The coding sheet is headed by the name of the process which, from the programming point of view, is actually a comment. This principle is also applied on any further wording which is terminated by colon. Next the method of solving the equations belonging to the mathematical model is to be specified (in this application we choose sequential method). Since the computation procedure is essentially iterative we have to give the system some kind of stopping criterion. It is also necessary to tell the system what method for equilibrium calculation should be used together with the procedure to estimate the specific enthalpy. Should the user decide to employ the default options features of SIPRO, he only needs to enter the logical end of SIPRO statement which is the semicolon. Further information which are needed to be specified are the names of components which are involved in the process. In the dewaxing plant we consider the following components: acetone, benzene, toluene, water, lubricating oil, soft paraffin, paraffin.

The main body of the coding sheet is formed by statements which correspond directly with the process flowsheet. Each statement starts with the node number followed by its name according to the SIPRO process unit library.

SIMULATION PROGRAMMING SYSTEM SIPRO

DATE 11.5.1973 — 17.08.52
COMPUTING TIME 708 S

SIMULATION RESULTS

STREAM NO.	PRESSURE [AT]	TOTFLOW [KMOL/H]	COMPONENT FLOWRATES [KMOL/H] COMP.1	COMP.2	COMP.3	COMP.4	COMP.5	COMP.6	COMP.7	HEATFLOW [KCAL/H]	TEMPETATURE [DEG C]
1	1.0	121.395	19.665	5.910	4.309	.000	73.458	10.909	7.143	3024678.378	21.965
2	1.0	121.395	19.665	5.910	4.309	.000	73.458	10.909	7.143	3005735.146	20.000
3	1.0	121.395	19.665	5.910	4.309	.000	73.458	10.909	7.143	2750923.092	.000
4	1.0	193.716	57.591	19.783	14.498	.000	82.603	11.629	7.612	3516332.206	−3.971
5	1.0	72.320	37.926	13.873	10.189	.000	9.144	.719	.469	765409.114	−19.608
6	1.0	193.716	57.591	19.783	14.498	.000	82.603	11.629	7.612	3228650.470	−23.000
7	1.0	238.375	100.936	37.066	27.175	.000	72.306	.540	.353	3101814.722	−22.776
8	1.0	119.187	50.468	18.533	13.587	.000	36.153	.270	.176	1550907.361	−22.923
9	1.0	119.187	50.468	18.533	13.587	.000	36.153	.270	.176	1805719.415	17.832
10	1.0	119.187	50.468	18.533	13.587	.000	36.153	.270	.176	1550907.361	−22.923
11	1.0	119.187	50.468	18.533	13.587	.000	36.153	.270	.176	1643992.596	−7.888
12	1.0	238.375	100.936	37.066	27.175	.000	72.306	.540	.353	3449712.010	5.048
13	1.0	76.181	50.234	14.700	10.922	.000	.325	.000	.000	779277.821	40.000
14	1.0	29.300	19.321	5.654	4.201	.000	.125	.000	.000	299722.239	40.000
15	1.0	112.863	61.027	26.755	19.515	.497	4.710	.235	.127	1120244.945	6.000
16	1.0	90.290	48.821	21.404	15.612	.397	3.768	.188	.100	896195.956	5.904
17	1.0	90.290	48.821	21.404	15.612	.397	3.786	.188	.100	801275.930	−23.000
18	1.0	72.232	39.057	17.123	12.490	.318	3.015	.151	.080	641020.744	−23.000
19	1.0	18.058	9.764	4.281	3.122	.079	.754	.038	.020	160255.186	−23.000
20	1.0	34.652	22.797	6.717	4.991	.000	.147	.000	.000	287717.683	−19.000

Fig. 15. Dewaxing plant simulation — part of printout

Mutual interconection of this unit with other parts of the process is indicated by stream numbers entering the node after the key word IN and stream numbers leaving the unit after the key word OUT. The key word PAR separates the specification of node model parameters from the rest of the statement. The list of numbers after PAR indicates in sequence all necessary information which are needed for proper model functioning.

The coding sheet also has to give all information concerning the input into the process. This is usually the feed which is given after the stream number by the stream temperature (or by the heatflow), pressure and flowrates of all components. It is of some advantage to give the system estimated flowrates in strategically selected streams (so called "cut streams") which might improve the effectiveness of computation. Also specification of selected prints of computation results may be entered. Otherwise the default option will take care of output hard copy form.

The simulation of the presented process was run on the DATASAAB D21 computer. Sixteen iterations were needed to achieve the value of stopping criterion of 1%. The printout of some results appears in Fig. 15.

5.2. *Heavy fuel oil desulphurization process simulation*

The coding sheet for the second example process (for flowsheet see Fig. 4) was produced while observing the same rules as in the case above. We should like to note that for this process it was necessary to write-up a special program modules for mathematical models of reactors (nodes No. 3 and No. 5) since they are not incorporated in standart SIPRO process unit library. These special modules are actually nothing more than procedures in ALGOL 60. The modular structure of SIPRO made it easy to link these user written mathematical models with the system.

A rather complex mixture of hydrocarbons which was processed required to use some more elaborated method for equilibrium calculation. We thought it appropriate to use Grayson-Streed correlation which naturally caused a rather prolonged computation of equilibria. The simulation needed 6 iterations to reach 1% stopping criterion, a part of the results is presented in Fig. 16.

5.3. *Hydrogenation refining of kerosine process simulation*

Whereas previous two examples demonstrate the usage of SIPRO for simulation with a detailed description of process units, the application of SIPRO on hydrogenation refining of kerosine process is intended to show that the programming system could be efficiently used for very simplified version of the process. Since at the begining of the process development the designer is mainly interested in allocation of material it is quite sufficient to simulate only the core of the process and to be concerned with material balance.

SIMULATION PROGRAMMING SYSTEM SIPRO

DATE 1.6.1973 — 06.11.36
COMPUTING TIME 701 S

SIMULATION RESULTS

STREAM NO.	PRESSURE [AT]	TOTFLOW [KMOL/H]	COMPONENT FLOWRATES [KMOL/H] COMP.1	COMP.2	COMP.3	COMP.4	COMP.5	COMP.6	COMP.7	COMP.8	COMP.9	COMP.10	COMP.11
1	40.00	4032.90	891.87	977.38	209.38	4.29	36.39	.00	1547.88	.00	.00	.00	365.71
2	40.00	4032.90	891.87	977.38	209.38	4.29	36.39	.00	1547.88	.00	.00	.00	365.71
3	40.00	5791.23	621.83	1710.09	1292.09	8.20	124.51	95.96	1572.83	.00	.00	.00	365.71
4	40.00	5791.23	621.83	1710.09	1292.09	8.20	124.51	95.96	1572.83	.00	.00	.00	365.71
5	40.00	6012.45	415.58	1870.73	1673.79	9.08	151.60	119.95	1406.02	7.31	32.91	32.91	292.57
6	40.00	6012.45	415.58	1870.73	1673.79	9.08	151.60	119.95	1406.02	7.31	32.91	32.91	292.57
7	40.00	6012.45	415.58	1870.73	1673.79	9.08	151.60	119.95	1406.02	7.31	32.91	32.91	292.57
8	40.00	5307.90	411.84	1853.43	1502.58	8.96	150.48	115.39	1250.90	5.88	5.95	2.50	.01
9	40.00	14682.32	411.84	1853.43	1502.58	8.95	150.48	115.39	10625.31	5.88	5.95	2.50	.01
10	40.00	−9374.41	.00	.00	.00	.00	.00	.00	−9374.41	.00	.00	.00	.00

Fig. 16. Heavy fuel oil desulphurization — part of printout

```
HYDROGENATION REFINING OF KEROSINE
SIMULATION METHOD: SEQUENTIAL ;
STOP CRITERION: 1.0 ;
EQUILIBRIUM: CHAO-SEADER ;
;
COMPONENTS: HYDROGENSULPHIDE HYDROGEN METHANE ETHANE
PROPANE BUTANE PENTANE HEXANE DECANE UNDECANE
DODECANE TETRADECANE HEXADECANE ;
1 XNODE IN 1 8 OUT 2 PAR 5.41 -24.73 1.06
.57 .39 .29 .25 .84 52.57 49.67 44.46 40.39 ;
2 FLASH IN 2 OUT 4 3 PAR TEMPERATURE: 45.0 .0 ;
3 SPLITTER IN 3 OUT 6 5 PAR 0 1.0 .0 .0 .0 .0 .0
.0 .0 .0 .0 .0 .0 .0 .0 ;
4 CMIXER IN 7 6 OUT 8 PAR TOTFLOW 212.05 .0 ;
SYSTEM INPUT [C,AT,KMOL/H]
1 40.0 30.0 .0 .0 .0 .0 .0 .0 .0 .0 52.57 49.67
44.46 40.39 35.83 ;
CUT STREAM APPROX
8 50.0 30.0 .0 200.0 10.0 2.0 .5 .0 .0 .0 .0 .0
.0 .0 .0 ;
PRINTS
9 HC AMOUNT AND COMPOSITION OF HYDROGEN
GAS: MS ;
5 HC LIQUID LEAVING HIGH PRESSURE SEPARATOR: MS ; ;
```

Fig. 17. Coding sheet of hydrocarbon refining of kerosine

The coding which corresponds to the flowchart skeched in Fig. 6 is very simple and is shown in Fig. 17. For this simulation CHAO-SEADER method for equilibrium calculation was used. It is obvious that 13 components were involved in simulation.

As it has been pointed out already, one has to cope with controlled simulation in this process and so it was necessary to select special (so called "non-simulation") models from the SIPRO process unit library. It may be illustrative to list the computational sequence needed to evaluate the special model denoted in SIPRO by macroinstruction CMIXER.

Since in this particular case it is required that the flowrate of given component i in the output stream should have a specified fixed value, that is M^i, the flowrates of components in one of the input streams $m_j{}^d$ can be calculated so that material balance of each component on the node is satisfied. Thus,

$$\dot{m}_j{}^{d'} = \dot{m}_j{}^d \left(1 + \frac{M^i - \sum_{a=1}^{N} \dot{m}_a{}^i}{\dot{m}_j{}^i}\right); \quad d = 1, \ldots, F \tag{24}$$

where N is a number of node's input streams, F is number of components, j is the input stream number where the component flowrates $m_j{}^{d'}$ is being calculated.

The computation run to simulate the process took 22 iterations; the printout of the results is presented in Fig. 18.

SIMULATION PROGRAMMING SYSTEM SIPRO

DATE 24.10.1974 — 09.11.36
COMPUTING TIME 247 S

SIMULATION RESULTS

STREAM NO.	PRESSURE [AT]	TOTFLOW [KMOL/H]	COMPONENT FLOWRATES [KMOL/H]												
			COMP.1	COMP.2	COMP.3	COMP.4	COMP.5	COMP.6	COMP.7	COMP.8	COMP.9	COMP.10	COMP.11	COMP.12	COMP.13
1	30.00	222.920	.000	.000	.000	.000	.000	.000	.000	.000	52.570	49.670	44.460	40.390	35.830
2	30.00	417.710	5.410	175.710	11.517	1.434	.584	.332	.262	.853	52.587	49.677	44.463	40.391	34.490
3	30.00	185.971	3.501	171.461	9.856	.864	.194	.042	.012	.013	.017	.007	.003	.001	.000
4	30.00	231.739	1.909	4.249	1.661	.570	.390	.290	.250	.840	52.570	49.670	44.460	40.390	34.490
5	30.00	3.501	3.501	.000	.000	.000	.000	.000	.000	.000	.000	.000	.000	.000	.000
6	30.00	182.470	.000	171.461	9.856	.864	.194	.042	.012	.013	.017	.007	.003	.001	.000
7	30.00	29.580	.000	28.988	.592	.000	.000	.000	.000	.000	.000	.000	.000	.000	.000
8	30.00	212.050	.000	200.449	10.447	.864	.194	.042	.012	.013	.017	.007	.003	.001	.000

Fig. 18. Printout of simulation run on hydrogenation refining of kerosine

5.4. *Williams-Otto process parametric optimization*

It has been already shown, particularly in par. 2.7., suggesting some more precise definition of the problem, that the simulation technique could be easely employed in parametric optimization of a chemical process provided the programming simulation system allows one to secure its linkage with some suitable optimization procedure. A special advantage of this approach seems to be the fact that all the equality constraints which emanate from the process mathematical model are satisfied automatically.

```
WILLIAMS-OTTO PLANT SIMULATION INPUT:
SEQU ;
STOP CRITERION: .0001 ;
; ;
COMPONENTS: HEATFLOW A B C E G P ;
1 REAC IN 1 8 OUT 2 PAR T: 327.6 V: 2.5485 A1: 1.65986#6 A2: 6.21167#8 A3: 2.
B1: 6666.67 B2: 8333.33 B3: 11111.11 Q: 290.75 116.30 332.62 PD: .0 ;
2 SPLI IN 9 OUT 3 4 PAR ALPHA3: .0 .0 .0 .0 1.0 .0 TS: 0 PD: .0 ;
3 SPLI IN 4 OUT 5 6 PAR ALPHA5: .0 .0 .0 .0 .0 (1—.1*E[4]/P[4]) TS: 0 PD: .0 ;
4 SPLI IN 6 OUT 7 8 PAR ALPHA7: .35 PD: .0 ;
5 COOL IN 2 OUT 9 PAR TEM: 311.15 PD: .0 ;
SYSTEM INPUT [K,MPA,KG/S]
1 294.15 1.013 1.826969 4.202029 .0 .0 .0 .0 ;
CUT STREAM APPROX
8 311.15 1.013 .578 3.269 .061 2.054 .0 .351 ;
OUTPUT APPROX
1 327.6 1.013 .992 1.810 —.068 —1.636 —.419 —.678 ; ;
```

Fig. 19. Simulation of WILLIAMS-OTTO process — SIPRO coding sheet

Once we have decided to use SIPRO to optimize the WILLIAMS-OTTO plant [6] we have to code the process flowchart. This is illustrated for starting values of design variables (reactor volume, reactor temperature and recycle fraction of the splitter) in Fig. 19. We further need to compute the objective function value according to equation (10) and incorporate some kind of a strategy for manipulation with the design variables. Because the programming language ALGOL 60 is used for SIPRO this essentially means to write up an ALGOL procedure for the objective function and extract some tested optimization procedure from the computer library. It has been already suggested by KLEMEŠ and VAŠEK [22] that Box optimization procedure [23] exhibites good characteristics in its application on chemical processes and thus this method is used in this particular problem. The linkage of the SIPRO segment with these two addition procedures is provided by DATASAAB D21 operating system.

Resulting printout appears in Fig. 20 where apart from standart SIPRO output some information regarding the optimization itself are added.

SIMULATION PROGRAMMING SYSTEM SIPRO

DATE 24.10.1974 — 08.10.12
COMPUTING TIME 590 S

SIMULATION RESULTS

STREAM NO.	TOTFLOW [KG/S]	COMPONENT FLOWRATES [KG/S] A	B	C	E	G	P
1	6.02900	1.82697	4.20203	.0	.0	.0	.0
2	51.21262	5.22157	18.16872	1.09091	23.21857	0.43908	3.07377
3	.43908	.0	.0	.0	.0	0.43908	1.0
4	50.77354	5.22157	18.16872	1.09091	23.21857	.0	3.07377
5	.75191	.0	.0	.0	.0	.0	0.75191
6	50.02163	5.22157	18.16872	1.09091	23.21857	.0	2.32186
7	4.83801	0.50502	1.75725	.10551	2.24566	.0	.22457
8	45.18362	4.71655	16.41147	.98540	20.97291	.0	2.09729

OPTIMIZATION RESULTS

OBJECTIVE FUNCTION VALUE = 70.5
FINAL VALUE OF DECISION VARIABLES: T=356.58 K; V=3.5858 M↑3; ALPHA7=.09672
NO. OF OBJ. FUNCTION EVALUATIONS = 244

Fig. 20. Results of Williams-Otto process parametric optimization

It is generally known that although the program build from already prepared blocks certainly has some advantages from the viewpoint of a user — suggested approach — it is hardly possible to lable this procedure as being optimal with respect to the computational time.

Neverthless it is to be realized that there are some avenues regarding the possibilities of cuting down the computation time even if the modular simulation technique is applied:

1. We may easily recognize that the parametric optimization involves, basically, inner and outer iteration loop. The inner loop belongs to a solution of a generally nonlinear model (here we have iteration of state variables in the cut streams in solution through simulation), the outer iteration loop pertains to the optimization procedure itself. A number of iterations within the inner — simulation — loop depends on a magnitude or difference between iterated state variables values estimated as an initial setting and those corresponding to the final solution of the system's mathematical model if such a solution exists; intuitively, the smaller difference the less a number of iteration. When the nodes' parameters are being reset according to some strategy, which is incorporated in the optimization method, new solution of the mathematical model — simulation — is needed. It would be advantageous to have for a new set of parameters also a new set of initial values

of iterated variables which would be close to the final values for a new state of the system. Indeed a several experiments have shown that if a table of final values of iterated variables with corresponding parameters are stored and if for a new parameters' setting the initial interated values are picked out from the table in such a way that they would be equal to those of final iterated values for parameter's closest to their new setting a computation time may be cut down appreciably (KLEMEŠ, VAŠEK and DOHNAL [10]). Sorting and extraction necessary for selection from the stored table is indicated in Fig. 21 by a box "ITERATED VALUES CALCULATION".

2. There appears another possibility worthy to investigate into. That is if we succeeded in finding of a functional relationship between the iterated state variables final values $\bar{S}$ and a set of nodes' parameters being manipulated by the used optimization method D_{OP} we could be able to skip the inner loop completely; because for a new parameters' setting the final values of

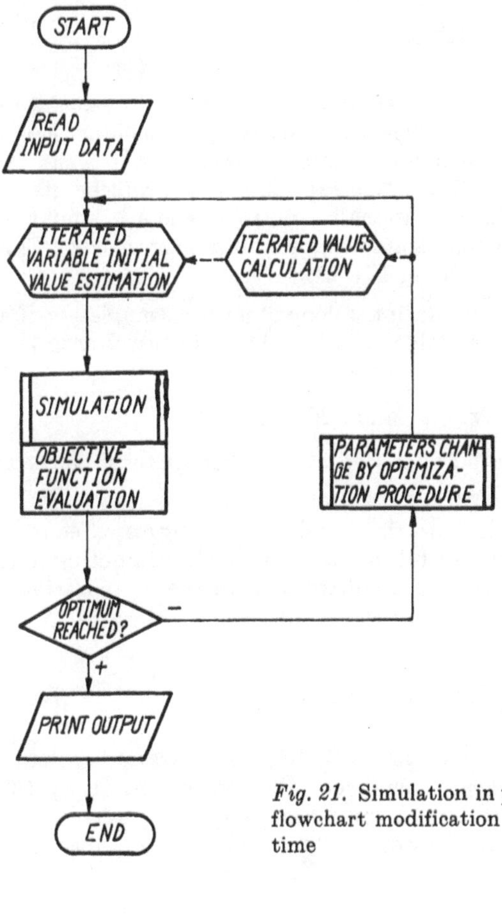

Fig. 21. Simulation in parametric optimization — flowchart modification to cut down computation time

iterated variables could be calculated from the equations

$$\bar{\Phi}(\bar{S}, D_{OP}) = 0 \tag{25}$$

Evindently such relationships are unknown since they essentially represent an explicit solution of the system mathematical model. However we could make use of the data from the aforementioned stored table and approximate the functions (25) by a quadratic polynomial. Thus

$$^{r}S = {}^{r}a_0 + \sum_{i=1}^{L} {}^{r}a_i D_{OP_i} + \sum_{i=1}^{L} \sum_{j=1}^{L} {}^{r}b_{ij} \cdot D_{OP_i} \cdot D_{OP_j} \tag{26}$$

where ^{r}S is an element of the vector $\bar{S}$, D_{OP_i} is an element of the vector D_{OP} and L is its dimension. We would need at least N outer loop iterations in order to generate enough data for determination all the coefficients in the polynomial (26). N reads

$$N = 1 + 2L + \frac{L!}{2(L-2)!} \tag{27}$$

Since we shall require some computational afford to calculate the polynomial's coefficients in exchange for time saving in the inner loop iteration, it still remains a delicate question to be answered as to what extend this technique should be applied. Some experimentation will be needed to find the limit, evidently in dimensionality of D_{OP}, where it would pay off to incorporate considered polynomial approximation into box "ITERATED VALUES CALCULATION" of Fig. 21.

3. Obviously we can avoid the inner loop iteration completely if we select such optimized design variables that would be identical with the iterated state variables. Thus

$$^{r}S \equiv D_{OP_i} \quad \text{for} \quad r = i \quad \text{and} \quad K = L \tag{28}$$

where K is the dimension of the vector $\bar{S}$. This approach is certainly possible under special circumstances only.

It is quite interesting to note that modification suggested as a first possibility has proved rather successful in a sense that the computing time was cut down by approx. 30 per cent in comparison with the optimization where no special provision in the simulation was made.

5.5. *Structural optimization of preheat train*

In the preheat train study the system SIPRO provided quite a handy tool in appreciation of various heat exchanger arrangements made by the process designer. As stipulated in par. 2.5 three heat recovery systems were analysed with respect to the relation between the total heat exchange area and outlet temperature from the preheat train. The results of the study are depicted by plotting in Fig. 22. It is seen that by simply variating the arrangement we can save great deal of the heat exchange area; for the particular case of required output temperature of 510 K the maximum difference in the area amounts to approximately 25 per cent. Since it is quite clear that increase of the total heat exchange area will result in raised crude temperature at the heater input and consequently in fuel consumption reduction an optimum could be found corresponding to the minimum of the sum of investment and operating cost.

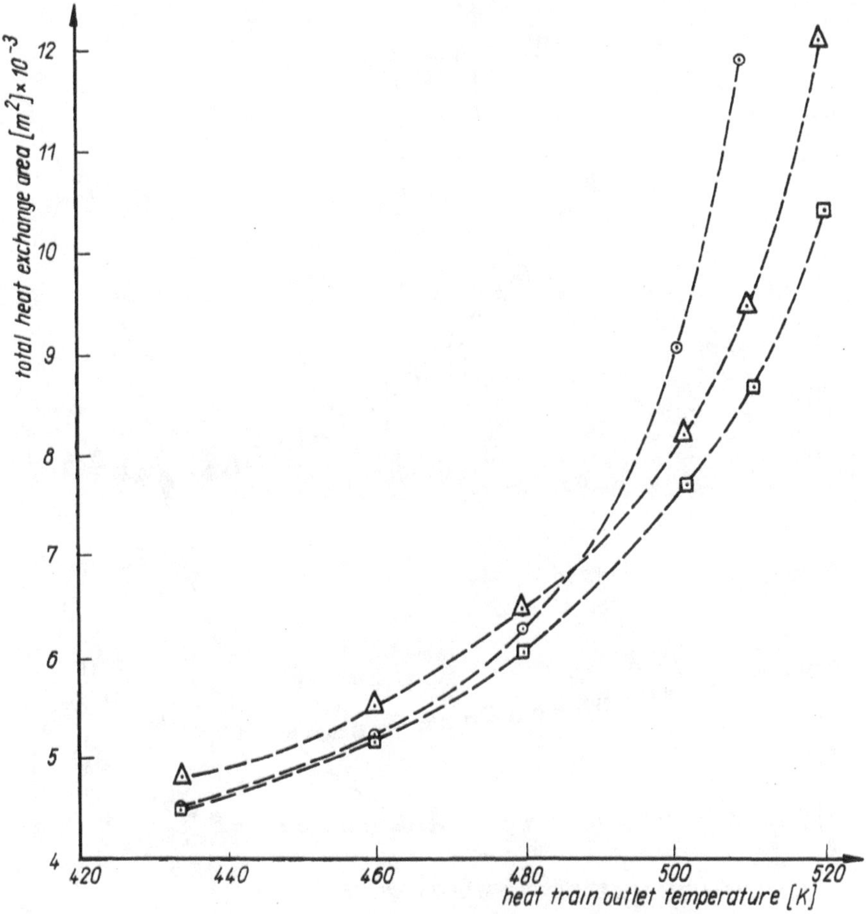

Fig. 22. Structural optimization of the preheat train. Heat exchangers network from Fig. 8

⊙ – system I ⊡ – system II △ – system III

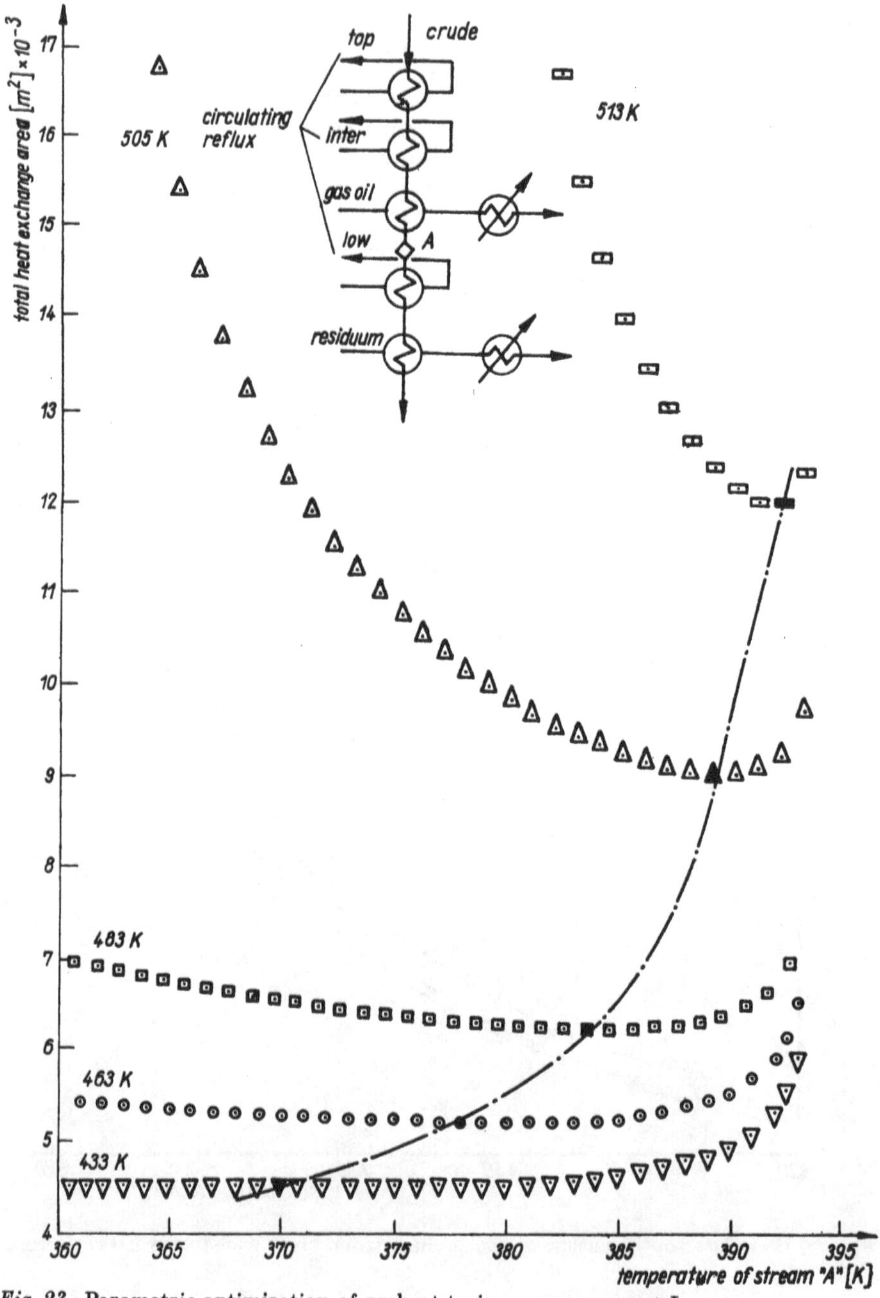

Fig. 23. Parametric optimization of preheat train — arrangement I

It should be emphasized that it is absolutely vital to proceed with parametric optimization for each structure first, should we realistically select the best structure. This point is illustrated in a graph on Fig. 23 where in the structure "I" the only design variable — optimized parameter — is the stream A temperature and this has been varied with consequently appreciable change in the total area.

It is rather interesting to note that for the parametric optimization it was possible to make the design variable identical with the state variable — see eq. (28) and thus the simulation iteration loop was skipped.

5.6. *Uncertainty analysis of preheat train*

The problem of finding the response of the preheat train heat exchanger network illustrated in Fig. 9 the random variation of uncertain data was handled by SIPRO (Klemeš et al [12]). Input coding sheet appropriate to the studied flowchart is shown in Fig. 24.

The suggested Monte Carlo technique was based on the assumption that there is a triangular probability frequency distribution of parameters variation which are supposed to be uncertain (Sprow [24]). In order to generate a sample from the whole population 500 simulation runs were performed. This figure

```
PREHEAT TRAIN SIMULATION:
SEQU; STOP CRITERION: .01;
EQUILIBRIUM: LIQUID; ENTHALPY: BERGHOFF;
COMPONENTS: HEATFLOW CROIL HCR LGO BCR1 HGO BCR2 RES;
1 AEXCH IN 1 9 OUT 8 27 PAR 837.0 232.0 2.0 .2 .2;
2 AEXCH IN 8 16 OUT 10 12 PAR 558.0 130.0 2.0 .2 .2;
3 AEXCH IN 2 10 OUT 9 14 PAR 11116.0 308.0 2.0 .2 .2;
4 AEXCH IN 14 15 OUT 11 16 PAR 1395.0 175.0 2.0 .2 .2;
5 AEXCH IN 3 11 OUT 17 18 PAR 281.0 280.0 2.0 .2 .2 ;
6 AEXCH IN 4 18 OUT 19 20 PAR 343.0 216.0 2.0 .2 .2;
7 AEXCH IN 5 20 OUT 21 22 PAR 376.0 294.0 2.0 .2 .2;
8 AEXCH IN 6 22 OUT 13 24 PAR 168.0 304.0 2.0 .2 .2;
9 AEXCH IN 7 24 OUT 23 15 PAR 1112.0 234.0 2.0 .2 .2;
SYSTEM INPUT[C,AT,KMOL/H]
1 30.0 30.0 396506.0 .0 .0 .0 .0 .0 .0;
2 173.0 10.0 .0 436193.0 .0 .0 .0 .0 .0;
3 303.0 10.0 .0 .0 .0 62688.0 .0 .0 .0 .0;
4 349.0 10.0 .0 .0 .0 .0 42621.0 .0 .0;
5 236.0 10.0 .0 .0 .0 203498.0 .0 .0 .0;
6 288.0 10.0 .0 .0 .0 .0 .0 106395.0 .0;
7 360.0 10.0 .0 .0 .0 .0 .0 .0 177991.0;
CUT STREAM APPROX
9 126.0 10.2 .0 436193.0 .0 .0 .0 .0 .0;
16 162.0 10.4 .0 .0 .0 .0 .0 .0 177991.0;
15 249.0 10.2 .0 .0 .0 .0 .0 .0 177991.0;
;
```

Fig. 24. SIPRO input coding sheet for preheat train

Table 4: PROBABILITY DISTRIBUTION — UNCERTAINTY DATA ANALYSIS

STREAM NO. 23

INTERVAL [C]	FREQUENCY OF OCCURRENCE	PROBABILITY	CUMULATIVE PROBABILITY
1. (—263.00)	0	.0000	1.0000
2. (263.00—264.33)	2	.0040	.9960
3. (264.33—265.67)	11	.0220	.9740
4. (265.67—267.00)	14	.0280	.9460
5. (267.00—268.33)	42	.0840	.8620
6. (268.33—269.67)	56	.1120	.7500
7. (269.67—271.00)	96	.1920	.5580
8. (271.00—272.33)	98	.1960	.3620
9. (272.33—273.67)	90	.1800	.1820
10. (273.67—275.00)	67	.1340	.0480
11. (275.00—276.33)	22	.0440	.0040
12. (276.33—277.67)	1	.0020	.0020
13. (277.67—279.00)	1	.0020	.0000
14. (279.00—)	0	.0000	.0000

STREAM NO. 9

INTERVAL [C]	FREQUENCY OF OCCURRENCE	PROBABILITY	CUMULATIVE PROBABILITY
1. (—123.00)	0	.0000	1.0000
2. (123.00—124.83)	4	.0080	.9920
3. (124.83—126.67)	12	.0240	.9680
4. (126.67—128.50)	29	.0580	.9100
5. (128.50—130.33)	36	.0720	.8380
6. (130.33—132.17)	56	.1120	.7260
7. (132.17—134.00)	59	.1180	.6080
8. (134.00—135.83)	86	.1720	.4360
9. (135.83—137.67)	78	.1560	.2800
10. (137.67—139.50)	61	.1220	.1580
11. (139.50—141.33)	45	.0900	.0680
12. (141.33—143.17)	21	.0420	.0260
13. (143.17—145.00)	12	.0240	.0020
14. (145.00—)	1	.0020	.0000

has been thought to be sufficient to faciliate a representative sample from the population. The simulation results allowed us to construct histograms as to detect the relative probability frequency of various values. An example of these probability distributions are shown in Table 4 for illustrative purposes.

It should be pointed out that the simulation approach gives us quite a complete information on the effect of uncertain data upon the all stream characteristic within the whole process. This may be seen from Table 5, which indicates the lowest and highest temperatures together with temperature

Table 5: STREAM TEMPERATURE DIFFERENCES CAUSED BY RANDOM VARIATION OF SIMULATION INPUT DATA

STREAM NO.	MINIMUM [C]	MAXIMUM [C]	TEMPERATURE DIFFERENCE [C]
1	10.12	37.53	27.41 (28)
2	159.62	182.46	22.84 (25)
3	268.36	302.99	34.63 (35)
4	316.10	348.94	32.84 (35)
5	211.58	235.99	24.41 (25)
6	263.45	287.99	24.54 (25)
7	340.15	359.98	19.83 (20)
8	68.91	93.31	24.40
9	123.68	144.93	21.25
10	82.53	111.49	28.96
11	175.38	192.65	17.27
12	114.02	139.93	25.91
13	238.61	258.46	19.85
14	134.12	156.20	22.08
15	240.65	263.02	22.37
16	154.17	179.61	15.44
17	191.98	219.05	27.07
18	189.80	207.63	17.83
19	203.45	226.25	22.80
20	205.05	222.08	17.03
21	209.91	228.97	19.06
22	208.34	225.62	17.28
23	263.41	278.00	14.59
24	217.35	233.12	15.77
25	79.98	104.44	24.46

difference in all streams which happened to occure during the sample generation.

The analysis performed with respect to the uncertain data allows us a deeper insight into the studied system. With reference to Table 5 we can see that assumed deviations have quite a different effect on various stream temperatures. It is obvious that the temperature of the output stream from preheat train which has an important influence upon the fired heater design exhibits the lowest sensitivity to the data variation. This we can qualify as a rather favourable feature of the preheat train arrangement. On the other hand the temperature variation in stream No. 25 which belongs to the top circulating reflux amounts to about 24.5 K and one may expect that this might cause some difficulties in the design of the main atmospheric column.

6. Conclusion

It has been an intention to survey the types of problems and scope of computational work the process designer can cope with by simulation technique. The inspection of key problems has alloved to formulate the features which a good programming system should possess. If we compare the requirements on the computeı simulation system with the characteristic of SIPRO we may say that most of them are met by this system. This is quite natural since the SIPRO has gone throughout development which has been mostly guided by needs of practicing process designer.

It should be realized that the range of process designer activity is much wider than that which could be covered by computer simulation system only. There is e.g. simple balancing, economy evaluation of the process, sensitivity analysis, data retrieval, geometric layout of the equipment etc., which are definitely beyond any simulation system. However, the simulation module is very important segment of a computer-aided design systems. This circumstances has let us to start with development of a system which would take on the load of much wider scope of process designer work. Therefore, we have attempted to device so called Design Integrated System [21] which also incorporates SIPRO. The main idea on which system DIS is being based appears to be a integral transfer of information through various stages of process development and its interactive usage by a process designer. The flexibility and modular fashion of the SIPRO has made it possible to place this system into the very core of DIS.

7. References

[1] Himmelblau, D. M., Bischoff, K. B.: "*Process Analysis and Simulation. Deterministic Systems*". John Wiley & Sons, New York 1968, 348 ps.

[2] Crowe, C. M., Hamielec, A. E., Hoffman, T. W., Johnson, A. I., Shannon, P. T., Woods, D. R.: "*Chemical Plant Simulation. An Introduction to Computer – Aided Steady – State Process Analysis*". Englewood Cliffs, New Jersey, Prentice-Hall 1971, 368 ps.

[3] Dohnal, M., Jícha, J., Klemeš, J., Vašek, V.: "*Design of Complex Processes by Programming System* SIPRO", in: "*1st Symposium on Use of Computer in Chemical Engineering*", Ústí nad Labem, Czechoslovakia 1972.

[4] Klemeš, J., Vašek, V.: "*Material and heat balance calculation of chemical processes*", in: "*Symposium proceedings Chemical Engineer and Realization of Technical Development*", Štiavnické Bane, Czechoslovakia, 1975, pp. 119–124 (in Czech).

[5] Klemeš, J., Vašek, V.: "*Simulation programming system* SIPRO". Publications of Technical and Scientific Papers of the Technical University in Brno, vol. B-41 Brno, ES VUT 1974, 267 ps. (in Czech).

[6] Williams, T. J., Otto, R. E.: A generalized chemical processing model for the investigation of computer control. AIEE Trans., **79**, Part 1 (Communications and Electronics), 1966, pp. 458–473.

[7] Vinturella, J. B., Law, V. J.: "*Non-linear Programming Applied to Process Design and Optimization*", in: AIChE 65th National Meeting, paper 12a, Cleveland, USA, 1969.

[8] Jung, B. S., Mirosh, W., Ray, W. H.: "*Large Scale Process Optimization Techniques Applied to Chemical and Petroleum Processes*". Canadian Journal of Chemical Engineering, **49**, No. 12, 1971, pp. 844–852.

[9] VERMOUZEK, Č., KLEMEŠ, J., DOHNAL, M., VAŠEK, V.: "*Computer-Aided Optimization of Complex Chemical Process with General Purpose Simulation Algorithm Application*", in: International Congress "*Use of Electronic Computers in Chemical Engineering*", sec. Z1, Paris, France, 1973.

[10] KLEMEŠ, J., VAŠEK, V., DOHNAL, M.: "*Chemical Process Optimization Using Simulation Programming System*", in: Proceedings of "*2nd Symposium on the Use of Computers in Chemical Engineering*", Ústí nad Labem, Czechoslovakia, Dům techniky ČVTS 1973, pp. S24–S40.

[11] DOHNAL, M., KLEMEŠ, J., LUTCHA, J., VERMOUZEK, Č.: "*Topics on simulated chemical process optimization techniques*", in: Proceedings of "*3rd Symposium on the Use of Computers in Chemical Engineering*", Gliwice 1974, Poland, Supplement, pp. 46–62.

[12] KLEMEŠ, J., LUTCHA, J., VAŠEK, V., DOHNAL, M.: "*Preheat train parameter's uncertainty analysis by stochastic flowsheet simulation*", in: "*5th International Congress CHISA '75*", section L3.6, Praha, Czechoslovakia, 1975.

[13] GADDY, J. L., CULBERSON, O. L.: "*Prediction of Variable Process Performance by Stochastic Flow Sheet Simulation*". AIChE Journal, **19**, No. 6, 1973, pp. 1239–1243.

[14] KLEMSA, J.: "*Balance programming system*". Research report. Brno, Research Institute of Chemical Equipment, 1973, 26 ps. (in Czech).

[15] VAŠEK, V., DOHNAL, M., KLEMEŠ, J., LUTCHA, J.: "*Methods of Chemical Plant Balance – Simulation Problem Solving*", in: "*Preprints of 7th European Symposium Computer Application in Process Development*", 1974, Erlangen (Federal Republic of Germany), pp. 234–246.

[16] DOHNAL, M., KLEMEŠ, J.: "*Problem – Oriented Language for Simulation of Chemical – Engineering Systems*". Paper presented at 17th National Congress CHISA, 1970, Mariánské Lázně (Czechoslovakia), sec. B3-2.

[17] DOHNAL, M., KLEMEŠ, J.: "*Simulation of Chemical Engineering systems by means of Programming System* SIPRO 70". Chemický průmysl, **21**, No. 7, 1971, pp. 345 to 351 (in Czech).

[18] KLEMEŠ, J., VAŠEK, V.: "*Application of Programming system SIPRO for Design Problem Solving in CHEPOS engineering organisation*". Research report. Brno, IDZ Královopolská works, 1972, 32 ps.

[19] VAŠEK, V., KLEMEŠ, J., VERMOUZEK, Č.: "*A study of the convenience of the simultaneous and the sequential approach for simulation of some typical chemical processes*". Collection of Czechoslovak Chemical Communications, **39**, No. 12, 1974, pp. 2772 to 2782.

[20] VERMOUZEK, Č., VAŠEK, V., KLEMEŠ, J.: "*Effect of the Choice of Mathematical Model upon the Course of the Calculation in Simulation of Chemical Technologies*". Chemický průmysl, **22**, No. 11, 1972, pp. 535–537 (in Czech).

[21] LUTCHA, J., KLEMEŠ, J., KLEMSA, J., VAŠEK, V., DOHNAL, M., VERMOUZEK, Č.: "*DIS – Design Integrated System*". Computer Aided Design, **7**, No. 4, 1975, pp. 229–236.

[22] KLEMEŠ, J., VAŠEK, V.: "*Methods for Optimizing Complex Chemical Processes*", in: "*Proceedings of 2nd Symposium on the Use of Computers in Chemical Engineering*". Ústí nad Labem (Czechoslovakia), Dům techniky ČVTS 1973, pp. 084–0102.

[23] BOX, M. J.: "*A new method of constrained optimization and a comparison with other methods*". Computer Journal, **8**, No. 1, 1965, pp. 42–52.

[24] SPROW, F. B.: "*Evaluation of Research Expenditures Using Triangular Distribution Functions and Monte Carlo Methods*". Ind. Eng. Chemistry, **59**, No. 7, 1967, pp. 35–38.

Simulation und parametrische Optimierung verfahrenstechnischer Systeme mit dem Programmsystem DIGSIM

(St. Arndt, O.-U. Langer)

Summary

A programme system for digitally simulating and optimizing stationary and dynamic models and computing sensitivity functions is described. For simulation purposes, FORTRAN-notation and block-oriented notation (using a metacompiler) are both possible. In addition to general elementary and complex blocks with several inputs and outputs, special process-oriented complex blocks are available for the chemical industry. For optimization purposes, various alternative programmes were provided and connected to the simulation section by appropriate control parameters. Several examples of simulation and optimization of systems are given. The programme system has been written in FORTRAN and CODAP1 for a CDC 1604 A computer.[1])

Die Simulation ist eine Methode zur Untersuchung physikalischer Systeme. Das zu simulierende physikalische System wird hierbei durch ein Modell in seinen wesentlichsten Eigenschaften beschrieben. Diese Methode wird dann verwendet, wenn die Arbeit am physikalischen System nicht möglich, erschwert, zu teuer oder zeitraubend ist. Diese Bedingungen sind gleichermaßen an den Einsatz eines Modells geknüpft. Die Simulation ist für den Entwurf großer und komplizierter Systeme, wie zum Beispiel verfahrenstechnischer Prozesse, unentbehrlich. Der Vorteil der Simulation liegt für die Forschung darin, daß allgemeine Erkenntnisse gewonnen werden können, die sonst gar nicht oder schwieriger zu erhalten sind. Für die Projektierung von Anlagen ergibt sich der Nutzen daraus, daß in der Entwurfsphase Erkenntnisse über das Verhalten des geplanten Systems erzielt werden können, die für die Ausführung, das Anfahren und den Betrieb des Systems wesentlich sind und damit Materialaufwand, Energieverbrauch, Kosten und Risiko minimieren helfen.

Der Digitalrechner in Verbindung mit einem Simulations-Programmsystem als digitaler Simulator erfüllt die Bedingungen für die Anwendung der Simulationsmethode am besten. Das physikalische System wird hierbei durch ein Rechenmodell (zur rechnerischen Simulation am besten geeignete Modell), die Systemgrößen durch Zahlen dargestellt. Dieser Vorgang wird als digitale Simulation bezeichnet. Die Arbeitsweise des Digitalrechners bedingt die Darstellung der kontinuierlichen Systemgrößen durch diskrete endliche Zahlenfolgen. Die rechnerinterne serielle Arbeitsweise und die zeit-diskrete Darstellung der Systemgrößen sind die wesentlichsten Kennzeichen des digitalen Simulationsvorganges.

---

[1]) Anm.: Seit 1977 liegt DIGSIM auch als ES-1040-Version, sowie als Dialogvariante unter Benutzung von Bildschirmgeräten vor.

Das zu simulierende physikalische System wird für die digitale Simulation durch ein mathematisches Modell dargestellt. Mit Hilfe numerischer Verfahren und rechentechnischer Algorithmen ergibt sich ein Rechenmodell als Ausgangspunkt für die digitale Simulation. Bestimmte Algorithmen und numerische Verfahren können dabei für unterschiedliche Probleme immer wieder verwendet werden. Es liegt daher nahe, diese nicht stets neu zu formulieren und zu programmieren, sondern als Baustein einer Vielfachverwendbarkeit und Wiederverwendbarkeit zugänglich zu machen. Derartige Bausteine werden als (Programm-) Blöcke bezeichnet. Die technologische Zusammenschaltung der verschiedenen Blöcke ergibt die rechentechnische Realisierung des mathematischen Modells. Dabei können die Blöcke mathematischen Grundoperationen, aber auch technologischen Einheiten entsprechen. Die Vielfalt der Algorithmen und Programmblöcke gestattet die Realisierung systemtechnischer Betrachtungsweisen: die Verschmelzung dynamischer und statischer Betrachtungsweisen und den Übergang von der Einzeldimensionierung von Apparaten zur Systemdimensionierung von technologischen Anlagen.

Als Mittel zur Durchführung der digitalen Simulation werden digitale Simulationssysteme verwendet. Der Nutzen beim Umgang mit digitalen Simulationssystemen liegt in einer schnellen Notation des Rechenmodells, einer erleichterten Bewältigung numerischer und rechentechnischer Probleme, einem verringerten Rechenzeitbedarf zum Einfahren und Testen des Rechenmodells und einer herabgesetzten Einarbeitungszeit für Anwender.

1. Aufgaben des Simulationsprogrammsystems DIGSIM

Zur Bearbeitung entscheidender Phasen bei der Modellierung chemisch-technologischer Prozesse wurde mit DIGSIM (Abkürzung für digitale Simulation) ein vielseitig verwendbares Programmsystem geschaffen, das die

- Simulation dynamischer Systeme,
- Simulation statischer Systeme,
- Simulation logischer Schaltungen,
- Berechnung der Empfindlichkeitsfunktionen,
- Parameteroptimierung, d. h. Optimierung der Entwurfsvariablen und Berechnung spezieller Fälle der nichtlinearen Regression

mit vertretbarem Aufwand gestattet. Im einzelnen wird auf diese verschiedenen Programmvarianten in den folgenden Kapiteln eingegangen. Der Anwendungsschwerpunkt wurde für die Simulation und Optimierung dynamischer Systeme im Hinblick auf die Anwendung für chemisch-technologische Prozesse konzipiert. Die oben angeführten Erweiterungen ließen sich organisch in das Programmsystem einordnen. Bei Verwendung eines Teils der vorhandenen Programmblöcke, den mathematischen Blöcken, erstreckt sich der Anwendungsbereich von DIGSIM auch auf andere Fachgebiete außerhalb der chemischen Verfahrenstechnik.

Entsprechend den Aufgaben eines Chemie-Ingenieurbüros werden vor allem folgende Probleme mit DIGSIM behandelt:

- Berechnung des statischen Zustandes vermaschter Prozesse,
- Berechnung des dynamischen Prozeßverhaltens im Anfahrzustand, bei Störgrößeneinfluß und Laständerungen,
- Ermittlung der Anlagenfahrweisen,
- Ermittlung der optimalen Apparatedimensionierung entsprechend vorzugebender Gütekriterien
- Synthese von Regelungs- und Steuersystemen zur Prozeßführung,
- Erprobung von Prozeßrechneralgorithmen,
- Modellanpassung an Meßkurven.

An konkreten Anwendungsbeispielen seien repräsentativ folgende mit Hilfe von DIGSIM bearbeitete Vorhaben genannt:

- Simulation des Betriebsverhaltens von Teilanlagen der Methanchlorierung für die Inbetriebnahme und günstigste Betriebsführung,
- Optimierung der Betriebsführung von Kontaktsystemen bei der Schwefelsäureherstellung,
- Dimensionierung von Kaskadenreaktoren einschließlich Regelung für die Neutralisation von Industrieabwässern,
- Untersuchung technologischer Varianten bei Chargenprozessen der Arzneimittelindustrie,
- Untersuchung des Betriebsverhaltens und der Kältemaschinensteuerung von Kälteträgerkreisläufen für die Chemikalienherstellung der Galvanotechnik,
- Simulation des Schwefelsäurekreislaufes zwischen Absorptionsturm, Trockenturm und Austreibeturm,
- Simulation eines Extremwertreglers für ein Brennerproblem,
- Anpassung eines 3-parametrischen Verweilzeitmodells an Meßkurven für eine Gärkolonne,
- Modellanpassung für spezielle biologische Systeme,
- Untersuchung von Fahrzeugschwingungen an Traktoren.

2. Programmstruktur

Ein digitales Simulationssystem muß als Einheit von Simulationssprache, Simulationsprogrammsystem und Digitalrechner mit den zugehörigen Ein- und Ausgabegeräten gesehen werden. Als Digitalrechner stand ein Rechner vom Typ CDC 1604 A mit den Eingabegeräten für Lochkarte, Magnetband, -platte und den Ausgabegeräten für Lochkarte, Magnetband, -platte, Zeilendrucker und Digitalplotter zur Verfügung. Das Programmsystem wurde unter Ausnutzung des erweiterten Betriebssystems der CDC 1604 A in CODAP 1 und FORTRAN 63 geschrieben.

Das (Simulations-) Programmsystem hat die Aufgabe, das in einer deskriptiven Simulationssprache vorgegebene Programm in eine für die Simulation geeignete Form zu verändern, die dafür notwendigen programmierten Algorithmen bereitzustellen und die Simulation auszuführen. Das Programm-

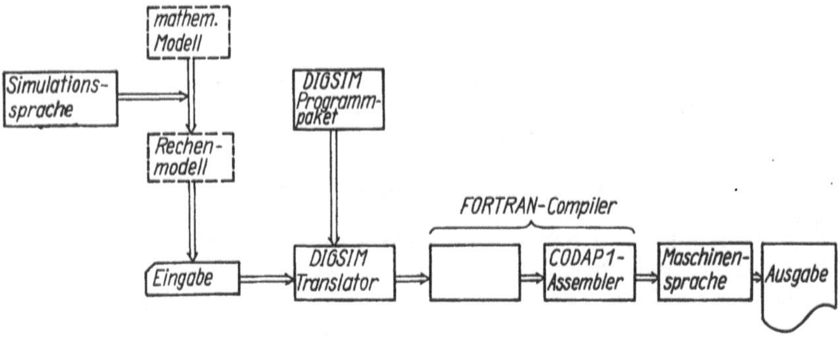

Abb. 1. Wirkungsprinzip des DIGSIM-Simulationssystems

system wurde nach dem Translatorprinzip gestaltet. Der mit Translator bezeichnete Übersetzer erzeugt aus dem eingegebenen Programm ein vollständiges FORTRAN 63-Programm. Anschließend compiliert der FORTRAN 63-Compiler des Betriebssystems dieses FORTRAN-Zwischenprogramm in ein Maschinenprogramm, das nun vom Rechner geladen und ausgeführt werden kann (Abb. 1).

Daraus ergeben sich wesentliche Vorteile gegenüber anderen Arten von Programmsystemen:

- Möglichkeit des Einfügens von Unterprogrammen in FORTRAN bzw. in der Assemblersprache, d. h. eine Erweiterung der Blockarten (siehe Kapitel 3.) ist ohne weiteres möglich,
- Möglichkeit des Weglassens des Translators für versierte Anwender, indem das Problem direkt in FORTRAN notiert werden kann (verständlich durch Kapitel 4.),
- Verfügbarkeit der FORTRAN-Programmbibliothek,
- Unterstellung des Simulationsprogrammes als Unterprogramm, z. B. unter die Regie eines Optimierungsprogrammes (siehe dieses Kapitel: Optimierungsteil),
- Umprogrammierung des Programmsystems für einen anderen Rechner, weil es nur wenige Assemblerprogramme enthält.

Nach der Darstellung des Wirkungsprinzips des DIGSIM-Simulationssystems soll näher auf das DIGSIM-Programmpaket eingegangen werden, das der Translator für die Zusammensetzung des vollständigen Simulationsprogrammes benötigt. Die Programmsteuerung wird nach der Abarbeitung des Translatorprogrammes an das Steuerprogramm DIGSIM bzw. DYNSEN übergeben (Abb. 2). Dieses Steuerprogramm beginnt mit der Ausführung der gewünschten Abarbeitungsvariante und zwar entweder

- Simulation ohne Optimierung (DIGSIM) oder
- Simulation mit Optimierung (DIGSIM, NLOPT) oder
- Simulation ohne Optimierung, mit Berechnung der Sensibilitätsfunktionen (DYNSEN).

Im Simulationsfall wirkt das Steuerprogramm mit dem Simulationsteil entsprechend Abb. 2 zusammen, wobei das Notierungsprogramm NOTE unter

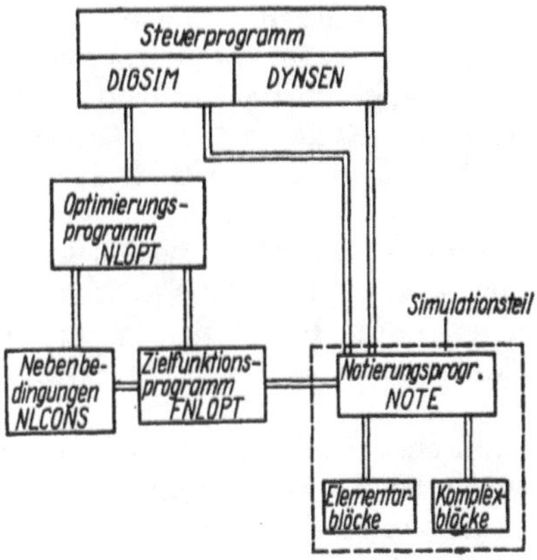

Abb. 2. Strukturteile des DIGSIM-Programm-Pakets

Verwendung der Simulationsblöcke die Struktur und die Parameterversorgung des Simulationsproblems enthält. Für Parameteroptimierungen geht die Steuerung an das Optimierungsprogramm NLOPT über, das über das Zielfunktionsprogramm FNLOPT unter Beachtung der Nebenbedingungen NLCONS den Simulationsteil für die Ermittlung des Zielfunktionswertes anspricht.

Die Berechnung von Sensibilitätsfunktionen dynamischer Modelle erfolgt in Regie des Steuerprogramms DYNSEN, das den Simulationsteil des Programmsystems anspricht. Die folgenden Abschnitte erläutern den Aufbau und die Wirkungsweise der Strukturteile des DIGSIM-Programmpaketes näher.

2.1. Steuerprogramm DIGSIM

Dieser Programmteil, der programmtechnisch gesehen die Funktion des Hauptprogrammes besitzt, erfüllt im wesentlichen vier Aufgaben:

1. Vorbereitungsarbeiten
   Es werden benötigte Felder organisiert, interne Steuergrößen gesetzt, Uhr und Datum abgefragt.

2. Einlesen der benötigten Vorgabedaten
   Diese Daten stellen externe Steuergrößen für den Programmablauf, für die Ausgabe von Rechenergebnissen und Werte von Parametern dar, die bei der Abarbeitung des Simulationsteiles benötigt werden.

3. Steuerung des Simulationsteiles
   In diesem Programmteil wird die Abarbeitung des Simulationsteils gesteuert. Zunächst wird unterschieden, ob ein Optimierungsproblem oder eine Simulationsvariante abgearbeitet werden soll. Der Optimierungsfall wird weiter unten besprochen. Im Simulationsfall wird geprüft, ob die

Berechnung eines dynamischen oder stationären Problems durchgeführt werden soll. In beiden Fällen wird zunächst ein Vorbereitungsschritt durchgeführt, d. h. der Simulationsteil abgearbeitet, wobei dort vom Problem abhängige Vorbereitungsarbeiten (Einlesen der Stützstellen von Funktionsgeneratoren, Einlesen der Anfangswerte von DGL-Systemen u. a.) erledigt werden können.

Im stationären Fall wird dann der Simulationsteil wiederholt abgearbeitet, bis die Abfrage der Iterationskenngröße anzeigt, daß die in dem stationären Problem enthaltenen Rückführungen unter Berücksichtigung der vorgegebenen Genauigkeitsforderung konstant sind (siehe auch Kapitel 3.: ITER-Block).

Da auch bei der Notierung dynamischer Probleme Rückführungen auftreten, ist der gleiche Schleifenabgleich bei der Berechnung dieser Probleme vorgesehen. Übergeordnet ist hier jedoch das Weiterstellen der unabhängigen Variablen Z mit der Schrittweite ΔZ (Integrationsschrittweite), sofern die interne Iteration abgeklungen ist, die Problemgrößen also zum betrachteten Zeitpunkt genau genug bestimmt sind. Daher ist der Aufwand für die Berechnung eines dynamischen Problems dem $((Z_{max} - Z_0)/\Delta Z)$-fachen Aufwand der Lösung des stationären Problems vergleichbar. Durch hinreichend kleine Wahl von ΔZ kann jedoch der Fehler bei Verzicht auf Iteration der Rückführschleifen im dynamischen Fall klein gehalten werden. Damit verknüpft ist auch die Tatsache, daß durch Verkleinerung der Integrationsschrittweite ΔZ die Konvergenz der Iteration nach dem Einsetzverfahren erzwungen werden kann. Diese Konvergenz ist für statische Probleme nicht gesichert, so daß hier nach Überschreitung einer vorzugebenden Anzahl von Durchrechnungen der Schleife die Berechnung abgebrochen wird. Im dynamischen Fall wird dagegen die Integrationsschrittweite halbiert und die Berechnung des Problems wiederholt (wie oft, muß vorgegeben werden).

4. Ausgabearbeiten

Nach erfolgter Simulation oder Optimierung müssen die Berechnungsergebnisse ausgegeben werden. Dafür besitzt DIGSIM verschiedene Möglichkeiten:

- Die graphische Übersichtsdarstellung von Funktionen einer unabhängigen Veränderlichen auf dem Zeilendrucker ist besonders geeignet für die qualitative Beurteilung der Lösungsverläufe von dynamischen Problemen.
- Die graphische Darstellung derartiger Lösungsverläufe mittels Digitalplotter bringt eine Steigerung der Darstellungsgenauigkeit.
- Die Darstellung solcher Lösungen in Form von Zahlenkolonnen, bei denen unabhängige und abhängige Variable einander zugeordnet ausgedruckt werden, ist am genauesten, aber auch am unübersichtlichsten. Daher empfiehlt es sich, die letztere Ausgabemöglichkeit mit einer der beiden ersteren zu kombinieren.
- Bei der Lösung stationärer Probleme ist es häufig zweckmäßig, mit Vektoren für die Beschreibung des Zustandes der Stoffströme zu arbeiten. Dem angepaßt ist die Ausgabe der Ergebnisse in Vektorform nicht nur genau, sondern auch anschaulich.

Die diesen vier Ausgabemöglichkeiten entsprechenden Programmteile sind in Form von Unterprogrammen enthalten. Der Ergebnisausgabe zuzurechnen sind ferner ausgedruckte Angaben über Datum, Seitenzahl, benötigte Rechenzeit für Compilierung und Programmabarbeitung, Anzahl der Durchläufe des Simulationsteiles sowie Angaben über die belegte und freie Speichergröße des Rechners.

Das Gesamtprogramm ist so angelegt, daß nach Beendigung einer Simulation oder Optimierung mit Simulation stets wieder mit dem Einlesen neuer Daten begonnen wird. Dadurch kann eine Vielzahl von Varianten hintereinander gerechnet werden, was bei Rechnern mit Stapelverarbeitung häufig wünschenswert ist. Das reguläre Programmende wird dadurch herbeigeführt, daß keine Datenkarten mehr vorhanden sind.

2.2. Simulationsteil

Der Simulationsteil besteht aus dem Unterprogramm NOTE, das die Modellnotierung beinhaltet, und aus allen bereitgestellten Elementar- und Komplexblöcken, die ebenfalls Unterprogramme darstellen. Die einzelnen Blöcke enthalten mathematische, verfahrenstechnische und regelungstechnische Algorithmen und dienen damit sowohl der Lösung mathematischer als auch verfahrenstechnischer und regelungstechnischer Aufgaben.

Blöcke gleichen Typs beziehen sich auf ein gemeinsames Unterprogramm mit jeweils unterschiedlichen Nummern der Ein- und Ausgangsgrößen und Parameterwerte.

Die Anwendungswirksamkeit eines Simulationssystems hängt nicht zuletzt von der Anzahl und Zweckmäßigkeit der Blockarten ab. Im folgenden soll auf die Einteilung der Blockarten eingegangen werden und auf Besonderheiten hingewiesen werden. Ein Verzeichnis aller mathematischen Blockarten und einiger verfahrenstechnischer und regelungstechnischer Blöcke ist im Kapitel 7. tabellarisch zusammengestellt.

Alle Blöcke stellen einen gerichteten Zusammenhang dar: die Eingangsgrößen eines Blockes sind die unabhängigen, die Ausgangsgrößen die abhängigen Variablen des betreffenden Funktionszusammenhanges. Folgende Blockarten sind verfügbar:

1. Elementarblöcke
   - 1.1. dynamische Blöcke
   - 1.2. diskrete dynamische Blöcke
   - 1.3. statische Blöcke
     - — arithmetische Blöcke
     - — mathematische Funktionsblöcke
     - — Kennlinienblöcke
   - 1.4. logische Blöcke
     - — Schwellwertelementblöcke
     - — Schaltfunktionen ohne Speicherverhalten
     - — Schaltfunktionen mit Speicherverhalten
   - 1.5. Signalgeneratoren

2. Komplexblöcke
   2.1. mathematische Blöcke
      – dynamische Blöcke
      – statische Blöcke
   2.2. prozeßbezogene Blöcke
      – verfahrenstechnische Blöcke
      – regelungstechnische Blöcke
3. Ausgabeblöcke
4. Organisationsblöcke

Der Einsatz von Elementarblöcken ist für die Anwendung auf kleinere Problemumfänge und anstelle fehlender Komplexblöcke vorgesehen. Neben den Integrationsblöcken INT1, INT2, INT3 existieren auch häufig benutzte Standardformen für kompliziertere Übertragungsfunktionen, wie z. B. Verzögerungsglieder 1. Ordnung, Differenzierer mit Verzögerung, Totzeitglieder. Diese Blöcke arbeiten mit konstanter Schrittweite. Mit dem diskreten dynamischen Block TAST können Abtastregelungen simuliert werden.

Von den statischen Blöcken sei besonders auf die Kennlinienblöcke hingewiesen. Im allgemeinen werden die verschiedenen Funktionsgeneratoren für eine und zwei unabhängige Variable verwendet. Für ordinatenparallele Kennlinienstücke und für Kennlinien mit statischer Vorgeschichte wie zum Beispiel Hysteresekennlinien existieren Sonderblöcke.

Die logischen Blöcke enthalten nur den funktionalen Zusammenhang des jeweiligen logischen Ausdrucks, nicht aber Eigenschaften realer Bauelemente. Logische Blöcke können mit allen anderen Blöcken gekoppelt werden, wobei Eingangsgrößen ungleich Null als L-Signal und Eingangsgrößen gleich Null als 0-Signal im logischen Sinn aufgefaßt werden. Als Signalgenerator sei besonders erwähnt der Block *PZZG* zur Erzeugung von Pseudozufallszahlen für Gleichverteilungen, Normalverteilungen und Exponentialverteilungen.

Elementar- und Komplexblöcke unterscheiden sich durch die Komplexität der Algorithmen und die Anzahl der zu verknüpfenden Ein- und Ausgangsgrößen. Im allgemeinen haben Komplexblöcke bis zu 10 Ein- und Ausgangsgrößen.

Im gegenwärtigen Ausbauzustand des Programmsystems liegen an mathematischen Komplexblöcken vor:

– Lösung von Anfangswertproblemen gewöhnlicher Differentialgleichungen 1. Ordnung mit Integrationsverfahren nach Runge – Kutta – Gill, Runge – Kutta – Fehlberg, Trapezverfahren mit Konvergenzbeschleunigung,
– Lösung von speziellen Randwertproblemen gewöhnlicher Differentialgleichungen nach dem Progonki-Verfahren,
– Lösung nichtlinearer Gleichungssysteme nach Broyden, einem modifizierten Broyden-Verfahren, nach der verallgemeinerten Regula Falsi,
– Lösung linearer Gleichungssysteme nach dem Gauss-Algorithmus.

Programmtechnisch wurde eine Aufspaltung dieser Blöcke in einen Algorithmenteil und einen Problemteil vorgenommen. Der Problemteil enthält die spezielle mathematische Formulierung, wie z. B. die rechten Seiten eines Differentialgleichungssystems 1. Ordnung.

Die prozeßbezogenen Komplexblöcke verwenden im gegebenen Fall intern diese mathematischen Blöcke.

Während die Verwendung von Elementarblöcken und vorprogrammierten Komplexblöcken auch für rechentechnisch wenig versierte Programmnutzer keine Schwierigkeiten macht, ist eine Programmierung von Komplexblöcken nur mit Unterstützung durch die Programmbetreuer effektiv.

An Ausgabeblöcken sind und werden nur über die vorhandenen Standarddatenausgaben hinausgehende Sonderformen programmiert, wie z. B. zur Datenausgabe bei Meßkurvenanpassungen.

Mit den Blöcken ABKUERZ und ITER existieren zwei Organisationsblöcke, die der Rechenzeitverkürzung und gesteuerten Rechengenauigkeit dienen. ABKUERZ wird vor jeder Simulationsvariante abgearbeitet. Dieses Programm eignet sich zur Berechnung von Parameterkombinationen aus Eingabedaten, aber auch zum Beispiel zur Erzeugung zusätzlicher Dateneingabe- und Datenausgabebefehle.

Der Block ITER kontrolliert und steuert Iterationen bei der Berechnung rückgekoppelter Systeme. Dieser Block kann sowohl für statische als auch für dynamische Probleme verwendet werden. Mit den Parametern Iterationsgenauigkeit EPS bezüglich der relativen Blockeingangsgrößenänderung zwischen 2 Iterationen, Schätzwert ALO für den Beginn der Iteration und Algorithmensteuergröße KENN wird der Block in den Notierungsteil NOTE entsprechend Kapitel 3. eingefügt.

2.3. *Optimierungsteil*

Ohne Rücksicht auf Eindeutigkeit und Existenz von Lösungen lassen sich sehr viele Optimalprobleme der Verfahrenstechnik in folgender Form darstellen:

Gesucht ist das Minimum der Zielfunktion ZF

$$\min_{y,p} ZF = \min_{y,p} f\big(y_k(p), p_r\big) \qquad k = 1, \ldots, n \quad r = 1, \ldots, m$$

oder bei Blockstruktur des Problems

$$\min_{y,p} ZF = \min_{y,p} \sum_i f_i\big(y_j(p), p_e\big) \qquad j = 1, \ldots, n_i \quad e = 1, \ldots, m_i \quad i = 1, \ldots, N$$

Dabei ist der Vektor y_i der zum i-ten Block gehörende Zustandsvektor, p_e ist der zum i-ten Block gehörende Parametervektor. Beide Vektoren sind durch das den Block beschreibende Gleichungssystem verknüpft:

$$F_i(y_i, p_e) = 0 \qquad \text{1. Nebenbedingung: Prozeßmodell}$$

Dieses Gleichungssystem stellt bezüglich der Zielfunktion ein System von Nebenbedingungen dar, da es in Abhängigkeit von der Wahl der Werte für p_e nur die diesem Gleichungssystem gehorchenden Werte für y_j zuläßt. Häufig existiert eine weitere Gruppe von Nebenbedingungen, die die freie Wahl der eigentlichen Optimierungsvariablen p_e einschränkt:

$$G_i(p_e) \leqq 0$$ 2. Nebenbedingung: technologische Begrenzungen

Beispiele für derartige Begrenzungen sind Apparatedimensionen, Temperaturen, Durchsätze.

Es sind

n – Gesamtzahl der Zustandsvariablen des Systems
m – Gesamtzahl der Steuerparameter
n_i, m_i – Anteil von n, m auf den i-ten Block entfallend
N – Blockanzahl

Bei dynamischen Problemen existiert eine analoge Formulierung: Gesucht ist das Minimum von ZF

$$\min_{y(t),p(t)} ZF = \min_{y(t),p(t)} \int_{t_0}^{t} f\big(y_k(p), p_r\big)\, dt$$

unter Beachtung der Nebenbedingungen:

$$\frac{dy_k}{dt} = h(y_k, p_r, t)$$

$$g_j(p_r, t) \leqq 0 \qquad k = 1, \ldots, n \quad r = 1, \ldots, m \quad j = 1, \ldots, s$$

Beispiele für die letzte Gruppe der Nebenbedingungen sind Begrenzungen der bereits besprochenen Art, aber auch Begrenzungen für Reglerparameter, Stabilitätsgrenzen.

Beide Optimalprobleme können durch weitgehend austauschbare numerische Optimierungsalgorithmen auf folgende Weise gelöst werden:

a) Schätzung der Optimierungsvariablen p

Programmteil FNLOPT — b) Berechnung des Wertes der Zielfunktion

Programmteil NLOPT — c) Extremum erreicht? Wenn ja, gehe zu f)
Wenn nein, gehe zu d)

d) Beschaffung der Information über die Abhängigkeit des Wertes der Zielfunktion von den Variablen p (gegebenenfalls unter Verwendung des Schrittes b))

e) Verbesserung der Schätzung von p (Prüfung der Zulässigkeit)
Gehe zu b)

f) Ende der Optimierung

Wie in Abb. 2 dargestellt, geht im Optimierungsfall nach dem Einlesen der zusätzlich benötigten Optimierungssteuergrößen, Schätzwerte u. a. die Steuerung von DIGSIM an NLØPT, das numerische Optimierungsverfahren über. Darin sind die Schritte c) bis f) prinzipiell programmiert. In der konkreten Lösung des Schrittes d) unterscheiden sich dann natürlich Gradientenverfahren von Komplexverfahren oder GAUSS-SEIDEL-Algorithmen.

Im Programmteil FNLØPT wird der Wert der Zielfunktion berechnet, wobei im allgemeinen die Durchrechnung einer Simulationsvariante mit den vom Optimierungsprogramm vorgeschlagenen Parameterwerten notwendig ist. Dadurch wird die erste Gruppe von NB implizit erfüllt. Bei Vorliegen von Nebenbedingungen der zweiten Gruppe sind entweder Optimierungsverfahren zu verwenden, die deren Einhaltung implizit ermöglichen (Verfahren nach BØX) oder deren Einhaltung ist durch die Verwendung von Strafen für die berechneten ZF-Werte zu gewährleisten.

Folgende austauschbare Optimierungsprogramme liegen vor mit den Verfahren nach:

- MARQUARDT [1]
- ZANGWILL [2]
- POWELL [3]
- BOX [4]
- BOX – ROSENBROCK [5]
- POWELL – FLETCHER [6]

Entsprechend der Vielfalt der Probleme und Zielfunktionen muß das Unterprogramm für die Berechnung der Zielfunktionswerte meist neu bzw. vom Nutzer programmiert werden. Allerdings liegen für eine Reihe von regelungstechnisch bedeutsamen Zielfunktionen die entsprechenden Programme vor und können ausgewählt werden

$$ZF_1 = \int_{t_{\text{TEST}}}^{t(\varepsilon, t_{\max})} (y - y_\infty)^2 \, dt \qquad \text{(quadrat. Regelfläche)}$$

$$ZF_2 = \int_{t_{\text{TEST}}}^{t(\varepsilon, t_{\max})} t|y - y_\infty| \, dt \qquad \text{(ITAE-Kriterium)}$$

$$ZF_3 = \int_{t_{\text{TEST}}}^{t(\varepsilon, t_{\max})} |y - y_\infty| \, dt \qquad \text{(absolute Regelfläche)}$$

Zum Abschluß der Optimierung, die als gezielte Variantenrechnung angesehen werden kann, werden die optimalen Parameter an das Steuerprogramm DIGSIM übergeben, ausgedruckt und das Ergebnis der damit durchgeführten Simulation, also die als optimal ermittelte Lösung über die bereits besprochenen Ausgabemedien ausgegeben.

Schließlich ist es möglich, durch bestimmte Wahl von Optimierungssteuergrößen Informationen über den Optimierungsvorgang ausdrucken zu lassen.

2.4. Sensibilitätsberechnung

Die Lösung von gewöhnlichen DGL-Systemen hängt von den Werten der Parameter des Systems ab. In erweitertem Sinne können auch die Anfangswerte zu diesen Parametern gezählt werden. Die Beschreibung der Abhängigkeit des Verlaufs der Lösungskurven von den gewählten Parameterwerten kann durch die Berechnung der Empfindlichkeitskoeffizienten erfolgen. Ihre Ermittlung ist wichtig, da häufig aus kleinen Parameteränderungen große Abweichungen im Verhalten der durch die DGL-Systeme beschriebenen technologischen Einheiten resultieren.

Begriff und Anwendungsmöglichkeiten der Sensibilitätsuntersuchung sind nicht auf DGL-Systeme beschränkt [7], die Berechnung der Empfindlichkeitskoeffizienten mit DIGSIM jedoch nur bei solchen Systemen vorgesehen.

Für das Anfangswertproblem

$$\frac{dy}{dt} = f(t, y, p) \qquad x(o) = x_0$$

können die Empfindlichkeitskoeffizienten $\frac{dy}{dp}$ bzw. die Empfindlichkeiten

$$S_p{}^y = \frac{dy}{dp} \cdot \frac{\overline{p}}{\overline{y}}$$

durch simultane Lösung mit dem zugeordneten Empfindlichkeitsgleichungssystem

$$\frac{ds}{dt} = \sum \frac{\partial f}{\partial y} \cdot s + \frac{\partial f}{\partial p} \qquad s(o) = 0$$

berechnet werden [8].

Verwendet man jedoch die Methode der diskreten Parameteränderungen [9], so spart man die Aufstellung des Systems der Empfindlichkeitsgleichungen, während auf dem Digitalrechner etwa gleiche Rechenzeiten zu erwarten sind. Die Tatsache, daß die aus diskreten Parameteränderungen berechneten Empfindlichkeiten nur Näherungswerte oben definierter Größen darstellen, ist für bestimmte Fragestellungen von Vorteil. Die Aussagekraft der exakten Empfindlichkeitskoeffizienten ist auf infinitesimal kleine Parameterabweichungen beschränkt. Die Zahlenwerte hängen bei nichtlinearen Problemen bei Bestimmung nach der Methode der diskreten Parameteränderungen häufig deutlich von der Größe und dem Vorzeichen der Parameteränderung ab. In Umkehrung dieser Aussage ist zu schlußfolgern, daß bei technischen Problemen die Empfindlichkeitskoeffizienten mit den technisch zu erwartenden Parameterunsicherheiten berechnet werden sollten, da die interpolierende Schlußfolgerung bei kleinen Parameterabweichungen sicherer ist als die Extrapolation. Mit diesen Ausführungen soll gleichzeitig angedeutet werden, daß das Gebiet der Empfindlichkeitsanalyse bei nichtlinearen Problemen noch keinen befriedigenden Stand erreicht hat.

Wie im Kapitel 4. ausgeführt ist, werden vom Translator in der Phase des Ladens der benötigten Programmteile, die zu Dateien zusammengefaßt auf Magnetband stehen, alle Dateien geladen, die hinter dem Kennwort „DATEI“ angegeben sind. Wird dort das Wort „DYNSEN“ abgelocht, so wird statt des Steuerprogramms DIGSIM das Steuerprogramm DYNSEN geladen. Dieses Steuerprogramm stellt eine auf die Steuerung der Simulation dynamischer Probleme reduzierte DIGSIM-Variante dar, die jedoch zusätzlich die benötigte Steuerung für die Erzeugung der Empfindlichkeitskoeffizienten enthält.

Die Anwendung dieser Möglichkeit ist so vorgesehen, daß nach erfolgten Simulationsläufen oder Optimierungen die parametrische Empfindlichkeit bestimmter Größen berechnet werden soll. Dafür ist dann lediglich auf der „DATEI“-Karte zusätzlich „DYNSEN“ abzulochen. Der gesamte Kartenstapel einschließlich Datenkarten wird lediglich durch Hinzufügen weiterer Datenkarten an deren bisheriges Ende für die Durchführung der Sensibilitätsberechnung vervollständigt. Dabei sind die Angaben abzulochen, die dem Programm mitteilen, welche Empfindlichkeit welchen Argumentes bezüglich welchen Parameters mit welcher Parameterabweichung zu berechnen ist.

Die Berechnung erfolgt dann über mindestens zwei Simulationsläufe. Als Ergebnis wird nochmals das Simulationsergebnis mit den besprochenen Ausgabemöglichkeiten ausgegeben. Danach werden tabellarisch die Werte von

- Abszisse
- Nennwert der Größe $\bar{y}$
- Empfindlichkeitskoeffizient $\frac{\partial y}{\partial p}$
- Empfindlichkeit $\frac{\partial y}{\partial p} \cdot \frac{\bar{p}}{\bar{y}}$
- die Größe $\bar{y} \cdot \frac{\partial y}{\partial p} \cdot \Delta p_{\max}$, wobei $\Delta p_{\max}$ eine vorzugebende maximal zu erwartende Parameterunsicherheit ist, ausgegeben. Wird $\Delta p_{\max}$ nicht vorgegeben, so wird $\Delta p_{\max} = \Delta p_T$ gesetzt (Δp_T-Parameterabweichung, die bei der Berechnung der Empfindlichkeit benutzt wird).

Außerdem kann eine Digitalplottergraphik angefertigt werden, die die Verläufe von y und $y \pm \frac{\partial y}{\partial p} \cdot \Delta p_{\max}$ enthält.

3. Blockaufbau und Kopplung

Jeder Block, der rechentechnisch ein Unterprogramm (SUBRØUTINE) darstellt, dient dazu, bestimmte Werte von Eingangsgrößen über programmierte Algorithmen zu bestimmten Werten von Ausgangsgrößen zu verarbeiten. Die

Vermittlung der Ein- und Ausgangsgrößen zwischen den Blöcken soll vereinfacht dargestellt werden:

In jedem Unterprogramm wird ein gemeinsamer Speicherbereich mittels einer CØMMØN-Vereinbarung reserviert, d. h. jedes Unterprogramm enthält die Vereinbarung CØMMØN/XAUS/X (500). Jeder der 500 Speicherplätze $X(1)$ bis $X(500)$ kann Zahlenwerte enthalten, die für jeden Block sowohl Eingangsgrößen, d. h. der Block hat unter Verarbeitung dieses Wertes seine Ausgangsgrößen zu bilden, als auch Ausgangsgrößen sein können, d. h. der Block hat den von ihm berechneten (Ausgangs-) Zahlenwert auf den Speicherplatz zu speichern. Daher müssen jedem Block die Indices bekannt sein, die die Elemente des X-Feldes festlegen, die Eingangsgrößen sind, und die die Elemente des X-Feldes angeben, auf die die Ausgangsgrößen geschrieben werden sollen. Diese Indexvermittlung erfolgt über die Parameterliste. Jedes Unterprogramm hat den folgenden Aufbau:

```
SUBRØUTINE NAME (NA1, ..., NAN, NE1, ..., NEM, P1, ..., PR)
CØMMØN/XAUS/X (500)
.
.
.
X(NA_i) = f(X(NE_j), P_K)
.
.
.
END
```

Der Name des Unterprogramms enthält meist einen Hinweis auf den programmierten Algorithmus. Die NA_i bezeichnen die Nummern der Ausgangsgrößen, die NE_i die Nummern der Eingangsgrößen des Blockes. Werden im Verlaufe der Problemprogrammierung die NA_i und NE_i durch konkrete Zahlen (1···500) ersetzt, so ist bereits der Signalfluß und in Verbindung mit den Blocknamen die Problemstruktur festgelegt.

Die P_i stellen im Block benötigte Parameterwerte (Faktoren, Steuergrößen, phys. Konstante, Zeitkonstanten usw.) dar. Mit ihrer zahlenmäßigen Eintragung bei der Problemprogrammierung sind die meisten Blöcke quantitativ festgelegt. Ausnahmen davon bilden die Blöcke, die sich bei der ersten Abarbeitung des Simulationsteiles noch weitere Daten von der Lochkarte einlesen. Dazu gehören Funktionsgeneratoren, die ihre Wertepaare einlesen, sowie eine Reihe von Komplexblöcken, die Anfangswerte oder Schätzwerte benötigen.

Aus diesem Grunde wird ein Vorbereitungssimulationsschritt mit dem symbolischen Wert für die unabhängige Variable $z = -1.$ durchgeführt. Alle Blöcke, die beim Abszissenwert $z = 0.$ einen definierten Wert besitzen (z. B. der Anfangswert der Integrierer), verschaffen sich hierbei diese Werte und bespeichern ihre Ausgänge. Die Berechnung des Zustandes des programmierten Problems beim Abszissenwert $z = 0$ ist dann bereits das Ergebnis einer zweiten Abarbeitung des Simulationsteiles. Sofern keine Schleifen vorliegen, ist dieser

Zustand sowie die Zustände zu allen folgenden Zeitpunkten ohne Iteration berechenbar.

Mit der Dimensionierung des X-Feldes ist die Anzahl der möglichen Zustandsvariablen auf maximal 500 begrenzt. Die Länge der Parameterlisten richtet sich wesentlich nach der Anzahl der Ein- und Ausgangsgrößen. Bei Blöcken, die das Verhalten technologischer Einheiten beschreiben, kann diese Zahl groß werden, da die ein- und ausfließenden Ströme durch eine Vielzahl von Größen (Temperatur, Menge, Konzentrationen usw.) beschrieben werden müssen. Bei der bisher besprochenen Notierungsform muß jeder dieser Größen ein Speicherplatz und damit eine jeweils unterschiedliche Nummer (Index) zugeordnet werden.

Zu einer einfacheren Notierung gelangt man, wenn die Zustände der Ströme (Temperatur, Menge, Konzentration usw.) zu Stromvektoren zusammengefaßt werden und eine jeweils unterschiedliche Nummer den Stromvektoren zugeordnet wird. Über deren Aufbau muß dann allerdings eine Festlegung getroffen werden. In den Parameterlisten brauchen nur die Nummern der Stromvektoren erscheinen. Da intern in den Unterprogrammen die gleichen Algorithmen abgearbeitet werden, erfolgt vor dieser Abarbeitung eine Indexrechnung, bei der aus der Nummer des Stromvektors die konkreten Speicherplätze der Eingangsgrößen des X-Feldes berechnet werden. Diese Indexrechnung hat die Gestalt:

```
  DØ 1 I = 1, NDIM
1 X(I) = X ((NE - 1) * NDIM + I)
```

Dabei sind

$X(I)$ — Eingangsgröße für den programmierten Algorithmus
NE — Nummer des Eingangsstromvektors
NDIM — Dimension des Stromvektors

In gleicher Weise müssen die durch die Nummer des Ausgangsstromvektors charakterisierten Speicherplätze nach erfolgter Berechnung der einzelnen Ausgangsgrößen gefüllt werden:

```
  DØ 2 J = 1, NDIM
2 X((NA - 1) * NDIM + J) = X(J)
```

Diese Vorgehensweise ist bei DIGSIM bei der Berechnung statischer Probleme vorgesehen. Sie kann bei dynamischen Problemen ebenfalls verwendet werden. Allerdings ist dann mit einer erkennbaren Rechenzeiterhöhung zu rechnen, da hier die in jedem Block notwendige Indexrechnung auch bei jedem Zeitschritt anfällt.

Ein Beispiel für die Notierung bei Verwendung von Stromvektoren wird unter Kapitel 5. gegeben.

3.1. Besonderheiten bei der Gestaltung dynamischer Blöcke

Das zentrale Problem der Simulation dynamischer Modelle ist die numerische Integration. Konventionelle Integrationsprogramme bestehen aus Rahmenprogramm, Integrationsprogramm und Unterprogramm für die Berechnung der Verknüpfungen der Problemvariablen aller Differentialgleichungen des jeweiligen Simulationsproblems. Die im Simulationsprogramm DIGSIM enthaltenen Integrationsblöcke gestatten die blockweise Integration. Dabei kann zum Beispiel jeder Integrationsblock die Differentialgleichungen eines technischen Einzelgerätes enthalten. Zusammenfassend seien folgende Vorteile angeführt:

- Auflösung des gesamten Integrationsproblems in Teilintegrationen entsprechend der technischen Gerätegestaltung,
- optimale Dimensionierung der Integrationsschrittweite für jede Teilintegration bei unterschiedlichem Zeitverhalten stark unterschiedlicher Eigenwerte der einzelnen technischen Geräte,
- direkte Notierung von Apparatemodellen entsprechend Blockschaltbild,
- Zulässigkeit algebraischer Schleifen,
- Kombinationsmöglichkeit von Differentialgleichungen mit anderen Gleichungstypen,
- Realisierung von Totzeiten in den Differentialgleichungen,
- Realisierung von Kennlinien zur Darstellung statischer funktionaler Zusammenhänge in den Differentialgleichungen,
- einheitliches Rahmenprogramm für alle Integrationsprobleme.

Als Integrationsblöcke sind sowohl Elementarblöcke als auch Komplexblöcke vorgesehen. Elementarblöcke integrieren die Eingangsfunktion entsprechend dem jeweiligen Integrationsalgorithmus. Der elementare Integrationsblock arbeitet mit konstanter Schrittweite. Die Tafel im Kapitel 7. enthält Informationen über die Notierung und den jeweiligen Algorithmus für elementare und komplexe Integrationsblöcke.

Integrationskomplexblöcke gestatten die Integration von jeweils 10 Differentialgleichungen nach Algorithmen mit und ohne interne Schrittweitensteuerung. Im Gegensatz zum Integrationselementarblock kann dieser nicht nur über Eingangsfunktionen integrieren, sondern auch über deren Kombinationen und außerdem interne Rückführungen enthalten. Diese Verknüpfungen sind in einem gesonderten Block zu notieren. Für Programmanwender — wie schon bei der Beschreibung des Simulationsteils im Kapitel 2. erwähnt — kommen deshalb nur solche prozeßbezogene Integrationskomplexblöcke in Frage, die schon vorprogrammierte Differentialgleichungssysteme zur Beschreibung eines speziellen Systemverhaltens enthalten.

Integrationsblöcke unterschiedlichen oder gleichartigen Typs sind nur bei Verwendung gleicher Integrationsalgorithmen zur Erzielung gleichbleibender Genauigkeiten sinnvoll kombinierbar. Die Kombination von INT1, ADGT, VEZ1 wäre eine sinnvolle Möglichkeit. ADGT ist als Universal-Integrierblock einsetzbar.

Bei der Verwendung von Integrationselementarblöcken und Integrationskomplexblöcken mit iterativen Algorithmen, wie zum Beispiel der Trapezregel in INT1, VEZ1, ADGT, ist eine Iteration zwischen den diskreten Zeitschritten erforderlich. Das erklärt sich aus der seriellen Arbeitsweise des Digitalrechners, wobei an Mischstellen die rückgeführten Signale noch nicht für den eben berechneten Zeitpunkt vorliegen.

Eine Iteration läßt sich vermeiden, wenn

- natürliche Totzeiten bzw. Verzögerungszeiten in den Rückführungen um die Integrationsschrittweite vermindert werden,
- nichtiterative Algorithmen verwendet werden, die jedoch die Sortierung in eine Blockreihenfolge erfordern,
- alle Differentialgleichungen in einem Block wie ADGN (Kapitel 7.) notiert werden.

Alle Prediktor-Korrektor- und Runge-Kutta-Verfahren benötigen zwei Durchläufe pro Zeitschritt für das Simulationsmodell und einen höheren Rechenaufwand zur Berechnung der Integrationsformeln. Weiterhin ist bei diesen nichtiterativen Verfahren eine automatische Sortierung der Programmblöcke erforderlich, da die Blöcke im allgemeinen nicht in der richtigen Reihenfolge notiert werden. Richtig ist eine Reihenfolge dann, wenn die Blöcke im Sinne des Signalflusses des Blockschaltbildes so hintereinander stehen, daß jede benötigte Eingangsgröße schon bekannt ist. Im Gegensatz dazu steht das iterative Verfahren (Trapezregel zum Beispiel), das die unsortierte Blockfolge mehrfach berechnet, bis ein Konvergenzkriterium erfüllt ist. Für die Berechnung der Ausgangsgröße eines Blockes wird dabei der jeweils verfügbare Wert der Eingangsgrößen genommen. Dieser verfügbare Wert kann im gleichen Iterationsschritt schon berechnet sein (richtige Blockfolge) oder noch aus dem vorhergehenden Iterationsschritt herrühren (falsche Blockfolge). Für praktische Anwendungsfälle wurde in DIGSIM vorwiegend die Trapezregel mit Iteration eingesetzt. Es ergeben sich dabei folgende Vorteile:

- Ersatz des automatischen Sortierverfahrens durch eine grobe Sortierung bei der Modellnotierung,
- numerische Stabilität für alle Schrittweiten:
  größere Schrittweiten möglich, besonders bei nichtlinearen Differentialgleichungen, wenn keine hohen Rechengenauigkeiten gefordert werden, wie es bei verfahrenstechnischen Systemen oft ausreichend ist; Anwendung auf sogenannte steife Differentialgleichungen bei geringen Genauigkeitsanforderungen;
- geringer Rechenaufwand zur Berechnung der Integrationsformel,
- einfache Programmierung dieses Integrationsverfahrens,
- einfache Behandlung algebraischer Schleifen.

Während bei nichtiterativen Verfahren pro Zeitschritt im gesamten Lösungsbereich mindestens 2 Modelldurchläufe erforderlich sind, benötigt das iterative Verfahren im „steilen Lösungsbereich" der Differentialgleichungen mehr Modelldurchläufe, jedoch bei Ausgleichsvorgängen (in der chemischen Verfahrenstechnik überwiegend auftretend) im „flachen Lösungsbereich" nur noch einen Modelldurchlauf. Nach Ansicht der Autoren überwiegen die

Vorteile der Trapezregel, zumindest für Anwendungen innerhalb der chemischen Verfahrenstechnik.

Die Steuerung und Kontrolle der Iteration erfolgt bei den Integrationsblöcken INT2, ADGT im Block selbst, kann aber auch bei Verwendung der ITER-Blöcke extern in diesen realisiert werden. Die ITER-Blöcke werden ebenfalls für die Berechnung statischer Modelle verwendet. Die Kopplung aller ITER-Blöcke erfolgt im Steueriterationsprogramm. An Algorithmen für die Iteration liegen vor:

1. Einsetzverfahren
2. Kompensationsverfahren für lineare Systeme und bekannte Kreisverstärkungen
3. wie 2 für nichtlineare Systeme [10]
4. wie 1, jedoch zusätzlichem Schätzwert für Blockausgang (Anwendung für statische Modelle),
5. wie 3 und zusätzlich 4.

3.2. *Besonderheiten bei der Gestaltung statischer Blöcke*

Statische Blöcke verknüpfen Eingangs- zu Ausgangsgrößen ohne Abhängigkeit von einer übergeordneten unabhängigen Variablen. Beispiele für statische Blöcke elementarer Art sind Summierer, Multiplizierer oder Dividierer. Komplexe statische Blöcke sind Unterprogramme, die lineare oder nichtlineare algebraische Gleichungssysteme lösen. Auch die Lösung von gewöhnlichen DGL-Systemen kann auftreten, beispielsweise bei der Beschreibung des stationären Verhaltens von Rohrreaktoren. Charakteristisch ist dabei im Gegensatz zu dynamischen Problemen, daß die Anfangswerte des DGL-Systems nicht a priori feststehen, sondern sich aus den Ausgangszuständen vorgelagerter Blöcke ergeben. Die Integration wird dann intern zwischen $Z = 0$ und Z_{max} (z. B.: über die gesamte Reaktorlänge) durchgeführt und der Zustand an der Stelle Z_{max} auf die Speicherplätze der Ausgangsgrößen gespeichert. Im dynamischen Fall ist der Anfangszustand eines durch ein DGL-System beschriebenen Blockes unabhängig von den Ausgangszuständen der mit dem Block verkoppelten weiteren Blöcke in dem Sinne, daß die Verkopplungen sich nur auf die rechten Seiten des DGL-Systems auswirken. Aus diesem Grunde unterscheiden sich die Integrationsprogramme im stationären und dynamischen Fall durch die vor- und nachgeschaltete Zuordnung von Eingangs- und Ausgangswerten. Außerdem sind im statischen Fall die in den Blöcken verwendeten Integrationsalgorithmen voneinander unabhängig.

Die Berechnung des statischen Zustandes einer seriellen Schaltung erfolgt durch einmalige serielle Abarbeitung der Blöcke. Liegen rückgeführte Systeme vor, so müssen die Rückführungen aufgeschnitten werden und die Werte der rückgeführten Größen zunächst geschätzt werden, damit die serielle Berechnung möglich wird. Nach Durchführung dieser Rechnung liegen die zunächst geschätzten Größen erneut vor. Falls sich die ursprüngliche Schätzung als nicht genau genug erweist, muß die Berechnung erneut mit verbesserten Schätzwerten wiederholt werden. Programmtechnisch wird diese Aufgabe durch das Einfügen des ITER-Blockes in die Rückführungen bewältigt. Handelt es sich bei der Rückführung um einen Strom, so kann SUMITER eingesetzt werden, der für die Iteration über Vektoren vorgesehen ist.

Für die Art der Beschaffung der verbesserten Schätzung existieren verschiedene Möglichkeiten (siehe vorherigen Abschnitt). Am häufigsten praktisch erprobt wurde aber das Einsetzverfahren.

Liegen ineinandergeschachtelte Rückführungen vor, so werden bei DIGSIM diese nicht einzeln, sondern gemeinsam abgeglichen. Die Untersuchung praktischer Anwendungsfälle zeigte dafür eine schnellere Konvergenz. Im Zusammenhang mit verschachtelten Rückführungen ist das Problem der Schnittzahlminimierung bedeutungsvoll. Auf eine automatische Ermittlung der Schleifen und Einfügung der Iterationsblöcke entsprechend dem Kriterium der minimalen Schnittzahl wurde bisher verzichtet. Die dabei auftretenden Vor- und Nachteile werden hier nicht erörtert. (Siehe dafür [11].) Untersuchungen zu diesem Problem werden zur Zeit durchgeführt.

In diesem Zusammenhang wurde auch eine automatische Sortierung der Blöcke, also eine automatische Festlegung der Berechnungsreihenfolge nicht vorgesehen. Allerdings sollte bei deren Festlegung sorgfältig gearbeitet werden, um das Entstehen künstlicher, vom Problem her nicht existierender Rückführungen durch ungünstige Berechnungsreihenfolge zu vermeiden.

4. Modellnotierung

Mathematische Modelle sind mögliche Ergebnisse der Prozeßanalyse technischer Prozesse und beschreiben diese näherungsweise in ihren wichtigsten Eigenschaften. Das aus dem mathematischen Modell abzuleitende Rechenmodell erfordert die Algorithmisierbarkeit, mathematische Lösbarkeit und rechentechnische Realisierbarkeit dieser Modellbeschreibung. Zur übersichtlichen Darstellung und als Ausgangspunkt für die Modellnotierung ist es zweckmäßig, ein Blockschaltbild mit den benötigten zulässigen Simulationsblöcken aufzustellen. Die Blöcke werden im Blockschaltbild in der richtigen Reihenfolge (nicht notwendig, jedoch Rechenzeit sparend wie in Kapitel 3. erläutert) numeriert. Die Modellnotierung erfolgt anschließend in dieser Reihenfolge und wird während des Simulationslaufes in dieser abgearbeitet. Die Notierung legt gleichzeitig damit die Modellstruktur fest. Die Vervollständigung des Rechenmodells durch Parameter spezifiziert das strukturell festgelegte Modell.

Mit Hilfe einer geeigneten Simulationssprache ist nun eine vollständige Modellnotierung vorzunehmen. Geht man davon aus, daß der Anwender von Simulationssystemen keine Erfahrungen im Umgang mit Digitalrechnern hat, eignet sich für die Modellnotierung nur eine descriptive Simulationssprache, die mit Hilfe eines Übersetzers (Translator), wie im Kapitel 2. beschrieben, eine Basissprache erzeugt. Der Standardcompiler des Rechners compiliert diese Basissprache in ein abarbeitungsfähiges Maschinenprogramm. In DIG-

SIM wurde FORTRAN 63 als Basissprache gewählt. Für FORTRAN-versierte Programmanwender besteht dann selbstverständlich die Möglichkeit, eine Modellnotierung direkt in der Basissprache vorzunehmen. In diesem Zusammenhang soll eine Variante der Modellnotierung erwähnt werden, die unter Weglassen des Translators und Nichtverwendung des Standardcompilers, Modellstruktur und Parameter als Datenkarten vorgibt. Das Simulationsprogramm liegt dabei als ein für allemal übersetztes Maschinenprogramm vor. Diese Art von Simulationssystem ergibt die schnellstmögliche Ausführung des Simulationsprogramms, ist jedoch nicht so flexibel bezüglich Blockartenergänzungen, Verwendung von FORTRAN-Befehlen und damit natürlich bezüglich einer breiten Anwendungsfähigkeit wie das erläuterte „Translator"-System.

Zum besseren Verständnis der Zusammenhänge zwischen Blockaufbau und -kopplung (Kapitel 3.) und Modellnotierung soll zunächst die Modellnotierung in der Basissprache FORTRAN und anschließend die Notierung in der Simulationssprache DIGSIM erläutert werden.

4.1. Modellnotierung in der Basissprache FORTRAN

Dieser Abschnitt kann übergangen werden bei zu geringen FORTRAN-Kenntnissen.

Die Blocknotierung des Modells erfolgt hier im Notierungsteil SUBRØUTINE NØTE in der Form:

$CALL\ NAME\ 1\ (NA_{1a} \ldots NA_{na}, NE_{1a} \ldots NE_{ma}, P_1 \ldots P_R)$
$CALL\ NAME\ 2\ (\ldots\ldots\ )$
.
.
.
$CALL\ NAME\ X\ (\ldots\ldots\ )$

Der Index a soll andeuten, daß es sich um aktuelle Parameter, also konkrete Zahlen handelt. Diese Modellnotierung wird in der aufgeschriebenen Reihenfolge abgearbeitet. Vom Anwender ist darauf zu achten, daß die aktuellen Parameter (......) in Typ und Anzahl mit den unter Kapitel 7. definierten formalen Parametern übereinstimmen. Die Parameter P_i können FORTRAN-Variable oder auch Zahlen sein. Diese Blocknotierung gilt sowohl für Elementar- als auch für Komplexblöcke. Selbstverständlich sind alle FORTRAN 63-Anweisungen zugelassen. Blockausgangsgrößen können aus der Speichermatrix mit „$X(NA_i)$" entnommen werden. So ist es möglich, Operationen ohne vorprogrammierten zulässigen Block zunächst in FORTRAN einzuführen. Das Einfügen eines entsprechenden Blockes ist dann jederzeit einfach durchzuführen. Insbesondere ergeben sich durch die Zulässigkeit aller FORTRAN-Anweisungen vereinfachte Notierungsformen:

— Notierung von mehrfach hintereinandergeschalteten Modellteilen innerhalb von *DØ*-Schleifen,

– Notierung von mehrfach irgendwo im Gesamtmodell auftretenden Modellteilen innerhalb eines zu definierenden Unterprogramms,
– Anordnung mehrerer Modelle im Notierungsteil in Form von GØTØ (1, 2, ... *N*) NVAR-Anweisungen, wobei NVAR der Variantenzähler der Simulation ist.

Das Beispiel der quantisierten Lösung einer partiellen Differentialgleichung 2. Ordnung möge zur Erläuterung der ersten beiden Notierungsvereinfachungen dienen.

Gegeben sei

$$\frac{\partial c}{\partial t} = D \frac{\partial^2 c}{\partial Z^2} - V_Z \frac{\partial c}{\partial Z}$$

mit für das Beispiel nicht interessierenden Anfangs- und Randwerten. Mit der Einführung von Differenzenquotienten

$$\frac{\partial c}{\partial Z} \approx \frac{1}{\Delta Z} (c_i - c_{i-1})$$

$$\frac{\partial^2 c}{\partial Z^2} \approx \frac{1}{\Delta Z^2} (c_{i-1} - 2c_i + c_{i+1})$$

und den Abkürzungen

$$A = \frac{D \cdot n}{V_Z \cdot L}$$

$$T_i = \frac{\Delta Z}{V_Z}$$

ergeben sich $n = L/\Delta Z$ Differentialgleichungen durch die Unterteilung der Z-Achse mit der Gesamtlänge L und der Abschnittslänge ΔZ. Betrachtet seien die mittleren i-Abschnitte mit $i = 2, 3, \ldots n$. Zu lösen ist dann das gewöhnliche Differentialgleichungssystem

$$T_i \frac{dc_i}{dt} = (1 + A)\, c_{i-1} - (1 + 2A)\, c_i + A \cdot c_{i+1}$$

Die $n - 2$ mittleren Stufen werden für $n = 10$ innerhalb einer DØ-Schleife notiert. Unter Beachtung der zulässigen Blöcke entsprechend Kapitel 7. ergibt sich zum Beispiel:

```
  DØ 1 I = 5, 26, 3
  CALL SUM5 (I, I−1, I+1, I+2, −1, −1, 1+A, −1−2*A,A,0.,0.)
1 CALL INT2 (I+1, I, ANFWERT, TI, EPS)
```

Ohne Verwendung dieser DØ-Schleife sind 8 × 2-Blöcke zu notieren.

Auch bei Einführung eines Unterprogramms, in dem das wiederkehrende Modell einmal notiert wird, entsteht eine vereinfachte Notierung. Das so aufgestellte Unterprogramm kann als Komplexblock in den Simulationsteil aufgenommen werden. Der Komplexblock wird wie folgt programmiert:

```
SUBRØUTINE PADG (I+1, I−1, I, I+2, A, ANFWERT, TI, EPS)
CALL SUM5 (I, I−1, I+1, I+2, −1, −1, 1+A, −1−2*A,0.,0.)
CALL INT2 (I+1, I, ANFWERT, TI, EPS)
END
```

Die Notierung innerhalb des Notierungsteils *NØTE* lautet dann

```
  DØ 1 I = 5, 26, 3
1 CALL PADG (I+1, I−1,I,I+2, A, ANFWERT, TI, EPS)
```

Diese zweite vereinfachende Notierungsform eignet sich besonders für mehrfach an verschiedenen Stellen des Modells auftretende, gleiche Modellteile.

Das Zusammensetzen von Komplexblöcken aus Elementarblöcken ist nur eine spezielle Form der Komplexblockprogrammierung und eignet sich nicht für die Programmierung komplizierter Algorithmen. Bezüglich der Möglichkeiten der vereinfachten Modellnotierung bei Verwendung von Stromvektoren sei hier nochmals auf die im Kapitel 3. gemachten Ausführungen verwiesen.

4.2. Simulationssprache DIGSIM

Wurden in den vorigen Abschnitten zumindestens geringe FORTRAN-Kenntnisse vorausgesetzt, benötigen die folgenden Ausführungen diese nicht. Allerdings sind auch in der Simulationssprache Anweisungen der Basissprache FORTRAN zugelassen. Die Wirkungsweise des DIGSIM-Translators wurde anfangs dieses Kapitels und im Rahmen der Programmstruktur im Kapitel 2. erläutert. Das Eingabeprogramm für den Translator besteht aus 5 Teilen:

— Steuerkarten des Betriebssystems (Phase 1),
— Modellnotierung mit zulässigen Sprachelementen (Phase 2),
— Angaben über benötigte Magnetbanddateien (Phase 3),
— Parameteraussagen (Phase 4)
— END — ØF — FILE-Karte für das Betriebssystem (Phase 5).

Die Steuerkarten der Phase 1 und 5 werden durch die Rechenstation hinzugefügt.

Mit Hilfe des Translators wird dieses Eingabeprogramm in einen vollständigen FORTRAN-JOB umgewandelt und für die FORTRAN-Compilierung gestartet. Der Translator wurde in FORTRAN geschrieben, wobei gewisse Unterprogramme in der Assemblersprache CØDAP1 hinzugefügt wurden, um eine Vereinfachung der Translatorprogrammierung zu erreichen. Dies sind insbesondere CØDAP1-Programme zur Zeichenkettenidentifikation, zum Zeichenkettenersatz und zur Steuerkartenerzeugung. Tab. 1 stellt das Translatoreneingabeprogramm und das FORTRAN-Programm gegenüber. Die Steuerkarte „EXECUTE, 10/1“ bewirkt das Laden und Starten des Translators.

Tabelle 1: Gegenüberstellung des TRANSLATOR-Eingabeprogramms und des FORTRAN-Eingabeprogramms

TRANSLATOR →

Phase	TRANSLATOR-Eingabeprogramm	FORTRAN-Eingabeprogramm
	Standardeingabe	Magnetbandeingabe, MB No. 20
1	JØB-Karte CØØP-Karte EXECUTE, 10/1. (Translator)	JØB-Karte CØØP-Karte
2	 (Modellnotierung) . . . . ENDMODELL	FTN-Karte SUBRØUTINE NØTE (CØMMØN-Blöcke) (übersetzte Modellnotierung) . . . END FINIS-Karte
3	DATEI /BOX/	(alle DIGSIM3- und ELEMENT1-Programme) SUBRØUTINE NLØPT (Box-Algorithmus) END SUBRØUTINE UP1 I = 1 END . . . SUBROUTINE UP2 I = 1 END } nicht benötigte Unterprogramme
4	SIM bzw. ØPT (Daten) ENDJØB	EXECUTE-Karte (Daten) EØF-Karte
5	EØF-Karte	

Der Translator schreibt die Steuerkarten JØB, CØØP, FTN auf das FORTRAN-Magnetband. Anschließend beginnt die Umwandlung und Prüfung der Sprachelemente der Modellnotierung. Sie endet mit dem Wert „END-MODELL", was den Abschluß des Notierungsteils in Form der END-Karte bewirkt.

Nach dem Identifikationswert „DATEI" erfolgt das Laden jener Programmteile, die für die jeweilige Variante des Simulationssystems benötigt werden. Das Laden des Steuerprogramms DIGSIM 3 erfolgt standardmäßig, falls keine widersprechenden Angaben gemacht werden, wie z. B. die Angabe von „DYNSEN" (siehe Kapitel 2.). Ebenfalls werden die wichtigsten Elementarblöcke ELEMENT 1 standardmäßig geladen. Alle anderen Blöcke, die zu weiteren Dateien zusammengefaßt sind, müssen hinter dem Wort DATEI angeführt werden. Dies ist insbesondere bei Verwendung von Optimierungsprogrammen erforderlich, da diese im DIGSIM 3-Steuerprogramm einheitlich mit NLØPT aufgerufen werden, ohne Angaben des Optimierungsalgorithmus. Hinter dem Identifikationswort DATEI wird nun der Name des speziellen Optimierungsprogramms genannt.

Die Parameteraussagen wie z. B. Integrationsintervall, Schrittweite, Druckabstand, Dimension der Stromvektoren und Anzahl deren Komponenten, Angaben zur Ergebnisausgabe, Parameterwerte der Modellnotierung und Angaben für die Optimierung usw. werden durch die Identifikationsworte SIM bzw. ØPT eröffnet und mit dem Wort ENDJØB wird gleichzeitig im FORTRAN-Simulationsprogramm die END-ØF-FILE-Marke gesetzt. Die Sprachelemente zur blockweisen Modellnotierung sind wie folgt definiert:

$$\mathrm{NAME/A} = \mathrm{NA}_{1a}, \ldots \mathrm{NA}_{na}, \mathrm{E} = \mathrm{NE}_{1a}, \ldots \mathrm{NE}_{ma}, \mathrm{P} = \mathrm{P}_1, \ldots \mathrm{P}_r/$$

Mit der Bezeichnung „$A =$" werden die Blockausgänge, mit „$E =$" die Blockeingänge und mit „$P =$" die Parameter gekennzeichnet. Fortsetzungskarten sind möglich.

FORTRAN-Anweisungen in der Modellnotierung werden durch den Translator nicht auf Zulässigkeit und Richtigkeit geprüft. Sie werden unverändert übernommen und erst durch den FORTRAN-Compiler auf Fehler überprüft. FORTRAN-Anweisungen werden in den letzten 8 Kommentarspalten der Lochkarte mit dem Kennbuchstaben „F" versehen. Insbesondere bereitet daher die Einbeziehung nicht definierter Blöcke in FORTRAN-Programmierung keine Schwierigkeiten.

Zusamenfassend seien die Vorteile des einfachen Translatoreingabeprogramms gegenüber einem FORTRAN-Eingabeprogramm genannt:

- Wegfall der Steuerkarten innerhalb des Eingabeprogramms,
- Wegfall der CØMMØN-Block-Angaben,
- Vereinfachung und kommentierte Darstellung der Blocknotierung,
- automatisches Einfügen benötigter Programme und formal anzufügender, nicht benötigter Programme,
- Kontrolle der Blocknotierung.

Diese Vorteile werden sicherlich den mit dem Umgang von Rechenprogrammen vertrauten Fachmann veranlassen, Simulationsprogramme als Translatoreingabeprogramme zu schreiben.

5. Beispiele

Zwei Beispiele aus der chemischen Verfahrenstechnik illustrieren im folgenden die Ausführungen der voranstehenden Kapitel. Die Modellnotierung erfolgt mit Elementar- und Komplexblöcken.

Die Dimensionierung der zu simulierenden verfahrenstechnischen Anlagen wird mit Hilfe von DIGSIM-Optimierungsprogrammen vorgenommen. Es handelt sich bei den Beispielen um kleine Anlagen bzw. Anlagenteile, um den Umfang der Ausführungen in Grenzen zu halten.

5.1. Reaktor-Wärmeübertrager-Kreislaufsystem

Die Entwurfsaufgabe für eine kleine chemische Anlage mit exothermem Prozeß bestand darin, für einen vorgegebenen Rührkessel die äußere Beschaltung mit einem Wärmeübertrager zu dimensionieren und das Temperatur-Zeit-Regime des Prozesses durch eine geeignete Automatisierungseinrichtung zu realisieren. Die maximalen Temperaturdifferenzen auf der Produkt- und Kühlmittelseite des Wärmeübertragers ergaben sich aus technologischen Überlegungen. Weiterhin war das zeitweilige Versagen einer kleineren Anlage ähnlicher Konzeption zu klären.

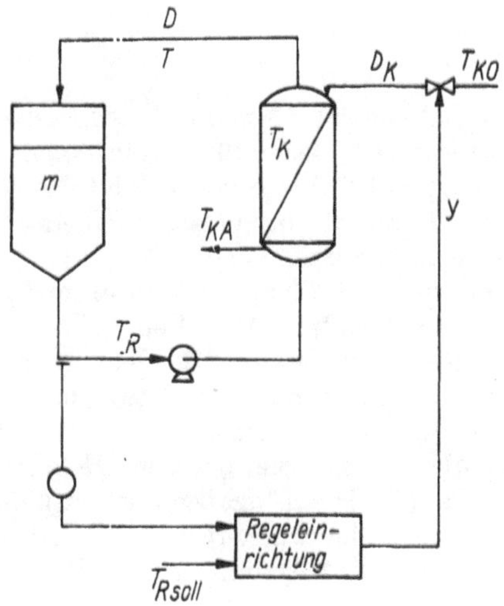

Abb. 3. Technologische Zusammenschaltung des Reaktor-Wärmeübertrager-Systems

Die Fahrweise der Anlage wurde wie folgt festgelegt: Aufheizen der Produktmasse auf die Reaktionsstarttemperatur, Umpumpen der liquiden Produktmasse in einem Reaktor-Wärmeübertrager-Kreislaufsystem, Temperaturregelung des Reaktors durch eine Regeleinrichtung mit Zeitplangeber und P-Regler, Veränderung des Kühlmitteldurchsatzes mit einem Regelventil durch den P-Regler entsprechend Abb. 3.

Durch Untersuchungen im Labor und am ähnlichen Prozeß konnte die Reaktionswärme, nicht aber der Reaktionsmechanismus ermittelt werden. Aus diesem Grunde wurde die freiwerdende Wärme näherungsweise durch einen nichtlinearen funktionalen Zusammenhang, auf dessen Ermittlung und Gestalt hier nicht näher eingegangen werden soll, beschrieben. Das Systemverhalten läßt sich angenähert durch das folgende Differentialgleichungssystem beschreiben:

Reaktor:

$$c \cdot m \frac{dT_R}{dt} = c \cdot D(T - T_R) + c \cdot m \cdot f(T_R)$$

Wärmeübertrager:

$$c \cdot m_w \frac{dT}{dt} = c \cdot D(T_R - T) + KF \cdot \left(T_K - \frac{T_R + T}{2}\right)$$

$$c_K m_K \frac{dT_K}{dt} = c_K \cdot D_K(T_{K0} - T_K) - \frac{KF}{2}\left(T_K - \frac{T_R + T}{2}\right)$$

$$T_K = \frac{T_{KA} + T_{K0}}{2}$$

Ventil:

$$D_K = g(y)$$

Regeleinrichtung:

$$y = V_R \cdot \left(T_R - T_{R\mathrm{soll}}(t)\right)$$

Dieses einfache Beispiel wurde deshalb gewählt, um die Modellnotierung auch mit Elementarblöcken ausführen zu können. Liegen für die einzelnen Apparate und Geräte keine prozeßbezogenen Komplexblöcke vor, erfolgt die Notierung des Modells mit Elementarblöcken. Dazu ist der besseren Übersicht wegen ein Blockschaltbild mit Elementarblöcken aufzustellen.

Abb. 4 zeigt dieses unter Verwendung der im Kapitel 7. zusammengestellten zulässigen Elementarblöcke. Die Parameter P_i in Abb. 4 sind Kombinationen der Koeffizienten im Differentialgleichungssystem. Mit dem Block UNBE wurde ein Sonderkennlinienblock zur Realisierung der funktionalen Abhängigkeit der Reaktionswärme von der Reaktortemperatur eingesetzt. Aus dem Blockschaltbild kann unmittelbar die Modellnotierung mit DIGSIM-Sprachelementen vorgenommen werden, Tab. 2. Die Eingabedaten enthält Tab. 3. Abb. 5 zeigt als Ergebnisausgabe eine Zeilendruckergrafik für die Reaktortemperatur (Kennzeichen A), die Reaktoreintrittstemperatur (B) und für die

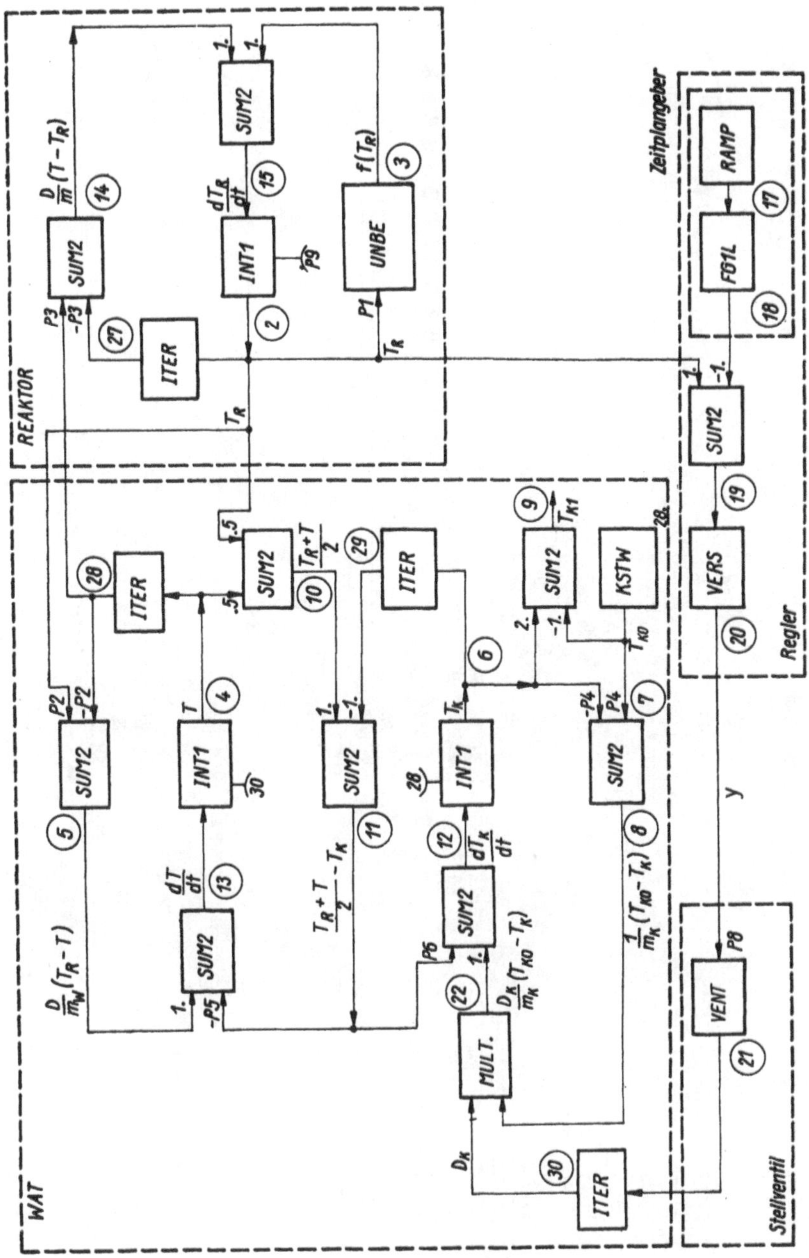

Abb. 4. Reaktor-WAT-Kreislaufsystem/Blockschaltbild mit Elementarblöcken

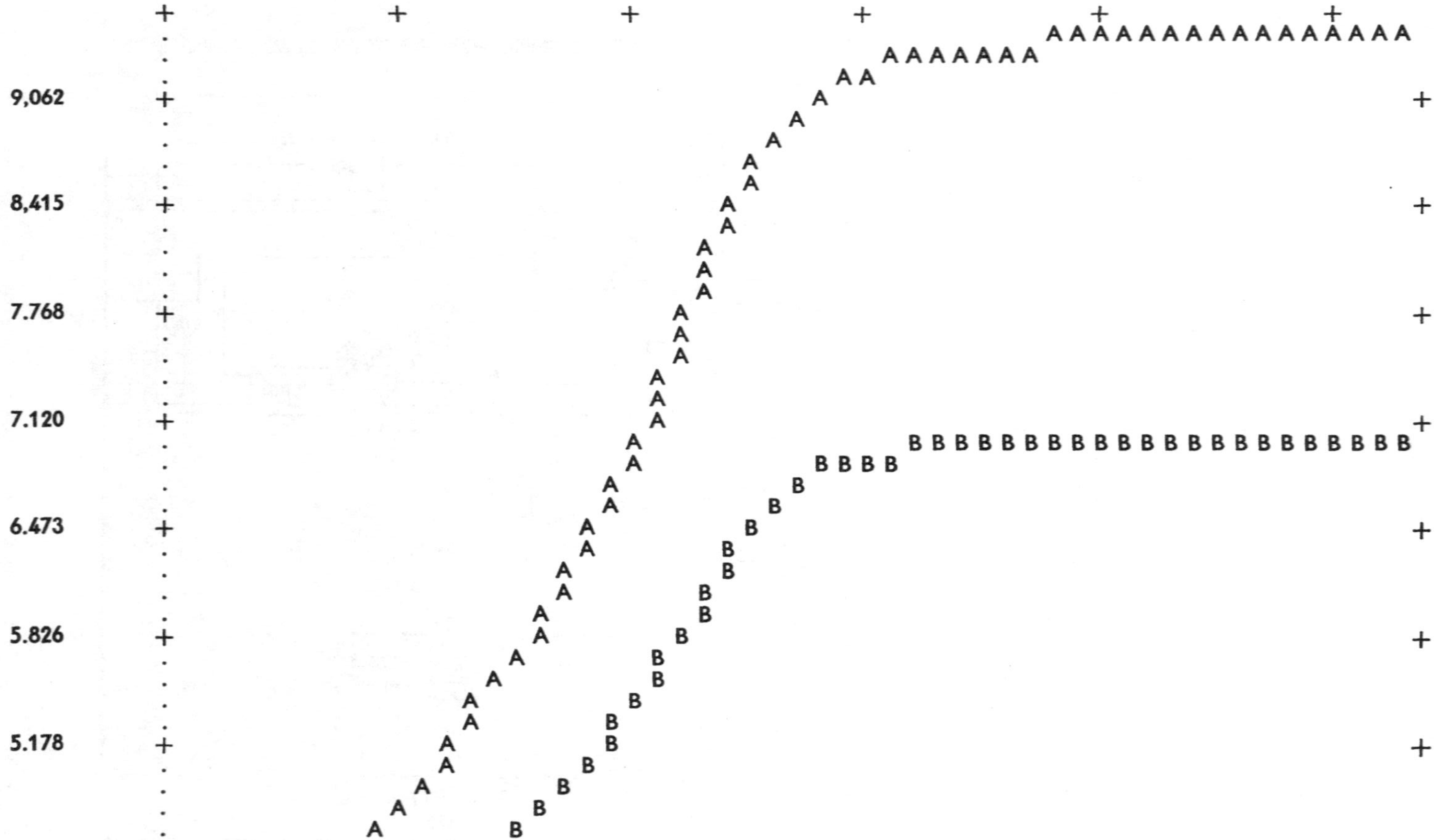
9,062
8,415
7.768
7.120
6.473
5.826
5.178

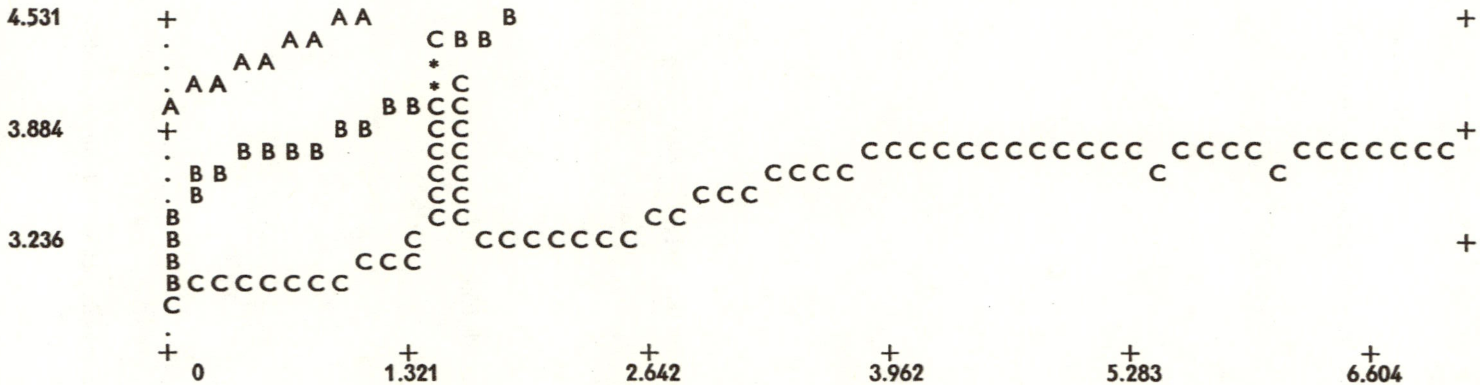

Y MIN. 2.800000E 01 Y MAX. 9.402412E 01 X MIN. 0 X MAX. 7.000000E 00

Abb. 5. Zeilendruckergrafik Reaktor-Wärmeübertrager-Kreislaufsystem (Temp./Grd. Celsius, Zeit/Stunden)

Tabelle 2: Eingabeprogramm zum WAT-Kreislaufsystem — Notierung mit Elementarblöcken

```
INT1  /A=2,E=15,P=P9,P10/
ITER  /A=27,E=2,P=1.E-2,1.,1/
UNBE  /A=3,E=2,P=30.,80.,P1,P7/
INT1  /A=4,E=13,P=30.,P10/
ITER  /A=28,E=4,P=1.E-2,1.,1/
SUM2  /A=5,E=2,28,P=P2,-P2/
INT1  /A=6,E=12,P=28.,P10/
ITER  /A=29,E=6,P=1.E-2,1.,1/
KSTW  /A=7,P=28./
SUM2  /A=8,E=6,7,P=-P4,P4/
SUM2  /A=9,E=6,7,P=2.,-1./
SUM2  /A=10,E=2,4,P=.5,.5/
SUM2  /A=11,E=10,29,P=1.,-1./
SUM2  /A=12,E=22,11,P=1.,P6/
SUM2  /A=13,E=5,11,P=1.,-P5/
SUM2  /A=14,E=27,28,P=-P3,P3/
SUM2  /A=15,E=3,14,P=1.,1./
RAMP  /A=17,P=0.,1.,0./
FG1L  /A=18,E=17,P=4/
SUM2  /A=19,E=18,2,P=-1.,1./
VERS  /A=20,E=19,P=P11/
VENT  /A=21,E=20,P=1.,P8/
ITER  /A=30,E=21,P=1.E-2,1.,1/
MULT  /A=22,E=8,30/
```

Tabelle 3: Eingabeprogramm zum *WAT*-Kreislaufsystem — Notierung mit Komplexblöcken

```
REAK1 /A=1,E=7,P=1E-2,.65,P3,P2/
RAMP  /A=2,P=0.,1.,0./
FG1L  /A=3,E=2,P=4/
SUM2  /A=4,E=3,1,P=-1.,1./
VERS  /A=5,E=4,P=P11/
VENT  /A=6,E=5,P=1.,P8/
WAT01/A=7,8,E=1,6,P=1E-2,.65,P4,P2,1.,P5,P7,P8/
```

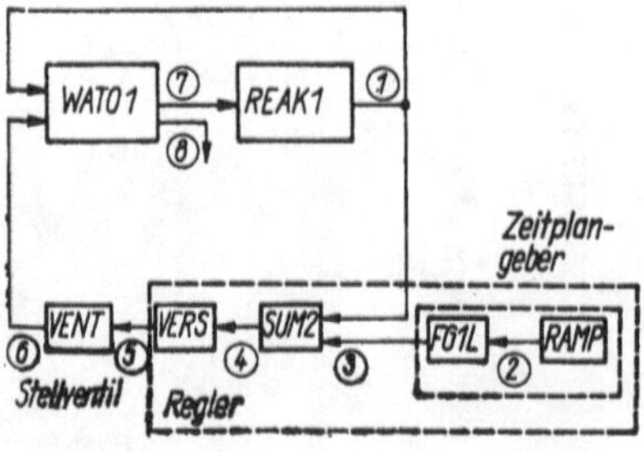

Abb. 6. Reaktor-WAT-Kreislaufsystem/Blockschaltbild mit Komplexblöcken

Kühlmittelaustrittstemperatur (C) im Zeitbereich von 7 Stunden. Als Schrittweite wurde 0,005 Stunden gewählt. Das ergibt bei konstanter Schrittweite eine Schrittanzahl von 1400 Integrationsschritten und 82 Iterationen für alle Integrationsschritte. Die Abarbeitungszeit bis zum Programmstart betrug 81 Sekunden, die Programmabarbeitungszeit einschließlich Ein- und Ausgabe der Parameter und des Ergebnisdruckes 27 Sekunden auf der CDC 1604 A. Eine Verdopplung der Schrittweite weist die ausreichende Genauigkeit obiger Schrittweitendimensionierung nach.

Viel einfacher kann die Modellnotierung mit Verwendung von Komplexblöcken vorgenommen werden. Entsprechend dem Blockschaltbild Abb. 6 ergibt sich eine Reduzierung von 24 Elementarblöcken auf 7 Komplex- und Elementarblöcke. In Ergänzung des Kapitels 7., das keine Parameterangaben für die prozeßbezogenen Komplexblöcke enthält, haben die Parameter in den Blöcken REAK1, WATO1 folgende Bedeutung:

REAK1/A = NA, E = NE, P = EPS, C, AM, D/

EPS — Iterationsgenauigkeit für den intern verwendeten ADGT-Block
C — spezifische Wärme
AM — Produktmasse im Reaktor
D — Durchsatz durch Reaktor

WATO1/A = NA1, NA2, E = NE1, NE2, P = EPS, C, AMW, D, CK, AMK, AK, F/

EPS — wie REAK1
C, C_K — spezifische Wärmen der Produkt- und Kühlmittelseite
AMW, AMK — Produkt-, Kühlmittelmasse
D — Produktdurchsatz
AK — Wärmedurchgangskoeffizient
F — Wärmeübertragerfläche

Aus dem Blockschaltbild ergibt sich unmittelbar die Modellnotierung mit DIGSIM-Sprachelementen entsprechend Tab. 3. Als Integrationsschrittweite wurde 0,02 Stunden gewählt. Das ergibt bei einer konstanten Schrittweite 350 Integrationsschritte und 57 Iterationen. Die Programmabarbeitungszeit einschließlich Ein- und Ausgabe der Parameter und des Ergebnisdrucks beträgt 18 Sekunden auf der CDC 1604 A. Genauigkeitsabweichungen gegenüber der Elementarblockversion liegen in der 4. Dezimale.

Entsprechend der Aufgabenstellung war für die Anlage die Dimensionierung des Wärmeübertragers vorzunehmen und eine günstige Reglereinstellung zu ermitteln. Empfindlichkeitsuntersuchungen ergaben, daß die Reglerverstärkung wesentlich den Verlauf der Reaktortemperatur beeinflußt. Die Bestimmung der optimalen Parameter Wärmeübertragungsfläche F und Reglerverstärkung V hängt von folgenden Nebenbedingungen ab:

NB_1: Temperaturdifferenz $/ T_R - T_{R\text{Soll}}(t) / \leqq 5$ Grad,
NB_2: Temperaturdifferenz $/ T_R - T / \leqq 20$ Grad,
NB_3: Temperaturdifferenz $/ T_{KA} - T_{KO} / \leqq 10$ Grad.

Zielfunktion des Optimierungsproblems ist die minimale Wärmeaustauscherfläche. Die erste Nebenbedingung ist aus sicherheitstechnischen Gründen genau einzuhalten und daher erstrangig zu behandeln.

Die zweite und dritte Nebenbedingung sind aus Qualitäts- und Energiegründen zu berücksichtigen. Für die Berechnung der Zielfunktion wurden daher Straffunktionen definiert:

Die Verletzung der Nebenbedingungen NB_2 und NB_3 werden für diese Zeitdauer mit der Größe der Verletzung proportionalen Strafzuschlägen berücksichtigt. Wird NB_1 verletzt, so wird die Simulationsvariante nicht zu Ende gerechnet und sogleich der Zielfunktionswert $ZF = 1{,}2 * ZF$ gesetzt. Die Nebenbedingungen werden auf die zulässigen Differenzen normiert.

$$ZF = \begin{cases} 1{,}2 * ZF & \text{für} \quad NB_1 > 1 \\ F + \sum_j \left(NB_1(t_j) + \sigma_2 \cdot NB_2(t_j) + \sigma_3 \cdot NB_3(t_j)\right) & \text{für} \quad NB_1 \leqq 1 \end{cases}$$

$$\sigma_i = \begin{cases} 1 & \text{für} \quad NB_i > 1 \\ 0 & \text{für} \quad NB_i \leqq 1 \end{cases} \qquad i = 2{,}3$$

Diese Formulierung sichert die strenge Einhaltung der Nebenbedingung NB_1. Der Startwert für F ist so groß zu wählen, daß $NB_1 < 1$ mit Sicherheit beim Start des Optimierungsverfahrens eingehalten wird. Weiterhin wurden aus technischen Gründen die Parameter begrenzt:

$$20\,\text{m}^2 \leqq F \leqq 50\,\text{m}^2$$

$$5000\,\frac{\text{m}^3}{\text{grd}} \leqq V_R \leqq 50000\,\frac{\text{m}^3}{\text{grd}}$$

Die Optimierung wurde mit dem BØX-Algorithmus und unter Verwendung von Komplexblöcken durchgeführt. Für eine Abbruchschranke von 1% bezüglich der Änderungen in der Zielfunktion und in den Parametern ergaben sich 27 Zielfunktionsberechnungen und eine Rechenzeit von 313 Sekunden einschließlich Ein- und Ausgabeoperationen. Auf Grund der so erfolgten Dimensionierung konnte die Wärmeübertragungsfläche minimiert werden, wobei die erforderliche Reglerverstärkung berechnet wurde. Abweichende Reglerverstärkungen haben größere Wärmeübertragungsflächen zur Folge.

5.2. *Wärmeübertragersystem*

In diesem Beispiel soll die Berechnung eines stationären Problems dargestellt werden. Es wird das Verhalten einer Zusammenschaltung von vier Wärmeübertragern in Abhängigkeit von drei in bestimmten Grenzen frei wählbaren Mengenströmen berechnet. Das technologische Schema ist in Abb. 7 dargestellt. Die variablen Mengenströme sind Q_{u1}, Q_{u2} und Q_{u3}. Vorgegeben sind die

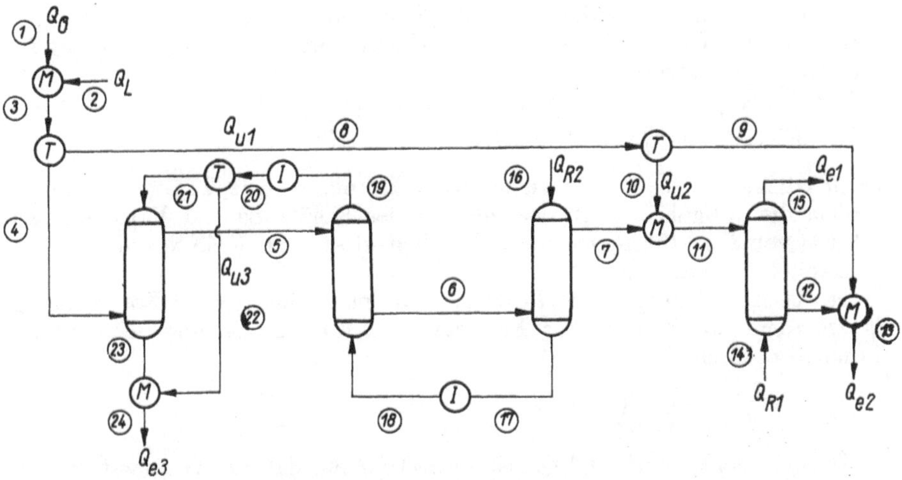

Abb. 7. Technologisches Schema der Wärmeübertragerschaltung (mit Numerierung der Ströme)

Zustände der Mengenströme Q_G, Q_L, Q_{R1} und Q_{R2}, sowie die vier Wärmeübertrager durch ihre Flächen und K-Zahlen. Gesucht sind die Zustände der Mengenströme Q_{e1}, Q_{e2} und Q_{e3}. Um das Schema berechnen zu können, werden drei Komplexblöcke benötigt:

- Mischung von zwei Mengenströmen
- Teilung eines Mengenstromes
- Gegenstromwärmeübertrager Gas — Gas

Diese Blöcke liegen programmiert vor, wobei Stromvektoren mit 6 Elementen zur Charakterisierung der Ströme verarbeitet werden. Die in den Blöcken realisierten Algorithmen dürfen als prinzipiell bekannt vorausgesetzt werden. Die Notierung der Blöcke erfolgt durch

```
MISCH /A=NA, E=NE1,NE2/
TRENN /A=NA1,NA2, E=NE, P=ANTEIL1/
WAT /A=NA1,NA2, E=NE1,NE2, P=CP1,CP2,F,AK/
```

mit den Bedeutungen der Parameter

ANTEIL1	– Masse des Stromes mit der Nummer NE, der auf den Strom NA1 entfällt
CP1, CP2	– spezifische Wärme der Ströme 1 und 2
F	– Wärmeübertragungsfläche
AK	– Wärmedurchgangskoeffizient

Außerdem wird der Block

```
EINGABE/A=NA1, NA2, ..., NA10/
```

benötigt, von dem die Zahlenwerte der Komponenten von maximal 10 Vektoren NA_i im Vorbereitungsschritt eingelesen werden. Für $i_{max} < 10$ ist für die NA_i „-1" einzutragen.

Der Block

SUMITER /A=NA, E=NE, P=KENN/

ist in rückgeführte Ströme einzusetzen. Er nimmt wie ITER für Einzelgrößen die Aufgabe des Ausgleichs und der Schätzung (im Vorbereitungsschritt) von Rückführungen wahr. Die Bedeutung von KENN wurde bereits in Kapitel 3. angegeben.

Das in Abb. 7 dargestellte Problem entstammt einer realen Fragestellung, ist trotzdem gut überschaubar. Es bestand die Aufgabe das folgende Optimalproblem zu lösen

$$F = \min_{Q_{u1}, Q_{u2}, Q_{u3}} \{(t_{Q_{e1}} - t_{Q_{e1,soll}})^2 + (t_{Q_{e2}} - t_{Q_{e2,soll}})^2\}$$

Es sind also Q_{u1}, Q_{u2} und Q_{u3} so zu bestimmen, daß die Temperaturen der Ströme Q_{e1} und Q_{e2} möglichst genau zwei Solltemperaturen erreichen, da diese für das optimale Verhalten einer nachgeschalteten Apparateeinheit von wesentlichem Einfluß sind.

Zur Lösung dieser Aufgabe sind drei Teilaufgaben zu lösen

- Simulation des Schemas (implizite Erfüllung der durch die technologischen Gleichungen gegebenen Nebenbedingungen)
- Formulierung des Zielfunktionswerteberechnungsprogrammes FNLØPT
- Formulierung der expliziten Nebenbedingungen im Unterprogramm NLCØNS (Es wurde das Optimierungsverfahren nach Box verwendet, das die Berücksichtigung expliziter Nebenbedingungen gestattet).

Voraussetzung für die Simulation ist die Notierung im Unterprogramm NØTE. Zu diesem Zweck müssen im technologischen Schema (Abb. 7) die Ströme numeriert werden. Die Anfertigung eines Blockschaltbildes ist wegen der Überschaubarkeit und der Analogie zum technologischen Schema bei der Arbeit mit Stromvektoren nicht notwendig. In die Rückführungen sind dabei die Iterationsblöcke einzufügen. Dann kann die Notierung vorgenommen werden, wobei zur Vermeidung künstlich erzeugter Rückführungen durch ungünstige Notierung darauf geachtet werden muß, daß bei Abarbeitung der Mischstelle mit dem Ausgangsstrom 11 die Eingangsströme 7 und 10 bereits berechnet sind.

Die Notierung ist in Tab. 4 gezeigt. Mit dem Eingabeblock für alle Eingangsströme zu beginnen ist zweckmäßig, ebenso wie die nachfolgende Abarbeitung der SUMITER-Blöcke für die zwei Rückführungen. Es könnte auch jeder Strom einzeln eingelesen werden, bevor er für die Berechnung eines Blockes benötigt wird. Gleiches gilt für die Anordnung der Iterationsblöcke.

Bei der Formulierung des *ZF*-Wert-Berechnungsprogrammes FNLØPT (ZFWERT) muß von der Kenntnis des Aufbaues der Stromvektoren Gebrauch gemacht werden.

Tabelle 4: **Eingabeprogramm zum Beispiel „Wärmeübertragersystem"**

```
EINGABE /A=1,2,14,16,17,19,-1,-1,-1,-1/
SUMITER /A=18,E=17,P=4/
SUMITER /A=20,E=19,P=4/
MISCH /A=3,E=1,2/
TRENN /A=8,4,E=3,P=P1/
TRENN /A=10,9,E=8,P=P2/
TRENN /A=22,21,E=20,P=P3/
WAT /A=23,5,E=21,4,P=.246,.246,768.,8.5/
MISCH /A=24,E=23,22/
WAT /A=19,6,E=18,5,P=.246,.246,1116.,8.5/
WAT /A=17,7,E=16,6,P=.246,.246,1116.,8.5/
MISCH /A=11,E=7,10/
WAT /A=15,12,E=14,11,P=.246,.246,1004.,8.5/
MISCH /A=13,E=9,12/
```

Die zweite Komponente jedes Vektors enthält die benötigten Temperaturen. Mit der im Kapitel 3. angegebenen Speicherformel ergibt sich ($NDIM = 6$):

$$J, I = (NE - 1) * NDIM + 2$$
$$T_{Qe1} = X(I)$$
$$T_{Qe2} = X(J)$$

Damit kann die Programmierung lauten

```
ZFWERT = (X(I) - T1S) ** 2 + (X(J) - T2S) ** 2
```

Die Zahlenwerte der Solltemperaturen $T1S$ und $T2S$ können über den Parameterblock PARAKT übermittelt werden, können aber auch direkt eingetragen werden.

Die expliziten Nebenbedingungen lauten

$$Q_{u1} \leqq Q_G + Q_L$$
$$Q_{u2} \leqq Q_{u1}$$
$$Q_{u3} \leqq Q_{R2}$$

Auf die Angabe ihrer programmiertechnischen Realisierung soll verzichtet werden, da diese vom verwendeten Optimierungsprogramm abhängig ist.

Zur Berechnung eines Zielfunktionswertes waren je nach Güte der Schätzung für die Rückführung und der Iterationsgenauigkeit bis zu 10 Iterationen notwendig. Da jedoch das Modell insgesamt aus relativ wenigen und einfachen algebraischen Beziehungen besteht, liegt der dafür notwendige Rechenzeitbedarf in der Größenordnung unter 5 Sekunden. Die Optimierung erforderte bei der vorgegebenen Abbruchschranke 17 Zielfunktionsaufrufe und zeigt, daß bei Berücksichtigung numerischer Abbruchfehler, die geforderten Austrittstemperaturen des Wärmeübertragersystems exakt einstellbar sind. Eine vorher durchgeführte Optimierung mit $Q_{u3} = 0$ hatte die Nichterfüllbarkeit der Forderungen gezeigt.

Die Gesamtlaufzeit des Rechenjobs lag einschließlich Übersetzungs- und Druckzeit bei 3 Minuten. Ein Teil der Ergebnisausgabe ist in Tabelle 5 dargestellt und zeigt einen Teil des Simulationsergebnisses mit den Schätzwerten der Optimierung bei Ausdruck in Form von Stromvektoren.

Tabelle 5: Ergebnisausgabe mit Stromvektoren zum Beispiel „Wärmeübertragersystem" (Ausschnitt)

WAERMEUEBERTRAGERSYSTEM (SO2-OXYDATION) STATIONAER / UEBUNGS-BEISPIEL

DIGITALE SIMULATION

ERGEBNISSE (SIMULATION)

ES WERDEN 24 STROMVEKTOREN MIT JE 6 KOMPONENTEN AUSGEDRUCKT

BEDEUTUNG DER KOMPONENTEN

	1 MPUNKT 6 KONZ-N2	2 TEMPERAT	3 KONZ-O2	4 KONZ-SO2	5KONZ-SO3
VEKTOR 1	2.4000000E 04 8.7800000E-01	3.3800000E 02	2.2000000E-02	1.0000000E-01	0
VEKTOR 2	1.1000000E 04 8.0000000E-01	3.2200000E 02	2.0000000E-01	0	0
VEKTOR 3	3.5000000E 04 8.5184775E-01	3.3297143E 02	8.1680767E-02	6.6471479E-02	0
VEKTOR 4	2.6000000E 04 8.5184775E-01	3.3297143E 02	8.1680767E-02	6.6471479E-02	0
VEKTOR 5	2.6000000E 04 8.5184775E-01	4.8696806E 02	8.1680767E-02	6.6471479E-02	0
VEKTOR 6	2.6000000E 04 8.5184775E-01	6.2952143E 02	8.1680767E-02	6.6471479E-02	0
VEKTOR 7	2.6000000E 04 8.5184775E-01	7.0896441E 02	8.1680767E-02	6.471479E-02	0
VEKTOR 8	9.0000000E 03 8.5184775E-01	3.3297143E 02	8.1680767E-02	6.6471479E-02	0

6. Erfahrungen bei der Anwendung von DIGSIM

Eine Verwendungsmöglichkeit von DIGSIM, für die das Programmsystem nicht in erster Linie entwickelt wurde [12, 13], soll mit der Modellanpassung an Meßkurven noch kurz vorgestellt werden.

Vorteile der Anwendung von DIGSIM gegenüber speziellen Programmen der Modellanpassung an Meßkurven ergeben sich bei

- Modellen mit Totzeitverhalten,
- Differentialgleichungssystemen höherer Ordnung,
- Unstetigkeiten im Verlauf der Zustandsvariablen,
- unmittelbarer Übernahme der Modellnotierung für die Simulation und Optimierung mit DIGSIM.

Die Programmierung eines speziellen Zielfunktionsberechnungsprogramms ermöglicht insbesondere das Heraustesten der Abszissenwerte, deren zugehörige Ordinatenwerte gemessen wurden und die Bildung der Zielfunktion in Form eines Abstandskriteriums zwischen Simulationsergebnis und Meßwert.

Diese nichtlineare Regression wurde für zwei Anwendungsfälle erfolgreich eingesetzt: Bestimmung von Koeffizienten eines Verweilzeitmodells [14] und der Reaktionsparameter eines SO_2-Kontaktsystems. Besonderheiten traten beim Verweilzeitmodell auf durch Totzeitanteile, eine variable Stufenanzahl und damit variable Anzahl von Differentialgleichungen. Die Differentialgleichungen des SO_2-Kontaktsystems enthielten in ihren „rechten Seiten" Unstetigkeitsstellen.

Auf die Möglichkeit zur Berechnung partieller Differentialgleichungen wurde in Kapitel 4. bereits eingegangen. Das dort gezeigte Prinzip ermöglichte die Durchrechnung von Temperaturänderungen in Rohrleitungen und die Berechnung wandernder Brennzonen in einem Festbettreaktor [15].

Mit DIGSIM ist die durchgängige rechentechnische Bearbeitung der Modellierungsphasen Modellanpassung an Meßkurven, Berechnung des Meßfehlereinflusses auf die Modellanpassung (Empfindlichkeitsprogramm DYNSEN), Modellsimulation, Apparate- und Gerätedimensionierung möglich [16], wobei die DIGSIM-Modellnotierung für alle Phasen verwendet wird. Einschränkungen in der rechentechnischen Anwendbarkeit müssen vor allem in den ersten beiden genannten Phasen beachtet werden.

Ein Problem der Dimensionierung von Anlagen soll noch kurz erwähnt werden: die Apparateauswahl aus Katalogen.

Für DIGSIM ist eine automatische Auswahl im wesentlichen aus drei Gründen zur Zeit nicht vorgesehen. Erstens erscheint der Aufwand für die Bereitstellung von Katalogen für alle Apparate und Apparatetypen und die Aktualisierung der Kataloge sehr aufwendig. Die Entscheidung über die Auskleidung und die Konstruktion von Apparaten mit gleicher technologischer Funktion wird ohnehin nur vom Anwender und nicht vom Rechenprogramm aus zu fällen sein. Zweitens erfordert die automatische Katalogauswahl besondere diskrete Optimierungsverfahren. Drittens ist der zusätzliche rechentechnische Aufwand für das ohnehin schon weitgefaßte Programmsystem DIGSIM zu hoch.

Die Dimensionierung wird in DIGSIM durch die kontinuierliche Abänderung konstruktiver Größen durch die Optimierungsprogramme vorgenommen. Der nächstbeste Apparat wird verwendet und dessen Dimensionierung durch einen Simulationslauf bestätigt.

Die bisherigen Anwendungsfälle von DIGSIM bezogen sich auf die Simulation und Dimensionierung chemisch-technologischer Prozesse mit maximal 15 Apparaten. Die Rechenzeiten lagen für die Simulation des Zeitverhaltens bei 20 Minuten pro Variante und für die Berechnung des statischen Zustandes (Fließschemasimulation) bei 2 Minuten. Bei der Simulation des Zeitverhaltens von Anlagen ist die Begrenzung auf Teilanlagen deshalb aus Rechenzeitgründen für alle Simulationssysteme erforderlich. Die Wahl der Teilanlagen erstreckt sich auf die dynamisch „interessantesten" Teilprozesse. Die Durchrechnung des statischen Zustandes, der einem Arbeitspunkt des gesamten Zeitregimes entspricht, kann auf die Gesamtanlage ausgedehnt werden. Die kleinen Beispiele des Kapitels 5. erforderten Rechenzeiten im Sekundenbereich. Der Aufwand für die Modellnotierung liegt bei zirka einer halben Stunde bei vorhandenen Blöcken. Die Zusammenstellung der Daten liegt ebenfalls in dieser Größenordnung.

Der Speicherplatzbedarf für die DIGSIM-Grundvariante ohne Blöcke beträgt 8900 Speicherplätze. Die Erfahrungen zeigten, daß ein Rechner mit einem Kernspeicher von zirka 30000 Speicherplätzen ausreichend ist. Für die Modellnotierung werden für größere Probleme etwa 300 Speicherplätze benötigt, was für die Gesamtspeicherplatzbelegung unwesentlich ist. Zusammenfassend kann eingeschätzt werden, daß das Programmsystem DIGSIM sich für die bisherigen Anwendungsfälle eines Chemie-Ingenieurbüros als geeignet erwiesen hat. Angefangen mit der Lösung einfacher Probleme bis zur späteren Berechnung komplexer Modelle wurde das Programm etappenweise erweitert. Damit waren schon frühzeitig Anwendungsrechnungen möglich. Beim jetzigen Stand der Arbeiten mit dem Programmsystem wird die Bereitstellung prozeßbezogener Komplexblöcke zum Hauptanliegen, um die Simulation und Dimensionierung verschiedener technologischer Einheiten der Chemieindustrie zu ermöglichen.

7. Verzeichnis der verfügbaren Blöcke

Die Tab. 6 beinhaltet eine fast vollständige Zusammenstellung aller derzeitigen Elementar- und Komplexblöcke nach der Klassifizierung entsprechend Kapitel 2. Für die Elementarblöcke und mathematischen Komplexblöcke wurde die Anzahl der Ausgänge n_A und Eingänge n_E angegeben, für die entsprechend der Blocknumerierung n_A, n_E Zahlen einzufügen sind. Während diese Parameter vollständig angeführt werden, ist es bei prozeßbezogenen Komplexblöcken nicht sinnvoll, da bei der Verwendung dieser Blöcke ohnehin Aussagen über deren Anwendbarkeit herangezogen werden müssen. So erfolgt lediglich die Angabe der Anzahl n_p der Parameter.

Tabelle 6

Block-Art	Name	n_A	n_E	Parametername (-funktion)	Funktion	Algorithmus
				ELEMENTARBLÖCKE		
dynamische Blöcke	INT1	1	1	AW (Anfangswert), TI (Integrationszeit)	Integrierer	mit ITER-Block: Trapezregel
dynamische Blöcke	INT2	1	1	AW, TI, EPS (Iterationsgenauigkeit)	Integrierer	Trapezregel
dynamische Blöcke	INT3	1	1	AW, TI, EPS	Integrierer	ADAMS-MOULTEN-Verfahren 3. Ordnung
dynamische Blöcke	DIFF	1	1	AW, TD (Differentiationszeit) H (Zeitkonstante für Verzögerungsglied)	Differenzierer	Differentation mit Verzögerungsglied 1. Ordnung
dynamische Blöcke	TOBL	1	1	AW, TOTZEIT	Totzeitglied	nur bei konstanter Schrittweite
dynamische Blöcke	TOPA	1	1	AW, TOTZEIT	Totzeitglied für große Totzeiten	PADE-Approximation 4. Ordnung
dynamische Blöcke	VEZ1	1	1	AW, T (Zeitkonstante)	Verzögerungsglied 1. Ordnung	mit ITER-Block: Trapezregel
dynamische Blöcke	PICO	1	2	AW, VR (Verstärkung), TN (Nachstellzeit)	PI-Regler	INT1-Verwendung
diskrete dynamische Blöcke	TAST	1	1	V (Verstärkung), T (Tastzeit)	Tast- und Halteglied 1. Ordnung	T ist Vielfaches der Integrationsschrittweite

Tabelle 6 (Fortsetzung)

Block-Art		Name	n_A	n_E	Parametername (-funktion)	Funktion	Algorithmus
		ELEMENTARBLÖCKE					
statische Blöcke	arithmetische Blöcke	VERS	1	1	A (Verstärkungsfaktor)	Verstärkerglied	—
		SUM2	1	2	E1, E2 (Bewertungsfaktoren der Eingänge)	Summierer	—
		SUM5	1	5	E1, ..., E5 (wie SUM2)	Summierer	—
		MULT	1	2	—	Multiplizierer	—
		DIVN	1	2	AW, TAW (Beginn der Division)	Dividierer	—
	math. Funktionsblöcke	POTG	1	1	EXP (Exponent)	Potenzierglied	Eingangsfunktionswert 0
		ABSW	1	1	—	Absolutwertglied	—
		FUNK	1	1	FAKNA (Ausgangsfaktor), FAKNE (Eingangsfaktor), FKT (Funktionsname), AW, TAW (Beginn der Funktionsberechnung)	FORTRAN-Standardfunktionen	—
		MIMA	1	1	TANF (Testbeginn), TEST (Kenngröße)	Minima-, Maxima-ausgabe	TEST = 1: Maximum TEST < 0: Minimum des Zeitverlaufes
		FG1L	1	1	NN (Stützstellenanzahl)	linearer Funktionsgenerator	lineare Interpolation

	Kennlinien	FGXP	1	2	NX, NP (Stützstellenanzahl in x- und p-Richtung	2-dimensionaler Funktionsgenerator	Interpolation mit gemischtem Glied
		FG1S	2	1	NN (Ausgang: interpolierte und differenzierte Funktion)	SPLINE-Funktionsgenerator	SPLINE-Interpolation
		FG1E	2	1	NN, YS1, YSN (Randsteigungen der Funktion), EPSLN (Fehlerschranke)	SPLINE-Funktionsgenerator	SPLINE-Interpolation mit exponentieller Dämpfung
		SAET	1	1	SWERT (Sättigungswert)	Sättigungsglied	—
		TZON	1	1	TOTZONE	Tote Zone	—
		VENT	1	1	FAKNE (Eingangsfaktor) BEGR (Begrenzungswert)	Ventilbegrenzung	—
		ZGMH	1	1	A, B (A + B = Hysteresebreite)	Hysterese	Kennlinie mit statischer Vorgeschichte
logische Blöcke	Schwellwertelemente	WEKO	1	2	SCHALTZEIT	Wechselkontakt	—
		KP12	2	2	—	Komparator	—
		KP21	1	3	—	Komparator	—
	Schaltfunk. ohne Speicherverhalten	ODER	1	2	—	Disjunktion	—
		KONJ	1	2	—	Konjunktion	—
		NEGT	1	2	—	Negation	—
		NORF	1	2	—	negierte Disjunktion	—
		NAND	1	2	—	negierte Konjunktion	—

Tabelle 6 (Fortsetzung)

Block-Art	Name	n_A	n_E	Parametername (-funktion)	Funktion	Algorithmus
				ELEMENTARBLÖCKE		
logische Blöcke – Schaltfunktionen mit Speicherverhalten	TFFL	1	1	AW (Anfangswert)	T-Flip-Flop	$y_n = (t \cdot \bar{y} \vee t \cdot \bar{y})_{n-1}$
	DFFL	1	1	AW	D-Flip-Flop	$y_n = d_{n-1}$
	RSFF	1	2	AW	RS-Flip-Flop	$y_n = (s \vee y \cdot \bar{r})_{n-1}$
	IKFF	1	2	AW	IK-Flip-Flop	$y_n = (\bar{k} \cdot y \vee i \cdot \bar{y})_{n-1}$
	ELFF	1	2	AW	*EL*-Flip-Flop Löschvorrang	$y_n = (\bar{l} \cdot (e \vee y))_{n-1}$
	SLFF	1	2	AW	SL-Flip-Flop Speichervorrang	$y_n = (s \vee y \cdot \bar{l})_{n-1}$
Signalgeneratoren	KSTW	1	—	A (Konstantwert)	Konstantwertglied	—
	SPRF	1	—	SA, SE (Sprunganfangswert, -endwert) TS (Schaltpunkt)	Sprungfunktion	—
	RAMP	1	—	ANSF (Anstiegsfaktor), TS	Rampenfunktion	—
	HARM	1	—	A (Amplitude), T (Periodendauer) PH (Phase)	harmonische Funktion	SINF-Standardfunktion
	SELK	1	—	—	Lochkartensignaleingabe	—

Block-Art	Name	n_A	n_E	Parametername (-funktion)	Funktion	Algorithmus
	PZZG	1	—	A, B (Gleichverteilung) σ, μ (Normalverteilung) λ (Exponentialverteilung) τ (Steuergröße)	Pseudozufallszahlen-generator	Multiplikatives Kongruenzverfahren
				MATHEMATISCHE KOMPLEXBLÖCKE		
dynamische / (statische) Komplexblöcke	ADG2	10	10	NS (Anzahl der Integrationsschritte pro DIGSIM-Schritt) HMIN (minimale Schrittweite) EPS1, EPS2 (Toleranzen der Schrittweitensteuerung) NDGL (Anzahl der DGL) NE (Anzahl verwendeter Eingänge) ZSTAT ($\neq 0$ für statische Fälle) NAMERS (Name des Rechteseitenprogramms)	Integrierer für gewöhnliche Differentialgleichungen (DGL) 1. Ordnung	Runge — Kutta — Gill
	ADGT	10	10	EPS (Iterationsgenauigkeit) NDGL (Anzahl der DGL) NE (Anzahl verwendeter Eingänge) NAMERS (wie ADG2)	wie ADG2	Trapezregel
	ADGN	100	—	NDGL, NS, HMIN, EPS1, EPS2 NAMERS (wie ADG2)	wie ADG2	Runge — Kutta — Gill, nur als Einzelblock verwendbar

Tabelle 6 (Fortsetzung)

Block-Art	Name	n_A	n_E	Parametername (-funktion)	Funktion	Algorithmus
				MATHEMATISCHE KOMPLEXBLÖCKE		
dynamische / (statische) Komplexblöcke	RAWE	10	10	PE (Peclet-Zahl) HORT (Schrittweite in Abzissenrichtung) HZEIT (Iterationsschrittweite) EPS (Iterationsgenauigkeit) ITMAX (Iterationsanzahl, maximal) NRWGL (Anzahl der Randwertgleichungen) NPROFIL (Drucksteuergröße) NAMERW (Name des Programms zur Erzeugung des nichtlinearen Terms)	Integrierer für ein spezielles Randwert-problem	Differenzenmethode, Verwendung des PRO-GONKI-Verfahrens
statische Komplexblöcke	LIN1	10	10	NLIN (Anzahl der linearen Gleichungen) NAMELS (Name des Unterprogrammes, das Koeffizientenmatrix enthält)	Lösung linearer Gleichungssysteme	Gauss-Verfahren
	NIL1	10	10	EPSI (Abbruchtest) DELTA (Differenz für numerische Differentiation NNGL (Anzahl der nichtlinearen Gleichungen) NIT (maximale Iterationsanzahl) KEY (Drucksteuergröße) NAMERS (Name des Unterprogramms, in dem die nichtlinearen Gleichungen programmiert werden)	Lösung nichtlinearer Gleichungssysteme	Broyden-Verfahren

PROZESSBEZOGENE KOMPLEXBLÖCKE

Block-Art		Name	n_A	n_E	n_P	Funktion	Algorithmus
verfahrenstechnische Blöcke	dynamische Blöcke	KRPH	18	4	18	Kaskadenreaktor zur Neutralisation saurer Industrieabwässer	·ADG2, FG1L
		WIRTRO	2	2	8	Diskontinuierlicher Wirbelschichttrockner	
		ROHRT	2	5	5	Fortpflanzung von Temperaturänderungen in Rohrleitungen	ADG2
		RK4S02	16	6	19	Reaktor für heterogene SO_2-Oxydation	ADG2
		DISCORM	10	2	30	Rührmaschine im Chargenbetrieb, flüssiges Heiz- und Kühlmedium oder dampfbeheizt, mit Regelventil für Dampf	ADG2
		KRKR	5	8	17	kontinuierlicher Rührmaschinenreaktor für exotherme Flüssigphasenreaktionen	ADG2
		RR4A	12	4	15	adiabatischer Rohrreaktor, exotherme Gasphasenreaktion	ADGT
		WAT2	6	5	11	Wärmeübertrager; Gegenstrom Gas — Gas	ADG2
		WATF	8	5	11	Wärmeübertrager; Gegenstrom flüssig — flüssig	ADG2
		WAT9	3	4	13	Wärmeübertrager; zweigängig flüssig — flüssig	ADG2
		WATD4	11	5	14	Wärmeübertrager dampfbeheizt mit Regelventil	ADG2
		WAT01	2	2	8	Wärmeübertrager eingängig	ADGT

Tabelle 6 (Fortsetzung)

PROZESSBEZOGENE KOMPLEXBLÖCKE

Block-Art		Name	n_A	n_E	n_P	Funktion	Algorithmus
verfahrenstechnische Blöcke	statische Blöcke	MISCH	1	2	0	Mischstelle für Mengenströme (Stromvektoren)	
		TRENN	2	1	1	Verzweigungsstelle von Mengenströmen, steuerbar (Stromvektoren)	
		REAK	1	1	5	Reaktor für SO_2-Oxidation (Stromvektoren)	ADG2
		KRPH	18	4	18	Kaskadenreaktor zur Neutralisation saurer Industrieabwässer	NIL1
		WAT	2	2	4	Wärmeübertrager Gegenstrom; Gas — Gas (Stromvektoren)	—
		WAT9	3	4	13	Wärmeübertrager Gegenstrom; flüssig — flüssig	—
regelungstechnische Blöcke	dynamisch	CONTROL	1	2	9	PI-Regler mit Begrenzung	PICO
		EXCO	1	1	1	Extremwertregler, unstetiger	—
	statische Blöcke	VENTIL1	2	2	1	Zweiwegeventil	
		VENTFLUE	1	3	3	Ventildurchfluß für Flüssigkeiten	—
		VENTGUNK	1	3	3	Ventildurchfluß für Gas, isotherm, unterkritisch	—
		VENTGUEB	1	2	3	Ventildurchfluß für Gas, isotherm, überkritisch	—

8. Literatur

[1] Marquardt, D. W.: „*An algorithm for least-square estimation of nonlinear parameters*". J. Soc. Ind. Appl. Math., Vol. 11 (1963), No 2, S. 431–441.

[2] Zangwill, W. I.: „*Minimizing a function without calculating derivatives*". Computer Journ., 10 (1967), S. 293.

[3] *Powell*, M. J. D.: „*An efficient method for finding the minimum of a function of several variables without calculating derivatives*" Computer Journ., 7 (1964), S. 155

[4] Box, M. J.: „*A new method of constrained optimization and a comparison with other methods*". Computer Journ., 9 (1966), Nr. 1, S. 42.

[5] Schürer, K., Schmidt, S.: „*Optimierungsprozedur OPTBOXRO*", Fachbericht im VEB KIB Chemie Leipzig, 1974.

[6] Fletcher, R., Powell, M. J. D.: „*A Rapidly Convergent Descent Method for Minimization*". The Computer Journ., 6 (1963), S. 163ff., No 2.

[7] Langer, O.-U.: „*Empfindlichkeitsanalyse beim Entwurf von Chemieanlagen*". Vortragsmanuskript (unveröffentlicht) für das 1. wiss. Kolloquium des ILKA Dresden, 1973.

[8] Schönefeld, R.: „*Strukturelle Methoden der Empfindlichkeitsanalyse und ihre Anwendung in der Analogrechentechnik*", 7. Meda-Seminar, Prag 1969, S. 79ff.

[9] Albrecht, P.: „*Behandlung parameterabhängiger Probleme auf einem hybriden Analogrecher*". Elektron. Rechenanl., 10 (1968), H. 1, S. 26–33.

[10] Jentsch, W.: „*Digitale Simulation kontinuierlicher Systeme*". R.-Oldenburg-Verlag, München und Wien 1969.

[11] Ostrowski, G. M., Wolin, J. M.: „*Methoden zur Optimierung komplexer verfahrenstechnischer Systeme*". Akademie-Verlag, Berlin 1973.

[12] Arndt, S., Langer, O.-U.: „*Digital Simulation and Optimization of Systems in Chemical Industry*". Preprints of the DISCOP-Symposium (IFAC), Györ, 1971.

[13] Arndt, S., Langer, O.-U.: „DIGSIM — *ein Programm zur digitalen Simulation und Optimierung verfahrenstechnischer Systeme*". Chem. Techn., 24 (1972), Teil I: H. 4, S. 199–201, Teil II: H. 6, S. 333–337.

[14] Arndt, S., Hahner, G.: „*Berechnung eines Verweilzeitmodells für Rührkesselkaskaden unter Verwendung digitaler Simulationssprachen*". Chem. Techn. 26 (1974), H. 2, S. 79.

[15] Bode, C., Langer, O.-U., Flock, W.: „*Wandernde Brennzonen in einem Festbettreaktor*". Chem. Techn., 27 (1975), H. 10, S. 590

[16] Arndt, S.: „*Modellierung und Dimensionierung eines Kaskadenreaktors mit pH-Regelung zur Abwasserneutralisation*". Dissertation, TU Dresden, 1974.

Modellierung und Optimierung verfahrenstechnischer Systeme der Erdölverarbeitung

(G. Kleemann, K. Hartmann)

Summary

The simulation program ASYP for the calculation of petrol and benzine distillation plants is presented. Peculiarities of mathematical models for chemical systems of petrol processing are distussed by means of an element model. By use of two practical examples, it is shown how the knowledge available on chemical processes can be used to simplify these systems. Experiences in the application of the method of dynamic programming, the method of controlled random and the simplex method after Nelder/Mead are reported for the two different objective functions (yield, cost).

The optima for both objective functions could be found rapidly and exactly by use of a modification of the simplex method. The simplex method proved to be superior to the two other procedures also with respect to the necessary expense. In connection with the simulation program ASYP, it is also suited for the optimization of complicated chemical systems at a reasonable expense.

Simulation und Optimierung verfahrenstechnischer Systeme stellen sehr effektive Mittel zur wirtschaftlich und technologisch günstigen Gestaltung von Chemieanlagen dar. Durch den Einsatz von Simulationsprogrammen können die Auswirkungen von Struktur- und Parameteränderungen auf gesamte Systeme untersucht und zu ihrer Verbesserung ausgenützt werden.

In der chemischen Industrie treten dabei eine Reihe typischer, ständig wiederkehrender Optimierungsziele auf. Besonders oft werden die Zielgrößen Qualität, Durchsatz, Ausbeute, Sparsamkeit beim Einsatz von Energien und Hilfsstoffen und Investaufwand verwendet.

Je nachdem, ob es sich um den Entwurf oder die Rationalisierung verfahrenstechnischer Systeme handelt, stellt das Optimierungsproblem eine Struktur- und Parameteroptimierung mit einer geringen oder großen Anzahl von Nebenbedingungen dar. Die optimale Prozeßsteuerung ist eine Aufgabe der Parameteroptimierung.

Die Optimierung verfahrenstechnischer Systeme erfordert die Lösung einer großen Zahl komplizierter Aufgaben, wie Modellierung der Elemente und des Systems, Simulation des Systemverhaltens, Formulierung der Zielfunktion, Wahl der Optimierungsmethode und Berücksichtigung der Nebenbedingungen, Auffinden der Optima und Ermittlung des globalen Optimums. Eine allgemeine Lösung der genannten Probleme ist nicht möglich.

In diesem Beitrag werden Erfahrungen und Ergebnisse, die bei der Optimierung zweier Teilsysteme der Erdölverarbeitung gesammelt wurden, mitgeteilt und diskutiert. Das zur Simulation verwendete Systemprogramm ASYP wird beschrieben. Auf Besonderheiten bei der Modellierung und Optimierung von Erdölverarbeitungsanlagen wird kurz eingegangen.

1. Modellierung von Erdöl- und Benzindestillationsanlagen

1.1. *Typische Merkmale der Erdölverarbeitung*

Die Theorie zur Berechnung von Rektifikationsprozessen unterscheidet die Rektifikation von binären Gemischen, Mehrkomponentengemischen und Komplexgemischen (Erdöl und daraus gewonnene Fraktionen), [1]. Die Trennung aller drei Gemische in ihre Komponenten bzw. Fraktionen erfordert unterschiedliche Technologien, die sich natürlich in den mathematischen Modellen zur Berechnung der Rektifikationskolonnen und -anlagen widerspiegeln.

Die Komplexgemische enthalten eine große Zahl von Einzelkomponenten. Für Vergaserkraftstoff werden mit Hilfe von Gaschromatographen leicht mehr als 100 Komponenten nachgewiesen. Die chemische Analyse wird daher zur Kennzeichnung der Eigenschaften eines Gemisches nur selten herangezogen. Wegen der einfacheren Handhabung werden eine Reihe summarischer Kenngrößen benutzt [2]. Die wichtigsten sind:

- Siedeverhalten
  In standardisierten Laborapparaturen werden Siedekurven ermittelt. Sie geben an, wieviel Volumenprozent des Gemisches in Abhängigkeit von der Temperatur bei einem vorgegebenen Druck verdampft sind. Man kennt Engler-Siedekurven, wahre Siedekurven und Gleichgewichtsverdampfungskurven.
- Dichte
- Dampfdruck
- Watson-Faktor
  Der Watson-Faktor verknüpft die Dichte mit der mittleren molaren Siedetemperatur der Engler-Kurve.

Für die Berechnung wird von der wahren Siedekurve ausgegangen. Um sie für die EDVA zugänglich zu machen, wird sie durch eine treppenförmige Kurve angenähert, deren Abschnitte als Pseudokomponenten bezeichnet werden. Die Erfahrungen zeigen, daß zur Kennzeichnung der Siedekurven 40 Pseudokomponenten ausreichend sind.

Die Destillation von Erdöl- und Benzingemischen erfolgt in der Regel nicht zur Gewinnung einzelner Komponenten, sondern zur Herstellung von Fraktionen mit definiertem Siedebereich. Sehr oft wird dabei das Eingangsgemisch in fünf oder mehr Fraktionen zerlegt. Dazu dienen Kolonnensysteme, die aus der Zusammenschaltung von einfachen Kolonnen und komplizierten Kolonnen (Kolonnen mit bis zu fünf Seitenkolonnen) entstehen.

Die Erdölverarbeitungsanlagen sind für große Durchsätze ausgelegt. Moderne Erdöldestillationsanlagen verarbeiten 3—6 Mio t/a Erdöl. Zur Erreichung der für die Destillation erforderlichen hohen Temperaturniveaus (Eintrittstemperaturen der Hauptkolonnen 330—360 °C) werden große Energiemengen benötigt. Die hohen Temperaturniveaus der Produktfraktionen am Kolonnenausgang bieten aber die Möglichkeit, das Einsatzprodukt zum Teil mit den Produktströmen zu erwärmen. Dazu werden komplizierte Wärmeübertragungssysteme eingesetzt. Die Resterwärmung des Einsatzproduktes auf die Kolonneneintrittstemperatur erfolgt mit gas- oder ölbeheizten Röhrenöfen unterschiedlicher Konstruktion. Die Restkühlung der Produkte erfolgt mit luft- oder wassergekühlten Wärmeübertragern, wobei in letzter Zeit verstärkt Kombinationen von Luft- und Wasserkühlern eingesetzt werden.

Die Destillation wird im allgemeinen unter Zugabe von überhitztem Wasserdampf in die Sumpfsektion der Hauptkolonne und die Seitenkolonnen durchgeführt.

Ein typisches Beispiel für eine derartige Anlage wird im Abschnitt 3. dieses Beitrages vorgestellt. Obwohl bei diesem Beispiel nur eine Kolonne mit einer Seitenkolonne zum Einsatz kommt, erreicht der Kopplungsgrad der Ströme bereits eine hohe Dimension. Diese Dimension wächst enorm an bei Verwendung von drei oder vier Seitenkolonnen (atmosphärische Erdöldestillation), bei Kopplung der atmosphärischen Erdöldestillation mit einem Vakuumteil oder der Kombination von Erdöldestillation und Entsalzung [3, 4].

Die Besonderheiten verfahrenstechnischer Systeme der Erdölverarbeitung liegen also u. a. in der großen Zahl der Komponenten der Stoffströme, der hohen Dimension des Kopplungsgrades der Ströme und des Einsatzes von Kolonnen- und Wärmeübertragersystemen zur Senkung der Energieverbräuche. Dabei bringen auch kleine Einsparungen auf Grund der hohen Durchsätze beachtliche ökonomische Effekte.

1.2. *Das Systemprogramm ASYP zur Berechnung von Erdöl- und Benzindestillationsanlagen*

Bereits im ersten Beitrag des Buches wird ausführlich dargestellt, daß sich die Systemprogramme zu einem effektiven Hilfsmittel bei der Bearbeitung verfahrenstechnischer Systeme entwickelt haben. ASYP wurde zur Berechnung des stationären Verhaltens von Erdöl- und Benzindestillationsanlagen erarbeitet und in [5, 6, 7] vorgestellt.

Das mathematische Modell eines verfahrenstechnischen Systems im stationären Zustand stellt ein umfangreiches, kompliziertes, nichtlineares Gleichungssystem in den zu bestimmenden Größen dar. Dieses Gleichungssystem wird komplizierter, je heterogener die mathematische Struktur der Modelle für die einzelnen Elemente des Systems ist. Die Lösungsverfahren können in

1. simultane und
2. sequentielle

Lösungsverfahren eingeteilt werden.

Als simultane Lösungsverfahren werden diejenigen bezeichnet, bei denen die einzelnen Elemente des verfahrenstechnischen Systems nicht nacheinander berechnet werden, sondern die wesentlichen Unbekannten, die Ein- und Ausgangsinformationen der Elemente, werden gleichzeitig bestimmt [8, 9, 10]. In dem Maße, in dem die mathematischen Modelle nichtlinear sind und eine iterative Berechnung der Gleichungssysteme erforderlich ist, steigt die Zahl der zu iterierenden Größen erheblich an.

Bei sequentiellen Lösungsverfahren werden die einzelnen Elemente des Systems nacheinander berechnet, indem immer nur das nichtlineare Gleichungssystem eines Elementes iterativ gelöst wird (s. Abschnitt 1.3.). Als zu iterierende Größen im Rahmen der Systemberechnung sind dann nur die Strominformationen anzusehen, die einem in der gewählten Berechnungsreihenfolge späteren Systemelement entspringen und einem früheren Element in dieser Anordnung zugeführt werden. Wieviel und welche Strominformationen als Iterationsgrößen anzusehen sind, hängt also von der Schaltung der Elemente im System und der gewählten Berechnungsreihenfolge ab. Im allgemeinen wird die Berechnungsreihenfolge empfohlen, bei der die Anzahl der zu iterierenden Größen minimal wird. Diese Empfehlung führt bei praktischen Problemen nicht immer zur günstigsten Reihenfolge.

Für die iterative Lösung der Gleichungssysteme verfahrenstechnischer Systeme werden am häufigsten folgende Prinzipien angewendet [11]:

1. Methode der sukzessiven Substitution (einfache Iteration, Einsetzmethode)
2. Newtonsche Methode
3. Wolfesche Methode und ihre Modifikationen.

Unter der Methode der sukzessiven Substitution versteht man ein Iterationsverfahren, bei dem mit Anfangswerten der zu iterierenden Größen durch Berechnung des Systems die für die nächste Iteration benötigten Anfangswerte ermittelt werden. Die wesentlichen Vorteile dieser Methode bestehen in der Einfachheit des Algorithmus und den geringen Anforderungen an die Genauigkeit der Anfangswerte. Im allgemeinen kann nicht angegeben werden, wann das Verfahren konvergiert. Die Konvergenz ist meist relativ schwach.

Beim Iterationsverfahren nach Newton werden Stetigkeit und Differenzierbarkeit der Modellfunktionen ausgenutzt. Die Berechnung der partiellen Ableitungen ist unter Umständen recht aufwendig. Der Algorithmus wird komplizierter. Sofern gute Anfangswerte zur Verfügung stehen, konvergiert das Verfahren im Normalfall immer und relativ schnell.

Die Wolfesche Methode konvergiert bei guten Anfangswerten annähernd mit der gleichen Geschwindigkeit wie die Newtonsche Methode. Sie unterscheidet sich jedoch vom Newtonschen Verfahren dadurch sehr vorteilhaft, daß sie nicht die Berechnung der Matrix aus den partiellen Ableitungen benötigt. Dafür ist das Vorhandensein von $n + 1$ Anfangsnäherungen erforderlich.

Das Systemprogramm ASYP benutzt ein sequentielles Lösungsverfahren, als Iterationsmethode wurde die sukzessive Substitution bisher erfolgreich angewendet.

Zunächst ist ASYP zur Berechnung beliebiger verfahrenstechnischer Systeme einsetzbar. Die Entscheidung für ein spezielles System fällt durch die Wahl der Elementenprogramme. Für die Berechnung der Elemente müssen an ASYP angepaßte Elementenprogramme und Unterprogramme vorliegen, die aus gegebenen Werten von Eingangsströmen, Parametern und Stoffwerten die Werte der Ausgangsströme berechnen. Alle gleichartigen Elemente werden mit Hilfe desselben Elementenprogrammes berechnet.

Für die Speicherung der Daten werden durch ASYP mehrere Felder bereitgestellt. Die Ströme werden als Spaltenvektoren in der Matrix $S(I, J)$ gespeichert. Die Komponenten der Stromvektoren sind wichtige Kenngrößen des jeweiligen Stromes. Die Anzahl der Komponenten ist vorgebbar, jedoch innerhalb der Programmabarbeitung konstant und für alle Stromvektoren gleich. Informationen, die in allen oder sehr vielen Elementen erforderlich sind, werden in der Matrix $W(I, J)$ gespeichert. Die Informationen, die nur in jeweils einem Element benötigt werden, kommen in die Matrix $A(I, J)$.

Beim Einsatz von ASYP wird von einem vorgegebenen Fließschema ausgegangen, das in die Form eines gerichteten Graphen überführt wird. Die Knoten des Graphen stellen die Elemente des verfahrenstechnischen Systems und dessen Kanten die Verknüpfungen zwischen den Elementen dar. Knoten und Kanten werden unabhängig voneinander numeriert. Durch die Numerierung der Elemente wird zugleich ihre Berechnungsreihenfolge festgelegt. Die Struktur des verfahrenstechnischen Systems wird übermittelt, indem für jedes Element folgende Größen eingelesen werden:

- Name des Elementes
- Anzahl und Nummern der Eingangsströme
- Anzahl und Nummern der Ausgangsströme
- Kennzahl für die Auswahl des Elementenprogramms.

Die Numerierung der Ströme ist willkürlich. Zweckmäßig wird sie lückenlos durchgeführt, und die Eingangsströme erhalten die ersten Nummern. Die Gestaltung und das Ausfüllen der Eingabebelege wird für ein Beispiel in [7] beschrieben.

ASYP enthält einen Algorithmus, der ausgehend vom Ursprungs- und Zielelement jedes Rückstromes (Strom, der ausgehend von Schätzwerten iterativ berechnet wird) vor Beginn der eigentlichen Berechnung die hinsichtlich der Iteration unabhängigen Zyklen ermittelt. Dabei soll unter einem unabhängigen Zyklus ein Rückströme enthaltendes Teilsystem mit möglichst wenigen Elementen verstanden werden, unter dessen Eingangsströmen sich keine Rückströme befinden. Die Rückströme eines Zyklus werden gleichzeitig iteriert.

Das Simulationsprogramm benutzt konsequent die Wechselplattentechnik des zur Verfügung stehenden Rechenautomaten. Es ist in einzelne Overlays eingeteilt. Das Overlay *O* enthält das Exekutivprogramm, das den gesamten Rechenablauf steuert. Es organisiert die Ein- und Ausgabe der Daten, die Ein- und Ausladung der Zwischenergebnisse im Verlauf der sequentiellen

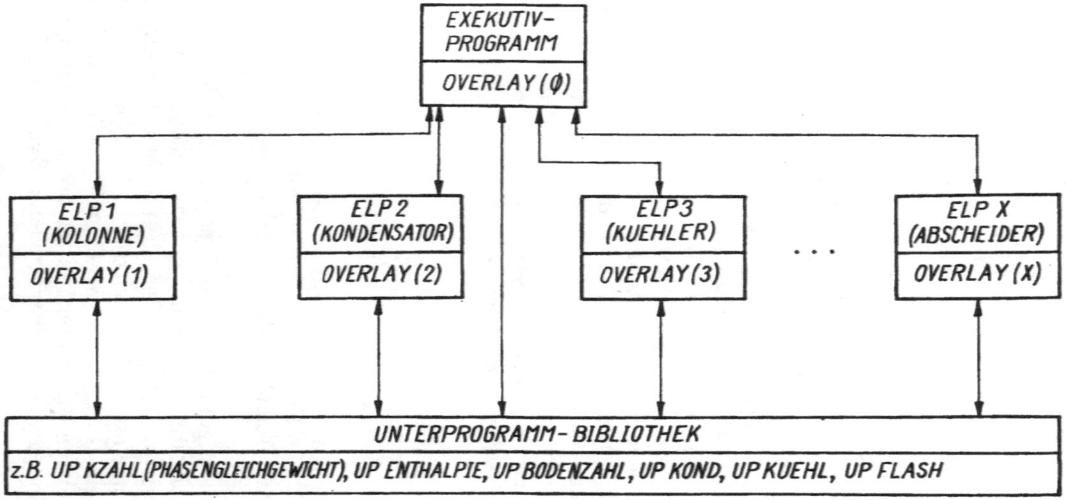

Abb. 1. Struktur des Systemprogramms ASYP

ELP – Elementenprogramm; UP – Unterprogramm

Berechnung und enthält den Lösungsalgorithmus. Die anderen Overlays entsprechen jeweils einem Element des verfahrenstechnischen Systems. Die für das Exekutivprogramm und die Elementenprogramme erforderlichen Unterprogramme sind nicht mehr in den Overlays enthalten, sondern in einer Programmbibliothek zusammengefaßt. Während der Abarbeitung befinden sich im Hauptspeicher des Automaten immer das Overlay *O*, ein Overlay zur Berechnung des jeweiligen Elementes und die dazu benötigten Unterprogramme. Die Struktur des Systemprogramms ASYP zeigt Abb. 1.

Die Elementenprogramme sind je nach Bearbeitungsstand einer Simulationsaufgabe geeignet zur Berechnung der Material- und Energiebilanzen für das verfahrenstechnische System oder zur kompletten Auslegung bzw. Nachrechnung der Elemente.

Im Ergebnis der Anwendung von ASYP liegen die vollständige Stoff-, Mengen- und Wärmebilanz und die Anzahl der Apparate mit ihren Abmessungen vor. Für jeden Stoffstrom werden angegeben:

- Druck, Temperatur
- Gesamtmasse, Gesamtmolmenge, Wärmemenge, Enthalpie, Masse- und Molanteile für alle Pseudokomponenten
- Zustandsdichte, Normdichte, relative Dichte, Zähigkeit, Molmasse
- wahre Siedekurve, ENGLER-Siedekurve.

Mit diesen Angaben kann das technologische Schema und die Apparateliste erarbeitet werden.

1.3. *Wichtige Elemente des Systemprogramms ASYP*

Zum Systemprogramm ASYP gehören eine Reihe von Elementenprogrammen, die es gestatten, Erdöl- und Benzindestillationsanlagen zu berechnen. Entsprechend der Konzeption des Systemprogramms wurden diese Programme unter Einhaltung gewisser Vorschriften von verschiedenen Kollegen des Kollektivs erarbeitet.

Diese Vorschriften betreffen den fest vereinbarten Aufbau der Stromvektoren und die Gestaltung von CØMMØN-Blöcken zur Datenübermittlung. Die Komponenten des Stromvektors haben folgende Bedeutung:

Komponenten-Nr.	Bedeutung
1	Molmengen der Pseudokomponenten
2	.
.	.
.	.
40	.
41	Molmenge Wasser
42	Gesamtmolmenge
43	Gesamtwärmemenge
44	Temperatur
45	Druck

Die wichtigsten Elementenprogramme sind:

Wärmeübertrager ohne Phasenänderung

Für die Berechnung von Wärmeübertragern gibt es zwei verschiedene Aufgabenstellungen, also auch zwei Elementenprogramme. Das Programm für Nachrechnung ermittelt aus zwei Eingangsströmen und der Geometrie des Apparates die beiden Ausgangsströme. Das Programm für Auslegung berechnet aus zwei Eingangsströmen und Vorgabe einer Temperatur für den aufzuheizenden oder zu kühlenden Strom die Wärmebilanz. Danach erfolgt bei Vorgabe des Wärmeübertragertyps die Ermittlung der Anzahl der Wärmeübertrager. In beiden Fällen liegen für den Wärmeübertrager folgende Daten vor:

— übertragene Wärmemenge
— mittlere logarithmische Temperaturdifferenz
— Wärmeübergangskoeffizienten
— Wärmedurchgangskoeffizient
— Strömungsgeschwindigkeiten
— Flächensicherheit.

Verschmutzungen müssen vorgegeben werden. Spezifische Wärmen, Wärmeleitfähigkeiten und Zähigkeiten werden im Elementenprogramm berechnet. Als Kühlmittel kann auch Wasser benutzt werden.

Wärmeübertrager mit Phasenänderung

Die Teilkondensation spielt in der Erdölverarbeitung eine große Rolle. Das dafür geschaffene Elementenprogramm berechnet bei Vorgabe des zu kondensierenden Gemisches (Dampf am Taupunkt oder Dampf-Flüssigkeits-Gemisch) und der Geometrie des Kondensators die Dampf- und Kondensatzusammensetzung und die Temperatur am Ausgang. Als Kühlmittel kommen Erdöl (Benzin) oder Wasser in Betracht. Kühlmittelseitig wird bei Vorgabe der Kühlmittelmenge und der Eingangstemperatur die Ausgangstemperatur berechnet (Erdöl) oder bei Vorgabe von Ein- und Ausgangstemperatur die Kühlmittelmenge (Wasser). Die Berechnung des Wärmedurchgangskoeffizienten erfolgt inkrementweise nach der Methode von WARD [12]. Das Programm kann für die Kondensation reiner Kohlenwasserstoffe und Mischungen von Kohlenwasserstoffen mit Wasserdampf eingesetzt werden.

Entspannungsbehälter

s. dazu Abschnitt 1.4.

Destillationskolonne ohne Seitenkolonnen

Bei Vorgabe der Reinheiten der Kopf- und Sumpffraktionen anhand der wahren Siedekurve werden die Zusammensetzungen von Kopf- und Sumpffraktionen bei unendlichen und minimalen Rücklaufverhältnis bestimmt. Die Anzahl der theoretischen Böden bei endlichem Rücklauf wird nach einer von Molokanow angegebenen Beziehung ermittelt [13].

Destillationskolonne mit Seitenkolonnen und zirkulierenden Rückläufen

Nach dem Modell von Orlicek [14] wurde ein Elementenprogramm entwikkelt, das unter Einbeziehung von Erfahrungswerten die Mengen- und Wärmebilanz für eine typische Erdöldestillationskolonne berechnet. Zusätzlich werden die Flüssigkeits- und Dampfbelastung an ausgewählten Punkten der Kolonne angegeben. Bei Vorgabe von Reinheitsforderungen für die Fraktionen und der Strippdampfmenge erhält man die Zusammensetzung der Produkte am Kopf und Sumpf der Hauptkolonne und am Ausgang der Seitenkolonnen.

Nähere Angaben zu den Elementenmodellen und -programmen sind in [15] enthalten. Praktische Erfahrungen beim Einsatz von ASYP zur Berechnung einer Benzindestillationsanlage werden in [16] mitgeteilt.

1.4. Besonderheiten der mathematischen Modelle im Hinblick auf die Berechnung und Optimierung

Um den Umfang und den Schwierigkeitsgrad der mathematischen Modelle zu zeigen, soll ein einfaches Modell zur Berechnung eines Entspannungsbehälters beschrieben werden (s. dazu die Abb. 2 und 3). Es wird eine isenthalpe Entspannung vom Druck P auf den Druck P' vorausgesetzt. Dabei verdampft ein Teil des Eingangsgemisches, im Behälter stellt sich die Gleichgewichtstemperatur T' ein.

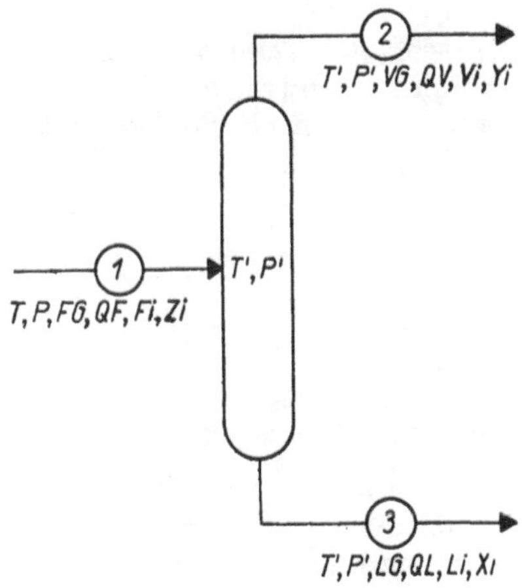

Abb. 2. Schematische Darstellung des Elementes „Entspannungsbehälter"

QF, QV, QL – Wärmengen
F_i, V_i, L_i – Molmengen
Z_i, Y_i, X_i – Molkonzentrationen
FG, VG, LG – Gesamtmolmengen
} der Ströme 1, 2, 3

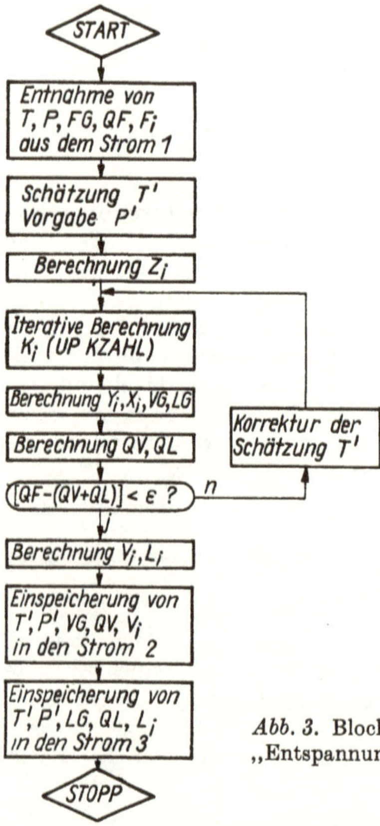

Abb. 3. Blockschaltbild für das Elementenprogramm „Entspannungsbehälter"

Die Berechnung erfolgt iterativ. Mit einer geschätzten Temperatur T' wird die Verteilung des Eingangsgemisches auf Dampf und Flüssigkeit berechnet.

Die Berechnung der Verteilungskoeffizienten wird nach der folgenden Gleichung vorgenommen:

$$K_i = \frac{Y_i}{X_i} = \frac{\gamma_i \cdot \nu_i}{\Phi_i} \qquad i = 1, \ldots, 40 \tag{1}$$

Dabei sind:

K_i – Verteilungskoeffizient der i-ten Pseudokomponente,
Y_i – Molkonzentration der i-ten Pseudokomponente in der Dampfphase,
X_i – Molkonzentration der i-ten Pseudokomponente in der flüssigen Phase.

Die Fugazitätskoeffizienten ν_i der flüssigen Phase werden nach Pitzer, die Aktivitätskoeffizienten γ_i nach Hildebrand und die Fugazitätskoeffizienten Φ_i der dampfförmigen Phase nach Redlich/Kwong berechnet [17, 18]. Dazu ist für alle 40 Pseudokomponenten die Vorgabe von je 8 Konstanten erforderlich:

- mittlere Siedetemperatur
- Dichte
- Molmasse
- kritische Temperatur
- kritischer Druck
- molares Flüssigkeitsvolumen
- Löslichkeitsparameter
- azentrischer Faktor.

Da Phasengleichgewichte in fast allen Elementenprogrammen benötigt werden, speichert man diese Daten zweckmäßigerweise im Feld $W(I, J)$.

Dieses nichtlineare Gleichungssystem muß iterativ gelöst werden. Die Lösung ist gefunden, wenn die Bedingungen $\Sigma X_i = 1$ und $\Sigma Y_i = 1$ hinreichend genau erfüllt sind.

Mit den Verteilungskoeffizienten und Konzentrationen werden die Dampf- und Flüssigkeitsmolmengen und die Enthalpie nach der Entspannung ermittelt. Aus dem Vergleich mit der Enthalpie vor der Entspannung ergibt sich die Korrektur für T''. Die Iteration wird bis zur Unterschreitung der Abbruchschranke ε fortgesetzt.

Bereits bei diesem einfachen Element ist also die wiederholte iterative Lösung eines komplizierten nichtlinearen Gleichungssystems der Dimension $N = 40$ erforderlich.

Man erkennt, daß die Besonderheiten der mathematischen Modelle für Probleme der Erdölverarbeitung in der hohen Dimension der Stromvektoren, der Kompliziertheit der Gleichungssysteme und der damit verbundenen hohen Rechenzeit der Rechenprogramme liegen.

2. Optimierung der Ausbeute einer mehrstufigen Entspannungsverdampfung

2.1. *Beschreibung des verfahrenstechnischen Systems und des Optimierungszieles*

Abb. 4 zeigt vereinfacht und ausschnittsweise das untersuchte verfahrenstechnische System. Es handelt sich um eine Anlage zur Destillation von Erdöl. Das Einsatzprodukt *EP* wird stufenweise auf die erforderliche Kolonneneintrittstemperatur erwärmt. Das geschieht in den Wärmeübertragern *W*1 und *W*4 mit dem Sumpfprodukt der Kolonne *K*1 (Fraktion *F*4), in den Wärmeübertragern *W*2 und *W*3 mit kondensierendem Kopfprodukt (Fraktion *F*2 und Fraktion *F*3) und in den gasbeheizten Vorheizerteilen *W*5 und *W*6. In den zwischengeschalteten Entspannungsbehältern *B*1, *B*2 und *B*3 werden die bei den jeweiligen Temperaturen ausdampfenden leichtsiedenden Bestandteile des Einsatzproduktes abgetrennt. Die Dämpfe werden in anderen Anlagenteilen verarbeitet.

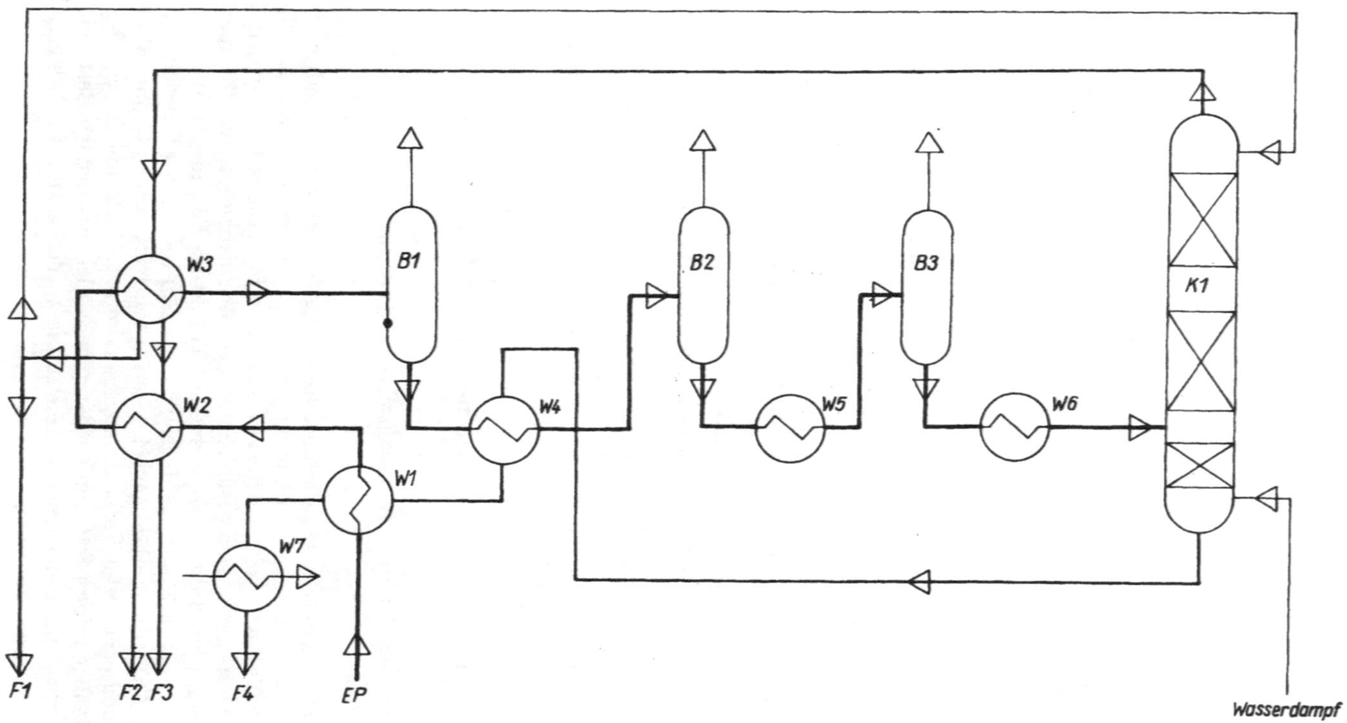

Abb. 4. **Technologisches Prinzipschema einer Erdöldestillation mit Entspannungsbehältern**

Die hydraulische Nachrechnung der Kolonne $K1$ ergab, daß für eine Durchsatzsteigerung der Anlage die Dampfbelastung der Kopfsektion eine Grenze darstellt. Durch eine Maximierung der Summe der Entspannungsdämpfe aus den $B1$, $B2$ und $B3$ sollte dieser Engpaß beseitigt werden:

$$M = M1 + M2 + M3 = \max! \tag{2}$$

Für die Temperatur des EP, des Produktes $F4$ und die Kolonneneintrittstemperatur sind folgende Bedingungen gültig:

$$75\,°C < T_{EP} < 85\,°C \tag{3}$$

$$90\,°C < T_{F4} < 110\,°C \tag{4}$$

$$T_{A,W6} = C1. \tag{5}$$

Die Drücke vor und in den Entspannungsbehältern sind vorgegeben und konstant.

Zusätzlich sind eine Reihe von Nebenbedingungen (NB) einzuhalten:

- Im Vorheizer kann nur eine begrenzte Wärmemenge übertragen werden:

$$Q_{W5} + Q_{W6} \leqq C2. \tag{6}$$

- Das Siedeende der Entspannungsdämpfe (nach ENGLER) soll kleiner oder gleich 345 °C sein:

$$T_{SE} \leqq 345\,°C. \tag{7}$$

- Die Wärmeübertrager $W2$ und $W3$ sind möglichst nicht zu verändern.
- Aus der NB Gln. (7) folgt:
  Die Menge und Temperatur des Sumpfproduktes der Kolonne werden durch die Ausdampfung nicht geändert, d. h. die Summe der in den Wärmeübertragern $W1$, $W4$ und $W7$ zu übertragenden Wärmemengen ist konstant:

$$Q_{W1} + Q_{W4} + Q_{W7} = C3. \tag{8}$$

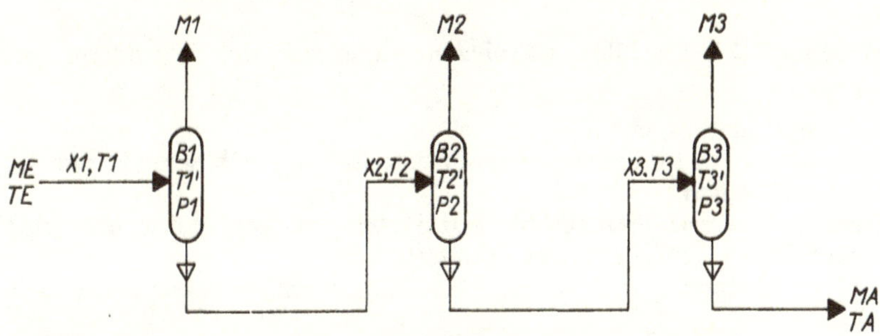

Abb. 5. Vereinfachtes Schema der Entspannungsverdampfung

ME, TE – Masse und Temperatur am Systemeingang
MA, TA – Masse und Temperatur am Systemausgang

Es handelt sich um eine typische Rationalisierungsaufgabe mit vielen *NB*, auf die bereits in der Einleitung hingewiesen wurde.

Durch die *NB* wird der zulässige Bereich für die Steuergrößen erheblich eingeschränkt. Das Problem wurde in [19] untersucht und durch Variantenrechnung mit dem Systemprogramm ASYP konnte folgende Aussage getroffen werden:

Die Nebenbedingungen für das Optimierungsproblem können alle eingehalten werden, wenn die Eintrittstemperaturen $T1$, $T2$ und $T3$ der Ströme in die Behälter in bestimmten Bereichen liegen.

Diese Aussagen gestatten es, das System weiter zu vereinfachen (Abb. 5). Das Optimierungsproblem läßt sich durch die Gleichungen

$$M = M1(X1, T1) + M2(X2, T2) + M3(X3, T3) = \max! \tag{9}$$

$$175\,°\mathrm{C} \leqq T1 \leqq 231\,°\mathrm{C} \tag{10}$$

$$220\,°\mathrm{C} \leqq T2 \leqq 266\,°\mathrm{C} \tag{11}$$

$$230\,°\mathrm{C} \leqq T3 \leqq 286\,°\mathrm{C} \tag{12}$$

ausdrücken. Zur Senkung des Rechenaufwandes wurde im weiteren von diesem vereinfachten System ausgegangen.

Die Zielfunktion (*ZF*) hängt kompliziert von den Konzentrationsprofilen ($X1, X2, X3$) und den Temperaturen ($T1, T2, T3$) vor den Entspannungsbehältern ab (s. dazu Abschnitt 1.4.). Sie kann nicht in geschlossener Form dargestellt werden, ist aber mit Hilfe des Systemprogramms ASYP punktweise berechenbar.

(Bei der Lösung der Optimierungsaufgabe wurde die Maximierung der Entspannungsdampfmenge M durch die Minimierung der Sumpfmolmenge des Behälters $B3$ ersetzt.)

2.2. *Klassifizierung des Problems und Auswahl einer geeigneten Optimierungsmethode (OM)*

Die im Abschnitt 2.1. geschilderte Problemstellung läßt sich folgendermaßen klassifizieren:

1. Parameteroptimierung mit *NB*
   (Unter Parametern wird dabei die Gesamtheit aller frei wählbaren Entwurfsvariablen verstanden.)
   Die Struktur des verfahrenstechnischen Systems ist vorgegeben und wird im Verlauf der Optimierung nicht geändert.
   Die *NB* für Zustands- und Steuergrößen können in zwei Gruppen geteilt werden:
   explizite *NB*:
   Die *NB* liegen in Form von Ungleichungen oder Gleichungen vor (z. B. Gln. 10—12).

Es kann leicht vor der Modelldurchrechnung geprüft werden, ob die *NB* erfüllt sind.

implizite *NB*:
Zur Überprüfung, ob die impliziten *NB* erfüllt sind, ist die Durchrechnung der Modellgleichungen erforderlich. Das ist mit einem erheblichen Rechenaufwand verbunden (z. B. Gln. (7)).
Durch die Voruntersuchungen des Beispiels in [19] konnten die impliziten Grenzen in explizite Grenzen überführt werden. Das bedeutet eine zusätzliche Senkung des Aufwandes.

2. deterministisches Problem
Der Zustand nach jeder Stufe hängt ausschließlich vom Zustand vor der Stufe und der für die Stufe gewählten Steuerung ab.
3. stetiges Problem
Die Definitionsbereiche der Zustands- und Steuergrößen sind stetig.
4. statisches Problem
Es wird ein optimaler stationärer Zustand des verfahrenstechnischen Systems gesucht. Die Zustandsgrößen sind unabhängige Variable, keine Funktionen.
5. mehrstufiges Problem
6. *ZF* und *NB* sind nichtlineare Funktionen der Zustands- und Steuergrößen. Die Zielfunktion ist nicht explizit darstellbar, kann aber punktweise berechnet werden.

Bei der Auswahl der *OM* wurden folgende Gesichtspunkte berücksichtigt:

1. Die Lösung des Problems soll unter Ausnutzung des Simulationsprogramms ASYP erfolgen, d. h. die *OM* muß mit ASYP koppelbar sein.
2. Die *OM* soll einen möglichst geringen Speicherplatz haben.
3. Die *OM* soll das Optimum mit einer möglichst geringen Anzahl von Funktionswerten ermitteln.
4. Die spezielle Eigenschaft der *ZF*, nur punktweise berechenbar zu sein, muß bei der Auswahl berücksichtigt werden.

Die Rechenzeit der *OM* spielt bei den großen Rechenzeiten des Simulationsprogramms eine untergeordnete Rolle.

Aus den zur Verfügung stehenden mathematischen *OM* kamen unter diesen Gesichtspunkten nur Suchmethoden 0. Ordnung und die Strategie der *DO* in Betracht. Auf Grund von Literaturhinweisen wurden als Suchmethoden 0. Ordnung ausgewählt:

— Simplexverfahren nach Nelder/Mead (SINM) [20]
— Verfahren des gelenkten Zufalls [21].

Die Erfahrungen, die bei der Anwendung dieser 3 *OM* auf das geschilderte Beispiel gesammelt wurden, werden in den nächsten Abschnitten mitgeteilt (s. auch [22]).

2.3. *Das Simplex-Verfahren nach Nelder/Mead*

Das Simplex-Verfahren geht bei N Steuervariablen von $K = N + 1$ zulässigen Startpunkten aus. Die Fortschreitungsrichtung und die Schrittweite zur Berechnung des nächsten Suchpunktes werden aus den für diese K-Punkte berechneten Zielfunktionswerten ermittelt. Die Funktionsweise des Verfahrens wird in [20] ausführlich und anschaulich geschildert, so daß an dieser Stelle darauf verzichtet wird. Das SINM ist zunächst nur für Probleme ohne Grenzen geeignet. Durch zusätzliche Maßnahmen können Grenzen des zulässigen Bereiches berücksichtigt werden:

Einsetzverfahren

Für alle Komponenten des durch Reflexion, Expansion oder Kontraktion gewonnenen neuen Simplexpunktes wird geprüft, ob er vorgegebene obere oder untere Grenzen des zulässigen Bereiches verletzt. Wird eine Grenze verletzt, setzt man die entsprechende Komponente des neuen Simplexpunktes gleich dem Grenzwert.

Bei diesem Vorgehen besteht die Gefahr, daß der Simplex entartet.

(Im zweidimensionalen Fall ist der Simplex entartet, wenn alle Punkte auf einer Geraden liegen.) Von Box [23] wurde zur Umgehung dieser Schwierigkeit vorgeschlagen, die Anzahl der Simplexpunkte zu erhöhen.

Anhand einer Testfunktion wurde dieses Verfahren zur Berücksichtigung von Grenzen mit $K = N + 1$, $K = 2 \cdot N$ und $K = 2(N + 1)$ Simplexpunkten erprobt. Es konnten keine guten Erfahrungen gesammelt werden. Auch bei der höheren Zahl von Simplexpunkten trat die Entartung des Simplex häufig auf.

Einschrumpfverfahren

Die Prüfung, ob vorgegebene obere oder untere Grenzen verletzt werden, erfolgt wie beim Einsetzverfahren. Das Prinzip der Einschrumpfverfahren besteht darin, den Simplex in der Nähe der Grenzen so zu verkleinern, daß eine Fortbewegung ohne Verletzung der Grenzen möglich wird. Es wurden mehrere Varianten erprobt. Die besten Erfahrungen konnten mit einer Variante erzielt werden, bei der der Reflexionsfaktor für die Komponente, die eine Grenze verletzt, solange halbiert wird, bis der reflektierte Vektor wieder im zulässigen Bereich liegt (Abb. 6).

Straffunktionen

Verletzt der neue Simplexpunkt die vorgegebenen Grenzen, wird die Zielfunktion nicht berechnet, sondern einem hohen Wert gleichgesetzt (Minimierung). Dieser Zielfunktionswert ist beim nächsten Suchschritt mit Sicherheit

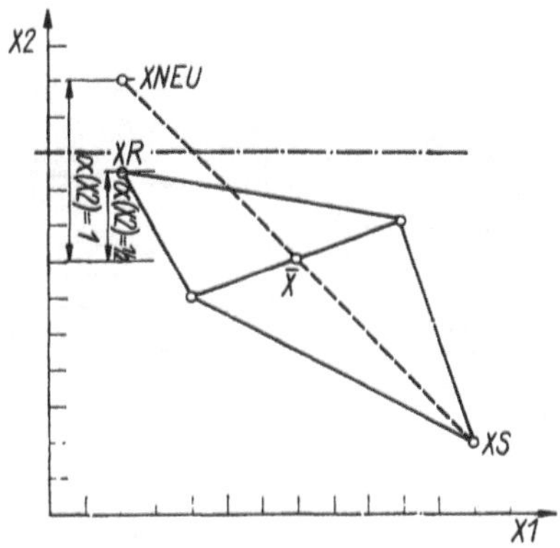

Abb. 6. Funktionsweise des Einschrumpfungsverfahrens bei Verletzung der Grenze für die Variable X2

XS – schlechtester Punkt, $\bar{X}$ – Schwerpunkt, *XR* – reflektierter Punkt

der Schlechteste und wird wieder aus dem Simplex entfernt. Auf diese Weise verkleinert sich der Simplex in der Nähe der Grenzen ebenfalls.

Mit der Methode der Straffunktion zur Berücksichtigung von Grenzen in Verbindung mit dem Simplex-Verfahren konnten gute Erfahrungen gewonnen werden.

Bei allen drei Verfahren wurde kein Expansionsschritt durchgeführt, wenn bereits bei der Reflexion eine Grenze verletzt wurde. Wird die Grenze bei der Expansion verletzt, baut man den neuen Simplex mit dem reflektierten Punkt auf.

Auf der Basis der Erfahrungen bei der Optimierung der Testfunktion wurde für die Optimierung des praktischen Beispiels das in Abb. 6 gezeigte Einschrumpfverfahren benutzt.

Es wurden 6 Startsimplexe ausgesucht, von denen sich einige in der Umgebung des in [19] gewählten Ausgangspunktes befanden, andere den gesamten zulässigen Bereich überspannen.

Es zeigte sich, daß das Verfahren sehr schnell eine Richtung findet, in der der Zielfunktionswert merklich anwächst (insbesondere durch Erhöhung der Temperaturen $T2$ und $T3$), die Grenzen des zulässigen Bereiches für $T2$ und $T3$ sind schnell erreicht. Entsprechend vergrößert sich der Simplex zunächst und zieht sich bei Annäherung an die Grenzen wieder zusammen.

In Abhängigkeit vom Startpunkt wurden zwei lokale Optima gefunden:

Optimum 1: $T1 = 175\,°C$ $T2 = 266\,°C$ $T3 = 286\,°C$
Optimum 2: $T1 = 231\,°C$ $T2 = 266\,°C$ $T3 = 286\,°C$.

Die schnelle Annäherung an die Extremwerte zeigt für unterschiedliche Startsimplexe Abb. 7. Der Verlauf der Zielfunktion in Abhängigkeit von $T1$ bei Konstanten $T2$ und $T3$ ist in Abb. 8 dargestellt.

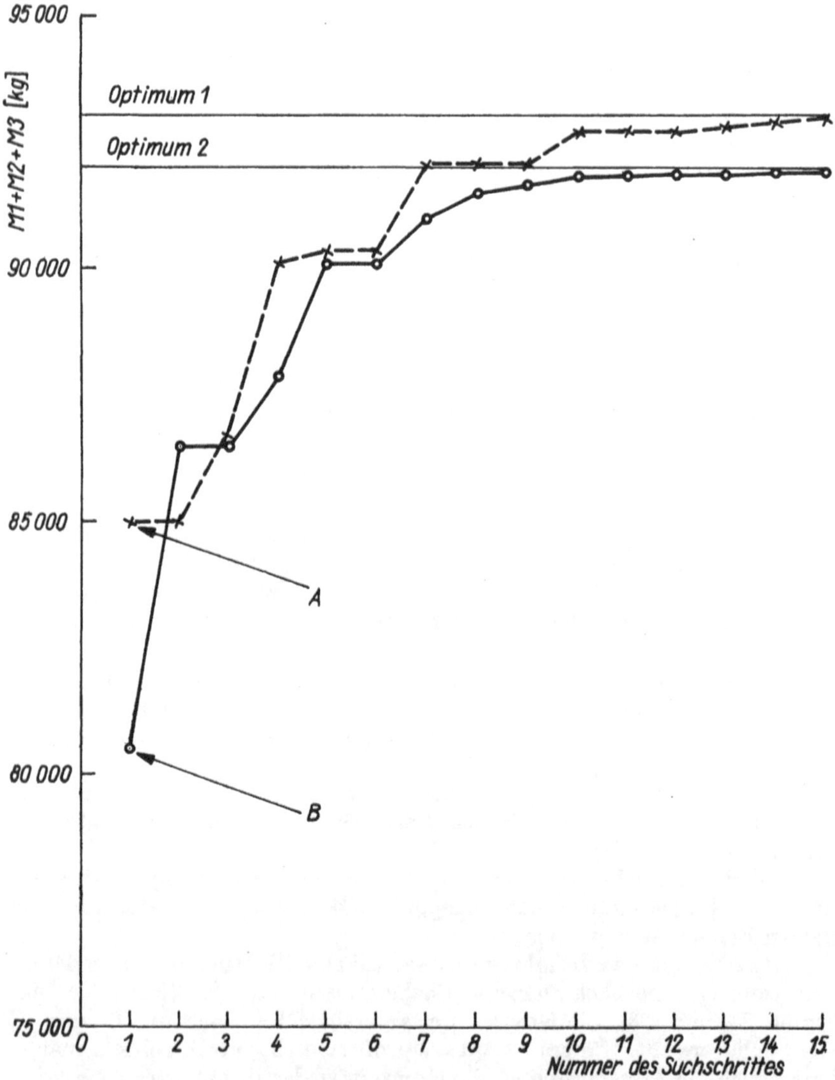

Abb. 7. Verlauf der *ZF* in Abhängigkeit von der Anzahl der Suchschritte, Suche mit SINM

A – bester Punkt des Startsimplex 1; *B* – bester Punkt des Startsimplex 2

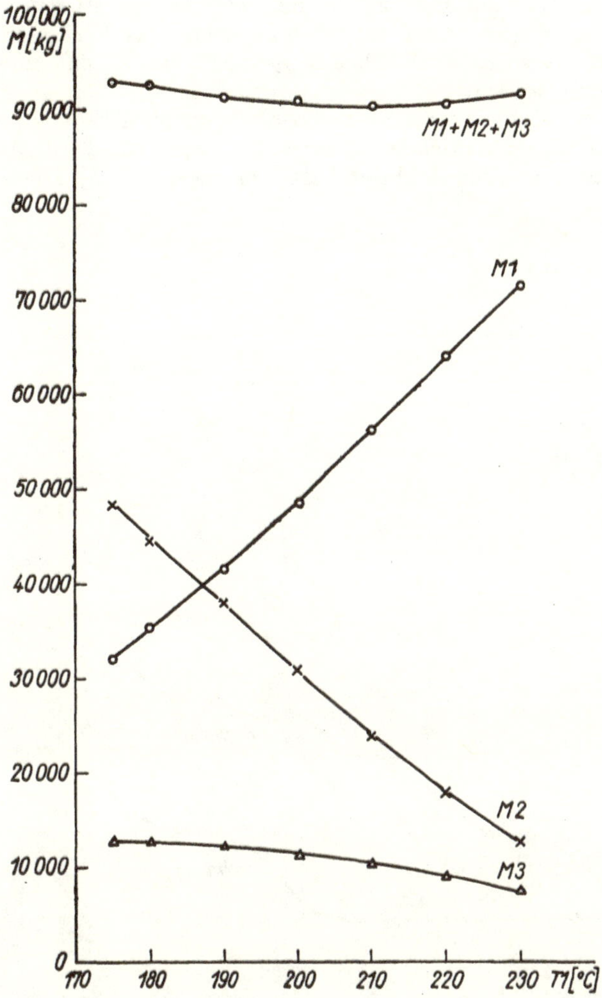

Abb. 8. Verlauf der Zielfunktion M und der Zielfunktionsanteile $M1$, $M2$ und $M3$ in Abhängigkeit von $T1$ ($T2 = 266\,°C$, $T3 = 286\,°C$)

2.4. *Verfahren des gelenkten Zufalls*

Dieses Optimierungsverfahren benutzt ebenfalls die Kenntnisse über die Zielfunktionswerte vergangener Versuchspunkte zur Planung zukünftiger Versuchspunkte. Der Schritt zum nächsten Versuchspunkt setzt sich dabei aus einem determinierten und einem zufälligen Anteil zusammen. Im Verlaufe des Verfahrens soll der zufällige Effekt mit Annäherung an das Optimum immer mehr in einen gesteuerten Effekt übergehen. Das Verfahren wird in [21] anhand eines Beispiels ausführlich vorgestellt, so daß auf eine weitere Beschreibung verzichtet wird.

Grenzen können bei diesem Verfahren ebenfalls berücksichtigt werden.

Das Verfahren wird als effektiv eingeschätzt, wenn die Entfernung vom Optimum noch groß und die Zahl der Variablen hoch ist [24]. Diese Voraus-

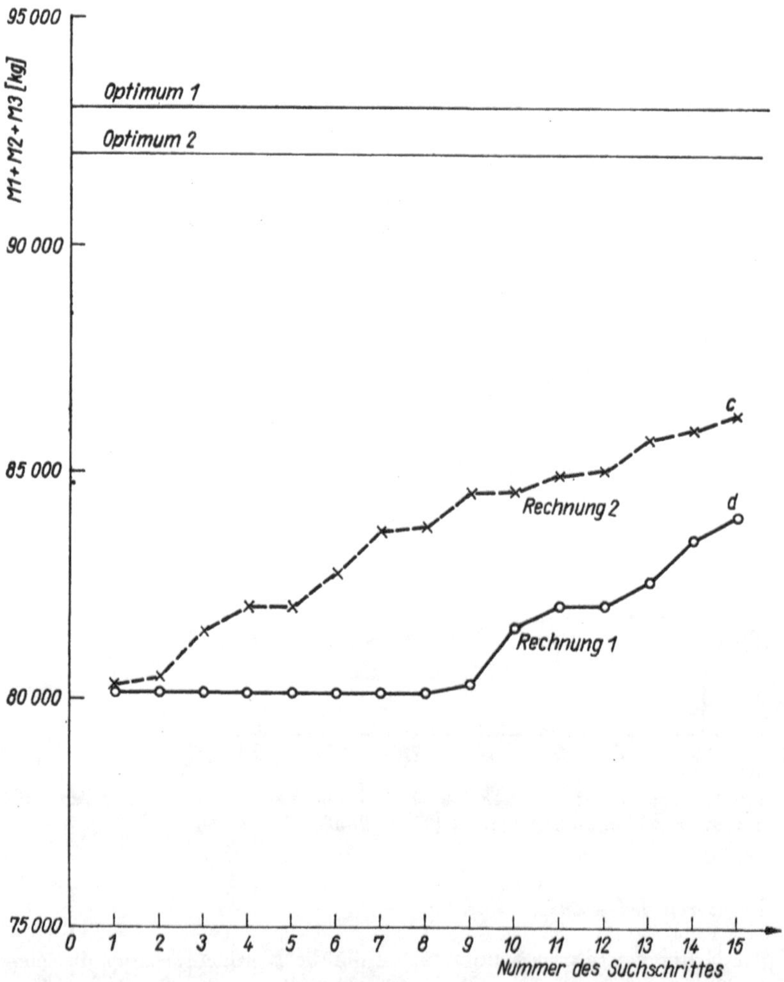

Abb. 9. Verlauf der *ZF* in Abhängigkeit von der Anzahl der Suchschritte, Suche mit dem Verfahren des gelenkten Zufalls

setzungen liegen bei der Anwendung des Verfahrens auf das praktische Beispiel nicht vor.

In Abb. 9 sind die Zielfunktionswerte für zwei unterschiedliche Sätze von Zufallszahlen und den gleichen Startpunkt

$$T1 = 185\,°C \qquad T2 = 235\,°C \qquad T3 = 270\,°C$$

dargestellt. Die Annäherung an das bzw. die Optima erfolgt wesentlich langsamer, als beim Simplex-Verfahren. Es ist eine größere Anzahl von Suchschritten erforderlich.

2.5. *Dynamische Optimierung*

Die dynamische Optimierung ist eine Methode zum Auffinden der optimalen Steuerung für mehrstufige Entscheidungsprozesse. Bei der Standardaufgabe der dynamischen Optimierung sind

- die Modellgleichungen,
- die Beschränkungen für Zustandsgrößen und Steuergrößen,
- der Einlaufzustand und
- die Zielfunktion, die sich additiv aus den Zielfunktionsanteilen der einzelnen Stufen zusammensetzt,

gegeben.

Gesucht werden unter allen zulässigen Steuerungen die, für die die Zielfunktion ein Optimum erreicht und die zugehörigen optimalen Zustände.

Diesen Anforderungen entspricht das praktische Beispiel. Zunächst werden für die Steuergrößen die in Tab. 1 eingetragenen Zustände vorgegeben. Mit dem Eingangszustand (Eingangskonzentrationen $X1$) und der Wahl einer Kombination von $T1$, $T2$ und $T3$ liegt der Zustand des Systems (und damit der Wert für die Zielfunktion) eindeutig fest. Die möglichen Zustandsänderungen des Systems sind in Abb. 10 für eine Temperatur $T1$ dargestellt. Andere Übergänge sind durch die Gültigkeit der Modellgleichungen (Abhängigkeit der ausgedampften Menge von Konzentrationen und Temperatur vor dem Entspannungsbehälter) nicht möglich. Für die vorgegebenen 5 Temperaturen $T1$ gibt es also 80 mögliche Temperaturkombinationen.

Tabelle 1: Stufen für die Temperaturen $T1$, $T2$ und $T3$ zur Durchführung der dynamischen Optimierung

$T1$ [°C]	$T2$ [°C]	$T3$ [°C]
175	235	270
185	245	275
200	255	280
215	265	285
230		

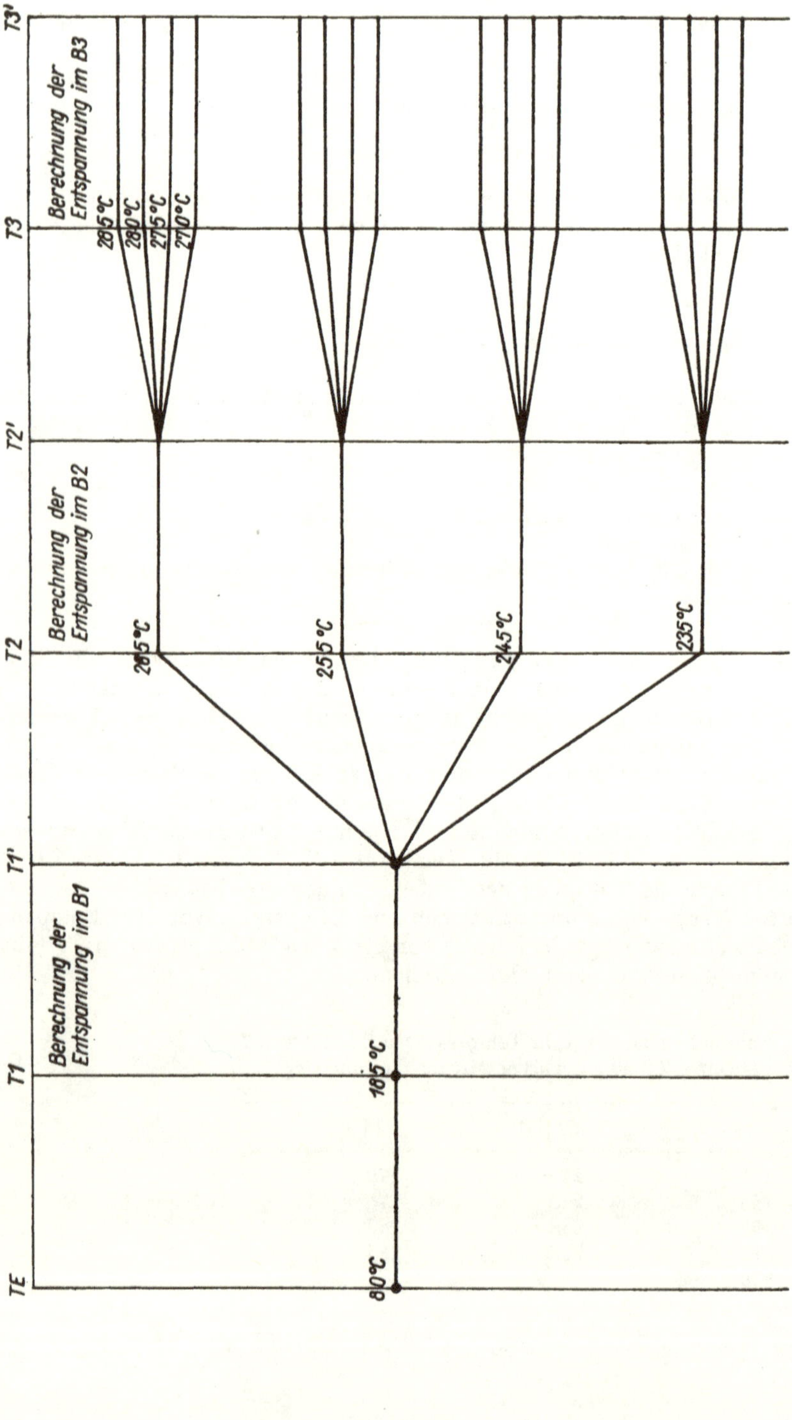

Abb. 10. Schematische Darstellung der auf Grund der Modellgleichungen möglichen Zustandsänderungen für eine Temperatur $T1$

Für die Berechnung des Optimums des Systems ist im ersten Schritt die Berechnung des Optimums der dritten Stufe (*B*3) erforderlich. Die ausgedampfte Menge wächst bei konstanten Eingangskonzentrationen mit steigender Temperatur (s. Abb. 8). Für jeden Ausgangszustand des *B*2 wird das Optimum im *B*3 bei der maximalen Temperatur $T3 = 286\,°C$ erreicht. Nur dieser Zustand geht in die weitere Betrachtung ein. Die Anzahl der Kombinationen reduziert sich damit auf 20.

Die Besonderheit des Systems besteht darin, daß der Eingangszustand des dritten Behälters nur hinsichtlich der Temperatur geschätzt werden kann, nicht aber hinsichtlich der Konzentrationen (Im Modell wird mit 40 Komponenten gerechnet). Die Konzentrationen können nur durch Vorwärtsrechnung des Systems ermittelt werden, d. h. mit 20 vollständigen Systemberechnungen erhält man die optimale Steuerung. Es wird das globale Optimum gefunden.

An der Tatsache, daß die Eingangskonzentrationen der einzelnen Stufen nicht geschätzt werden können, scheitert die Anwendung der dynamischen Optimierung für das betrachtete Beispiel. Auch von der Anzahl der Zustandsgrößen sind der Anwendung der dynamischen Optimierung durch den Speicherplatzbedarf und die zur Verfügung stehenden Rechenautomaten Grenzen gesetzt.

2.6. Diskussion der Ergebnisse

Die Untersuchung des praktischen Beispiels aus der Erdölverarbeitung zeigt, daß bereits bei solchen einfachen Systemen mehrere lokale Optima auftreten können. Bei komplizierten Systemen ist dieser Frage erhöhte Aufmerksamkeit zu schenken.

Es wurden drei Optimierungsverfahren ausgewählt, für die keine Ableitungen der Zielfunktion erforderlich sind und die mit einer punktweisen Berechenbarkeit der Zielfunktion auskommen. Mit der dynamischen Optimierung kann das globale Optimum gefunden werden, die beiden Suchschrittverfahren (Simplex-Verfahren und Verfahren des gelenkten Zufalls) führen evtl. nur zu lokalen Optima.

Der Versuch, die dynamische Optimierung auf das Beispiel anzuwenden, scheiterte daran, daß die Anzahl der Zustandsgrößen zu hoch war und die Konzentrationsprofile für die Komplexgemische mit den zugehörigen Temperaturen nicht geschätzt werden konnten. Die Anwendung der Strategie führte aber zu einer wesentlichen Verringerung der möglichen Kombinationen der Steuergrößen. Mit dem danach aufgestellten Plan für die Variantenrechnungen konnten die beiden lokalen Optima gefunden werden.

Die Anwendung des Verfahrens des gelenkten Zufalls wurde in einem Bereich vorgenommen, in dem das Verfahren nicht effektiv arbeitet [24]. Die Aussage wurde bestätigt. Durch die geringen Abweichungen des Minimums bzw. der Minima vom Zielfunktionswert des Startpunktes werden die Schrittweiten sehr klein, und das Optimum kann nur mit einer großen Zahl von Schritten erreicht werden.

Es wird nur von einem Startpunkt ausgegangen. Der zweite Punkt für den Beginn der Suche wird durch Zufallszahlen ermittelt. Dabei kann bereits die Berechnung mehrerer Zielfunktionswerte erforderlich sein. Auch im weiteren Verlauf des Optimierungsverfahrens kam es zu einer Vielzahl erfolgloser Suchschritte.

Nachteilig wirkt sich aus, daß die Schrittweite sich nur verkleinern kann. Es ist denkbar, daß durch den Einbau eines Algorithmus, der die Schrittweite in einer besonders erfolgreichen Richtung vorübergehend vergrößert, Suchschritte eingespart werden können.

Das SINM, dessen Vorzüge in [25] bereits ausführlich beschrieben wurden, erwies sich auch in Anwendung auf das beschriebene Beispiel als sehr erfolgreich.

Zunächst ist gegenüber dem Verfahren des gelenkten Zufalls durch die größere Zahl von Startpunkten (Startsimplex) ein höherer Aufwand erforderlich. Mit diesen Informationen über den Verlauf der Zielfunktion dreht sich der Simplex aber schnell in die erfolgreiche Richtung, in der durch Vergrößerung der Schrittweite rasch vorangeschritten wird. In der Umgebung des Optimums oder in der Nähe der Grenzen verkleinert sich der Simplex wieder.

Von unterschiedlichen Startpunkten wurden die beiden lokalen Optima sicher und mit einer verhältnismäßig geringen Anzahl von Zielfunktionsberechnungen gefunden. Für die Berücksichtigung der Grenzen wurde nach einer Reihe von Tests eine geeignete Variante ausgewählt.

3. Optimierung der Gesamtkosten für das Wärmeübertragungssystem einer Benzindestillationsanlage

3.1. Beschreibung und Vereinfachung des verfahrenstechnischen Systems

Das technologische Prinzipschema der Benzindestillationsanlage zeigt Abb. 11.

Die Destillation erfolgt in einer Hauptkolonne (*K*1) mit Seitenkolonne (*K*2) unter Zugabe von überhitzten Wasserdampf. Dazu wird das Einsatzprodukt (*EP*) in mehreren Wärmeübertragergruppen auf die erforderliche Kolonneneintrittstemperatur gebracht:

- Erwärmung im Wärmeübertrager *W*1 mit kondensierendem Kopfprodukt der Hauptkolonne *K*1
- Erwärmung in den Wärmeübertragern *W*2 und *W*4 mit dem Sumpfprodukt (*F*2) der Seitenkolonne *K*2
- Erwärmung in den Wärmeübertragern *W*3 und *W*5 mit dem Sumpfprodukt (*F*3) der *K*1
- Erwärmung im Vorheizer *W*6.

In den Weg des *EP* sind die Entspannungsbehälter *E*1 und *E*2 eingeschaltet, in denen die bei der jeweiligen Temperatur ausdampfenden leichtsiedenden Bestandteile des *EP* abgetrennt werden.

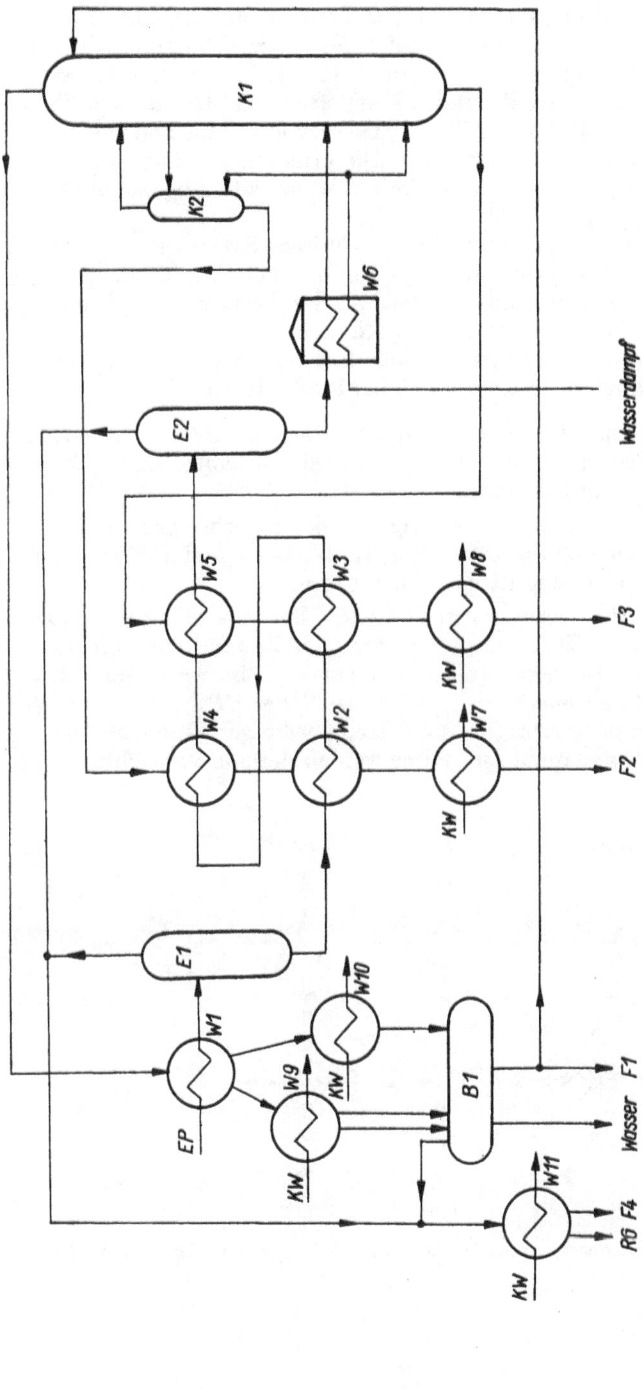

Abb. 11. Technologisches Prinzipschema einer Benzindestillationsanlage

Im $W1$ wird das Kopfprodukt der $K1$ nur teilweise kondensiert. Die vollständige Kondensation der Dämpfe erfolgt im Wärmeübertrager $W9$ mit Kühlwasser (KW). Die Flüssigkeit wird im $W10$ mit KW weiter abgekühlt. Die Entspannungsdämpfe aus $E1$ und $E2$ und Restdämpfe aus dem Trennbehälter $B1$ werden im $W11$ mit KW möglichst vollständig kondensiert. Es entstehen die Fraktion $F4$ und Restgas RG. Die Fraktionen $F2$ und $F3$ werden in den Wärmeübertragern $W7$ und $W8$ mit KW auf die Abgabetemperatur gekühlt.

Die Aufgabe besteht darin, das verfahrenstechnische System so zu gestalten, daß für den Betrieb ein wirtschaftliches Optimum entsteht. Als Zielfunktion wurde eine Kostenfunktion gewählt, die sich aus den Festkosten und Betriebskosten der einzelnen Elemente additiv zusammensetzt.

Eine Vereinfachung des verfahrenstechnischen Systems wurde durch folgende zusätzliche Bedingungen bzw. Vereinbarungen erreicht:

1. Die Kolonnen $K1$ und $K2$ sind vorhanden. Die Qualitätsforderungen für die Produkte bleiben konstant. Damit liegen die Kolonneneingangstemperatur und die Strippdampfmengen fest.
2. Der Vorheizer ist vorhanden. Abhängig von der zu erbringenden Wärmeleistung ändern sich nur die erforderlichen Heizgas- und Elektroenergiemengen. Die Wärmeleistung ist nach oben begrenzt.
3. Durchrechnungen des verfahrenstechnischen Systems ergaben, daß im Entspannungsbehälter $B1$ keine dampfförmigen Bestandteile anfallen, da der Siedepunkt des Eingangsgemisches nicht erreicht wird. Im $B2$ fällt nur eine geringe Dampfmenge an ($\leqq$ 7 Masse % des EP), die sich bei Verschiebung des Temperaturprofils im Wärmeübertragersystem nur geringfügig ändert. Die Entspannungsbehälter werden deshalb vernachlässigt.

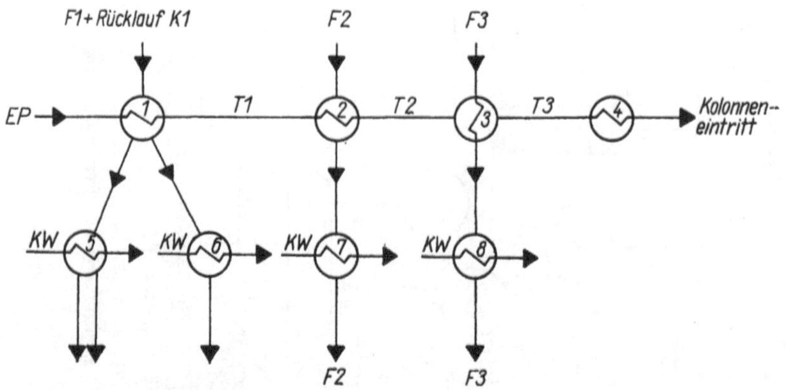

Abb. 12. Vereinfachtes verfahrenstechnisches System der Benzindestillationsanlage

4. Durch die Punkte 1. und 3. wird erreicht, daß die Produkte der Kolonne, d. h. die Rückströme, stets gleiche Zusammensetzungen und Temperaturen haben.
5. Die Temperaturen des *EP* und der Endprodukte sind konstant.
6. Um bei den Testrechnungen den Rechenaufwand in Grenzen zu halten (nur deshalb!), wurde die Reihenspringschaltung in eine einfache Reihenschaltung umgewandelt.

Das vereinfachte System, das den zukünftigen Betrachtungen zugrunde liegt, zeigt Abb. 12.

3.2. *Optimierung des vereinfachten Systems*

Die Zielfunktion hängt kompliziert von den Steuervektoren $U^{(i)}$ und Zustandgrößen $X^{(i)}$ ab:

$$ZF = \sum_{i=1}^{NL} Z^{(i)}(X^{(i)}, U^{(i)}) \qquad NL = \text{Anzahl der Elemente} \tag{13}$$

$$Z^{(i)} = KOF^{(i)} + KOB^{(i)} \tag{14}$$

Als Steuergrößen für das vereinfachte System wurden die Ausgangstemperaturen des *EP* aus den Elementen 1, 2 und 3 gewählt ($T1$, $T2$, $T3$).

Es treten Elemente mit Festkostenanteil (1, 2, 3), mit Betriebskostenanteil (4) und mit Fest- und Betriebskostenanteil (5, 6, 7, 8) auf.

Der Festkostenansatz lautet:

$$KOF^{(i)} = C1 \cdot AK^{(i)} \cdot NZ^{(i)} \cdot Z \tag{15}$$

$C1$ – Faktor zur Berücksichtigung von Kosten für Montage, Rohrleitungen und Armaturen, Isolation, Korrossionsschutz, Elektro- und BMSR-Technik;
$AK^{(i)}$ – Apparatekosten für einen Apparat des für das Element (i) gewählten Typs;
$NZ^{(i)}$ – Anzahl der Apparate;
Z – Abschreibung.

Die Betriebskosten berechnen sich nach der Gleichung:

$$KOB^{(i)} = BMP^{(i)} \cdot BMM^{(i)} \cdot B \tag{16}$$

$BMP^{(i)}$ – Betriebsmittelpreis;
$BMM^{(i)}$ – Betriebsmittelmenge;
B – Benutzungsdauer.

Die Klassifizierung des Problems ergibt trotz der Unterschiedlichkeit der *ZF* die gleichen Aussagen, wie für das Beispiel zur Optimierung der Ausbeute (s. Abschnitt 2.2.). Es wurde versucht, das Optimum mit der Methode der *DO* und dem Simplexverfahren nach Nelder/Mead zu bestimmen.

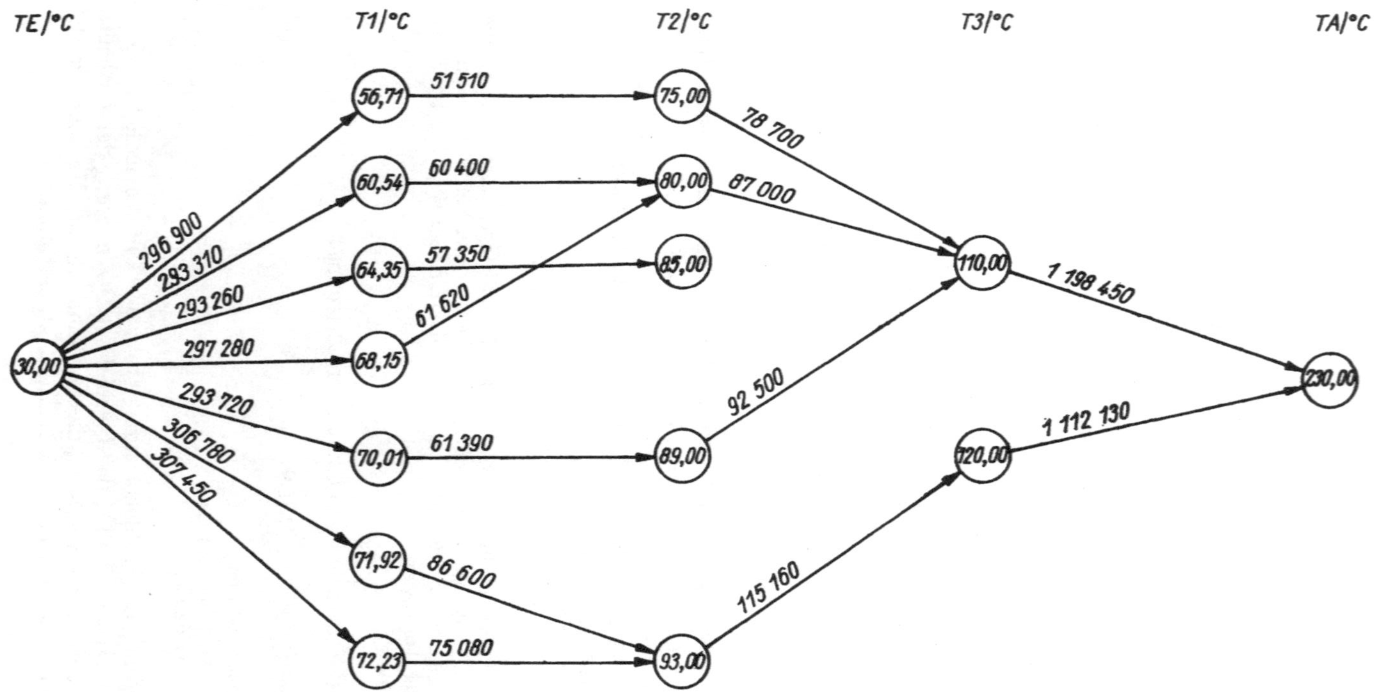

Abb. 13. **Temperaturkombinationen einschließlich der Kosten für die Stufen, die bei Anwendung der DO betrachtet wurden (Temperaturen in °C, Kosten in M/a)**

3.2.1. *Anwendung der Methode der dynamischen Optimierung (DO)*

Die Voraussetzung für die Methode der *DO* waren durch die Streichung der Entspannungsbehälter gegeben. Dadurch bleiben die Zusammensetzungen der Ströme konstant, und die Zustandsvektoren mit ihren 40 Komponenten müssen weder geschätzt noch gespeichert werden. Das Problem entspricht der Standardaufgabe der *DO*. Die Lösung wird in [26] geschildert. Als optimale Temperaturen werden angegeben:

$$T1_{OPT} = 72{,}2\,°\mathrm{C}$$
$$T2_{OPT} = 93{,}0\,°\mathrm{C}$$
$$T3_{OPT} = 120{,}0\,°\mathrm{C}.$$

Der optimale Zielfunktionswert beträgt:

$$ZF_{OPT} = 1\,609\,820\ \mathrm{M/a}.$$

Das im Verlauf der Optimierung abgesuchte Gitter zeigt Abb. 13. Es sind nur die zulässigen Punkte einschließlich der Kosten für die Stufen eingezeichnet.

3.2.2. *Anwendung des Simplex-Verfahrens nach Nelder/Mead (SINM)*

Zur Optimierung des verfahrenstechnischen Systems mit dem SINM wurde das Systemprogramm ASYP mit dem Optimierungsprogramm gekoppelt. Dazu wurde die Möglichkeit des verwendeten Rechenautomaten ausgenutzt, von einem Hauptprogramm ein zweites Hauptprogramm aufrufen zu können. Dadurch ist es möglich, das Simulationsprogramm in seiner ursprünglichen Form zu benutzen. Er hat im Optimierungsprogramm die Stellung eines Unterprogrammes zur Berechnung des Zielfunktionswertes.

Die Berücksichtigung expliziter Grenzen für die Steuergrößen *T*1, *T*2 und *T*3 erfolgte durch das unter Abschnitt 2.3. beschriebene komponentenweise Einschrumpfen des Simplex.

Als implizite Grenzen treten für die Steuergrößen die Modellgleichungen auf, in denen die Einhaltung des 2. Hauptsatz der Thermodynamik überwacht wird. Die Verletzung der impliziten Grenzen wird durch einen Straffunktionsanteil in der *ZF* berücksichtigt.

In den Elementenmodellen des ASYP werden berechnet:

- aus zwei Eingangstemperaturen und der vorgegebenen dritten Temperatur (Steuergröße) die vierte Temperatur und damit die mittlere logarithmische Temperaturdifferenz *DTM*
- die auf Grund der Temperaturen zu übertragende Wärmemenge *DQ*
- aus der Geometrie des Wärmeübertragers der Wärmedurchgangskoeffizient *WDK*.

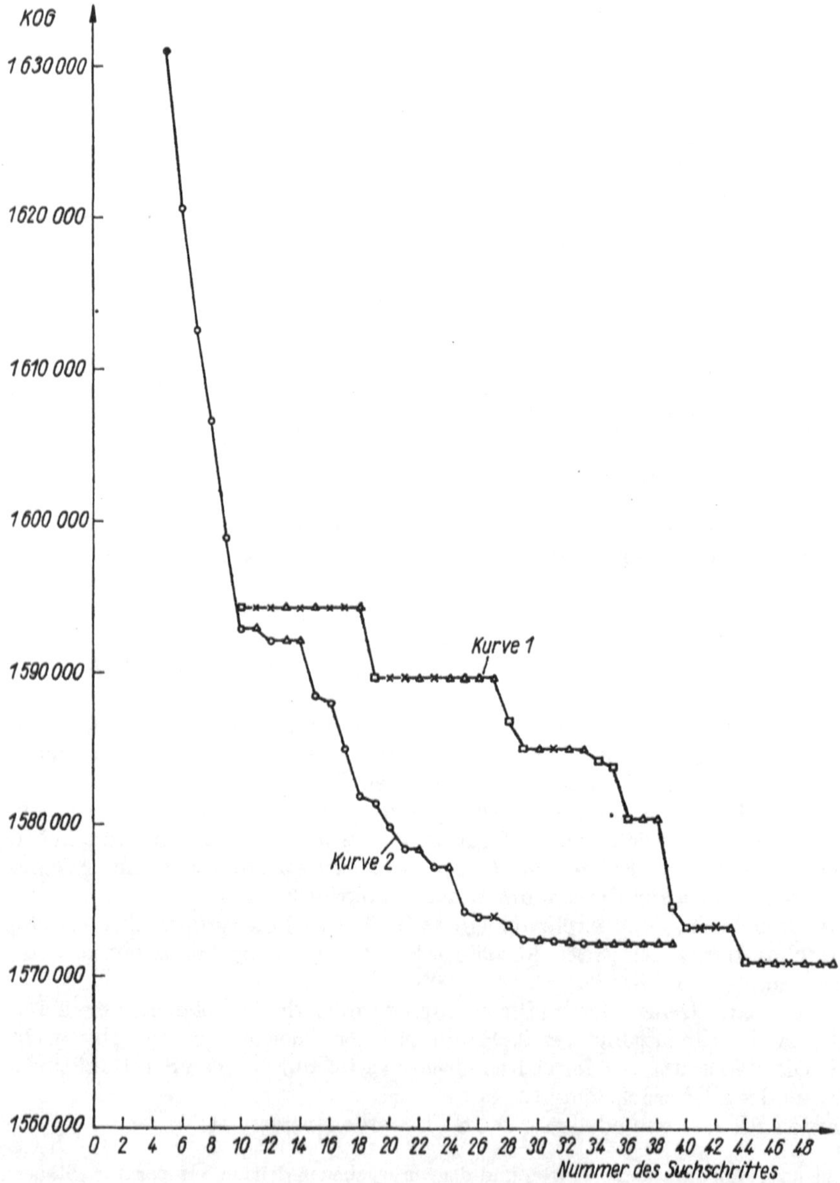

Abb. 14. Verlauf der *ZF(KOG)* in Abhängigkeit von der Anzahl der Suchschritte

○ – Suche mit PRUEF, □ – Suche ohne PRUEF, × – nicht zulässiger Punkt, △ –[keine Verbesserung der *ZF*

Mit diesen Größen und einem Sicherheitszuschlag SI wird die benötigte Wärmeübertragerfläche FLB ermittelt:

$$FLB = \frac{DQ}{WDK \cdot DTM} \cdot (1 + SI). \tag{17}$$

Das Verhältnis aus benötigter Fläche und der Fläche FL des ausgewählten Apparatetyps ergibt näherungsweise NZ aus Gleichung 15:

$$NZ^{(i)} \approx \frac{FLB^{(i)}}{FL^{(i)}}. \tag{18}$$

Die Erkenntnisse der ersten Testrechnungen führten zu zwei rechenzeitsparenden Maßnahmen:

1. Die WDK ändern sich im Verlaufe der Optimierung nur langsam. Die vollständigen Elementenprogramme werden deshalb nur am Startpunkt und nach jeweils 10 bis 15 Suchschritten aufgerufen. Die Zwischenpunkte werden mit konstanten WDK berechnet.
2. Die NB der Elemente 2 und 3 werden häufig verletzt. Die in Abb. 12 eingetragene Berechnungsreihenfolge der Elemente wurde deshalb geändert. Es werden zuerst die Elemente 2 und 3 berechnet. Bei Verletzung der Grenzen entfällt dadurch die sehr aufwendige Berechnung des Elementes 1.

Der Verlauf der Zielfunktionswerte in Abhängigkeit von der Anzahl der Suchschritte wurde in Abb. 14 dargestellt.

Für den optimalen Punkt wurden folgende Daten ermittelt:

$$T1_{OPT} = 70{,}052\,°\mathrm{C}$$

$$T2_{OPT} = 90{,}756\,°\mathrm{C}$$

$$T3_{OPT} = 118{,}525\,°\mathrm{C}$$

$$ZF_{OPT} = 1\,569\,947\ \mathrm{M/a}.$$

Aus dem Datenmaterial einer Reihe von Testrechnungen kann abgelesen werden:

- Die Betriebskosten betragen ein Vielfaches der Festkosten. Den weitaus größten Betriebskostenanteil liefert Element 4 (Vorheizer).
- Die Betriebskosten verändern sich in Abhängigkeit von den Festkosten sehr deutlich.
- Die Methode, streckenweise mit konstanten WDK zu rechnen, ist berechtigt.
- Anzeichen für das Vorhandensein mehrerer lokaler Optima wurden nicht gefunden.

Besonders bei dem in Abb. 14 gewählten Beispiel traten eine Vielzahl von Punkten auf, bei denen die NB nicht erfüllt waren. Die ZF dieser Punkte wurde mit einer Straffunktion belegt. Im Verlauf der Suche waren im Simplex mehrfach Punkte, die unzulässig waren. Das Verfahren funktionierte zuverlässig.

Die Benutzung einer Straffunktion bei der Verletzung impliziter Grenzen stellt allerdings nicht die günstigste Lösung dar. Aus den Zielfunktionswerten aller Simplexpunkte wurde ja gerade die Information gewonnen, daß der neue Suchpunkt in einer erfolgreichen Richtung liegt. Diese Information ist richtig, die Schrittweite in dieser Richtung aber zu groß, so daß die Grenze verletzt wird. Der Zielfunktionswert wird mit einer Straffunktion belegt. Dadurch wird die erfolgreiche Richtung beim nächsten Vergleich als ungünstigste Richtung ausgewiesen. Erst nach mehreren erfolglosen Suchschritten bewegt sich der Simplex mit verkleinerter Schrittweite wieder in die erfolgreiche Richtung.

Die von Box [23] für diesen Fall vorgeschlagene Methode — Halbierung der Entfernung zum Schwerpunkt aller übrigen Punkte — umgeht diesen unnötigen Aufwand.

Für die Optimierung des Wärmeübertragersystems wurde aber der von Box vorgeschlagene Weg nicht benutzt.

Es wurde ein Verfahren gesucht, die Zulässigkeit des neuen Suchpunktes bereits im Bereich des Optimierungsprogramms zu überprüfen, ohne erst die Durchrechnung des Systems vorzunehmen. Das entspricht der Verwandlung impliziter in explizite Grenzen. Das ist für den Fall des Wärmeübertragersystems einfach möglich. Aus dem vorhandenen Datenmaterial wurden für alle Ströme Polynomansätze aufgestellt (Wärmemengen als Funktion der Temperaturen, Temperaturen als Funktion der Wärmemengen). Damit können die Wärmebilanzen berechnet werden, die Auskunft über die Einhaltung der impliziten Grenzen geben. Wird eine Grenze verletzt, kann man den neuen Suchpunkt mit Hilfe der komponentenweisen Einschrumpfung des Simplex bestimmen. Der zusätzliche Aufwand für das Prüfprogramm (PRUEF) ist bei dem Verhältnis der Rechenzeiten für Optimierungsprogramm und Systemprogramm vertretbar. Die Annäherung an den optimalen Punkt erfolgt rascher (s. Abb. 14).

3.3. *Diskussion der Ergebnisse*

In Übereinstimmung mit der Literatur kann für die Optimierung des Wärmeübertragersystems mit dem SINM festgestellt werden:

- Mit dem SINM werden schnell Verbesserungen der *ZF* erreicht.
- Das Verfahren konvergiert in der Umgebung des Optimums nur noch langsam.

Daraus abgeleitet wäre die Verkopplung des SINM mit einem Verfahren denkbar, daß in der Umgebung des Optimums schneller konvergiert (z. B. Gradientenverfahren mit numerischer Bestimmung der Ableitungen).

Der Vergleich mit dem Ergebnis der Optimierung bei Anwendung der *DO* zeigt, daß mit dem SINM ein besserer Zielfunktionswert erreicht wird. Dieser Effekt tritt durch die in [26] verwendeten großen Maschenweiten für die Suche ein. Der optimale Punkt wird übersprungen. Um diesen Fall auszuschließen, wird empfohlen, bei derartigen Problemen die Schrittweiten für das Abtasten der einzelnen Stufen nicht größer als 1 K zu wählen. Damit steigt der Aufwand bei Benutzung der *DO* enorm an, so daß das SINM trotz der für jeden Suchschritt erforderlichen kompletten Durchrechnung des Systems überlegen wird.

Die vorgestellte Fassung des Simplex-Programms ist in der Verkopplung mit dem Simulationsprogramm ASYP in der Lage, auch kompliziertere verfahrenstechnische Systeme mit einem vertretbaren Aufwand zu optimieren.

4. Literatur

[1] Bagaturow, S. A.: Grundlagen der Theorie und Berechnung der Destillation und Rektifikation, Verlag Chimija, Moskau 1974 (russ.)
[2] Berghoff, W.: Erdölverarbeitung und Petrolchemie-Tafeln und Tabellen, VEB Deutscher Verlag für Grundstoffindustrie, Leipzig 1968
[3] Riediger, B.: Die Verarbeitung des Erdöls, Springer-Verlag, 1971
[4] Gurjewitsch, I. L.: Technologie der Erdöl- und Gasverarbeitung, Verlag Chimija, Moskau 1972 (russ.)
[5] Kleemann, G., Weinelt, G. und Schmidt, G.: Wiss. Zeitschr. Techn. Hochschule Leuna-Merseburg, **14** (1972), 55–59
[6] Kleemann, G. und Müller, W.: Chem. Techn. **26** (1974), 83–86
[7] Autorenkollektiv: Verfahrenstechnisches Handbuch, VEB Leuna-Werke „Walter Ulbricht", 1974
[8] Nagiev, M. F.: Chem. Engng. Progr. **53** (1957), 297–303
[9] Rosen, F. M.: Chem. Engng. Progr. **58** (1962), 69ff.
[10] Naphtali, L. M.: Chem. Engng. Progr. **60** (1964), 70–74
[11] Ostrowski, G. M. und Wolin, J. M.: Vortrag, 7. Europäisches Symposium „Computeranwendung bei der Prozeßentwicklung", Erlangen 1974
[12] Ward, D. J.: Petro. Chem. Engng. **32** (1960), H. 11, C42–48
[13] Molokanow, Ju. K. und Korablina, T. P.: Chimija i. Technologia Topliw i Masel **16** (1971), H. 2, 36–39
[14] Orlicek, A. F. und Pöll, H.: Hilfsbuch für Mineralöltechniker, Springer Verlag, 1955
[15] Kleemann, G., Gohrke, E., Müller, W., Wolff, K.-G., Meissler, H.-G., Poerschke, J., u. a.: Programmbeschreibung des Systemprogramms ASYP zur Berechnung von Erdöl- und Benzindestillationsanlagen, VEB Leuna-Werke „Walter Ulbricht", 1974
[16] Kleemann, G. und Gohrke, E.: Wiss. Zeitschr. Techn. Hochsch. Leuna-Merseburg **17** (1975) **4**, S. 654–658
[17] Friedrich, D.: Wiss. Zeitschr. Techn. Hochschule Leuna-Merseburg, **11** (1969), 321–324
[18] Döring, R., Friedrich, D. und Wolters, E.: Chem. Techn. **23** (1971), 357–360
[19] Vocke, J.: Diplomarbeit, TH Leuna-Merseburg, Sektion VT, 1973
[20] Hoffmann, U. und Hofmann, H.: Einführung in die Optimierung mit Anwendungsbeispielen aus dem Chemie-Ingenieur-Wesen, Verlag Chemie GmbH, 1971

[21] FÜRST, H., MÜLLER, P. H. und NOLLAU, V.: Chem. Techn. **20** (1968), 400—405
[22] KLEEMANN, G. und HARTMANN, K.: Chem. Techn. **27** (1975), 708—712
[23] BOX, M. J.: Computer J. **8** (1965), 42—52
[24] HARTMANN, K.: Lehrbriefe zum KdT-Fernkurs Verfahrenstechnik, Baustein 8, Versuchsplanung und -auswertung, 1972
[25] HARTMANN, K., LEZKI, E. und SCHÄFER, W.: Statistische Versuchsplanung und -auswertung in der Stoffwirtschaft, VEB Verlag für Grundstoffindustrie, Leipzig 1974
[26] WALDMANN, B. und SCHREIER, G.: Diplomarbeit, TH Leuna-Merseburg, Sektion VT, 1974

Erfahrungen bei der Anwendung der Mehrebenenoptimierung

(D. Auerbach, M. Grauer)

Summary

Issuing from the idea of the decomposition of complex decision processes, represented by the example of the work of hierarchic automation systems the multilevel optimization (MEO) is discussed as a method of solution for restricted static optimization problems.

The numerous methods which have been known in literature since about 1965 are compared with each other on the basis of the Kuhn-Tucker conditions, and results of the estimation of an example characteristic for chemical processes is presented. A report on the classification of the individual methods, their efficiencies and fields of application is given. Section 5 presents the results of extensive numerical and theoretical studies of the possibilities and algorithms of coordination. In conclusion, possibilities of the practical application of multilevel optimization on the basis of the calculation of a CO-pressure conversion plant are discussed.

1. Einführung

Die moderne Chemieindustrie ist in ihrem Streben nach immer effektiveren Anlagen gekennzeichnet durch ständig steigende Produktionsraten und zunehmende Komplexität im Ergebnis der hohen Integration von Prozeßeinheiten. Diese Tendenz zwingt zum Übergang von der Betrachtung einzelner Prozeßelemente (Reaktor, Kolonne usw.) zur Untersuchung der Anlagen als Ganzes. Praktische und theoretische Grundlagen für die Realisierung dieser notwendigen Systembetrachtung sind durch den Stand der Rechentechnik und Numerik gegeben oder werden erarbeitet.

Die Systembetrachtung ist von entscheidender Bedeutung in der Phase des Entwurfs von Prozeß- und entsprechenden Automatisierungssystemen. Als Entwurf von Prozeßsystemen soll die Auswahl geeigneter Prozeßeinheiten, deren Dimensionierung, sowie ihrer Anordnung zu einer optimalen Struktur und in optimaler Menge verstanden werden [1, 2].

Der Entwurf von Automatisierungssystemen soll nach [3] die Festlegung von Funktionen, sowie optimaler funktionserfüllender Strukturen und weiterhin die Auswahl optimaler Parameter und der entsprechenden Gerätetechnik umfassen.

Der Entwurf von Prozeß- und Automatisierungssystemen für ein gegebenes Verfahren ist als eine Einheit zu sehen [4], da der Entwurf eines optimalen

Prozeßsystems die Berücksichtigung der Belange des Automatisierungssystems als eines Teils seiner technischen Realisierung mit einschließt. Im Idealfalle müßten beide Entwurfsphasen iterativ erfolgen, so daß ein gemeinsames Gütekriterium zum Extremum geführt wird [5]. In der Praxis jedoch wird das Automatisierungssystem für ein gegebenes Prozeßsystem entworfen.

Man kann davon ausgehen, daß in beiden Entwurfsphasen die mathematischen Methoden der Modellierung und Optimierung ähnlich sind. Modelle, die in Automatisierungssystemen verwendet werden, lassen sich aus Modellen für Auslegungszwecke ableiten und sind in der Regel von der Struktur her weniger kompliziert.

In diesem Beitrag erfolgt im dargelegten Sinn eine Beschränkung auf Optimierung und teilweise Modellierung für Steuerungszwecke.

Im zweiten Abschnitt werden hierarchisch-strukturierte Automatisierungssysteme zur Steuerung komplexer verfahrenstechnischer Prozesse untersucht. Als eine mögliche Arbeitsweise solcher Automatisierungssysteme wird dann die Lösung statischer Optimierungsprobleme mit Mehrebenenmethoden dargestellt. Dabei wird auf folgende Fragestellungen eingegangen:

— In der seit etwa 1965 erschienenen Literatur werden eine Reihe von Mehrebenenverfahren beschrieben und von den Autoren unterschiedlich begründet. Es fällt schwer, einen Vergleich der Verfahren hinsichtlich ihrer Leistungsfähigkeit durchzuführen. In Abschnitt 4. werden deshalb die Methoden der Mehrebenenoptimierung auf der Grundlage der Kuhn-Tucker-Bedingungen verglichen, Anwendungsgebiete, sowie Vor- und Nachteile untersucht.
— Entscheidend für die Effektivität der Mehrebenenverfahren ist die günstige Lösung des Koordinationsproblems. Im Abschnitt 5. wird auf Koordinationsmöglichkeiten und -algorithmen eingegangen.
— Zu Fragen des praktischen Einsatzes der Mehrebenenoptimierung werden in den Abschnitten 6. und 7. Aussagen gemacht.

2. Hierarchische Automatisierungssysteme

Schwierigkeiten, die bei der Steuerung komplexer verfahrenstechnischer Systeme entstehen, können durch den Einsatz hierarchischer Automatisierungssysteme überwunden werden. Zur Charakterisierung solcher Systeme werden folgende Kennzeichen angeführt [6].

1. Jedes hierarchische System besteht aus in bestimmter Weise miteinander verbundenen Teilsystemen, die vertikal in bestimmten Stufen angeordnet werden können.
2. Die Anordnung in Stufen drückt die Abhängigkeit der Teilsysteme voneinander aus. Teilsysteme höherliegender Stufen haben das Recht der direkten Beeinflussung von Teilsystemen darunter liegender Stufen.
3. Die Effektivität der Arbeit der Teilsysteme höherliegender Stufen wird von der Leistung der Systeme darunterliegender Stufen beeinflußt. Es muß daher ein Informationsrückfluß in der Hierarchie von unten nach oben vorhanden sein.

Ein hierarchisches Automatisierungssystem besteht somit aus einer Reihe von Teilsystemen, die in bestimmten Rangstufen angeordnet sind. Jedes Teilsystem löst eine streng begrenzte Anzahl von Aufgaben und erhält zu diesem Zweck nur die dazu benötigte Information. Auf diese Weise können für die Teilsysteme Automatisierungsgeräte eingesetzt werden, deren Kapazität und Geschwindigkeit der Informationsverarbeitung fühlbar begrenzt ist.

Von großer Bedeutung ist die hohe Zuverlässigkeit hierarchischer Automatisierungssysteme. Der Ausfall eines Teilsystems zieht nicht mehr den Ausfall des gesamten Systems nach sich. Dabei spielt eine große Rolle, daß in einer richtig aufgebauten Hierarchie die Teilsysteme in ihrer Handlungsweise durch Vorgaben von Teilsystemen höheren Ranges nicht vollständig festgelegt werden, sondern gewisse Freiheiten bei der Entscheidungssuche behalten.

2.1. Grundtypen von Hierarchien in Automatisierungssystemen

Die entscheidenden Probleme bei der Schaffung von Automatisierungssystemen für komplizierte Prozeßsysteme bestehen in der hohen Anzahl von Variablen, die das Verhalten des Systems bestimmen, in den vielfältigen Kopplungen zwischen diesen Variablen und in der Vielfalt der für das Prozeßsystem zu lösenden Aufgaben. In der vorliegenden Darstellung erfolgt eine Beschränkung dieses Aufgabenkreises auf technische Probleme, die durch Automatisierungssysteme gelöst werden können. Als wichtige Funktionen von Automatisierungssystemen werden Prozeßstabilisierung, Prozeßführung, Prozeßoptimierung, Prozeßüberwachung und Prozeßbilanzierung angesehen.

Ein zentralisiertes Automatisierungssystem ist kaum in der Lage, die genannten Aufgaben zu erfüllen. Ein Ausweg besteht in der Zerlegung oder Unterteilung (im folgenden Dekomposition) der zu lösenden Aufgaben. Abhängig von der Art der Dekomposition lassen sich dann Grundtypen der Hierarchie unterscheiden.

Ausgehend von der Literatur [6, 7, 8, 9] werden zwei Möglichkeiten der Dekomposition unterschieden:

1. horizontale (räumliche) Dekomposition, d. h. Zerlegung des Prozeßsystems in Teilsysteme,
2. vertikale (zeitliche) Dekomposition, d. h. Zerlegung der Gesamtaufgabenstellung in Teilaufgaben.

Die bei der horizontalen Dekomposition entstehenden Teilsysteme werden jeweils mit einem Automatisierungssystem versehen, daß nur für dieses Teilsystem zuständig ist. Auf diese Weise verringert sich die Komplexität der von einem Automatisierungssystem zu lösenden Aufgaben wesentlich. Die Prozeßteilsysteme sind jedoch nicht unabhängig voneinander, zur Erreichung des Gesamtziels müssen ihre Automatisierungssysteme in bestimmter Weise beeinflußt, koordiniert werden. Dazu wird ein Automatisierungssystem höherer Rangstufe benötigt.

Die entstandene Hierarchie wird als Organisationshierarchie bezeichnet, die Rangstufen als Ebenen. Die Organisationshierarchie gibt somit an, wie Lösungen von Teilproblemen bestimmt werden müssen, um eine günstige Gesamtlösung zu erhalten. Sie löst direkt keine der oben formulierten Aufgabenstellungen der Automatisierung.

Die von einem Automatisierungssystem zu lösenden Aufgaben sind sehr vielfältig und umfangreich. Sie werden durch die vertikale Dekomposition in Teilaufgaben zerlegt, wobei die Lösung einer Teilaufgabe die nächste Teilaufgabe konkretisiert und Voraussetzung für deren Lösung ist. Diese Hierarchie wird als Funktionshierarchie bezeichnet, die Rangstufen als Schichten.

Schon bei der Begriffsbestimmung dieser Hierarchien wird ihre enge Verflechtung deutlich. So können Automatisierungssysteme einer Organisationshierarchie in sich eine Funktionshierarchie enthalten und umgekehrt.

Die technische Realisierung eines nach dem Konzept „Funktionshierarchie-Organisationshierarchie“ aufgebauten Automatisierungssystems ist mit einer bestimmten Anordnung der Automatisierungsgeräte verbunden, die die Strukturen der genannten Hierarchien berücksichtigt, aber auf Grund technischer, ökonomischer und organisatorischer Bedingungen nicht mit ihnen identisch sein muß. Es erscheint deshalb sinnvoll, dafür einen eigenen Begriff einzuführen, die Gerätehierarchie (Rechnerhierarchie). Die mit dieser Hierarchie verbundenen Probleme werden hier nicht untersucht.

Abb. 1 soll die erläuterten Zusammenhänge verdeutlichen.

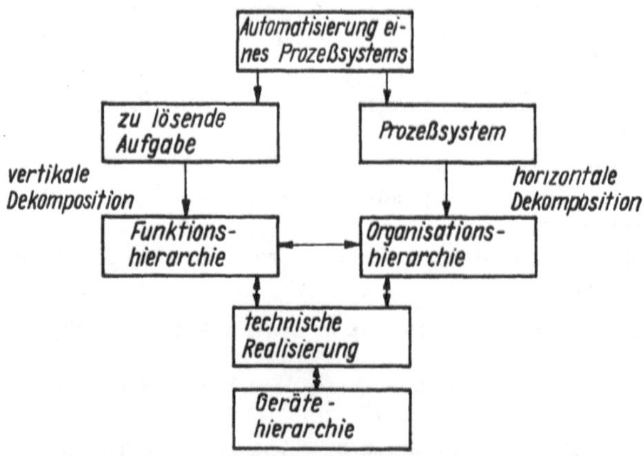

Abb. 1. Schematische Darstellung des Automatisierungskonzepts „Funktions-Organisationshierarchie“ und seiner Realisierung

2.2. *Organisationshierarchie*

Von entscheidender Bedeutung für den Aufbau einer Organisationshierarchie ist die Forderung, daß Automatisierungssysteme höherer Ebenen mit ihren Anweisungen die Arbeit der Automatisierungssysteme darunter liegender

Ebenen nicht zu streng reglementieren, sondern diese eine gewisse Entscheidungsfreiheit behalten [6]. Nur unter diesen Umständen erfolgt eine echte Aufteilung der Probleme auf einzelne Ebenen der Hierarchie. Diese Bedingung garantiert der hierarchischen Struktur Anpassungsfähigkeit und Zuverlässigkeit.

Jedes Automatisierungssystem der Organisationshierarchie verfolgt bestimmte eigene Ziele, die möglicherweise mit dem Gesamtziel nicht in Einklang stehen.

Ein auf die beschriebene Weise strukturiertes Automatisierungssystem wird in der Literatur auch als Mehrebenen-Mehrziel-System bezeichnet und ist in Abb. 2 schematisch dargestellt worden (nach [6]).

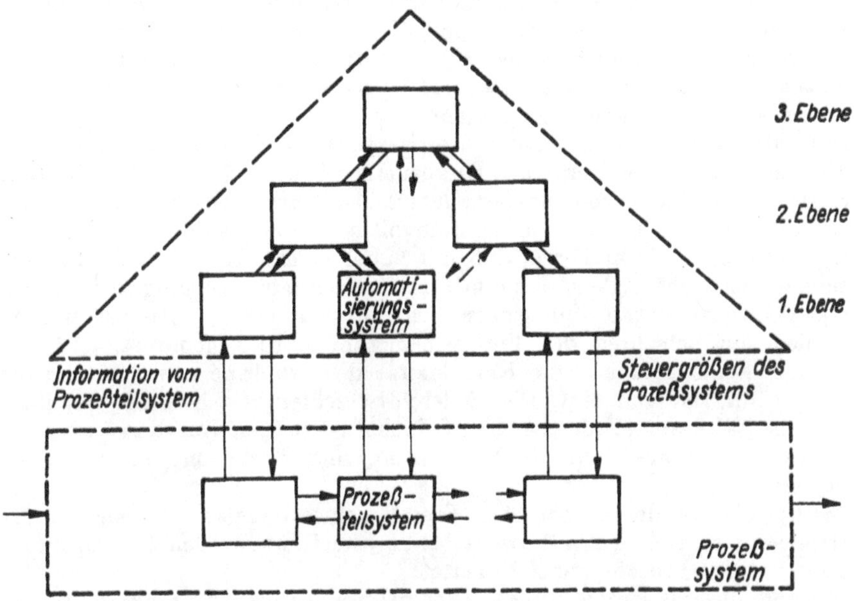

Abb. 2. Schematischer Aufbau einer Organisationshierarchie

Das Studium der Literatur zeigt, daß zu drei Problemkreisen der Organisationshierarchie gegenwärtig Untersuchungen betrieben werden und auch in Zukunft von Bedeutung sein werden.

1. Der erste Problemkreis hängt mit der Dekomposition des Prozeßsystems zusammen. In der Literatur sind nur sehr wenige Aussagen zu einer wissenschaftlich begründeten Dekomposition zu finden.
2. Große Bedeutung kommt der Erforschung der Arbeitsweise des hierarchischen Systems, insbesondere der Problematik der Koordination zu. Grundlegende und sehr allgemein anwendbare Ergebnisse sind vor allem in [6] enthalten.

3. Ein weiteres wichtiges Problem ist die Auswahl einer optimalen Struktur des hierarchischen Automatisierungssystems und in Verbindung damit einer optimalen Stufenzahl der Hierarchie [10, 11, 12]. Das wird verständlich, wenn man bedenkt, daß mit einer Erhöhung der Stufenzahl die Teilprobleme zwar kleiner und überschaubarer werden, die Koordinationsproblematik aber stark anwächst und die Gefahr von Effektivitätsverlusten durch mangelnde Koordination steigt.

2.3. *Funktionshierarchie*

Bei der Lösung der dem Automatisierungssystem gestellten Aufgaben sind zwei gegenläufige Tendenzen zu beachten. Wenn auf Grund der Veränderungen der Störgrößen eine Entscheidung zu treffen ist, so muß diese zur Sicherung ihrer Effektivität möglichst schnell getroffen werden. Auf der anderen Seite erfordert die Kompliziertheit und Komplexität der Probleme das Sammeln möglichst vieler Informationen über das Verhalten des Systems, um die Entscheidungen besser fundieren zu können.

Eine Möglichkeit zur Lösung des aufgezeigten Problems besteht in dem Aufbau einer Funktionshierarchie. Hierbei entstehen durch die Dekomposition der Aufgabenstellung Teilaufgaben unterschiedlicher Komplexität und Lösungshäufigkeit. Ziel einer solchen sinnvollen Dekomposition muß sein, die Teilsysteme so zu formulieren, daß mit zunehmender Komplexität die notwendige Lösungshäufigkeit abnimmt. Die zu lösenden Teilaufgaben (diesen entsprechen bestimmte Funktionen des Automatisierungssystems) werden verschiedenen Schichten der Funktionshierarchie so zugeordnet, daß mit steigender Schichtnummer die Komplexität der Probleme zunimmt und die Lösungshäufigkeit abnimmt. Die niederen Schichten gewährleisten mit ihrer Arbeit die Wirksamkeit der höheren Schichten, erhalten von diesen aber bestimmte Anweisungen zur Konkretisierung und Festlegung ihrer eigenen Probleme.

Als Beispiel soll der Aufbau einer Funktionshierarchie zur Realisierung der optimalen Steuerung eines Prozeßsystems angeführt werden [9]. Optimale Steuerung eines Prozeßsystems bedeutet:

Berechnung und Realisierung solcher manipulierbarer Eingangsgrößen des Prozeßsystems unter Berücksichtigung der dem System auferlegten Grenzen und der sich möglicherweise ständig ändernden Störgrößen des Prozeßsystems, die ein Optimum einer ausgewählten Zielfunktion gewährleisten.

Einer Lösung dieser Aufgabe als Komplex widersprechen folgende Schwierigkeiten:

1. Das Prozeßsystem ist auf Grund der hohen Anzahl von Variablen zu komplex, so daß eine Lösung der nichtdekomponierten Aufgaben unmöglich ist oder soviel Zeit in Anspruch nimmt, daß die Lösung veraltet und damit unbrauchbar ist.
2. Wird die Optimierung mit Hilfe des mathematischen Modells vorgenommen, so ist es oft nicht möglich, alle Effekte zu berücksichtigen. Ein mit vertretbarem Aufwand erarbeitetes Modell enthält immer Idealisierungen und Annahmen.
3. Der Störgrößenverlauf ist selten a priori bekannt.

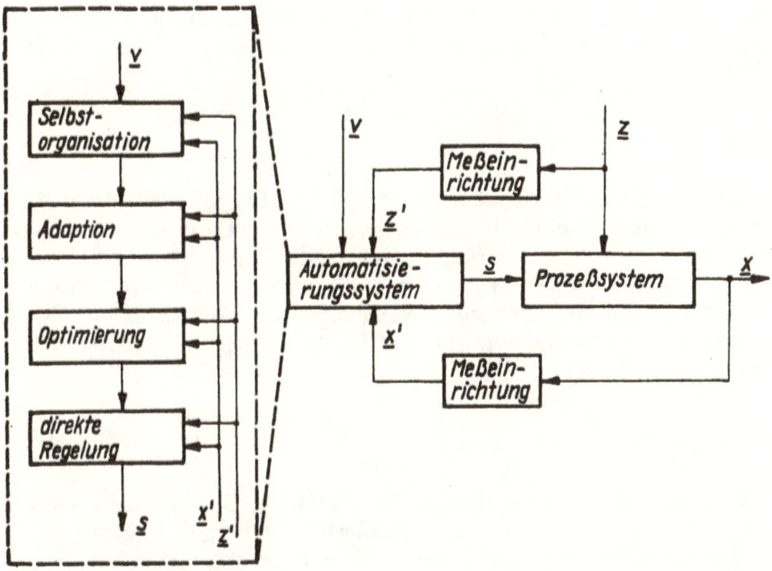

Abb. 3. Funktionshierarchie einer optimalen Steuerung

$\underline{z}$ – Störgrößenvektor
$\underline{z}'$ – gemessene Störgrößen
$\underline{x}$ – Ausgangsgrößenvektor
$\underline{x}'$ – gemessener Ausgangsgrößenvektor
$\underline{s}$ – Stellgrößenvektor
$\underline{v}$ – Vektor von Entscheidungsgrößen

Aus diesen Gründen wird das Gesamtproblem der optimalen Steuerung in vier Teilprobleme zerlegt, die von verschiedenen Schichten einer Funktionshierarchie (s. Abb. 3) gelöst werden.

1. Schicht: Direkte Regelung und Steuerung

Mit Hilfe von Steuerungen, ein- und mehrschleifigen Regelkreisen und kombinierten Reglerschaltungen werden die von der Optimierung vorgegebenen Sollwerte realisiert. Diese Schicht kompensiert den höchstfrequentesten Anteil der Störgrößen, indem sie für die Einhaltung der Sollwerte sorgt. Der Einfluß dieser Störgrößen muß bei der Optimierung nicht mehr berücksichtigt werden [9], die damit entsprechend seltener vorgenommen werden kann.

2. Schicht: Optimierung

Unter dem Einfluß bestimmter Störgrößen kann sich der optimale Arbeitspunkt (Gesamtheit der optimalen Sollwerte) verschieben. Unter Benutzung des mathematischen Modells des Prozeßsystems (direkte Suche am Prozeß ausgeklammert) werden in bestimmten Zeitintervallen die Sollwerte neu bestimmt.

3. Schicht: Adaption

Aufgabe der Adaption ist die Berücksichtigung der niederfrequenten Anteile der Störgrößen, die im mathematischen Modell für die Optimierung nicht berücksichtigt wurden. Effekte, wie Änderungen der Katalysatoraktivität, der Wärmeübergangsbedingungen u. ä. werden durch periodische Aktualisierung des mathematischen Modells (Parameteränderungen, Strukturänderungen von Regressionsansätzen) auf Grund eines Vergleiches mit der Realität vorgenommen.

4. Schicht: Selbstorganisation

Ausgehend von einem Entscheidungsvektor, der möglicherweise allgemein technische, ökonomische und gesellschaftliche Vorgaben, Ziele und Beschränkungen enthält, deren Änderung nur in großen Zeitabständen zu erwarten ist, sowie der Beobachtungen über die Arbeit des Automatisierungssystems selbst, werden Entscheidungen über Strukturveränderungen des Systems getroffen. Diese Entscheidungen sind zur Zeit oft noch nicht algorithmisierbar und bleiben in der Gegenwart vorwiegend dem Menschen überlassen.

Die knappe Darstellung der Aufgaben jeder Schicht läßt ihre steigende Komplexität und Schwierigkeit mit steigender Schichtnummer erkennen. Das drückt sich in der Anzahl der zu berücksichtigenden Einflußgrößen, dem notwendigen mathematischen Apparat und dem wachsenden Einfluß statistischer Größen und Zusammenhänge aus, die der Richtigkeit von Entscheidungen immer mehr Wahrscheinlichkeitscharakter verleihen. Auf der anderen Seite ist die Abnahme der Lösungshäufigkeit auf Grund der selektiven Berücksichtigung von Frequenzbereichen durch einzelne Schichten zu erkennen. Es wird eingeschätzt, daß auf diese Weise der auf jeder Schicht zu betreibende Aufwand für alle vier Schichten etwa gleich ist [9]. Auf Grund dieser Aufteilung ist mit einer beträchtlichen Ökonomie von Zeit und Mitteln zu rechnen. Das Merkmal der Zuordnung bestimmter Frequenzbereiche der Störgrößen zu einzelnen Schichten führt zu der auch gebräuchlichen Bezeichnung „zeitliche" Dekomposition.

Wesentliche Vorteile bietet das Konzept der Funktionshierarchie vor allem beim Entwurf von Automatisierungssystemen. Die optimale Variante eines Automatisierungssystems sollte auf Grund eines Kompromisses zwischen den Kosten des Systems und den durch ihn erbrachten Nutzen ausgewählt werden. Das Konzept der Funktionshierarchie ist besonders dazu geeignet, mit einer Methode der etappenweisen Entscheidungsfindung [13, 14] diese Auswahl zu treffen.

3. Optimale Steuerung komplexer verfahrenstechnischer Systeme mit Methoden der Mehrebenenoptimierung

3.1. *Formulierung der Aufgabenstellung*

Unter Berücksichtigung des Konzepts der Funktionshierarchie läßt sich das Problem der optimalen Steuerung eines komplexen Systems auf die in bestimmten Zeitabständen zu wiederholende Berechnung der optimalen Sollwerte der Regler zurückführen, wenn nur die sich auf Grund des Störgrößenverlaufes ergebenden Zeitabstände spürbar größer sind als die bei der Überführung des Systems von einem zum anderen Arbeitspunkt entstehende Übergangszeit. Das dynamische Optimierungsproblem kann auf diese Weise als wiederholt zu lösendes statisches Optimierungsproblem aufgefaßt werden.

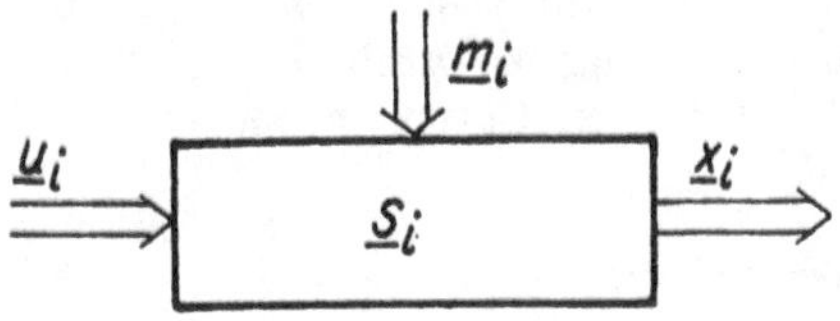

Abb. 4.
Darstellung eines Teilsystems

Im weiteren wird davon ausgegangen, daß das komplexe System aus einer Reihe relativ selbständiger Teilsysteme (Abb. 4) besteht, die durch ein mathematisches Modell

$$\mathbf{x}_i = \mathbf{S}_i(\mathbf{m}_i, \mathbf{u}_i), \tag{3.1}$$

Beschränkungen in Ungleichungssform

$$\mathbf{H}_i(\mathbf{m}_i, \mathbf{u}_i) \leqq \mathbf{0} \tag{3.2}$$

und eine Zielfunktion

$$F_i(\mathbf{m}_i, \mathbf{u}_i)!\ \min \tag{3.3}$$

charakterisiert werden. Solche Teilsysteme können je nach Größe des Gesamtsystems Anlagen, Anlagenteile, Apparategruppen oder einzelne Apparate sein.

Die Verbindungen zwischen den Teilsystemen werden durch Koppelgleichungen berücksichtigt.

$$\mathbf{u}_i = \sum_{j=1}^{n} \mathbf{N}_{ij}\mathbf{x}_j \tag{3.4}$$

Die Zielfunktion des Gesamtsystems soll sich additiv aus der Zielfunktion der Teilsysteme zusammensetzen.

$$F = \sum_{i=1}^{n} F_i(\mathbf{m}_i, \mathbf{u}_i)!\ \min \tag{3.5}$$

Diese Annahme ist für ökonomische Zielgrößen wie Kosten oder Gewinn immer gerechtfertigt.

In der vorliegenden Formulierung der Aufgabe gehen die Ausgangsgrößen x_i nicht explizit in Zielfunktion und Ungleichungen ein. Das ist jedoch keine Einschränkung, denn die Ausgangsgrößen können mit Hilfe der Modelle eliminiert werden.

Die Aufgabe besteht nun darin, die Zielfunktion (3.5) durch Auswahl geeigneter Steuergrößen $\mathbf{m}_i$ unter Berücksichtigung der Beschränkungen in Gleichungs- und Ungleichungsform (3.1), (3.4) und (3.2) zu einem Minimum zu führen.

Dieses Problem läßt sich auf herkömmliche Weise lösen, indem der Struktur der Aufgabe keine Aufmerksamkeit geschenkt wird. Die Methoden der Mehrebenenoptimierung dagegen nutzen das Vorhandensein relativ selbständiger Teilsysteme. Sie ersetzen das Lösen einer hochdimensionalen Aufgabe durch das mehrmalige Lösen einer Reihe niederdimensionaler Aufgaben. Auf diese Weise können unter bestimmten Bedingungen Vorteile bezüglich Realisierbarkeit des Lösungsprozesses und der dazu benötigten Rechenzeit erzielt werden.

3.2. Verfahren der Mehrebenenoptimierung

Die Mehrebenenverfahren lösen zunächst die Optimierungsaufgabe für jedes Teilsystem, d. h. bestimmen ein Minimum der entsprechenden lokalen Zielfunktionen. Dabei werden die Kopplungen (3.4) der Teilsysteme untereinander nicht berücksichtigt, so daß auf diese Weise in der Regel nicht das Optimum der Gesamtaufgabe erzielt werden kann. Es muß deshalb eine Möglichkeit geschaffen werden, die lokalen Aufgaben im Verlaufe der Lösung so zu modifizieren, daß ein Gesamtoptimum erreicht wird. Dieses Vorgehen wird als Koordination bezeichnet. Abhängig von der Art der Einwirkung auf die lokalen Aufgaben unterscheidet man Mehrebenenverfahren mit Zielfunktionsmodifikation (Beeinflussung der lokalen Zielfunktionen) und Mehrebenenverfahren mit Modellmodifikation (Beeinflussung der Nebenbedingungen) [6].

Folgende Verfahren mit Zielfunktionsmodifikation sind in der Literatur beschrieben worden:

1. Nonfeasible-Methode (Preismethode) nach Lasdon/Schoeffler [15, 16, 17, 18, 19]
2. Wechselwirkungsbalanceprinzip nach Mesarovic [6, 20, 21, 22]

Verfahren mit Modellmodifikation

1. Feasible Methode nach Brosilow/Lasdon/Schoeffler [23, 18]
2. Feasible Methode nach Umeda/Shindo/Tazaki [24]
3. Parametrische Optimierung nach Findeisen [25]
4. Wechselwirkungsvorhersageprinzip mit und ohhe Zielfunktionsmodifikation [6, 21, 22, 23]

Beide Modifikationsarten werden bei den Verfahren mit Straffunktionen [26, 27] und der „Method Mixte“ [28] verwendet.

Die Analyse der Literatur und eigene Erfahrungen der Verfasser ergaben, daß nicht alle erwähnten Verfahren gleiche Bedeutung für eine praktische Anwendung haben. Die Nonfeasible Methode, die Feasible Methode und die Verfahren mit Straffunktionen sind am besten anwendbar und sollen deshalb im folgenden Abschnitt vorgestellt und verglichen werden.

4. Vergleich ausgewählter Verfahren der Mehrebenenoptimierung

4.1. Notwendige Bedingungen für ein Optimum

Jedes arbeitsfähige Mehrebenenverfahren muß in irgendeiner Weise die notwendigen Bedingungen für ein lokales Minimum der gestellten Aufgabe (3.1)—(3.5) erfüllen. Ein Vergleich der von ihren Autoren unterschiedlich begründeten Mehrebenenverfahren ist deshalb am besten auf der Basis dieser notwendigen Bedingungen durchzuführen.

Zur Darstellung der notwendigen Bedingungen wird zunächst die LAGRANGE-Funktion des Problems benötigt.

$$L = \sum_{i=1}^{n} F_i(\mathbf{m}_i, \mathbf{u}_i) + \sum_{i=1}^{n} \boldsymbol{\lambda}_i^T\big(\mathbf{S}_i(\mathbf{m}_i, \mathbf{u}_i) - \mathbf{x}_i\big) + \sum_{i=1}^{n} \boldsymbol{\pi}_i^T\left(\sum_{j=1}^{n} \mathbf{N}_{ij}\mathbf{x}_j - \mathbf{u}_i\right) + \sum_{i=1}^{n} \boldsymbol{\eta}_i^T\mathbf{H}_i(\mathbf{m}_i, \mathbf{u}_i) \quad (4.1)$$

$\boldsymbol{\xi}^0 = (\mathbf{m}^0, \mathbf{u}^0, \mathbf{x}^0)$ sei das gesuchte lokale Minimum.

Sind die Funktionen $\mathbf{f}_i$, $\mathbf{S}_i$ und $\mathbf{H}_i$ im Punkt $\boldsymbol{\xi}^0$ differenzierbar und erfüllen die Nebenbedingungen in $\boldsymbol{\xi}^0$ die Regularitätsbedingung von KUHN und TUKKER, so ist für ein lokales Minimum die Existenz solcher Multiplikatoren ($\boldsymbol{\pi}^0$, $\boldsymbol{\lambda}^0$, $\boldsymbol{\eta}^0$) notwendig, die zusammen mit $\boldsymbol{\xi}^0$ folgende Bedingungen erfüllen:

$$\left.\begin{aligned}
&\nabla_{m_i}F_i + \boldsymbol{\lambda}_i^T\nabla_{m_i}S_i + \boldsymbol{\eta}_i^T\nabla_{m_i}H_i = 0 && (4.2)\\
&\nabla_{u_i}F_i + \boldsymbol{\lambda}_i^T\nabla_{u_i}S_i + \boldsymbol{\eta}_i^T\nabla_{u_i}H_i - \boldsymbol{\pi}_i^T = 0 && (4.3)\\
&\sum_{k=1}^{n} \boldsymbol{\pi}_k^T\mathbf{N}_{ki} - \boldsymbol{\lambda}_i^T = 0 && (4.4)\\
&\mathbf{S}_i(\mathbf{m}_i, \mathbf{u}_i) = \mathbf{x}_i && (4.5)\\
&\sum_{j=1}^{n} \mathbf{N}_{ij} \cdot \mathbf{x}_j = \mathbf{u}_i && (4.6)\\
&\boldsymbol{\eta}_i^T\mathbf{H}_i = 0 && (4.7)\\
&\boldsymbol{\eta}_i \geqq 0 && (4.8)\\
&\mathbf{H}_i \leqq 0 && (4.9)
\end{aligned}\right\} \quad i = 1, \ldots, n$$

Die Regularitätsbedingung wird nur in Sonderfällen nicht erfüllt, so daß eine genauere Darstellung dieses Problems hier nicht nötig erscheint und für den Bedarfsfall auf grundlegende Arbeiten [31] und [32] verwiesen wird.

4.2. *Nonfeasible Methode*

Die Nonfeasible Methode macht von der Eigenschaft des Gleichungssystems (4.2)—(4.9) Gebrauch, nach Vorgabe von Werten für die $\boldsymbol{\pi}_i$ mit Ausnahme der Gleichungen (4.6) n separat lösbare Gleichungssysteme (4.2)—(4.5), (4.7) bis (4.9) zu bilden.

Die Erfüllung der Gleichungen (4.6) wird zur iterativen Auswahl der optimalen $\boldsymbol{\pi}_i$ benutzt.

In der Praxis ist es allerdings sehr schwierig, diese Gleichungssysteme zu lösen, da oftmals eine Reihe von Lösungen vorliegen (bedingt vor allem durch die Ungleichungen, s. Gleichungen (4.7)—(4.9)). Es ist deshalb besser, das Lösen der Gleichungssysteme durch das Minimieren entsprechender Optimierungsprobleme zu ersetzen. Um diesen Weg darzustellen, ist es günstiger, eine im Unterschied zu (4.1) etwas modifizierte LAGRANGE-Funktion zu verwenden.

$$L = \sum_{\substack{i=1 \\ \mathbf{m},\mathbf{u}\in R}}^{n} F_i(\mathbf{m}_i, \mathbf{u}_i) + \sum_{i=1}^{n} \boldsymbol{\pi}_i^T \left(\sum_{j=1}^{n} \mathbf{N}_{ij} \cdot \mathbf{S}_j(\mathbf{m}_j, \mathbf{u}_j) - \mathbf{u}_i \right) \tag{4.10}$$

$$R_i = \{\mathbf{m}_i, \mathbf{u}_i \mid \mathbf{H}_i(\mathbf{m}_i, \mathbf{u}_i) \leqq \mathbf{0}\} \tag{4.11}$$

$$R_i = \bigcup_{i=1}^{n} R_i \tag{4.12}$$

Voraussetzung für eine Anwendung der Nonfeasible-Methode in dieser Form ist das Vorhandensein eines Sattelpunktes der LAGRANGE-Funktion (4.10). Ein Sattelpunkt liegt dann und nur dann vor, wenn $(\mathbf{m}^0, \mathbf{u}^0, \boldsymbol{\pi}^0)$ folgende Bedingungen erfüllt [33]:

1. $\mathbf{m}^0$ und $\mathbf{u}^0$ minimieren. $L(\mathbf{m}, \mathbf{u}, \boldsymbol{\pi}^0)$ über R

2. $\mathbf{u}_i^0 = \sum_{j=1}^{n} \mathbf{N}_{ij}\mathbf{S}_j(\mathbf{m}_j^0, \mathbf{u}_j^0) \qquad i = 1, \ldots, n$

Nach Vorgabe der π_i entstehen aus (4.10) n lokale Optimierungsprobleme:

$$\min_{\mathbf{m}_i,\mathbf{u}_i\in R_i} L_i(\mathbf{m}_i, \mathbf{u}_i, \boldsymbol{\pi}) \tag{4.13}$$

mit

$$L_i = F_i(\mathbf{m}_i, \mathbf{u}_i) + \sum_{k=1}^{n} \boldsymbol{\pi}_k^T \mathbf{N}_{ki} \mathbf{S}_i(\mathbf{m}_i, \mathbf{u}_i) - \boldsymbol{\pi}_i^T \mathbf{u}_{ki} \tag{4.14}$$

Als Lösung der Probleme erhält man

$$\mathbf{m}_i^0(\boldsymbol{\pi}) \quad \text{und} \quad \mathbf{u}_i^0(\boldsymbol{\pi}) \quad \text{für } i = 1, \ldots, n.$$

(4.14) zeigt, daß die lokale Zielfunktion um einen Modifikationsterm erweitert wird, die Nonfeasible-Methode gehört folglich zu den Verfahren mit Zielfunktionsmodifikation. Es ist leicht zu überprüfen, daß die notwendigen Bedingungen für (4.13) mit den Gleichungen (4.2)–(4.5) und (4.7)–(4.9) übereinstimmen, wenn die Eliminierung der $\mathbf{x}_i$ und $\boldsymbol{\lambda}_i$ berücksichtigt wird.

Zur Auswahl der optimalen $\boldsymbol{\pi}_i$ verbleiben die Gleichungen (4.6), die die Systemkoppelgleichungen darstellen. Für beliebig vorgegebene $\boldsymbol{\pi}_i$ werden diese Gleichungen im allgemeinen nicht erfüllt, der auftretende Fehler wird zur Auswahl neuer $\boldsymbol{\pi}_i$ verwendet.

$$\mathbf{e}_i = \sum_{j=1}^{n} \mathbf{N}_{ij}\mathbf{S}_j\left(\mathbf{m}_j^0(\boldsymbol{\pi}), \mathbf{u}_j^0(\boldsymbol{\pi})\right) - \mathbf{u}_i^0(\boldsymbol{\pi}) \tag{4.15}$$

Dieser Prozeß wird von den in Abschnitt 5. dargestellten Koordinationsalgorithmen realisiert.

4.3. *Feasible Methode*

Die formale Entkopplung der Teilsysteme wird bei der Feasible Methode durch die Vorgabe der $\mathbf{x}_i$ als geschätzte Werte $\boldsymbol{\alpha}_i$ erreicht. Werden die Koppelgleichungen als erfüllt betrachtet, so sind damit auch die $\mathbf{u}_i$ festgelegt.

$$\mathbf{u}_i^* = \sum_{j=1}^{n} N_{ij}\alpha_j \qquad i = 1, \ldots, n \tag{4.16}$$

Es lassen sich nun n Teilaufgaben formulieren:

$$\min_{\mathbf{m}_i} F_i(\mathbf{m}_i, \mathbf{u}_i^*) \tag{4.17}$$

$$\boldsymbol{\alpha}_i = \mathbf{S}_i(\mathbf{m}_i, \mathbf{u}_i^*) \tag{4.18}$$

$$\mathbf{H}_i(\mathbf{m}_i, \mathbf{u}_i^*) \leqq \mathbf{0} \tag{4.19}$$

Die Lösung $\mathbf{m}_i^0(\alpha)$ hängt parametrisch von $\boldsymbol{\alpha}$ ab.

Die Auswahl optimaler $\boldsymbol{\alpha}$ (Koordinaten) wird durch

$$\min_{\alpha \in \Omega} \sum_{i=1}^{n} F_i\left(m_i^0(\boldsymbol{\alpha}), \boldsymbol{\alpha}\right) \tag{4.20}$$

mit $\Omega = \{\alpha \mid \text{Minimum von (4.17)–(4.19) existiert}\}$ (4.21)

$$i = 1, \ldots, n$$

realisiert.

Die lokalen Probleme (4.17)—(4.19) sollen nun unter Berücksichtigung von (4.16) als *Lagrange*-Funktion formuliert werden.

$$L = \sum_{i=1}^{n} F_i(\mathbf{m}_i, \mathbf{u}_i) + \sum_{i=1}^{n} \boldsymbol{\lambda}_i^T(\mathbf{S}_i(\mathbf{m}_i, \mathbf{u}_i) - \boldsymbol{\alpha}_i)$$

$$+ \sum_{i=1}^{n} \boldsymbol{\pi}_i^T \left(\sum_{j=1}^{n} N_{ij}\alpha_j - u_i\right) + \sum_{i=1}^{n} \boldsymbol{\eta}_i^T \mathbf{H}_i(\mathbf{m}_i, \mathbf{u}_i) \tag{4.22}$$

Die notwendigen Bedingungen zur Lösung dieser Aufgabe für die Variablen $\mathbf{m}_i$ und $\mathbf{u}_i$ sind mit (4.2), (4.3), (4.5)—(4.9) identisch. Die Operation (4.20) ist als Minimierung der Zielfunktion des Gesamtsystems unter Berücksichtigung der Modelle, Koppelgleichungen und Ungleichungen nach den $\boldsymbol{\alpha}_i$ aufzufassen und führt ebenfalls auf die LAGRANGE-Funktion (4.22). Die notwendige Bedingung für eine Lösung des Problems (4.22) bezüglich der Variablen $\boldsymbol{\alpha}_i$ ist mit (4.4) identisch. Es ist folglich ebenso möglich, statt der Probleme (4.16)—(4.19) die Gleichungen (4.2), (4.3), (4.5)—(4.9) zu lösen und die optimalen $\boldsymbol{\alpha}_i$ mit Hilfe der Gleichungen (4.4) zu bestimmen. Allerdings führt auch hier das Lösen der Gleichungssysteme auf Schwierigkeiten, so daß die oben dargestellte Variante für die praktische Anwendung bedeutungsvoller ist.

Die Koordination wird hier durch Modifikation der Nebenbedingungen erreicht, es handelt sich folglich um ein Verfahren mit Modellmodifikation.

4.4. *Straffunktionsverfahren*

Bei der Feasible Methode macht sich nachteilig bemerkbar, daß die Größen $\boldsymbol{\alpha}_i$ nicht frei gewählt werden können, sondern aus einer durch (4.21) definierten Menge zu entnehmen sind. Das ist damit zu erklären, daß die Modelle und Ungleichungen (4.18)—(4.19) für beliebige $\boldsymbol{\alpha}_i$ nicht erfüllbar sind. Es wurde nun der Versuch gemacht, die starre Kopplung zwischen Ein- und Ausgangsgrößen (S. (4.16)), wie sie für die Feasible Methode zutrifft, zu umgehen. Die Ausgangsgrößen $\mathbf{x}_i$ werden nach wie vor durch $\boldsymbol{\alpha}_i$ vorhergesagt, die $\mathbf{u}_i$ aber als freie Größen betrachtet. Damit ist die Existenz zulässiger Werte für (4.18) und (4.19) immer gegeben, bei der Auswahl der $\boldsymbol{\alpha}_i$ sind keine Beschränkungen zu berücksichtigen.

Die Straffunktionsmethode realisiert die beschriebene Vorgehensweise. Zur Darstellung der Methode wird hier die quadratische Straffunktion als Vertreter einer Vielzahl möglicher Straffunktionen gewählt.

$$P^K(\mathbf{m}, \mathbf{u}, \mathbf{x}, \boldsymbol{\alpha}) = \sum_{i=1}^{n} F_i(\mathbf{m}_i, \mathbf{u}_i) + \sum_{i=1}^{n} (\mathbf{x}_i - \boldsymbol{\alpha}_i)^T \mathbf{K}_{i1}(\mathbf{x}_i - \boldsymbol{\alpha}_i)$$

$$+ \sum_{i=1}^{n} \left(\mathbf{u}_i - \sum_{j=1}^{n} \mathbf{N}_{ij}\boldsymbol{\alpha}_j\right)^T \mathbf{K}_{i2}\left(\mathbf{u}_i - \sum_{j=1}^{n} \mathbf{N}_{ij}\boldsymbol{\alpha}_j\right) \tag{4.23}$$

Diese Straffunktion ist unter Berücksichtigung der Modelle (3.1) und Ungleichungen (3.2) zu minimieren. Die Genauigkeit der Ergebnisse hängt von den Elementen der Matrizen $\mathbf{K}_{i1}$, $\mathbf{K}_{i2}$ ab, so daß in der Regel die Berechnungen für mehrere $\mathbf{K}_{i1}$, $\mathbf{K}_{i2}$ durchgeführt werden müssen. Die Minimierung der Straffunktion selbst kann ebenfalls wieder als Mehrebenenproblem gelöst werden. Zur Vereinfachung der Schreibweise soll im weiteren angenommen werden, daß alle Elemente der Matrizen $\mathbf{K}_{i1}$ und $\mathbf{K}_{i2}$ einander gleich sind.

Folgender Mehrebenenalgorithmus ist zur Lösung möglich:

1. Ebene: Für vorgegebene $\boldsymbol{\alpha}_i$ und K werden die Teilprobleme gelöst.

$$\min_{\mathbf{m}_i, \mathbf{u}_i} P_i^k(\mathbf{m}_i, \mathbf{u}_i, \mathbf{x}_i, \boldsymbol{\alpha}) \tag{4.24}$$

mit

$$P_i^k = F_i(\mathbf{m}_i, \mathbf{u}_i) + K(\mathbf{x}_i - \boldsymbol{\alpha}_i)^T (\mathbf{x}_i - \boldsymbol{\alpha}_i) + K\left(\mathbf{u}_i - \sum_{j=1}^{n} \mathbf{N}_{ij}\boldsymbol{\alpha}_j\right)^T \left(\mathbf{u}_i - \sum_{j=1}^{n} \mathbf{N}_{ij}\boldsymbol{\alpha}_j\right) \tag{4.25}$$

$$\mathbf{x}_i = \mathbf{S}_i(\mathbf{m}_i, \mathbf{u}_i) \tag{4.26}$$

$$\mathbf{H}_i(\mathbf{m}_i, \mathbf{u}_i) \leqq \mathbf{0} \tag{4.27}$$

2. Ebene:

$$\min_{\alpha} \sum_{i=1}^{n} P_i^k\left(\mathbf{m}_i^0(\boldsymbol{\alpha}), \mathbf{u}_i^0(\boldsymbol{\alpha}), \mathbf{x}_i^0(\boldsymbol{\alpha})\right) \tag{4.28}$$

3. Ebene:

Bei ungenügend hohen Straffunktionskoeffizienten K werden die Koppelbedingungen nicht in gewünschtem Maße erfüllt. Eine mögliche Abbruchbedingung stellen (4.25) und (4.30) dar.

$$|\mathbf{x}_i - \boldsymbol{\alpha}_i| \leq \varepsilon \qquad i = 1, \ldots, n \tag{4.29}$$

$$\left|\mathbf{u}_i - \sum_{j=1}^{n} \mathbf{N}_{ij}\boldsymbol{\alpha}_j\right| \leq \varepsilon \qquad i = 1, \ldots, n \tag{4.30}$$

Wird diese Bedingung nicht erfüllt, so muß K erhöht und die Lösung des Zweiebenenproblems erneut gefunden werden. Dabei verwendet man die gefundenen Lösungen als Startwerte.

Für den Grenzfall $K \to \infty$ ist die Methode mit der Feasible Methode identisch, die notwendigen Bedingungen werden dann ebenfalls wie bei der Feasible Methode berücksichtigt. Es kommt aber hier das sehr komplizierte Problem hinzu, ob die für endliche K erzielte Lösung von (4.23) bei weiterer Erhöhung von K zur Lösung des Ausgangsproblems (3.1)–(3.5) konvergiert.

In [27] sind Bedingungen angegeben, unter denen das der Fall ist.

4.5. *Berechnung eines Beispiels*

Um die Methoden besser einschätzen zu können, sollen sie auf ein einfaches Beispiel angewendet werden.

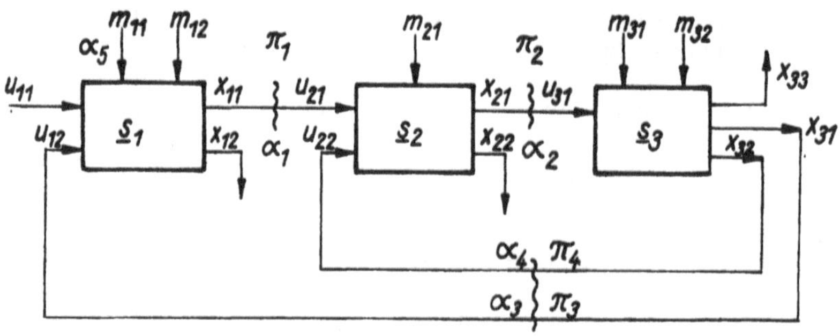

Abb. 5. Struktur des Beispiels

Die Struktur des Beispiels zeigt Abb. 5. Folgende Modelle und Ungleichungen werden angenommen:

$$S_1: \begin{pmatrix} x_{11} \\ x_{12} \end{pmatrix} = \begin{pmatrix} 2 & 0{,}5 \\ 1 & 2 \end{pmatrix} \begin{pmatrix} m_{11} \\ m_{12} \end{pmatrix} + \begin{pmatrix} -0{,}5 & 1 \\ 0 & 1 \end{pmatrix} \begin{pmatrix} u_{11} \\ u_{12} \end{pmatrix} \tag{4.31}$$

$u_{11} = 10$

$$R_1 = \{m_{11}, m_{12}, u_{12} \mid 0 \leqq m_{11} \leqq 2, 0 \leqq m_{12} \leqq 6, \quad 0 \leqq u_{12} \leqq 3, 2m_{11} + m_{12} + 2u_{12} \leqq 8\} \tag{4.32}$$

$$S_2: \begin{pmatrix} x_{21} \\ x_{22} \end{pmatrix} = \begin{pmatrix} 1 \\ 0{,}5 \end{pmatrix} \cdot m_{21} + \begin{pmatrix} 0{,}5 & -1 \\ 1 & 1 \end{pmatrix} \begin{pmatrix} u_{21} \\ u_{22} \end{pmatrix} \tag{4.33}$$

$$R_2 = \{m_{21}, u_{21}, u_{22} \mid 0 \leqq u_{21} \leqq 4, 0 \leqq u_{22} \leqq 2. \quad 0 \leqq m_{21} \leqq 3, 2u_{21} + 3u_{22} \leqq 12\} \tag{4.34}$$

$$S_3: \begin{pmatrix} x_{31} \\ x_{32} \\ x_{33} \end{pmatrix} = \begin{pmatrix} 1 & 0{,}5 \\ 2 & 1 \\ 3 & -1 \end{pmatrix} \begin{pmatrix} m_{31} \\ m_{32} \end{pmatrix} + \begin{pmatrix} 0{,}5 \\ -1 \\ 1 \end{pmatrix} u_{31} \tag{4.35}$$

$$R_3 = \{m_{31}, m_{32}, u_{31} \mid 0 \leqq m_{31} \leqq 2, 0 \leqq m_{32} \leqq 4, \quad 5m_{31} + 3m_{32} \leqq 15, 3m_{31} + 2m_{32} + 3u_{31} \leqq 12, \quad 0 \leqq u_{31} \leqq 3\} \tag{4.36}$$

Als Zielfunktion dient:

$$\begin{aligned} F &= F_1(m_{11}, m_{12}, x_{11}, x_{12}) + F_2(m_{21}, x_{21}, x_{22}) \\ &\quad + F_3(m_{21}, m_{32}, x_{31}, x_{32}, x_{33}) \end{aligned} \tag{4.37}$$

$$F_1 = (m_{11} - 3)^2 + (m_{12} - 2)^2 + (x_{11} - 6)^2 + (x_{12} - 11)^2 \tag{4.38}$$

$$F_2 = 0{,}5(m_{21} - 4)^2 + (x_{21} - 6)^2 + (x_{22} - 9)^2 \tag{4.39}$$

$$F_3 = (m_{31} - 1)^2 + (m_{32} - 8)^2 + (x_{31} - 4)^2 + (x_{32} - 1)^2 + (x_{33} - 8)^2 \tag{4.40}$$

Nonfeasible Methode:

Zur Vereinfachung der Berechnungen werden die x_{ij} durch Einsetzen der Modellgleichungen eliminiert.

$$\min_{\substack{m_{11}, m_{12} \\ u_{21} \in R_1}} \{F_1 + \pi_1(2m_{11} + 0{,}5m_{12} - 5 + u_{12}) - \pi_3 u_{12}\} \tag{4.41}$$

$$\min_{\substack{m_{21}, u_{21} \\ u_{22} \in R_2}} \{F_2 + \pi_2(m_{21} + 0{,}5u_{21} - u_{22}) - \pi_1 u_{21} - \pi_4 u_{22}\} \tag{4.42}$$

$$\min_{\substack{m_{31}, m_{32} \\ u_{31} \in R_3}} \{F_3 + \pi_3(2m_{31} + m_{32} - u_{31}) + \pi_4(3m_{31} - m_{32} + u_{31}) - \pi_2 u_{31}\} \tag{4.43}$$

Für die Bestimmung der π_i werden die Fehler der Koppelgleichungen verwendet.

$$\mathbf{e} = \begin{pmatrix} x_{11} \\ x_{21} \\ x_{31} \\ x_{32} \end{pmatrix} - \begin{pmatrix} u_{21} \\ u_{31} \\ u_{12} \\ u_{22} \end{pmatrix} \tag{4.44}$$

Feasible Methode:

$$\begin{aligned} \min_{m_{11}, m_{12} \in M_1} &\{(m_{11} - 3)^2 + (m_{12} - 2)^2 + (\alpha_1 - 6)^2 \\ &+ (\alpha_3 + m_{11} + 2m_{12} - 11)^2\} \end{aligned} \tag{4.45}$$

$$M_1 = \left\{ \begin{matrix} m_{12}, \\ m_{11} \end{matrix} \;\middle|\; \begin{matrix} \alpha_1 = 2\alpha_5 + 0{,}5m_{12} - 5 + \alpha_3,\ 0 \leqq m_{12} \leqq 6{,}0 \leqq m_{11} \leqq 2, \\ 2\alpha_5 + m_{12} + 2\alpha_3 \leqq 8 \end{matrix} \right\} \tag{4.46}$$

$$\min_{m_{21} \in M_2} \{0{,}5(m_{21} - 4)^2 + (\alpha_2 - 6)^2 + (0{,}5m_{21} + \alpha_1 + \alpha_4 - 9)^2\} \tag{4.47}$$

$$M_2 = \{m_{31} \mid \alpha_1 = m_{21} + 0{,}5\alpha_2 - \alpha_4,\ 0 \leqq m_{21} \leqq 3\} \tag{4.48}$$

$$\min_{m_{31}, m_{32} \in M_3} \{(m_{31} - 4)^2 + (u_{32} - 8)^2 + (\alpha_3 - 4)^2 + (\alpha_4 - 1)^2 + (m_{31} - 0{,}5 m_{32} + 0{,}5\alpha_2 - 8)^2\} \tag{4.49}$$

$$M_3 = \{m_{31}, m_{32} \mid \alpha_3 = 2m_{31} + m_{32} - \alpha_2, \alpha_4 = 3m_{31} - m_{32} + \alpha_2, 0 \leqq m_{31} \leqq 2, 0 \leqq m_{32} \leqq 4, 5m_{31} + 3m_{32} \leqq 15, 3m_{31} + 2m_{32} + 3\alpha_2 \leqq 12\} \tag{4.50}$$

Als Koordinationsproblem wird formuliert:

$$\min_{\alpha \in \Omega'} F\big(\mathbf{m}^0(\boldsymbol{\alpha}), \mathbf{u}^0(\boldsymbol{\alpha}), \boldsymbol{\alpha}\big) \tag{4.51}$$

$$\Omega' = \{\alpha_1, \alpha_2, \alpha_3, \alpha_4, \mid 0 \leqq \alpha_1 \leqq 4, 0 \leqq \alpha_3 \leqq 3, 0 \leqq \alpha_2 \leqq 3, 0 \leqq \alpha_4 \leqq 2, 2\alpha_1 + 3\alpha_4 \leqq 12\} \tag{4.52}$$

An dieser Stelle muß darauf hingewiesen werden, daß Ω' nicht alle Begrenzungen enthält, denen die α_i unterworfen sind. Die M_i sind von den α_i abhängig und können unter Umständen leer sein.

Straffunktionsmethode:

Bei den konkreten Berechnungen werden an Stelle der x_{ij} die Modellgleichungen verwendet.

$$\min_{\substack{m_{11}, m_{12} \\ u_{12} \in R_1}} \{F_1 + K(x_{11} - \alpha_1)^2 + K(u_{12} - \alpha_3)^2\} \tag{4.53}$$

$$\min_{\substack{m_{21}, u_{21} \\ u_{22} \in R_2}} \{F_2 + K(x_{21} - \alpha_2)^2 + K(u_{21} - \alpha_1)^2 + K(u_{22} - \alpha_4)^2\} \tag{4.54}$$

$$\min_{\substack{m_{31}, m_{32} \\ u_{31} \in R_3}} \{F_3 + K(x_{31} - \alpha_3)^2 + K(x_{32} - \alpha_4)^2 + K(u_{31} - \alpha_2)^2\} \tag{4.55}$$

Tab. 1 zeigt die verwendeten Lösungsverfahren für die einzelnen Methoden. Die Genauigkeiten der Abbruchkriterien wurden dabei so gewählt, daß die Ergebnisse hinsichtlich der Rechenzeit vergleichbar sind.

Um einen Begriff von der Lösung zu haben, sei die mit der Nonfeasible Methode erzielte angegeben:

$$\mathbf{m}^0 = (2{,}000;\ 2{,}976;\ 3{,}000;\ 0{,}350;\ 2{,}048)$$

$$\boldsymbol{\pi}^0 = (-13{,}551;\ 1{,}186;\ 11{,}301;\ -4{,}116)$$

$$F^i = 153{,}274$$

Tabelle 1: Lösung der Optimierungsprobleme

Methode / Probleme der	Nonfeasible	Feasible	Straffunktion	Lösung als Gesamtaufgabe
1. Ebene	Complex-Box [38]	Auflösen der Gleichungen[2])	Complex-Box	Complex-Box
2. Ebene	konjugiertes Gradientenverfahren FLETCHER/REEVES[1])	Complex-Box	konjugiertes *GV* FLETSCHER/ REEVES[3])	–
3. Ebene	–	–	$K^{neu} = C\,K^{alt}$	–

[1]) siehe Abschnitt 5.
[2]) m_{11} wird als α_5 vorgegeben, Teilprobleme sind keine echten Optimierungsprobleme mehr
[3]) siehe Abschnitt 5.

Bei den Berechnungen stellte sich heraus, daß die Startpunktwahl für die Nonfeasible Methode große Bedeutung hat. Es wurden deshalb mehrere Startpunkte gewählt.

$$\text{I}: \pi = (\ 10;\ \ 10;\ \ 10;\ \ 10)$$
$$\text{II}: \pi = (-20;\ \ 80;\ \ 30;\ -80)$$
$$\text{III}: \pi = (\ 50;\ \ 60;\ \ 40;\ -50)$$
$$\text{IV}: \pi = (\ 700;\ -20;\ -500;\ \ 80)$$

Folgende Rechenzeiten wurden auf einer CDC 3300 erzielt (Tab. 2):

Tabelle 2: Rechenzeiten für verschiedene Verfahren der Mehrebenenoptimierung

Startpunkt	I	II	III	IV
Nonfeasible Methode	39 s	50 s	88 s	120 s
Feasible Methode	90 s			
Straffunktionsmethode	225 s			
Optimierung des Gesamtsystems	120 s			

Die bei der Berechnung dieser und anderer Beispiele gemachten Erfahrungen und die Angaben in der Literatur sollen ebenfalls wieder in Tabellenform zusammengefaßt werden (Tab. 3).

Tabelle 3: Vergleich verschiedener Mehrebenenverfahren

	betrachtete Eigenschaft	Nonfeasible Methode	Feasible Methode	Straffunktionsmethode
1	Vorbedingungen für die Anwendung	Sattelpunkt der LAGRANGE-Funktion, dessen Vorhandensein a priori schwer zu prüfen ist und der nicht bei allen Beispielen zu erwarten ist	$\dim(\mathbf{m}_i) \geqq \dim(x_i)$ relativ häufig gegeben	komplizierte Anforderungen [3]; über Wahrscheinlichkeit des Antreffens wenig bekannt
2	Lösung der Teilprobleme	$\dim(\mathbf{m}_i) + \dim(\mathbf{u}_i)$ relativ gut zu lösen	$\dim(\mathbf{m}_i) - \dim(\mathbf{u}_i)$ schwer zu lösen, da zuverlässige Mengen von den vorgegebenen $\boldsymbol{\alpha}_i$ abhängen; Startpunkt für Teilprobleme sind schwer zu bestimmen	wie Nonfeasible
3	Lösung des Koordinationsproblems (Dimension für alle Methoden $\sum_{i=1}^{n} \dim(\mathbf{x}_i)$)	sehr gut möglich, da keine Grenzen zu beachten sind; Einsatz effektiver Verfahren möglich	kompliziert und uneffektiv; Grenzen sind zu beachten, die teilweise nicht explizit bekannt sind; Einsatz effektiver Verfahren bislang nicht möglich	wie Nonfeasible
4	Aufwand für die Bereitstellung der Rechenprogramme für die Modelle der Teilsysteme	relativ gering; vorhandene Modelle, die das Berechnen von Ausgangsgrößen bei vorgegebenen Eingangs- und Steuergrößen ermöglichen, können ohne Umstellung verwendet werden	vorhandene Modelle müssen oft umgestellt werden, da die Berechnung von Steuergrößen bei vorgegebenen Ein- und Ausgangsgrößen verlangt wird	wie Nonfeasible
5	Rechenzeit (im Vergleich zur Feasible-Methode)	für günstig gewählte Startpunkte sehr geringe Rechenzeiten; Startpunktwahl ist aber schwierig, da zu Beginn der Berechnungen keine Informationen über die Größenordnung der $\boldsymbol{\pi}_i$ vorliegen		hohe Rechenzeiten, da Iterationen in der 3. Ebene nötig sind; die Anwendung ist sicher nur zu empfehlen, wenn andere Methoden versagen

5. Koordinationsalgorithmen

In den vorangegangenen Abschnitten wurde deutlich, daß zur erfolgreichen Anwendung der Verfahren der Mehrebenenoptimierung Koordinationsalgorithmen benötigt werden, d. h. solche Algorithmen, die die optimalen $\boldsymbol{\pi}_i$ oder $\boldsymbol{\alpha}_i$ bestimmen.

Der Auswahl dieser Algorithmen kommt entscheidende Bedeutung zu, denn jeder Schritt des Koordinationsalgorithmus erfordert das Lösen der Teilprobleme, das den größten Teil der Rechenzeit in Anspruch nimmt. Ein effektiver Koordinationsalgorithmus ist somit eine Voraussetzung für die Möglichkeit eines erfolgreichen Einsetzens eines Mehrebenenverfahrens.

Das Koordinationsproblem der Nonfeasible Methode kann sehr interessant interpretiert werden und führt auf eine Reihe von Lösungsmöglichkeiten. Die naheliegendste Möglichkeit besteht darin, die Fehler bei der Erfüllung der Gleichungen (4.15) der notwendigen Bedingungen in einem einfachen Iterationsverfahren zur Auswahl der optimalen $\boldsymbol{\pi}_i$ zu nutzen.

$$\boldsymbol{\pi}_i^{K+1} = \boldsymbol{\pi}_i^K + \boldsymbol{\varepsilon}, \mathbf{e}_i(\boldsymbol{\pi}^K) \qquad (5.1)$$

K gibt hier die Nummer des Iterationsschrittes an. Dieses Verfahren wurde mehrfach praktisch angewendet [17, 18] und Konvergenzbedingungen gefunden [15]. Es existiert jedoch eine Möglichkeit der Interpretation dieses Problems, die effektivere Algorithmen anzuwenden erlaubt. Diese Interpretation basiert auf der Dualitätstheorie (siehe z. B. [33]).

Setzt man die Lösungen der Teilprobleme (4.13)

$$\mathbf{m}_i^0(\boldsymbol{\pi}), \mathbf{u}_i^0(\boldsymbol{\pi}) \qquad i = 1, \ldots, n \qquad (5.2)$$

in die LAGRANGE-Funktion (4.10) ein, so erhält man eine Funktion, die nur noch von $\boldsymbol{\pi}$ abhängt und duale Zielfunktion genannt wird.

$$h(\boldsymbol{\pi}) = L(\mathbf{m}^0(\boldsymbol{\pi}), \mathbf{u}^0(\boldsymbol{\pi}), \boldsymbol{\pi}) \qquad (5.3)$$

Setzt man die Existenz eines Sattelpunktes der LAGRANGE-Funktion voraus, so wird das optimale $\boldsymbol{\pi}$ durch Maximieren dieser dualen Zielfunktion über ihren Definitionsbereich D gefunden.

$$\max_{\pi \in D} h(\boldsymbol{\pi}) \qquad (5.4)$$

Das Gesamtproblem (3.1)—(3.5) kann somit als das bekannte Minimaxproblem aufgefaßt werden,

$$\max_{\pi \in D} \min_{\mathbf{u}, \mathbf{m} \in R} L(\mathbf{u}, \mathbf{m}, \boldsymbol{\pi}) \qquad (5.5)$$

wobei das Minimieren der LAGRANGE-Funktion auf der ersten Ebene des Mehrebenenverfahrens ausgeführt wird und das Maximieren Aufgabe der Koordinationsalgorithmen ist.

Es konnte gezeigt werden, daß der Fehler $\mathbf{e}(\boldsymbol{\pi})$ nach den Gleichungen (4.15) der Gradient der dualen Zielfunktion ist [33]. Damit können die effektiven Gradientenverfahren zur Koordination herangegangen werden.

Die Auswertung des Dargestellten zeigt, daß drei prinzipielle Möglichkeiten der Koordination existieren. Um diese vergleichen zu können, wurden von den Autoren bestimmte konkrete Verfahren programmiert und an Beispielen erprobt [34, 35, 36].

1. Lösen des Fehlergleichungssystems: Iterationsverfahren, Verfahren nach WOLFE [37],
2. Maximieren der dualen Zielfunktion mit gradientenfreien Verfahren: Complex-Methode nach Box [38],
3. Gradientenverfahren: Gradientenverfahren mit konstanter und variabler Schrittlänge [48], konjugiertes Gradientenverfahren nach FLETCHER/REEVES [40], Verfahren nach FLETCHER/POWELL/DAVIDON [41].

Die Erfahrungen der Autoren ergeben, daß für erste Berechnungen ein Gradientenverfahren mit variabler Schrittweite am besten geeignet ist [35]. Sind die Eigenschaften des Problems besser bekannt, so daß problemspezifische Konstanten ausgewählt werden können, wurden mit dem Verfahren nach FLETCHER/REEVES, das etwas modifiziert wurde [34], die besten Resultate erreicht. Die Verfahren der ersten beiden Gruppen zeigten sich aus verschiedenen Gründen (Konvergenzprobleme, hohe Anzahl von Iterationsschritten) für eine Anwendung als wenig geeignet.

Für die Lösung des Koordinationsproblems der Feasible Methode lassen sich praktisch nur gradientenfreie Suchverfahren zur Lösung von (4.20) einsetzen. Die Autoren verwendeten auch hier das Complex-Verfahren nach BOX. Es ist zwar möglich, auch für diese Methode einen Ausdruck für einen Gradienten der Zielfunktion (4.20) zu bestimmen [34], allerdings ist dieser nur schwer zu berechnen, so daß der Einsatz von Gradientenverfahren kaum eine praktische Bedeutung erlangen wird.

Das Koordinationsproblem der Straffunktionsmethode lösten die Autoren mit dem bereits erwähnten modifizierten Verfahren nach FLETCHER/REEVES, da der Gradient der Zielfunktion (4.28) leicht bestimmt werden kann [26].

Für die entsprechenden Komponenten der Gradienten ergibt sich:

$$\frac{\partial P^K}{\partial \alpha_{ir}} = \frac{\partial}{\partial \alpha_{ir}} [(\mathbf{x}_i - \boldsymbol{\alpha}_i)^T \mathbf{K}_{i1}(\mathbf{x}_i - \boldsymbol{\alpha}_i)] + \sum_{i=1}^{n} \frac{\partial}{\partial \alpha_{ir}} \left[\left(\mathbf{u}_i - \sum_{j=1}^{n} \mathbf{N}_{ij}\boldsymbol{\alpha}_j\right)^T \mathbf{K}_{i2} \left(\mathbf{u}_i - \sum_{j=1}^{n} \mathbf{N}_{ij}\boldsymbol{\alpha}_j\right)\right] \tag{5.6}$$

Diese Ausdrücke hängen nur von den Straffunktionstermen ab und können leicht zu Beginn der Berechnungen analytisch berechnet werden. Wird der Gradient benötigt, sind nur die konkreten Werte für die $\mathbf{u}_i$, $\mathbf{x}_i$ und $\boldsymbol{\alpha}_i$ einzusetzen.

6. Anwendungsbeispiel: Optimale Steuerung einer CO-Druckkonvertierungsanlage

In diesem Abschnitt soll die optimale Steuerung eines komplexen verfahrenstechnischen Systems im oben beschriebenen Sinne als wiederholte Lösung des statischen Optimierungsproblems am Beispiel einer CO-Druckkonvertierungsanlage beschrieben werden (ausführlich s. [34]).

6.1. Analyse des Steuerungsobjektes

Die Bereitstellung von Gas für die Ammoniak-, Methanol- und Oxosynthese, sowie für Hydrierungen ist ein wichtiger Produktionskomplex der Chemieindustrie. Innerhalb dieser Synthesegaserzeugung wird Kohlenmonoxid im Rohgas nach der Öldruckvergasung in Wasserstoff umgewandelt. Diese Konvertierungsreaktion verläuft nach folgender Beziehung:

$$CO + H_2O \rightleftarrows CO_2 + H_2 - E$$

unter Vorhandensein eines Katalysators.

Das Steuerungsobjekt ist eine solche Anlage zur Konvertierung von Kohlenmonoxid unter 2,94 MPa (Abb. 6).

Das Rohgas (Strom 1) wird in den Befeuchtern (1a und 7a) erwärmt und gleichzeitig mit Wasserdampf gesättigt. Danach erfolgt eine weitere Vorwärmung in (2 und 3) im Gegenstrom zum Kontaktgas, sowie zur Verschiebung des Reaktionsgleichgewichtes die Zugabe von Hochdruckdampf (Strom 11). Vor Eintritt in den Konverter (5) wird das Rohgas in (12) durch indirekte Kühlung des Teilkonvertgases auf die Reaktionstemperatur von 375 °C aufgeheizt. Nach Verlassen der ersten Kontaktschicht wird der Gasstrom durch Einspritzen von Kondensat (Strom 20) zwischengekühlt. Den Reaktor verläßt das konvertierte Gas mit ungefähr 380 °C und einem CO-Gehalt von kleiner gleich 2,7 Vol.-%. Das Kontaktgas wird in (2 und 3) vorgekühlt und tritt dann in den Vorwärmer (6) und den Entfeuchter (7b) ein. Der größte Teil der durch den Zusatzdampf und die Reaktion eingebrachten Wärme wird zur Gewinnung von Niederdruckdampf in (8a und 8b) abgegeben. Die restliche Wärme wird im Entfeuchter (1b) zurückgewonnen.

Für das vorgestellte Prozeßsystem ist charakteristisch, daß durch die Wärmeübertrager (2, 3 und 12), sowie durch die Wasserkreisläufe (6, 7a, 7b und 1a, 13, 9, 1b) eine enge Verflechtung des Eingangs- und Ausgangsstromes über die Energie- und Massenströme vorliegt. Das bedeutet für die Modellierung einen erheblichen Mehraufwand, da eine ganze Reihe von Rückführungen zu berücksichtigen sind.

Für das Betriebsverhalten des Prozeßsystems ist weiterhin wesentlich, daß der für die Konvertierungsaktion in (5) notwendige Dampfüberschuß durch Einspritzen von teurem Hochdruckdampf, billigerem Kondensat und Wasser-

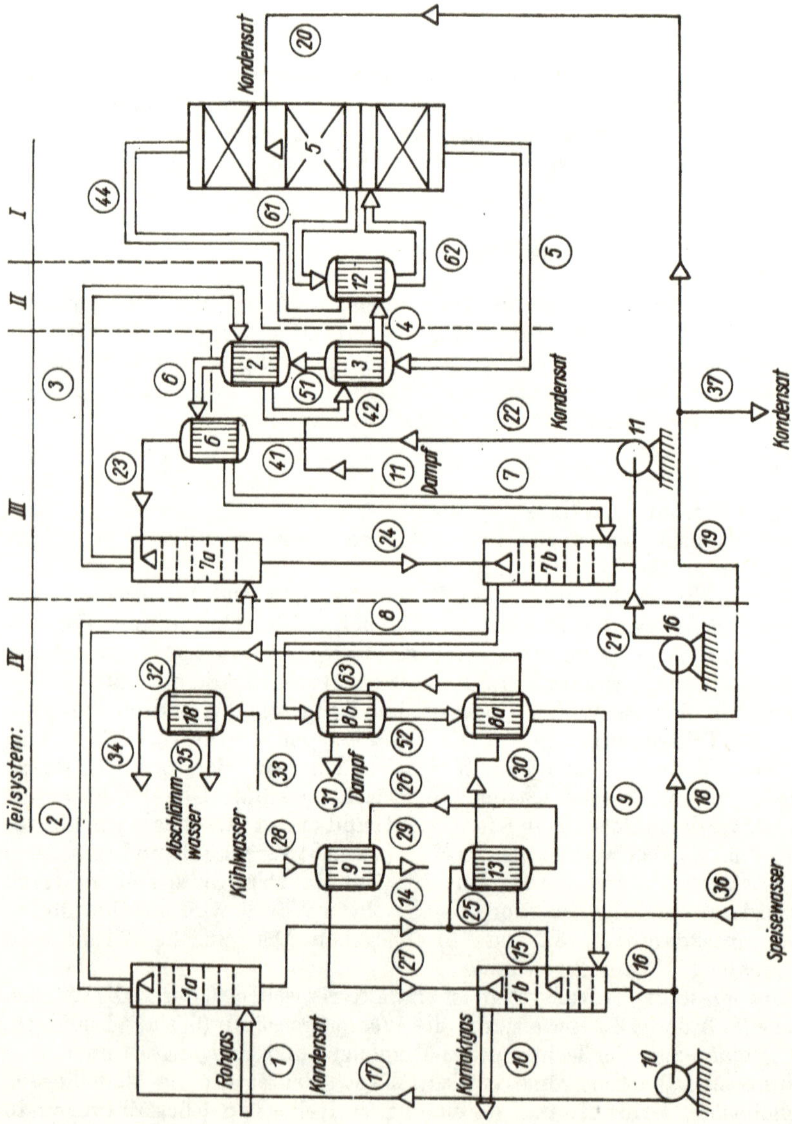

Abb. 6. Technologisches Schema einer CO-Druckkonvertierungsanlage mit Kennzeichnung der Ströme

dampfsättigung in den Befeuchtern erfolgt. Durch eine Umverteilung zwischen diesen Möglichkeiten wird die Optimierung der Anlage zu einer Aufgabe, bei der die wesentlichen Steuergrößen nicht nur obere oder untere Grenzwerte annehmen.

Um eine sinnvolle Steuerstrategie ableiten zu können, wurde eine Untersuchung der Störgrößen und der Dynamik der Anlage durchgeführt. Die Störgrößenanalyse und das Zeitverhalten des Prozeßsystems gestatten, die Aufgabe der optimalen Steuerung als statische Optimierung bezüglich der Sollwerte der Regelkreise der ersten Schicht der Funktionshierarchie zu formulieren. Die Zielfunktion für diese statische Optimierung ist eine Kostensumme, die sich aus den Aufwendungen für Energien und Rohstoffe zusammensetzt und deren Minimum unter vorgegebenen technologischen Beschränkungen zu finden ist.

6.2. *Dekomposition des Prozeßsystems*

Notwendige Voraussetzung für die Anwendung eines Mehrebenenverfahrens ist die Zerlegung des Prozeßsystems. Diese Dekomposition soll so erfolgen, daß der Rechenzeitaufwand für die Lösung der Optimierungsaufgabe minimal wird. Dabei ist zwischen den gegenläufigen Aufwendungen für die Lösung der lokalen Probleme und der entsprechenden Koordinationsaufgabe ein Kompromiß zu finden. Das kann erreicht werden, in dem einerseits die Zerlegung des Prozeßsystems effektive Berechnungsmöglichkeiten der Modellgleichungen der Teilsysteme erzeugt und damit günstige Bedingungen für die lokalen Optimierungen schafft und andererseits die Dekomposition so erfolgt, daß die Dimension des Koordinationsproblems möglichst klein ist.

Diese Aufgabe bezüglich des vorliegenden Prozeßsystems wurde durch Anwendung eines heuristischen Algorithmus gelöst, der in [34] ausführlich beschrieben ist. Hier soll nur das grundsätzliche Vorgehen angegeben werden.

Die erste Stufe des Algorithmus zur horizontalen Dekomposition beinhaltet eine verfahrenstechnische Analyse des Prozeßsystems. Durch diese Analyse wird der vollständige Signalflußplan der Anlage (Abb. 7) auf die für die Optimierung notwendigen Realtionen reduziert. Im Ergebnis erhält man einen vereinfachten Signalflußplan (Abb. 8).

Im vorliegenden Beispiel gelingt es, die Komponenten der Wechselwirkungsvektoren von 10 auf maximal 3 zu reduzieren.

Auf den vereinfachten Signalflußplan wird dann eine Strukturanalyse [42] angewendet, in deren Ergebnis man die optimale Berechnungsabfolge der Einheiten des Prozeßsystem erhält (Abb. 9).

In Abhängigkeit von der zur Verfügung stehenden Rechenanlage wird dann aus der optimalen Berechnungsabfolge der Einheiten die endgültige Zerlegung in Teilsysteme erhalten.

In Abb. 6 sind die vier Teilsysteme durch gestrichelte Linienzüge angedeutet.

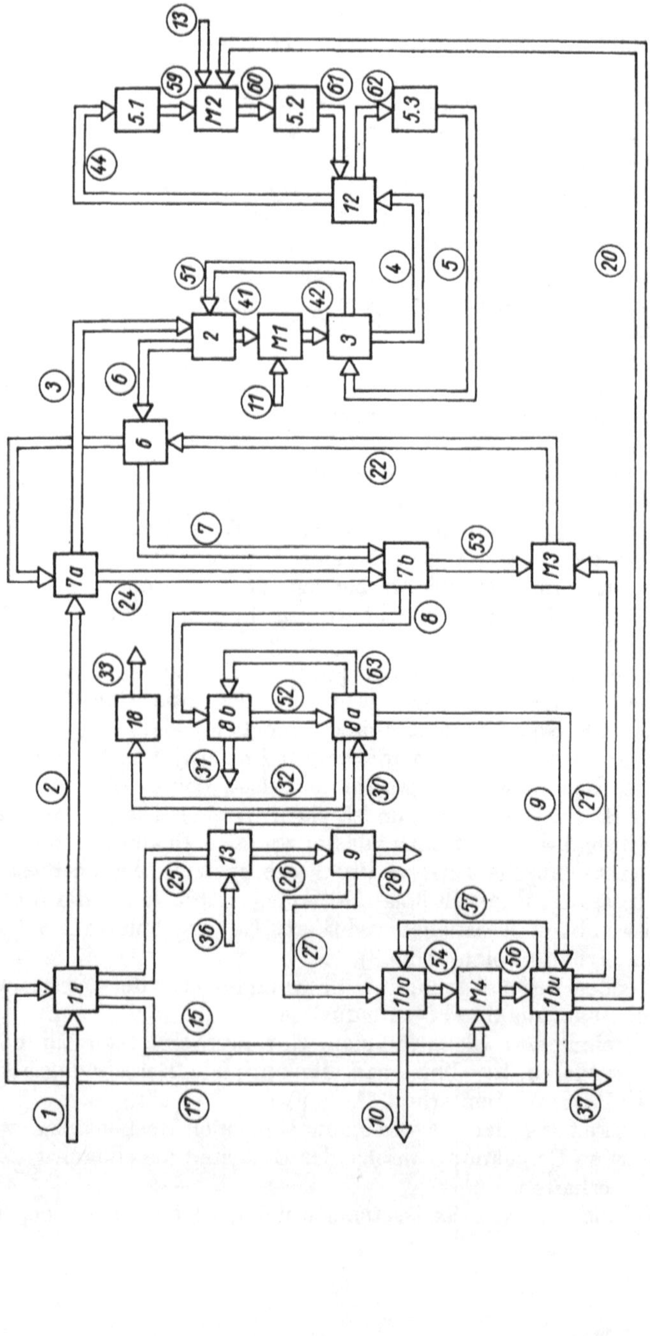

Abb. 7. Vollständiger Signalflußplan der CO-Druckkonvertierungsanlage

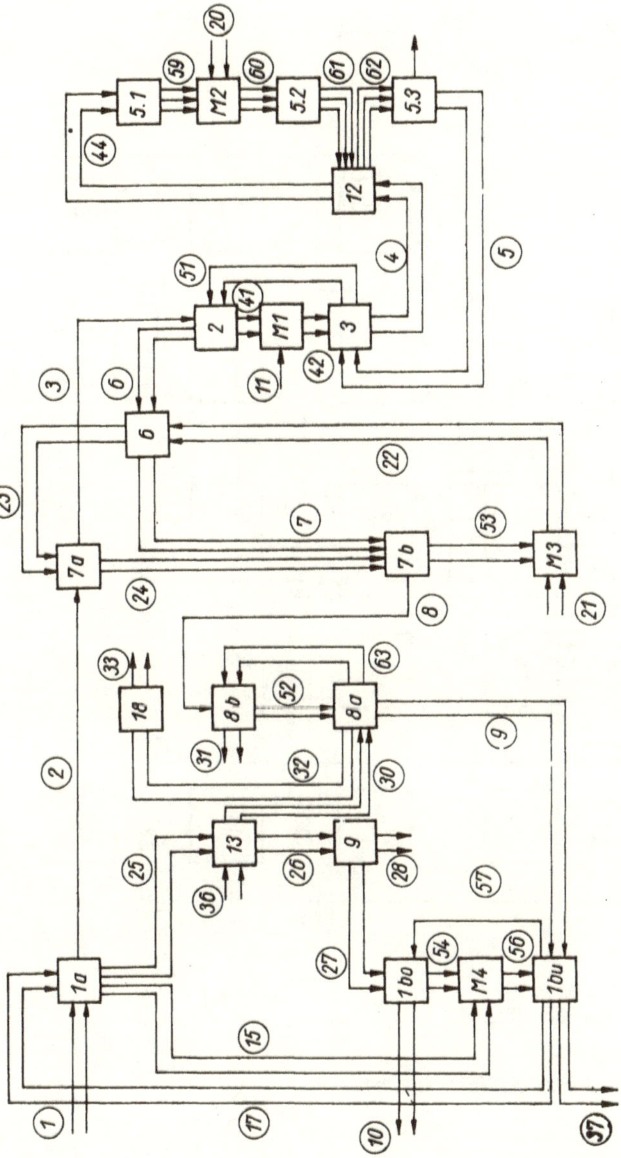

Abb. 8. **Vereinfachter Signalflußplan der CO-Druckkonvertierungsanlage**

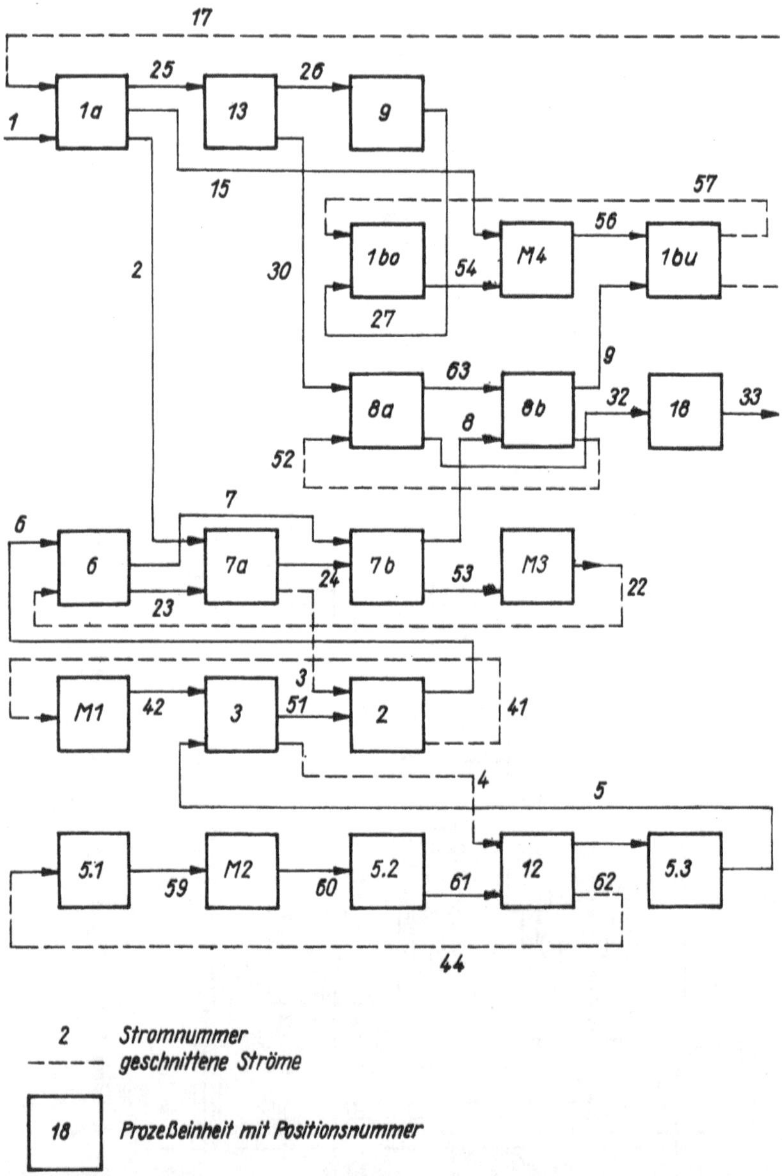

Abb. 9. Optimale Berechnungsabfolge der Einheiten des Prozeßsystems

6.3. Fragen der Modellierung und lokalen Optimierungen

Das mathematische Modell eines komplexen verfahrenstechnischen Prozeßsystems zeichnet sich durch eine komplizierte Struktur und stark nichtlineare Abhängigkeiten aus. Um ein solches Modell für die Zwecke der optimalen Steuerung zu verwenden, mußten eine Reihe von zusätzlichen Vereinfachungen getroffen werden. So gehen die thermodynamischen Funktionen als Verknüpfungsbeziehungen in Form von Polynomansätzen in das Modell ein. Weiterhin wurden die Wärmedurchgangskoeffizienten als konstant angenommen.

Als Erfahrungswert bei den Modellierungsarbeiten zeigte sich, daß eine erste Klasse von Prozessen, Apparaten und Teilsystemen existiert, in der man für Steuerungszwecke das theoretisch begründete Modell verwenden kann. Beispiele dafür sind Mischstellen und Wärmeübertrager.

Zu der zweiten Klasse zählen Prozesse, Apparate oder Teilsysteme für die zur Lösung der oben genannten Optimierungsaufgabe auf der Basis deren theoretisch begründeten Modelle spezielle vereinfachte Steuerungsmodelle erstellt werden. Zu dieser Klasse gehören Systeme mit verteilten Parametern oder Modelle, die Boden-zu-Boden-Berechnungen einschließen.

Die Ermittlung der Primärdaten für die Steuerungsmodelle erfolgte durch Abfahren von drehbaren, zentralen, zusammengesetzten Versuchsplänen. Dabei stellt ein Versuch die Durchrechnung der theoretisch begründeten Modelle dar.

Auf der Grundlage dieser Primärdaten wurde dann das entsprechende Steuerungsmodell durch Anwendung der Methode der Mehrfachregression nach EFROYMSON [43] gewonnen.

Steuerungsmodelle mußten für die Be- und Entfeuchter, sowie für die Reaktoreinheit ermittelt werden.

Im Rahmen der Mehrebenenlösungsprozedur ist es nötig, auf jedem Koordinationsschritt n nichtlineare Optimierungsprobleme mit Beschränkungen zu lösen (im vorliegenden Beispiel ist $n = 4$).

Anhand von Literaturangaben und eigenen Untersuchungen wurde dafür das von Box in [38] vorgeschlagene *Complex*-Verfahren ausgewählt. Dabei wurden gegenüber dem Originalverfahren eine Reihe von Modifikationen vorgenommen, die sich aus den Anforderungen an einen Suchalgorithmus zur lokalen Optimierung in Mehrebenenverfahren und der Optimierung verfahrenstechnischer Systeme ergeben. Das Verfahren zeichnet sich durch hohe Zuverlässigkeit aus.

Die zu lösenden lokalen Probleme haben die maximale Dimension von vier.

6.4. *Optimierung der CO-Druckkonvertierungsanlage mit der Nonfeasible-Methode*

Als Mehrebenenverfahren wurde die Nonfeasible-Methode nach LASDON/SCHOEFFLER [15] ausgewählt. Die Gründe dafür sind:

- Das Koordinationsproblem ist leicht beherrschbar, da keine Ungleichungen bei der Koordination zu berücksichtigen sind.
- Zur Lösung des Koordinationsproblems können sehr effektive Gradientenverfahren eingesetzt werden (s. Abschnitt 5.).
- Komplizierte mathematische Modelle in Form von Rechenprogrammen können ohne größere Umstellung verwendet werden, da die Nonfeasible-Methode die Berechnung der Ausgangsgrößen der Teilsysteme bei vorgegebenen Eingangs- und Steuergrößen verlangt.
- Es besteht die Möglichkeit einer Rechenzeiteinsparung.

Die Untersuchungen ergaben Vorteile der Nonfeasible-Methode gegenüber der Feasible- und der Straffunktionsmethode, sowie gegenüber der globalen Optimierung (s. Tab. 2).

Als Koordinationsalgorithmen wurden das Gradientenverfahren mit variabler Schrittweite und ein modifiziertes Verfahren nach FLETCHER/REEVES eingesetzt.

Das Koordinationsproblem ist auf Grund der durchgeführten Dekomposition von der Dimension sechs.

Eine Vorstellung vom Lösungsgebiet der Optimierungsaufgabe gibt Abb. 10. In der Ebene zweier Hauptsteuergrößen (Hochdruckdampfmenge – Strom 11 und Kondensatmenge – Strom 20) sind die aktiven Nebenbedingungen in Ungleichungsform zu erkennen (Temperatur nach der ersten Reaktorschicht und CO-Gehalt am Ausgang des Reaktors).

Wie in Abschnitt 5. erwähnt, erwies sich auch an diesem Beispiel das Koordinationsverfahren auf Gradientenbasis mit variabler Schrittweite als günstig zur Ermittlung sinnvoller Anfangswerte der Koordinationsparameter. Im

Tabelle 4: Fehler und Koordinationsparameter der dezentralen Optimierung E(I), PI(I) – *i*-ter Fehler oder Koordinationsparameter

	1. Koordinationsschritt		Optimum	
I	E(I)	PI(I)	E(I)	PI(I)
1	−0,946E+0	0,104E+0	−0,430E+0	0,104E+0
2	−0,140E+5	0,387E−1	−0,349E+3	−0,632E−3
3	0,980E+2	−0,422E−1	0,992E+2	−0,420E−1
4	0,129E+2	0,101E+0	0,887E+0	0,101E+0
5	0,965E+1	0,100E−1	−0,417E+0	0,100E−1
6	0,114E+1	0,999E−1	0,919E+0	0,999E−1

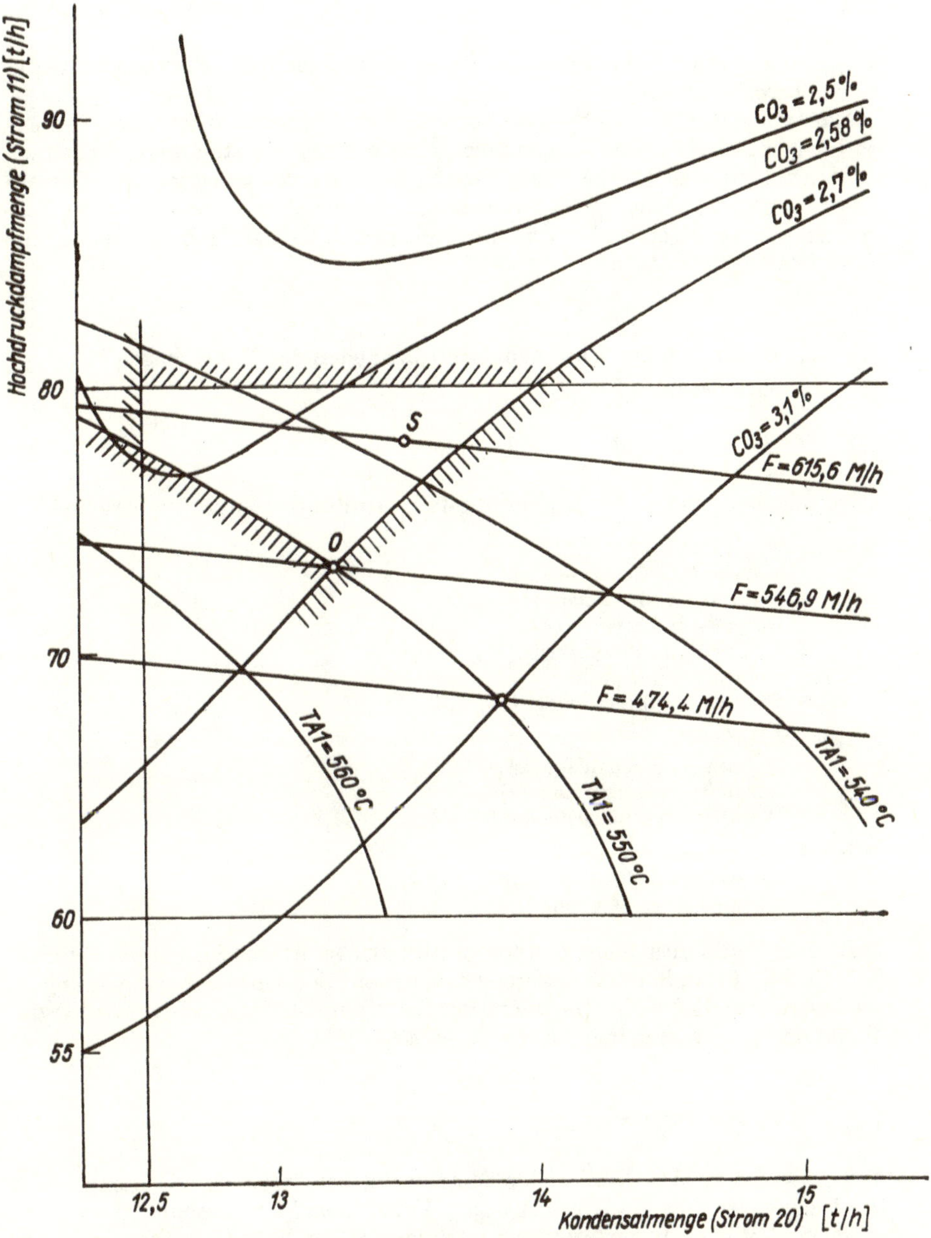

Abb. 10. Lösungsgebiet in der Ebene der Hauptsteuergrößen (Wasserdampftemperatur: 310,3 °C; Kondensattemperatur: 135,0 °C; *S* – Startpunkt; *O* – Optimum)

TA 1 – Temperatur nach der ersten Reaktorschicht; CO 3 – CO-Gehalt am Ausgang des Reaktors allgemeinen besitzt jedoch das modifizierte Verfahren nach FLETCHER/REEVES eine höhere Effektivität.

Eine vorgegebene Fehlergrenze von 1% der nominalen Werte der Wechselwirkungen zwischen den Teilsystemen konnte unterschritten werden (Tab. 4). Jedoch gelang es nicht, die Fehler beliebig klein werden zu lassen. Die Ursache hierfür liegt vermutlich im Zusammenhang zwischen der Genauigkeit der Teilsystemoptimierungen und der damit erreichbaren Genauigkeit der Lösung des Koordinationsproblems.

7. Diskussion der Anwendungsmöglichkeiten der Mehrebenenoptimierung

7.1. *Anwendungsfälle in der Literatur*

Über folgende praktische Anwendungsfälle wird in der Literatur berichtet:

Nonfeasible Methode –
- Katalytische Crackanlage [17]
- WILLIAMS-OTTO-Anlage [18]
- Acrylnitrilreaktorsystem [2]
- Wärmeübertragerkaskade [44]
- Reforming-Anlage [45]
- Erdölverarbeitungsanlage [48]

Feasible Methode –
- Monochlorbenzenanlage [24]
- Acrylnitrilreaktorsystem [2]
- Wassermengensteuerung [46]

Parametrische Optimierung –
- Aluminiumoxid-Anlage [29]
- Rübenzuckerfabrik [30]

In den Veröffentlichungen werden erfolgreiche Anwendungen beschrieben [17, 45, 24, 46, 29, 30] und andererseits auch auf Schwierigkeiten eingegangen, die besonders mit der Nichterfüllung der Sattelpunktbedingung der LAGRANGE-Funktion (4.10) zusammenhängen [2, 44, 48].

7.2. *Vergleich der Methoden*

Bei Anwendung der Nonfeasible Methode treten nach der Dekomposition die Eingangsgrößen $\mathbf{u}_i$ als unabhängige Variable auf und deshalb ist es leicht möglich, daß die lokalen Probleme in einigen dieser Variablen linear sind und somit das Koordinationsproblem nicht gelöst werden kann [2, 44]. Unabhängig davon kann jedoch die so erreichte Lösung für praktische Belange suboptimal sein [48].

Die Lösung des Koordinatenproblems bei der Feasible-Methode verlangt die Kenntnis der zulässigen Menge der Wechselwirkungsvektoren. Diese Menge hängt aber von den lokalen Restriktionen ab und wird im allgemeinen bei nichtlinearen Modellen nicht angebbar sein.

Diese Nachteile der beiden Methoden kann die Straffunktionsmethode teilweise beseitigen, da einmal linear in die Zielfunktionen eingehenden Variablen nichtlineares Verhalten aufgezwungen wird und zum anderen für die Auswahl der Wechselwirkungen keine Grenzen zu berücksichtigen sind. Erkauft wird dieser Vorteil mit erhöhtem Rechenzeitaufwand (s. Tab. 3).

Bezüglich des Rechenzeitvergleiches zwischen einer globalen Lösung und der Lösung mit einer Methode der Mehrebenenoptimierung sind aus der Literatur sich widersprechende Aussagen bekannt. In [34] und besonders am Beispiel der CO-Druckkonvertierung (Abschnitt 6.) konnte gezeigt werden, daß bei Anwendbarkeit der Nonfeasible Methode Rechenzeitvorteile gegenüber der herkömmlichen Lösungsvariante erzielt werden können. Solche Vergleiche stehen natürlich immer unter dem Einfluß der Wahl der Anfangswerte, der Abbruchschranken und konkreter Suchalgorithmen.

Für Probleme der vorgestellten Art können nach Meinung der Autoren Vorteile bei Anwendung der Mehrebenenoptimierung nicht so sehr durch Reduktion der Dimension der Probleme erzielt werden, sondern dadurch, daß bei der Dekomposition komplizierte implizite Grenzen in leichter zu berücksichtigende explizite zu transformieren sind.

7.3. *Anwendungsmöglichkeiten der Mehrebenenoptimierung*

Die Erfahrungen in [34] gestatten die Aussage, daß die Mehrebenenoptimierung für ein mehrmaliges Abarbeiten für Steuerungszwecke eine effektive Lösungsvariante sein kann (besonders bei paralleler Lösung der lokalen Probleme). Jedoch für eine einmalige Optimierung im Rahmen der Entwurfsarbeiten erscheinen die rechentechnischen Vorarbeiten zu aufwendig.

Ebenso erscheint die Kopplung von Mehrebenenoptimierungsalgorithmen mit Simulationsprogrammen zur Zeit nicht sinnvoll, da das Dekompositionsproblem ungenügend gelöst ist.

Im vorliegenden Beitrag wurde die Mehrebenentechnik zum größten Teil als Algorithmus der nichtlinearen Optimierung aufgefaßt und dargestellt. Für die weiteren Untersuchungen wichtiger ist jedoch die Interpretation der Mehrebenenoptimierung als eine erste noch unvollständige Algorithmisierung der Arbeitsweise hierarchischstrukturierter Leitungs- und Steuerstrukturen, die sich evolutionär in Natur, Gesellschaft und Technik herausgebildet und als effektiv erwiesen haben.

8. Verwendete Symbole

$\mathbf{x}_i$ — Vektor der Ausgangsgrößen
$\mathbf{m}_i$ — Vektor der Steuergrößen
$\mathbf{u}_i$ — Vektor der Eingangsgrößen
$\mathbf{N}_{ij}$ — Koppelmatrix
π_i, λ_i — Lagrange-Multiplikatoren
η_i — Kuhn-Tucker-Multiplikatoren
$\mathbf{e}_i$ — Fehlervektor
α_i — Vorhersage der Ausgangsgröße $\mathbf{x}_i$
i, j, k, r — Indizes

9. Literatur

[1] Umeda, T.: „*Studies of the Optimal Design of Chemical Processing Systems*“, Dr. Eng. Thesis, Tokyo 1972

[2] Möllmann, P.: „*Ein Beitrag zur Anwendung hierarchischer Methoden beim Entwurf und bei der Optimierung verfahrenstechnischer Systeme*“, Dissertation, TH-Leuna-Merseburg, 1975

[3] Brack, G., Maertens, H.-D.: „*Prozeßautomatisierung*“, RA 164, Verlag Technik, Berlin, 1974

[4] Autorenkollektiv: „*Analyse und Steuerung von Prozessen der Stoffwirtschaft*“, Akademie-Verlag und VEB Deutscher Verlag für Grundstoffindustrie, 1971

[5] Bernard, J. W., Howard, G. M.: „*Organizing multilevel process control systems, Automation*“, March, 1970, pp. 78—84

[6] Mesarovic, M., D. Macko, J. Takahara: „*Theory of Multilevel Hierarchical Systems*“. New York/London, Academic Press 1970

[7] Mesarovic, M. D., L. Lefkowitz, J. D. Pearson: „*Advances in Multilevel Control*“, Proc. of IFAC Tokyo Symposium 1965

[8] Ковальский, М. И., А. Г. Плискин: Проблема оптимизации непрерывного производства: состояние и забачи. Автонатика и телемеханика **38** (1974) H. 5, S. 190

[9] Lefkowitz, I.: „*Multilevel Approach Applied to Control System Design*“. Transactions ASME, **88** *D* (1966), H. 2

[10] Straszak, A.: „*On the Structure Synthesis Problem in Multi-Level Control Systems*“, Proc. of IFAC Tokyo Symposium 1965

[11] Straszak; A.: „*On the Synthesis of Large Scale Multi-Level Systems*“, Proc. of IFAC Congres. Warschau 1969

[12] Straszak, A.: Методы синтеза структур управления большими системами. Сборник: Методы оптимизации и управления в больших системах. София: 1968

[13] Findeisen, W.: Системы с многими уровнями управления. Автоматика и Телемеханика **34** (1970), H. 9, S. 86—95

[14] Findeisen, W., I. Lefkowitz: „*Design and Applications of Multilayer Control*“. Proc. of IFAC Congres, Warschau 1969

[15] Lasdon, L. S., J. D. Schoeffler: „*A Multi-Level Technique for Optimization*“. Preprints of Joint Automatic Control Conference 1965

[16] Lasdon, L. S., J. D. Schoeffler: „*Dezentralised Plant Control*“. 19th Annual ISA Conference 1964, New York

[17] Brosilow, C., E. Nunez: „*Multi-Level Optimization Applied to a Catalytic Cracking Plant*“. The Canadian Journal of Chemical Engineering **46** (1968), H. 6, S. 205 bis 212

[18] JUNG, B. S., W. MIROSH, W. H. RAY: *„Large Scale Process Optimization Techniques Applied to Chemical and Petroleum Processes"*. The Canadian Journal of Chemical Engineering 49 (1971), H. 12, S. 844–862

[19] Ульм, С.: Об оптимизации на двух уровнях. Изв. ак. наук ЭССР, том XVIII, Физика/Математика, 1969, Nr. 1

[20] MESAROVIC, M. D., D. MACKO, Y. TAKAHARA: *„Two Coordination Principles in Large Scale Systems"*, Control. Proc. of 4th Ifac Congress, Warszawa, 1969

[21] TAKAHARA, Y., M. D. MESAROVIC: *„Coordinability of Dynamic Systems"*. IEEE Transactions On Automatic Control *AC*-14 (1969), H. 6, 688–698

[22] MESAROVIC, M. D., D. MACKO, Y. TAKAHARA: *„Structuring of Multilevel Systems"*. Proc. IFAC Symp. Multivariable Systems. Düsseldorf, 1968

[23] BROSILOW, C. B., L. S. LASDON, J. D. PEARSON: *„Feasible Optimization Methods for Interconnected Systems"*. Preprints of the Joint Automatic Control Conference 1965

[24] UMEDA, T., A. SHINDO, E. TAZAKI: *„Optimal Design of Chemical Process by Feasible Decomposition Method"*, I&EC Process Design and Development 11 (1972), H. 1, S. 1–7

[25] FINDEISEN, W.: *„Parametric Optimization by Primal Method in Multilevel Systems"*. IEEE Transactions on Systems Science and Cybernetics. *SSC*-4 (1968), H. 2, S. 155–164

[26] FINDEISEN, W.: *„Control and Coordination in Multilevel Systems"*. Technical Report No. 5/1974 Technical University of Warsaw

[27] TATJEWSKI, P.: *„Coordination of nonlinear programming problems by use of penalty functions"*. Bdstawy Sterowania, Nr. 1, 1974

[28] GARTELOUP, G., A. TITLI: *„Principles Generaux Et Applications En Genie Chimique De La Commande Optimale Statique Et Dynamique A Plusieurs Niveaux"*. 4th CHISA Congress of Chemical Endineering

[29] FINDEISEN, W., J. SZYMANOWSKI, J. PULACZEWSKI, M. BRDYS: *„Two-Level Optimization in a Aluminium Oxide Production"*. 5th IFAC Congress, Paris, 1973

[30] FINDEISEN, W., J. PULACZEWSKI, A. MANTIUS: *„Multilevel Optimization and Dynamic Coordination of Mass Flows in a Beet Sugar Plant"*. 4th IFAC Congress, Warschau 1969

[31] HADLEY, G.: *„Nichtlineare und dynamische Programmierung"*, Verlag Die Wirtschaft, Berlin 1969

[32] FIACCO, A., G. P. MCCORMICK: *„Nonlinear Programming"*, John Wiley an Sons, New York 1968

[33] LASDON, L. S.: *„Optimization Theory for Large Systems"*. McMillan, London, 1970

[34] AUERBACH, D., GRAUER, M.: *„Ein Beitrag zur optimalen Steuerung komplexer Prozeßsysteme mit Methoden der Mehrebenenoptimierung"*. Dissertation TH Merseburg, 1975

[35] AUERBACH, D., GRAUER, M.: *„Koordinationsalgorithmen zur statischen dezentralen Optimierung komplizierter technologischer Prozesse"*, msr 17 (1974), H. 6, H. 7

[36] AUERBACH, D., GRAUER, M.: *„Verfahren der Tangentialapproximation als Koordinationsalgorithmen für die Mehrebenenoptimierung"* (in Vorbereitung)

[37] WOLFE, Ph.: *„The Secant Method for Simultaneous Nonlinear Equetions"*. Communications of the ACM 2 (1959), Nr. 12, P. 12–13

[38] BOX, M. J.: *„A new method of constrained optimization and a comparison with other methods"*. Computer Journal 8 (1965), H. 1, S. 42

[39] BOJARINOW, A. I., KAFAROW, W. W.: *„Optimierungsmethoden in der Chemie und chemischen Technologie"*, Akademie-Verlag, Berlin 1972

[40] FLETCHER, R., C. M. REEVES: „*Function Minimization by Conjugate Gradients*". Computer Journal 7 (1964), H. 2, S. 149–154

[41] FLETCHER, R., M. J. D. POWELL: „*A Rapidly Convergent Descent Method for Minimization*". Computer Journal **6** (1963), H. 2, S. 163–168

[42] LEE, W., D. F. RUDD: „*On the Ordering of Recycle calculations*". AICHE-Journal **12** (1966), H. 6, S. 1184–1190

[43] RALSTON, A., H. S. WILF: „*Mathematische Methoden für Digitalrechner I*". R.-Oldenburg-Verlag, Wien/München 1972

[44] AVERY, C. J., FOSS, A. G.: „*A Shortcoming of the Multilevel Optimization Technique*", AICHE-Jour., Vol. 17, No. 4, pp. 998–999

[45] „*Proceedings of the Workshop Discussion on Multilevel Control*", Institute of Automatic Control, Technical University of Warsaw, Warszawa, June 1975

[46] REINISCH, K., HEESCHER, A., SCHMITT, R., IRMSCHER, ST.: „*On Multilevel Optimization of Nonlinear Systems with Application to a Water Managment Problem*", in [45]

[47] JANKOWSKI, W.; PULACZEWSKI, J.: „*Multilevel Optimization of Complex quasi — static chemical Process*", in [45]

[48] WHITE, G. W. T.: „*Some Studies in the Application of Multilevel optimisation at Cambridge University*", *in* [45]

Optimierung bei Parameterunsicherheit für den Entwurf und die Steuerung verfahrenstechnischer Systeme

(R. Dittmar, K. Hartmann)

Summary

The consideration of the incertainity of physical-technical, technological, and economic parameters of mathematical models in nonlinear optimization for the purpose of the design and control of chemical processes is investigated. Local (sensiticity-theoretical) and nonlocal (decision-theoretical) strategies are explained and evaluated.

For the so-called strategy of expected values, an algorithm is derived which permits complicated design and control problems to be solved. Measures are developed for estimating the effectivity and determining the decrease of the global sensitivity of the objective function of the process.

The strategy of the expected value is applied to the optimum control of the static behaviour of industrial catalytic fixed-bed reactors.

From among the local strategies, the determination of optimum design margins (safety factors) is enlarged, applied to a reactor-separator system, and compared with the nonlinear minimax strategy.

1. Einleitung

Für die ökonomisch günstige Gestaltung stoffwirtschaftlicher Verfahren spielen die mathematische Modellierung und Optimierung verfahrenstechnischer Elemente und Systeme eine entscheidende Rolle. Das gilt sowohl für die Rekonstruktion und die Rationalisierung bestehender, als auch für den Entwurf neuer Verfahren sowie für die Aufgaben der Steuerung und Automatisierung verfahrenstechnischer Prozesse.

In den vergangenen Jahren wurde eine Vielzahl von Methoden zur problemgerechten Lösung verfahrenstechnischer Optimierungsaufgaben entwickelt [1—3]. Diese Methoden basieren auf der Kenntnis der mathematischen Modelle der Elemente des verfahrenstechnischen Systems. Die mathematischen Modelle widerspiegeln das technische Objekt dabei entsprechend den wissenschaftlich-technischen Möglichkeiten einerseits und dem Verwendungszweck der Modelle andererseits. Nicht nur die Ungenauigkeit der mathematischen Modelle selbst, sondern auch die Unsicherheit der in sie eingehenden physikalisch-chemischen, konstruktiven, technologischen und evtl. auch ökonomischen Parameter führen dazu, daß die mit mathematischen Optimierungsmethoden gewonnenen Lösungen selten ohne Korrektur in die Praxis eingeführt werden. Mit dem vorliegenden Beitrag wird das Ziel verfolgt, die Parameterunsicherheit der mathematischen Modelle in die Optimierung verfahrenstechnischer Systeme zu deren Entwurf und Steuerung einzubeziehen.

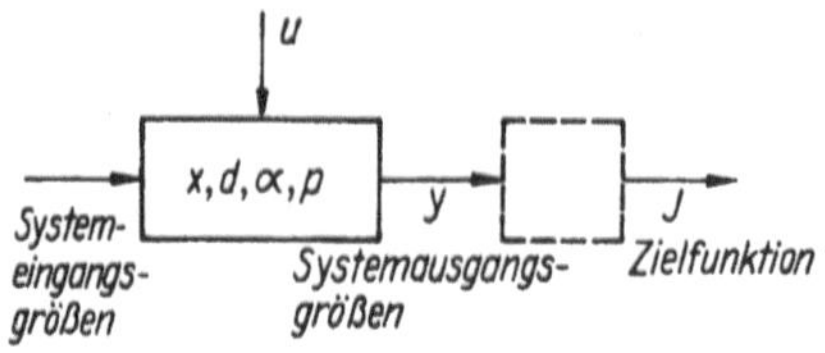

Abb. 1. Schematische Darstellung eines verfahrenstechnischen Systems

1.1. *Mathematische Formulierung der Entwurfs- und Steuerungsaufgaben*

Zunächst wird die Aufgabe des optimalen Entwurfs eines verfahrenstechnischen Systems, wie es schematisch in Abb. 1 dargestellt ist, erläutert. Sie besteht darin,

a) die Hauptabmessungen seiner Elemente (Entwurfsgrößen),
b) die Werte der Prozeßgrößen (Steuergrößen)

so festzulegen, daß unter Einbeziehung bestimmter Nebenbedingungen eine vorgegebene Zielfunktion extremiert wird. Mathematisch läßt sich dieser Sachverhalt folgendermaßen formulieren:

$$J^* = \min_{\substack{d \in D \\ u \in U}} [J(x, u, d, p_N)] \tag{1.1}$$

$$g_i(x, u, d, p_N) = 0 \qquad i = 1 \dots n \tag{1.2}$$

$$h_j(x, u, d, p_N) \leqq 0 \qquad j = 1 \dots k \tag{1.3}$$

Dabei bedeuten:

x — den Zustandsgrößenvektor [dim $(x) = n$];
u — den Steuergrößenverktor [dim $(u) = r$];
d — den Entwurfsgrößenvektor [dim $(d) = m$];
p_N — den Vektor der Modellparameter [dim $(p_N) = q$];
J — die Zielfunktion des Prozesses.

Die Gleichungen g_i des Prozesses symbolisieren das mathematische Modell, die Ungleichungen h_j die der Optimierungsaufgabe auferlegten Beschränkungen. Das Symbol N deutet an, daß die Aufgabe (1.1—1.3) zunächst für fixierte Nennwerte der Modellparameter zu lösen ist. Diese Aufgabe wird im folgenden als „ursprüngliche Optimierungsaufgabe" oder „Optimierung bei Nennwerten der Modellparameter" bezeichnet. Natürlich ist es möglich, daß statt der Minimierung der Zielfunktion deren Maximierung gefordert wird. Dann ist nur das Vorzeichen der Zielfunktion umzukehren.

Unter dem Begriff der optimalen Steuerung verfahrenstechnischer Systeme werden i. a. alle Maßnahmen zusammengefaßt, die der Beeinflussung des

Betriebsverhaltens mit der Aufgabe der Extremierung einer Zielfunktion dienen [4]. Das zu steuernde System muß also bereits existieren. Die Steuerungsaufgaben umfassen die Beeinflussung des statischen und des dynamischen Verhaltens. Im vorliegenden Beitrag werden Fragen der Steuerung des dynamischen Verhaltens nicht untersucht. Unter dem Begriff „optimale Steuerung“ wird daher stets die Steuerung des statischen Verhaltens verstanden. Diese Aufgabe läßt sich analog zu (1.1—1.3) formulieren:

$$\begin{aligned} & J^* = \min_{u \in U} [J(x, u, p_N)] \\ & g_i(x, u, p_N) = 0 \qquad i = 1 \ldots n \\ & h_j(x, u, p_N) \leqq 0 \qquad j = 1 \ldots k \end{aligned} \tag{1.4}$$

Als zusätzliche „Parameter“ gegenüber der Entwurfsaufgabe werden hierbei die äußeren Störgrößen des Prozesses aufgefaßt.

1.2. Parameterunsicherheit

Die Lösung der Optimierungsaufgaben (1.1—1.3) und (1.4) ist an die Kenntnis fester Werte für die Parameter p (Nennwerte p_N) gebunden. Diese Parameter sind jedoch i. a. nur näherungsweise bekannt. Unter dem Begriff der Parameterunsicherheit werden hier verschiedene Erscheinungen zusammengefaßt. Es handelt sich dabei einmal um die Ungenauigkeit von Parametern, die in den mathematischen Modellen verwendet werden. Diese Ungenauigkeit ist darin begründet, daß eine Vielzahl von Parametern durch Messungen ermittelt werden und daher mit Fehlern behaftet sind. Das gilt sowohl für Modellparameter, die aus Tabellenwerken übernommen werden als auch für solche, die durch Messungen an einer Versuchs-, Pilot- oder Großanlage ermittelt werden. Zu dieser Gruppe gehören z. B. kinetische Konstanten, Wärme- und Stoffaustauschkoeffizienten.

Die zweite Erscheinung ist die Änderung von Parametern während des Betriebs der Anlage. Das können sowohl monotone als auch stochastische Parameteränderungen sein. Selbst wenn das für eine optimale Steuerung des statischen Verhaltens verwendete mathematische Modell in gewissen Zeitabständen nachgeführt wird, bleibt die statistische Unsicherheit der Parameter erhalten. Unter die zweite Gruppe fallen sowohl „innere“ Modellparameter (z. B. Katalysatoraktivität, Wärmeübergangskoeffizient) als auch äußere Störgrößen (z. B. Eingangszustand, Umgebungszustand). Unter der Voraussetzung, daß die Parameteränderungen langsam genug erfolgen und nicht zu groß sind, läßt sich eine einheitliche mathematische Behandlung der beiden Gruppen durchführen. Dies wie auch die Gültigkeit des mathematischen Modells soll im folgenden immer vorausgesetzt werden.

Das Ergebnis der Optimierung nach (1.1) oder (1.4) ist von den aktuellen Werten der Parameter abhängig; das gilt sowohl für den Optimalwert der Zielfunktion als auch für die optimalen Werte der Entwurfs- und Steuergrößen (Entscheidungsvariablen). Die Abweichungen zwischen den zu p_N gehörigen Werten J_N^*, d_N^* und u_N^* einerseits und dem zu einem aktuellen Parametervektor p andererseits gehörigen Werten J^*, d^* und u^* sind von der Größe der Differenz $p - p_N$ und vom konkreten technologischen Prozeß abhängig. Die auf der Grundlage der Nennwerte p durch Optimierung gewonnenen Werte J_N^*, d_N^* und u_N^* sind also risikobehaftet, da die optimalen Werte der Zielfunktion und der Entscheidungsvariablen gegenüber Parameterunsicherheit empfindlich sind.

Aus der Parameterunsicherheit resultieren einige Fragestellungen für die Optimierung, z. B.:

a) Wie ändert sich der Wert der Zielfunktion des Prozesses in Abhängigkeit von den Parameterwerten bei konstanten Entscheidungsvariablen?
b) Wie sind die Entscheidungsvariablen zu korrigieren, wenn sich das System bei geänderten Parameterwerten weiter optimal verhalten soll?
c) Wie genau müssen die Parameter bestimmt werden, wenn bei unveränderlichen Entscheidungsvariablen sich der Wert der Zielfunktion nur in einem bestimmten Bereich bewegen darf?
d) Wie läßt sich die Parameterunsicherheit quantifizieren und von vornherein in die Optimierung einbeziehen?

Für die Lösung der ersten drei Fragen haben sich Empfindlichkeitsmethoden bewährt [5, 6].

Der vorliegende Beitrag befaßt sich im wesentlichen mit dem vierten der hier aufgeführten Probleme. Dabei werden im Abschnitt 2. zunächst die Strategien zur Optimierung bei Parameterunsicherheit systematisiert und erläutert. Im Abschnitt 3. wird ein Algorithmus vorgestellt, mit dessen Hilfe man komplizierte Entwurfs- und Steuerungsaufgaben mit Berücksichtigung der Parameterunsicherheit durch eine der vorher erläuterten Strategien (Erwartungswertstrategie) lösen kann. Im Abschnitt 4. erfolgt die Anwendung dieses Algorithmus auf die Lösung eines Steuerungsproblems. Im Abschnitt 5. ist ein Verfahren zur optimalen Wahl von Sicherheitsfaktoren für die Kompensation von Parameterunsicherheiten erläutert. Es wird auf den Entwurf eines Reaktor-Separator-Systems angewendet.

Auf die Behandlung der numerischen Aspekte wird in allen Abschnitten Wert gelegt; alle Beispiele wurden auf dem im VEB PCK Schwedt installierten Digitalrechner ICL 4130 gelöst. Die angegebenen Rechenzeiten sind auf diesen Rechner bezogene Kernspeicherzeiten.

2. Strategien zur Optimierung bei Parameterunsicherheit

In diesem Abschnitt sollen die wesentlichen aus der Literatur bekannten Strategien zur Optimierung bei Parameterunsicherheit erläutert werden. Dabei wird zwischen lokalen Methoden (Empfindlichkeitsmethoden) und globalen (entscheidungstheoretischen) Methoden unterschieden. Die erste

Gruppe von Methoden hat das Ziel, durch einen Kompromiß zwischen der Optimalität des Systems und seiner Empfindlichkeit gegenüber Parameteränderungen deren Einfluß auf das Systemverhalten abzuschwächen. Dabei werden nur die lokalen Eigenschaften der Zielfunktion des Prozesses berücksichtigt. Die zweite Gruppe von Methoden verfolgt die Zielstellung, die Parameterunsicherheit des mathematischen Modells durch Formulierung neuer Zielfunktionen (Entscheidungskriterien) im globalen Sinn zu berücksichtigen [8, 9]. Den an einer Übersicht über die bisher bekannten Anwendungen dieser Methoden auf den Entwurf und die Steuerung verfahrenstechnischer Systeme interessierten Leser verweisen wir auf [50].

2.1. *Empfindlichkeitsmethoden*

Bei der ersten Gruppe von Methoden wird ein Polyoptimierungsproblem in der Weise formuliert, das System einerseits optimal zu entwerfen oder zu steuern, andererseits die Empfindlichkeit der Zielfunktion gegenüber Parameteränderungen möglichst klein zu halten.

2.1.1. *Modifikation der Zielfunktion* [10—12]

Zur ursprünglichen Zielfunktion wird ein neuer Term hinzugefügt, der die Empfindlichkeit gegenüber Parameteränderungen zum Ausdruck bringt:

$$\hat{J} = \sum_{i=1}^{q} \lambda_i \frac{\delta J}{\delta p_i} \frac{p_i}{J}. \tag{2.1}$$

Damit lautet die neue Optimierungsaufgabe

$$\min_{d,u} \left\{ J(x, u, d, p_N) + \sum_{i=1}^{q} \lambda_i \frac{\delta J}{\delta p_i} \frac{p_i}{J} \right\}. \tag{2.2}$$

Natürlich lassen sich auch Empfindlichkeitsterme der Art $\frac{\delta x}{\delta p}$ in die Zielfunktion einführen, wenn die Reduktion der Empfindlichkeit von bestimmten

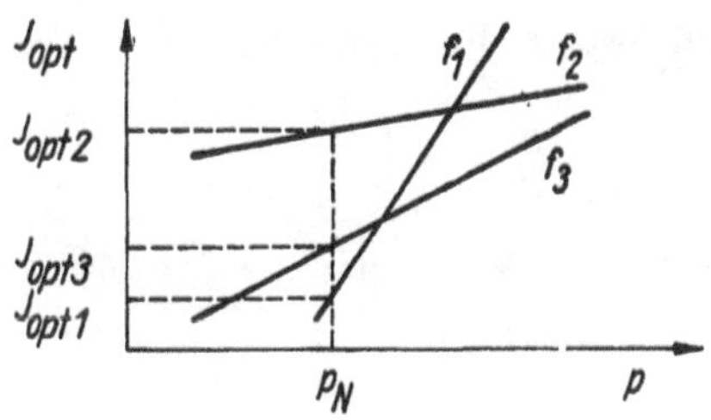

Abb. 2. Modifizierung der Zielfunktion durch einen Empfindlichkeitsterm

Zustandsgrößen erforderlich ist. Abb. 2 veranschaulicht das Problem für ein Einparameterbeispiel. Die Funktion f_1 stellt den ursprünglichen Optimalwert der Zielfunktion aus (1.4) in Abhängigkeit von einem Parameter p dar. Der Anstieg dieser Funktion im Punkt p_N ist der Empfindlichkeit der Zielfunktion gegenüber Parameteränderungen gleichzusetzen. Die Funktion f_2 stellt den Wert der optimalen Zielfunktion in Abhängigkeit von p dar, wenn nur der Term (2.1) minimiert wird. Die Empfindlichkeit ist hier minimal, der Abstand zum ursprünglichen Optimum aber groß. Die Funktion f_3 zeigt die mit Hilfe von (2.2) gewonnene Kompromißlösung.

Die Schwierigkeit dieser Methode liegt in der Wahl der Wichtungsfaktoren λ_i. Mit ihrer Hilfe läßt sich der Kompromiß zwischen Optimalität und Empfindlichkeit steuern. Deutlich ist zu erkennen, daß nur die lokale Empfindlichkeit der Zielfunktion $\frac{\delta J}{\delta p}$ berücksichtigt wird.

2.1.2. *Einführung von Empfindlichkeitsnebenbedingungen* [11, 12]

Ein zweiter Weg, Empfindlichkeitskriterien in die Optimierung einzubeziehen, besteht darin, zur ursprünglichen Optimierungsaufgabe Empfindlichkeitsnebenbedingungen hinzuzufügen. Dieser Weg ist geeignet, wenn aus der Aufgabe Empfindlichkeitstoleranzen hervorgehen. Wenn man mit ξ_i die Empfindlichkeitsschranken bezeichnet, lautet die neue Optimierungsaufgabe

$$\min_{u,d} J(x, u, d, p_N)$$

$$\left|\frac{\delta J}{\delta p_i} \frac{p_i}{J}\right| \leqq \xi_i. \tag{2.3}$$

Man kann bei der Lösung so vorgehen, zunächst nur die ursprüngliche Aufgabe (d. h. (2.3) ohne Nebenbedingungen) zu behandeln und zu überprüfen, ob die Empfindlichkeitsnebenbedingungen eingehalten werden. Ist das nicht der Fall, verwandeln sich die Nebenbedingungen in solche von Gleichungsform

$$\left|\frac{\delta J}{\delta p_i} \frac{p_i}{J}\right| = \xi_i. \tag{2.4}$$

Dann läßt sich auch eine modifizierte Zielfunktion der Form

$$\hat{J} = J(x, u, d, p_N) + \sum_{i=1}^{q} \lambda_i \left[\frac{\delta J}{\delta p_i} \frac{p_i}{J} - \xi_i\right] \tag{2.5}$$

angeben (Straffunktionsmethode).

2.1.3. *Hierarchische Optimierung* [13]

Die ursprüngliche Zielfunktion (1.1) und die Empfindlichkeitsfunktion (2.1) werden hierbei als unabhängig aufgefaßt. Es wird nun zunächst die ursprüngliche Aufgabe

$$\min_{u,d} J(x, u, d, p_N)$$

gelöst. Daraus sollen die optimalen Entscheidungsvariablen u_1^* und d_1^* resultieren. Anschließend löst man die Aufgabe

$$\min_{u,d} \left[\sum_{i=1}^{q} \lambda_i \frac{\delta J}{\delta p_i} \frac{p_i}{J} \right],$$

woraus die Entwurfs- und Steuergrößen d_2^* und u_2^* resultieren. Im zweiten Schritt ist jedoch eine der beiden folgenden, aus dem ersten Schritt hervorgehenden Nebenbedingungen zu beachten:

1. Es wird gefordert, daß sich der Wert der Zielfunktion, der sich beim Einsetzen der Werte u_2^* und d_2^* ergibt, um nicht mehr als $\varepsilon\%$ von dem abweicht, der sich bei Einsetzen von u_1^* und d_1^* ergibt:

$$J(x, u_2^*, d_2^*, p_N) \geqq \left(1 - \frac{\varepsilon}{100}\right) J(x, u_1^*, d_1^*, p_N). \tag{2.6}$$

2. Es wird gefordert, daß sich die Optimalwerte der Entscheidungsvariablen um weniger als $\varepsilon\%$ voneinander unterscheiden:

$$\left| \frac{d_2^* - d_1^*}{d_1^*} \right| < \frac{\varepsilon}{100}, \qquad \left| \frac{u_2^* - u_1^*}{u_1^*} \right| < \frac{\varepsilon}{100}. \tag{2.7}$$

Da die hier eingeführten Nebenbedingungen die Werte der Zielfunktion bzw. der Entscheidungsvariablen betreffen, ist eine Formulierung der Aufgabe leichter als bei der Festlegung von Empfindlichkeitsnebenbedingungen oder gar der Modifikation der Zielfunktion. Allerdings müssen zwei vom Schwierigkeitsgrad her etwa gleiche Optimierungsprobleme gelöst werden.

2.1.4. *Bestimmung optimaler Sicherheitsfaktoren* [14–16]

Beim Entwurf verfahrenstechnischer Systeme werden häufig auf die entscheidenden Entwurfsgrößen Sicherheitsfaktoren aufgeschlagen, um die Parameterunsicherheit in den für den Entwurf verwendeten mathematischen Modellen vorbeugend zu kompensieren.

Die Festlegung solcher Sicherheitsfaktoren hat mitunter einen wesentlichen Einfluß auf die Festkosten verfahrenstechnischer Anlagen, und mit deren zunehmenden Komplexität wird eine empirische Festlegung solcher Sicherheitsfaktoren (Entwurfsgrößenzuschläge) immer weniger vertretbar.

Die in [14] entwickelte Methode zur wissenschaftlich begründeten Festlegung von Sicherheitsfaktoren ist ebenfalls eine lokale Methode, die eine Empfindlichkeitsanalyse zur Linearisierung des mathematischen Modells verwendet. Auf Grund des Umfangs des mathematischen Apparats wird eine Darlegung des Verfahrens in Abschnitt 5. vorgenommen.

2.2. *Verfahren der statistischen Entscheidungstheorie*

Die im folgenden erläuterten Methoden sind globaler Natur und daher nicht an kleine Parameteränderungen oder -unsicherheiten gebunden.

Vom Standpunkt der statistischen Entscheidungstheorie besteht die grundlegende Aufgabe der Optimierung bei Parameterunsicherheit darin, das durch eben diese Unsicherheit hervorgerufene Entscheidungsrisiko so gering wie möglich zu halten [17]. Unter Risiko wird dabei im statistischen Sinn der Erwartungswert einer Verlustfunktion verstanden:

Zu einem aktuellen Wertesatz der Modellparameter p gehöre die optimale Entscheidung (d^*, u^*). Dann wird der durch eine nichtoptimale Entscheidung (d, u) hervorgerufene Verlust V durch

$$V(d, u, p) = J(d, u, p) - \min_{\substack{u \in U \\ d \in D}} [J(d, u, p)] \tag{2.8}$$

gegeben. Dessen Erwartungswert im Variationsbereich der Parameter P bezeichnet man als mittleres Risiko $R(d, u)$

$$R(d, u) = \int\int_{p \in P} \cdots \int V(d, u, p)\, \varphi(p)\, dp. \tag{2.9}$$

Dabei bedeutet $\varphi(p)$ die Verteilungsdichtefunktion der Parameter. Das erste und zugleich allgemeinste Kriterium zur Optimierung unter Parameterunsicherheit im Sinne der statistischen Entscheidungstheorie lautet somit:

$$R(u^*, d^*) = \min_{\substack{u \in U \\ d \in D}} \left\{ \int\int_{p \in P} \cdots \int \left[J(u, d, p) - \min_{\substack{u \in U \\ d \in D}} J(u, d, p) \right] \varphi(p)\, dp \right\}. \tag{2.10}$$

Da die Lösung dieser Aufgabenstellung für eine kompliziert zu berechnende Zielfunktion $J(d, u, p)$ und $(\dim(u), \dim(d), \dim(p)) > 2$ sehr rechenzeitaufwendig ist, geht man häufig zu einfacheren Kriterien über. In [18] wurde bewiesen, daß die im folgenden angegebenen Kriterien zulässig im Sinne der statistischen Entscheidungstheorie sind.

2.2.1. *Erwartungswertstrategie* [11, 18—20]

Bei der Erwartungswertstrategie wird anstelle der ursprünglichen Optimierungsaufgabe (1.1) das Problem

$$J_E^*(u_E^*, d_E^*) = \min_{\substack{u \in U \\ d \in D}} \left\{ \underset{p \in P}{E} \left[J(d, u, p) \right] \right\} \tag{2.11}$$

gelöst. Die Parameter p werden hierbei als statistisch von ihren Nennwerten p_N abweichende Größen angesehen; diese Strategie wird daher als „optimistisch" bezeichnet. Der Erwartungswert der Zielfunktion im Variationsbereich der Parameter ergibt sich zu

$$\underset{p \in P}{E} \left[J(u, d, p) \right] = \int\int_{p \in P} \ldots \int J(u, d, p) \, \varphi(p) \, dp \tag{2.12}$$

mit $\varphi(p)$ als Verteilungsdichtefunktion der Parameter.

Der Aufwand für die Lösung dieser Aufgabe steigt mit der Kompliziertheit des mathematischen Modells, der Anzahl der Parameter und der Entscheidungsvariablen stark an. Es muß betont werden, daß die Kenntnis der Verteilungsdichtefunktion $\varphi(p)$ Voraussetzung für die Lösung der Erwartungswertaufgabe ist. Häufig können für sie aber sinnvolle Annahmen getroffen werden.

2.2.2. *Minimaxstrategie* [18, 22, 23]

Wenn das nicht der Fall ist, kann man zur sogenannten Minimaxstrategie übergehen:

$$J_M^*(u_M^*, d_M^*) = \min_{\substack{u \in U \\ d \in D}} \left\{ \max_{p \in P} \left[J(d, u, p) \right] \right\} \tag{2.13}$$

Das bedeutet, statt der ursprünglichen Zielfunktion $J(d, u, p)$ deren Maximalwert im Variationsbereich der Parameter P zu minimieren. Es wird also zunächst das Maximum der Zielfunktion in P bestimmt, womit man sicher ist, daß in diesem Bereich kein größerer Zielfunktionswert existiert. Nun werden die Entscheidungsvariablen d und u so gewählt, daß dieses Maximum seinen kleinsten Wert im Bereich der zulässigen Entscheidungen annimmt. Auf diese Weise wird die globale Empfindlichkeit der Zielfunktion minimiert. Die Minimaxstrategie wird als „pessimistische" Strategie bezeichnet, da man stets von solchen Parameterkombinationen ausgeht, die den Wert der Zielfunktion maximal verschlechtern.

Demzufolge sind die Abweichungen der Zielfunktion und der Entscheidungsvariablen gegenüber J_N^*, u_N^* und d_N^* relativ groß, größer als bei der Erwartungswertstrategie. Der Aufwand zur Berechnung der Minimaxaufgabe steigt wiederum mit der Kompliziertheit des mathematischen Modells, der Anzahl der Parameter und Entscheidungsvariablen stark an. Andererseits wird nur die Kenntnis des Parameterbereichs P gefordert, was sich mit geringeren Schwierigkeiten realisieren läßt als die Vorgabe einer Verteilungsdichtefunktion $\varphi(p)$.

2.2.3. *Strategien auf der Basis der relativen Empfindlichkeit* [11, 18, 20, 24]

Von ROHRER und SOBRAL [24] wurde vorgeschlagen, in der Erwartungs- bzw. Minimaxstrategie die Zielfunktion $J(d, u, p)$ durch eine sogenannte „relative Empfindlichkeit"

$$S^R(u, d, p) = \frac{J(d, u, p) - \min\limits_{\substack{u \in U \\ d \in D}} [J(d, u, p)]}{\min\limits_{\substack{u \in U \\ d \in D}} [J(d, u, p)]} \tag{2.14}$$

zu ersetzen. Das heißt, es wird statt der Zielfunktion selbst deren relative Differenz zu ihrem für das aktuelle p optimalen Wert verwendet, was einer normierten Verlustfunktion entspricht.

Dann ergibt sich das Kriterium „Minimierung der erwarteten relativen Empfindlichkeit" zu

$$\min_{\substack{u \in U \\ d \in D}} \left\{ \underset{p \in P}{E} [S^R(d, u, p)] \right\}, \tag{2.15}$$

das Kriterium „Minimierung der maximalen relativen Empfindlichkeit" zu

$$\min_{\substack{u \in U \\ d \in D}} \left\{ \max_{p \in P} [S^R(d, u, p)] \right\}. \tag{2.16}$$

Diese Strategien sind entscheidungstheoretisch besser begründet als die Strategien 2.2.1. und 2.2.2., bringen jedoch in vielen praktischen Fällen einen zu hohen Rechenaufwand mit sich. Für die Aufgabe (2.16) ist z. B. eine dreifach verschachtelte Optimierung durchzuführen.

2.2.4. *Gemischte Strategien*

In [18] wurde der Vorschlag unterbreitet, die bisher erläuterten Verfahren der statistischen Entscheidungstheorie zu verbinden und dadurch deren Vorteile zu vereinigen. So läßt sich z. B. ein Kompromiß zwischen der Erwartungsstrategie und der Minimaxstrategie in der Form

$$\min_{\substack{u \in U \\ d \in D}} \left\{ \lambda \left[\max_{p \in P} J(d, u, p) \right]^\mu + (1 - \lambda) \left[\underset{p \in P}{E} J(d, u, p) \right]^\nu \right\}$$

schließen. Die Größen λ, μ und ν erlauben eine Steuerung des Kompromisses.

Analog lassen sich die Kriterien, die die relative Empfindlichkeit berücksichtigen, vereinigen:

$$\min_{\substack{u \in U \\ d \in D}} \left\{\lambda \left[\max_{p \in P} S^R(d, u, p)\right]^\mu + (1 - \lambda) \left[\underset{p \in P}{E} S^R(d, u, p)\right]^\nu\right\}.$$

2.2.5. *Strategien mit Diskretisierung der Verteilungsdichtefunktion der Parameter*

Verschiedene Autoren [47, 48, 49] haben vorgeschlagen, die Verteilungsdichtefunktion der Parameter in diskrete Abschnitte zu unterteilen. Bezeichnet man mit q die Anzahl der Parameter und mit α die Anzahl der Abschnitte je Parameterachse (der Einfachheit halber wird angenommen, daß jede Achse in gleich viele Abschnitte geteilt wird), so entstehen $\alpha \cdot q$-Bereiche des Parameterraums. Die Wahrscheinlichkeit w_j dafür, daß eine bestimmte Parameterkombination auftritt, ist dann gleich

$$w_j = w_{1j} w_{2j} \ldots w_{qj} \qquad (j = 1 \ldots).$$

Nach [48, 49] wird nun $\alpha \cdot q$-mal das ursprüngliche Optimierungsproblem gelöst. Die Ergebnisse J^*, u^* und d^* werden in die Diagonale einer Matrix R eingetragen. Für alle $d_{ij}^* =$ const. wird das ursprüngliche Optimierungsproblem nochmals gelöst, die Ergebnisse finden sich ober- und unterhalb der Hauptdiagonalen von R. Man bildet dann zeilenweise

$$J_{\min ij} = \min_{\substack{i=1,q \\ j=1,\alpha}} J_{ij}^* \qquad \text{und} \qquad E[J_{ij}] = \sum_{\substack{i=1,q \\ j=1,\alpha}} J_{ij}^* w_{ij}.$$

Die „beste zuverlässige" Lösung ergibt sich dann spaltenweise aus

$$\max_{\substack{i=1,q \\ j=1,\alpha}} J_{\min ij} \qquad \text{bzw.} \qquad \max_{\substack{i=1,q \\ j=1,\alpha}} E[J_{ij}].$$

Dieses Vorgehen besitzt jedoch schwerwiegende Nachteile, die besonders bei der Optimierung größerer Systeme ins Gewicht fallen.

Matrix der optimalen Lösungen R nach Joffe und Levin

	P_{11} . . . $P_{q\alpha}$	$J_{\min}$	$E[J]$
	w_{11} . . . $w_{q\alpha}$		
d_{11}^*	J^*, u^* . . . J^*, u^*		
.	. .		
.	. .		
.	. .		
$d_{q\alpha}^*$	J^*, u^* . . . J^*, u^*		

Je größer die Anzahl der Parameter und die Anzahl der Abschnitte je Parameterachse werden, desto größer ist der zu betreibende Aufwand für die Optimierung. (Bei zwei Parametern mit je zwei „Niveaus" der Verteilungsdichtefunktion muß das ursprüngliche Optimierungsproblem z. B. 16mal gelöst werden.) Weiterhin kann keine Aussage über den Zusammenhang zwischen der Genauigkeit der Widerspiegelung der Verteilungsdichtefunktion (z. B. der Anzahl der „Niveaus") und der Zuverlässigkeit der optimalen Lösung gewonnen werden.

Die Anwendung dieser Strategie wird daher auf Fälle beschränkt bleiben, in denen einerseits ausreichend begründete Ausgangsinformationen über die Wahrscheinlichkeit des Auftretens weniger Parameterniveaus vorliegen, andererseits die Optimierungsprobleme nicht durch numerische Verfahren gelöst werden müssen.

Neben der Diskretisierbarkeit der Verteilungsdichtefunktion erscheint in [47] die Lösbarkeit des ursprünglichen Optimierungsproblems durch geometrische Programmierung als Voraussetzung für eine effektive Lösung. Da hierbei Zielfunktion und Nebenbedingungen eine bestimmte (Posinom-)Form haben müssen, wird die Anwendbarkeit des vorgeschlagenen Verfahrens eingeschränkt. Eine Übertragung auf allgemeine nichtlineare Optimierungsprobleme scheitert an der Vielzahl der dann zu lösenden ursprünglichen Aufgaben.

3. Teilaufgaben bei der Optimierung nach der Erwartungswertstrategie

Die Optimierung unter Berücksichtigung der Parameterunsicherheit nach der Erwartungswertstrategie beinhaltet die Lösung der Aufgabe

$$J_E^*(u_E^*) = \max_{u \in U} \left[\int\int \cdots \int_{p \in P} J(u, p)\, \varphi(p)\, dp \right]. \tag{3.1}$$

Es fällt sofort ins Auge, daß für eine komplizierte nichtlineare Funktion $J(u, p)$ und $\dim(p) > 2$ die direkte Lösung von (3.1) nicht mehr mit vertretbarem Zeitaufwand möglich ist. Allein die Berechnung des Erwartungswerts der Zielfunktion wird dann zu kompliziert. Daher ist es erforderlich, Teilaufgaben für einen Algorithmus anzugeben, der diese Schwierigkeiten beseitigen hilft. (Anmerkung: In diesem Abschnitt wird die Gesamtheit der Entscheidungsvariablen mit u bezeichnet und die Aufgabe der Maximierung des Erwartungswerts der Zielfunktion betrachtet).

3.1. *Ermittlung der Verteilungsdichtefunktion $\varphi(p)$*

Die Auswahl einer geeigneten Verteilungsdichtefunktion für die Modellparameter ist abhängig von der Art der betrachteten Parameter und von den zur Verfügung stehenden Informationen über deren statistische Eigenschaften.

Sie wird weiterhin von dem Aufwand bestimmt, mit dem verschiedene Verteilungsdichtefunktionen zu ermitteln oder zu berücksichtigen sind.

Am einfachsten ist die Annahme, daß die Parameter innerhalb vorgegebener Grenzen gleichverteilt sind. Diese Annahme ist z. B. für einen angenäherten optimalen Entwurf bei Parameterunsicherheit möglich. Verglichen mit allen anderen Verteilungsdichtefunktionen im selben Variationsbereich der unsicheren Parameter liefert die Gleichverteilung das sicherste, unempfindlichste Ergebnis der Optimierung, aber auch die größte Abweichung von J_N^* und u_N^* [10]. Die Verteilungsdichtefunktion hat dann (in symmetrischer Form) die Gestalt

$$\varphi(p) = \begin{cases} \dfrac{1}{\prod\limits_{i=1}^{\dim(p)} \Delta p_{i\max}}, & p_{iN} - \dfrac{\Delta p_{i\max}}{2} \leqq p_i \leqq p_{iN} + \dfrac{\Delta p_{i\max}}{2} \\ & i = 1 \dots \dim(p) \\ 0 & \text{sonst} \end{cases} \tag{3.2}$$

Sie erfordert lediglich die Kenntnis des Schwankungsbereichs $\Delta p_{\max}$ der Parameter.

Handelt es sich bei den Parametern um äußere meßbare Störgrößen, so lassen sich ihre statistischen Charakteristiken durch Messungen am statischen, stationären Objekt ermitteln. Häufig ist es dann sinnvoll, die Gaußsche Normalverteilung anzunehmen:

$$\begin{aligned} \varphi(p) &= k e^{-q/2} \\ k &= \frac{1}{(2\pi)^{n/2} \, |M|^{1/2}} \\ q &= (p - p_N)^T M^{-1} (p - p_N) \\ M &= \operatorname{cov}(p_i p_j) = \begin{pmatrix} \sigma_1^2 & \dots & \sigma_{1q} \\ \vdots & & \vdots \\ \sigma_{q1} & \dots & \sigma_q^2 \end{pmatrix} \\ |M| &= \det(M). \end{aligned} \tag{3.3}$$

Das Problem besteht dann in der Ermittlung der Dispersionen und der Kovarianzen der Parameter. Eine Näherung hierfür besteht darin, die maximale Abweichung $\Delta p_{\max}$ dem $3\sigma_{p_i}$-Bereich gleichzusetzen, dann gilt:

$$\sigma_{p_i}^2 = \frac{\Delta p_{\max}}{36}.$$

Die Kovarianzen $\sigma_{p_i p_j} (i \neq j)$ müßten in diesem Fall vernachlässigt werden.

Liegen schließlich Modellparameter vor, deren Werte durch Modellanpassung oder -nachführung ermittelt werden, lassen sich die statistischen Charakteristiken näherungsweise aus den Konfidenzgebieten abschätzen. Eine Übersicht über die möglichen Abschätzungen wird in [50] gegeben.

3.2. *Approximation des Integranden und Mehrfachintegration*

Es wird nun die Bestimmung des Erwartungswertes der Zielfunktion nach

$$E[J(u, p)] = \int\int_{p \in P} \dots \int J(u, p)\, \varphi(p)\, dp \tag{3.4}$$

betrachtet. Da die direkte Integration der Zielfunktion J nur in seltenen Fällen möglich sein wird, muß eine Approximation des Integranden $J(u, p)\, \varphi(p)$ im Parameterbereich vorgenommen werden.

Zunächst wird der Fall $\dim(p) \leq 2$ betrachtet. Je nach der Struktur des Integranden und den zur Verfügung stehenden Approximationsprogrammen kommen folgende Methoden in Betracht:

a) Lineare Regression nach der Methode der kleinsten Quadrate bzw. der TSCHEBYSCHEW-Approximation; der approximierte Integrand hat hierbei die Struktur

$$J(u, p)\, \varphi(p) = a_0 + \sum_{i=1}^{n} a_i f_i(p), \tag{3.5}$$

wobei die $f_i(p)$ vorzugebenden Funktionen der Parameter sind (am einfachsten quadratische oder kubische Form).

b) Ein- oder zweidimensionale Spline-Interpolation [25] mit natürlichen oder exponentiellen Splines.

c) Kettenbruchapproximation [26]

d) Nichtlineare Regression über einfache (z. B. hyperbolische oder exponentielle) Ansätze.

Falls nunmehr keine analytische Integration möglich ist, müssen numerische Verfahren der Einfach- bzw. Doppelintegration angewendet werden. Für $\dim(p) > 2$ sind entweder die Approximations- oder die Integrationsverfahren programmtechnisch und/oder rechenzeitmäßig zu aufwendig.

Es läßt sich jedoch für diesen Fall $\left(\dim(p) > 2\right)$ das Problem auf einfache Weise lösen, wenn Normalverteilung der Parameter vorausgesetzt werden kann und die Zielfunktion $J(u, p)$ im Parameterbereich quadratisch approximierbar ist.

Man wählt als Ansatz

$$\hat{J}(u, p) = a_0 + \sum_{i=1}^{q} a_i(p_i - p_{iN}) + \sum_{i,j=1}^{q} a_{ij}(p_i - p_{iN})\,(p_j - p_{jN}) \tag{3.6}$$

Wie man leicht nachprüfen kann, ergibt sich dann

$$E[\hat{J}(u, p)] = a_0 + \sum_{i,j=1}^{q} a_{ij}\sigma_{ij} \tag{3.7}$$

Die Berechnung des Erwartungswerts der Zielfunktion reduziert sich somit auf die Ermittlung der Dispersionen und Kovarianzen der Parameter und auf die quadratische Approximation der Zielfunktion im $3\sigma_{p_i}$-Bereich, die Mehrfachintegration entfällt.

3.3. *Optimierung des Erwartungswertes der Zielfunktion im Raum der Entscheidungsvariablen*

Bei der Auswahl eines Optimierungsverfahrens zur Lösung der Aufgabe (3.1) sind folgende Gesichtspunkte zu berücksichtigen:

a) die Berechnung des Erwartungswertes von J ist i.a. eine komplizierte und rechenzeitaufwendige Arbeit, das Verfahren soll daher schnell konvergieren;
b) es liegt ein guter Schätzwert für die Entscheidungsvariablen vor, da man von der optimalen Entscheidung bei Nennwerten der Parameter u_N^* ausgehen kann;
c) die Berechnung der Zielfunktion und ihres Erwartungswertes ist mit numerischen Unsicherheiten belastet, die Struktur des Gütegebirges ist daher „rauh".

Wir haben bei der praktischen Anwendung (vgl. Abschnitt 4.) stets das Verfahren nach Powell [3] verwendet und befriedigende Ergebnisse erzielt. Falls Nebenbedingungen in Ungleichungsform auftraten, wurden diese durch Straffunktionen berücksichtigt.

3.4. *Effektivitätsabschätzung und Verringerung der globalen Empfindlichkeit der Zielfunktion*

Wegen des relativ großen Aufwands bei der Lösung der in den vorangegangenen Teilabschnitten aufgeführten Aufgaben ist man daran interessiert, einmal bereits vor der Durchführung der Optimierungsrechnungen eine Vorabschätzung der Anwendbarkeit der Methode vorzunehmen, zum anderen den erzielbaren Nutzeffekt im Vergleich zur Optimierung bei festen Nennwerten der Parameter zu kennen, um die praktische Realisierung des Entwurfs oder der Steuerung nach der Erwartungswertstrategie begründen zu können. Dazu werden im folgenden einige Kriterien angegeben [27].

a) Vorabschätzung

Man bestimmt folgende Werte der Zielfunktion:

$$J_N^*(u_N^*) = \max_{u \in U} [J(u, p_N)] \tag{3.8}$$

$$J^*_{\min N}(u_N^*) = \min_{p \in P} [J(u_N^*, p)]. \tag{3.9}$$

Die Größe

$$\Delta J_{\text{vor}} = J_N^*(u_N^*) - J^*_{\min N}(u_N^*), \tag{3.10}$$

d.h. die Differenz zwischen dem größten Wert der Zielfunktion bei Nennwerten der Parameter und dem kleinsten Wert der Zielfunktion im Variationsbereich der Modellparameter bei fest vorgegebenen Werten der Entscheidungsvariablen u_N^*, muß hinreichend groß sein, damit sich eine Anwendung der Erwartungswertstrategie lohnt. Es ist offensichtlich, daß das durch die Gestalt der Zielfunktion im Parameterraum P und durch dessen Ausdehnung bestimmt wird. Nicht durch eine Vorabschätzung erfaßt werden kann die Größe der Änderung der Zielfunktionsempfindlichkeit durch den Übergang zur Erwartungswertstrategie.

b) Effektivitätsabschätzung

Es werden folgende Größen ermittelt:

$$J_{EN}(u_N^*) = \underset{p \in P}{E}\,[J(u, p)] \tag{3.11}$$

$$J_E^*(u_E^*) = \max_{u \in U} E[J(u, p)] \tag{3.12}$$

$$\Delta J_{\text{eff}} = J_E^*(u_E^*) - J_{EN}(u_N^*). \tag{3.13}$$

ΔJ_{eff} ist die im Vergleich zur Entscheidung u_N^* maximal erreichbare Verbesserung des Erwartungswerts der Zielfunktion. Wenn man u_N^* als Startpunkt für die Lösung der Aufgabe (3.1) verwendet, dann ergibt sich ΔJ_{eff} aus der Differenz zwischen dem optimalen Erwartungswert der Zielfunktion und dem Erwartungswert im Startpunkt der Optimierung.

c) Verringerung der globalen Empfindlichkeit der Zielfunktion gegenüber Parameteränderungen

Durch die Anwendung der Erwartungswertstrategie gelingt es, einen Satz von Entscheidungsvariablen u so zu wählen, daß die Abweichung der Zielfunktion J von J_E^* bei Änderungen der Modellparameter geringer wird als die Abweichung der Zielfunktion J von J_N^* für dieselbe Differenz $p - p_N$. Die globale Empfindlichkeit der Zielfunktion gegenüber Parameteränderungen verringert sich. Durch den Übergang von u_N^* zu u_E^* wird eine Verschiebung des Optimums in ein flacheres Zielfunktionsgebiet bewirkt.

Um diesen Effekt zu quantifizieren, kann man folgende Maße vergleichen:

$$J_{\min N}^*(u_N^*) = \min_{p \in P}\,[J(u_N^*, p)] \tag{3.14}$$

$$J_{EN}(u_N^*) = \underset{p \in P}{E}\,[J(u_N^*, p)] \tag{3.15}$$

$$\Delta J_1 = J_{EN}(u_N^*) - J_{\min N}^*(u_N^*) \tag{3.16}$$

$$J_{\min E}^* = \min_{p \in P}\,[J(u_E^*, p)] \tag{3.17}$$

$$J_E^*(u_E^*) = \underset{p \in P}{E}\,[J(u_E^*, p)] \tag{3.18}$$

$$\Delta J_2 = J(u_E^*) - J_{\min E}^*(u_E^*). \tag{3.19}$$

Die Zielfunktionswertdifferenzen $\Delta J_{1,2}$ geben an, um welchen Wert sich die Zielfunktion im Parameterbereich bei einer vorgegebenen Entscheidung u maximal ändern kann. Man bezeichnet sie als globale Empfindlichkeit der Zielfunktion im Variationsbereich der Modellparameter.

Der Vergleich von ΔJ_1 und ΔJ_2 ermöglicht die Abschätzung der Verringerung der globalen Empfindlichkeit durch Anwendung der Erwartungswertstrategie, bezogen auf die Optimierung bei festen p_N.

Um die sich bei der Erwartungswertoptimierung ergebende Änderung des Werte der ursprünglichen Zielfunktion zu messen, kann man schließlich die Größen

$$J_N^*(u_N^*) = \max_{u \in U} [J(u, p_N)] \tag{3.20}$$

$$J_E^N(u_E^*) = J(u_E^*, p_N) \tag{3.21}$$

$$\Delta J_{zu} = J_E^N(u_N^*) - J_N^*(u_N^*) \tag{3.22}$$

bilden. Eine geringe Änderung des ursprünglichen Zielfunktionswerts infolge des Übergangs von u_N^* zu u_N^* drückt sich in einem kleinen Wert von ΔJ_{zu} aus.

Die Anwendung der Erwartungswertstrategie erweist sich also insbesondere dann als sinnvoll, wenn ΔJ_{zu} und ΔJ_2 kleine, ΔJ_{eff} und ΔJ_1 aber große Werte annehmen.

4. Optimale Steuerung eines NH_3-Synthesereaktors nach der Erwartungswertstrategie

Als Beispiel für die Anwendung der Erwartungswertstrategie wurde das Problem der optimalen Steuerung mehrstufiger katalytischer Festbettreaktoren untersucht. Es handelt sich dabei um Apparate hoher Leistung, bei denen sich auch eine prozentual geringe Erhöhung der mittleren Ausbeute auf das ökonomische Ergebnis auswirkt.

Im folgenden wird die erwartungswertoptimale Steuerung eines vierstufigen katalytischen Festbettreaktors zur Synthese von Ammoniak untersucht. Für diesen Reaktortyp lagen ausführliche Untersuchungen zur Modellierung des statischen und dynamischen Verhaltens, zur Analyse der inneren und äußeren Störgrößen (Modellparameter) des Prozesses, zur Stabilität und statischen Optimierung des Betriebsregimes und zur optimalen Steuerung vor [28, 29]. Wir gehen daher auf diese Probleme nur in dem Umfang ein, in dem sie für das Verständnis der folgenden Ausführungen erforderlich sind.

Durch Beschränkung auf zwei Modellparameter und zwei Steuergrößen wurde das Problem vereinfacht, es werden jedoch Konsequenzen für die Behandlung umfangreicherer Probleme gezogen.

4.1. *Technologisches System und Aufgabenstellung*

In Abb. 3 ist ein Prinzipschaltbild des Ammoniaksynthesereaktors (ASR) dargestellt. Der Reaktor besteht aus vier Katalysatorschichten, in denen die exotherme Reaktion

$$N_2 + 3H_2 \rightleftharpoons 2NH_3$$

abläuft. Zwischen den Katalysatorbetten ist eine Zwischeneinspeisung von Kaltgas (Synthesegas) vorgesehen. Damit ist eine Steuerung des Temperaturregimes und indirekt der NH_3-Austrittskonzentration möglich. Das nicht über

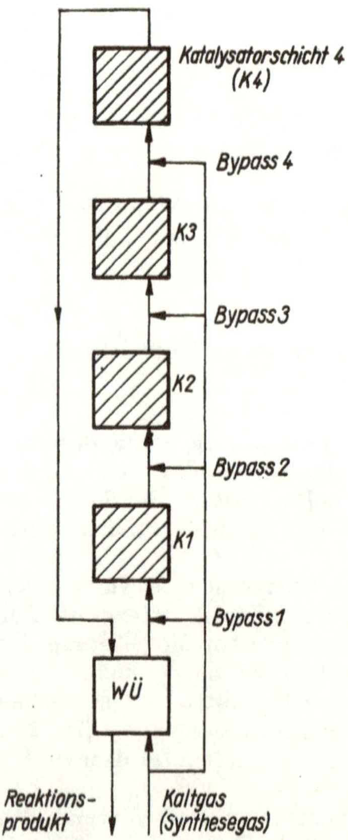

Abb. 3. Schematische Darstellung der NH_3-Synthesereaktors

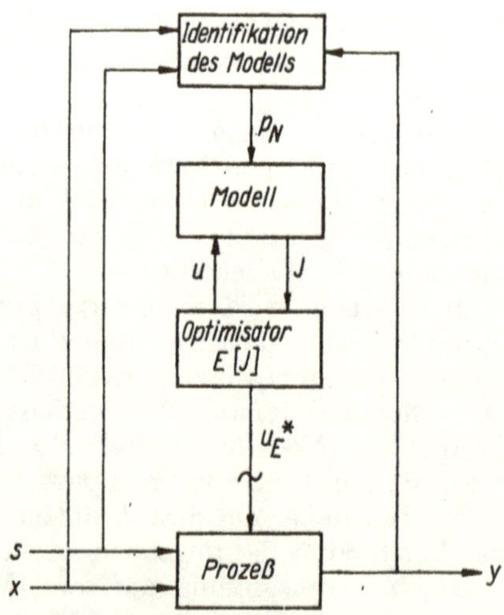

Abb. 4. Schematische Darstellung der Steuerungskonzeption „Erwartungsstrategie“

die Bypässe strömende Kaltgas wird in einem äußeren Wärmeübertrager auf die erforderliche Reaktionstemperatur vorgewärmt, das Reaktionsprodukt im Gegenstrom zurückgeführt.

Das Ziel der Steuerung des Reaktors besteht darin, die im Reaktor pro Zeiteinheit gebildete Ammoniakmenge bei vorgegebenen äußeren und inneren Arbeitsbedingungen zu maximieren. Die Standzeit des Katalysators braucht nicht berücksichtigt zu werden. Als Entscheidungsvariable (Steuergrößen) dienen die Kaltgasdurchsätze von zwei Bypässen. Als Modellparameter können die äußeren Störgrößen (Druck, Gasdurchsatz, NH_3-Konzentration, H_2/N_2-Verhältnis und Inertenkonzentration am Eintritt in den Reaktor) und diejenigen Parameter aufgefaßt werden, durch die Modellanpassung bzw. -nachführung bekannt werden (z. B. Katalysatoraktivitäten der einzelnen Schichten, Wärmeübergangskoeffizient im unteren Wärmeübertrager, Wärmeverluste). Wir haben es hier mit vom Charakter her unterschiedlichen, einerseits betrieblich schwankenden, andererseits unsicher bestimmten Parametern zu tun. Sie werden jedoch mit demselben mathematischen Apparat behandelt. Bezüglich der Parameter beschränkten wir uns auf das H_2/N_2-Verhältnis als äußeren (p_1) und die um bestimmte Wärmeverluste korrigierte Reaktionsenthalpie als inneren (p_2) Parameter.

Wählt man als Steuerungskonzeption die Variante seltener off-line-Steuerungen (zur Auswahl und zum Vergleich verschiedener Konzeptionen der Steuerung von ASR vgl. [29]), dann ist unter den in 3.4. getroffenen Voraussetzungen die Anwendung der Erwartungswertstrategie sinnvoll. Die Steuerungskonzeption ist in Abb. 4 schematisch dargestellt. Sie beinhaltet folgende Aufgaben:

a) Messung der Stör-, Eingangs- und Ausgangsgrößen des Objekts; Ermittlung der statistischen Kenngrößen der äußeren Störgrößen;
b) Identifikation des Prozeßmodells und Ermittlung der statistischen Eigenschaften der „inneren" Störgrößen;
c) Bestimmung des maximalen Erwartungswerts der Zielfunktion und der zugehörigen optimalen Steuergrößen durch Suche am Prozeßmodell;
d) Einstellung der Steuergrößen am Objekt.

Die Erwartungswertstrategie erlaubt es, die Optimierungsrechnungen auf einem externen, nicht mit dem Prozeß gekoppelten Rechner durchzuführen, wenn nur die statistischen Charakteristiken der Parameter bekannt sind.

Wir gehen nun analog zu Abschnitt 3. vor und befassen uns zunächst mit der Lösung der Gleichungen des mathematischen Modells und der Berechnung der Zielfunktion. Anschließend wird die Zielfunktion im Raum der Störgrößen quadratisch approximiert, die Störgrößen selbst werden als normalverteilt angesehen. Dann entfällt die Mehrfachintegration und der Erwartungswert der Zielfunktion kann nach Gleichung (3.4) berechnet werden. Schließlich werden eine Abschätzung der Effektivität der Steuerung nach der Erwartungswertstrategie vorgenommen und die Ergebnisse zusammenfassend diskutiert.

4.2. *Mathematisches Modell und Berechnung der Zielfunktion des Prozesses*

Die Zielfunktion des Prozesses (NH_3-Austrittskonzentration) läßt sich mit Hilfe des mathematischen Modells für die Statik des ASR berechnen. Dieses ist in [29, 30] vollständig beschrieben. Da inzwischen auch eine zugängliche Veröffentlichung in Buchform [31] vorliegt, wird hier auf eine Angabe der umfangreichen Gleichungen verzichtet. Das Modell besteht im wesentlichen aus den Stoff- und Wärmebilanzgleichungen der Katalysatorschüttungen, den Mischungsgleichungen für die Kaltgaszuspeisung und den Gleichungen für den Wärmeübergang im äußeren Wärmeübertrager (System nichtlinearer gewöhnlicher Differentialgleichungen).

Als numerisch schwierig erweisen sich folgende Probleme:

1. Die Rückführung des Produktstroms macht eine iterative Lösung des gesamten Modells erforderlich.
2. Es existieren drei stationäre Zustände, von denen nur derjenige interessiert, der das stabile Hochtemperaturregime charakterisiert [30]. Die Lage der Stabilitätsgrenze wird von den aktuellen Werten der Störgrößen beeinflußt und kann durch geeignete Wahl des Durchsatzes durch einen Kaltgasbypaß verschoben werden. Die Stabilisierung des Betriebsregimes wirft ein weiteres Iterationsproblem auf.

Die genannten zwei eindimensionalen Iterationsprobleme wurden bisher in verschachtelter Form gelöst (Stabilisierung auf der oberen, Rückführung auf der unteren Ebene) [29, 32—34]. Durch den Übergang zur nichtverschachtelten zweidimensionalen Iteration und Anwendung effektiver Iterationsverfahren (vgl. auch [35, 36]) gelang es, den Rechenzeitaufwand um etwa 80% zu senken, was die Anwendung der Erwartungswertstrategie wesentlich erleichterte. Als Iterationsverfahren wurde die TSCHEBYSCHEW-Approximation [3] verwendet. Dieses Verfahren erwies sich hier gegenüber anderen, z.B. dem Spiralverfahren nach JONES [3], als sehr konvergenzsicher bei geringen Nachteilen bezüglich der Konvergenzgeschwindigkeit. Die Rechenzeit der Ermittlung der NH_3-Austrittskonzentration mit Stabilisierung des Betriebsregimes bei vorgegebenen Werten der Stör- und Steuergrößen betrug dann etwa 25 s.

4.3. *Approximation der Zielfunktion im Raum der inneren und äußeren Störgrößen (Parameterraum)*

Zunächst wurden die Größen σ_{p_1} aus Langzeitmessungen am statischen stationären Objekt und σ_{p_2} aus der Modellanpassung ermittelt. Daraus läßt sich das $3\sigma_{p_i}$-Gebiet konstruieren, in dem die quadratische Approximation der Zielfunktion vorgenommen werden muß. Für die Approximation ist es erforderlich, im Parameterraum einen Stützstellenplan zu konstruieren, für den mit Hilfe des mathematischen Modells die Zielfunktionswerte berechnet werden. Für zwei Parameter ist es am einfachsten, einen vollständigen zusammengesetzten Plan [37] zu verwenden (9 Stützstellen). Für eine größere Parameterzahl ist es sinnvoll, quasi-D-optimale Pläne nach [38] zu verwenden.

Anschließend wird eine lineare Regression am vollständigen quadratischen Ansatz

$$J(p_1, p_2) = a_0 + a_1(p_1 - p_{1N}) + a_2(p_2 - p_{2N}) + a_3(p_1 - p_{1N})^2 + a_4(p_2 - p_{2N})^2 + a_5(p_1 - p_{1N})(p_1 - p_{2N}) \tag{4.1}$$

durchgeführt, d. h. es werden dessen Koeffizienten $a_0 \cdots a_5$ nach der Methode der kleinsten Quadrate bestimmt.

Als Maße zur Beurteilung der Güte der Approximation wurden verwendet:

a) die statistische Signifikanz der Größen $a_0 \cdots a_5$ für 95%ige Sicherheit;
b) die Stabilität der Approximationsfunktion gegenüber der Hinzunahme weiterer Stützstellen;
c) die absoluten Abweichungen zwischen der Originalzielfunktion, d. h. den Werten der mit Hilfe des mathematischen Modells berechneten NH_3-Austrittskonzentration, und der Approximationsfunktion in den Stützstellen und in ausgewählten Zwischenstellen;
d) der Unterschied in den Werten der Koeffizienten $a_0 \cdots a_5$, der sich ergibt, wenn die lineare Regression mit Hilfe der Tschebyschew-Approximation durchgeführt wird.

Die mit der linearen Regression nach der Methode der kleinsten Quadrate erzielten Ergebnisse sind in Tab. 1 und in den Abb. 5 und 6 dargestellt. Tab. 1 enthält neben den Werten der Koeffizienten $a_0 \cdots a_5$ auch deren 95%-Konfidenzintervalle.

Tabelle 1: Ergebnisse der quadratischen Approximation der Zielfunktion des Prozesses

	Koeffizientenwert	95%-Konfidenzintervall
a_0	$1.61727 \cdot 10^{-1}$	$2.23309 \cdot 10^{-5}$
a_1	$1.90466 \cdot 10^{-7}$	$1.36255 \cdot 10^{-7}$
a_2	$-2.64063 \cdot 10^{-3}$	$3.26519 \cdot 10^{-4}$
a_3	$-1.18528 \cdot 10^{-8}$	$8.38253 \cdot 10^{-9}$
a_4	$-3.90063 \cdot 10^{-3}$	$1.55949 \cdot 10^{-3}$
a_5	$4.69816 \cdot 10^{-6}$	$2.94326 \cdot 10^{-6}$

In Abb. 5 ist die NH_3-Austrittskonzentration in Abhängigkeit vom H_2/N_2-Verhältnis für festes p_{2N}, in Abb. 6 die Abhängigkeit von der korrigierten Reaktionsenthalpie für festes p_{1N} dargestellt. Da die Abweichungen zwischen den Originalwerten der Zielfunktion und den approximierten Werten insbesondere in der Umgebung von p_N klein sind, und da durch Hinzunahme weiterer Versuchspunkte keine wesentliche Änderung der Koeffizientenwerte eintritt, kann die Güte der Approximation als ausreichend angesehen werden. Diese Schlußfolgerung wird auch durch die Ergebnisse unterstützt, die sich bei der linearen Regression mittels Tschebyschew-Approximation ergeben:

insbesondere die Koeffizienten a_0, a_3 und a_4, die bei der Erwartungswertoptimierung eine Rolle spielen, zeigen eine geringe Abweichung gegenüber den Ergebnissen, die mit der Methode der kleinsten Quadrate erzielt wurden.

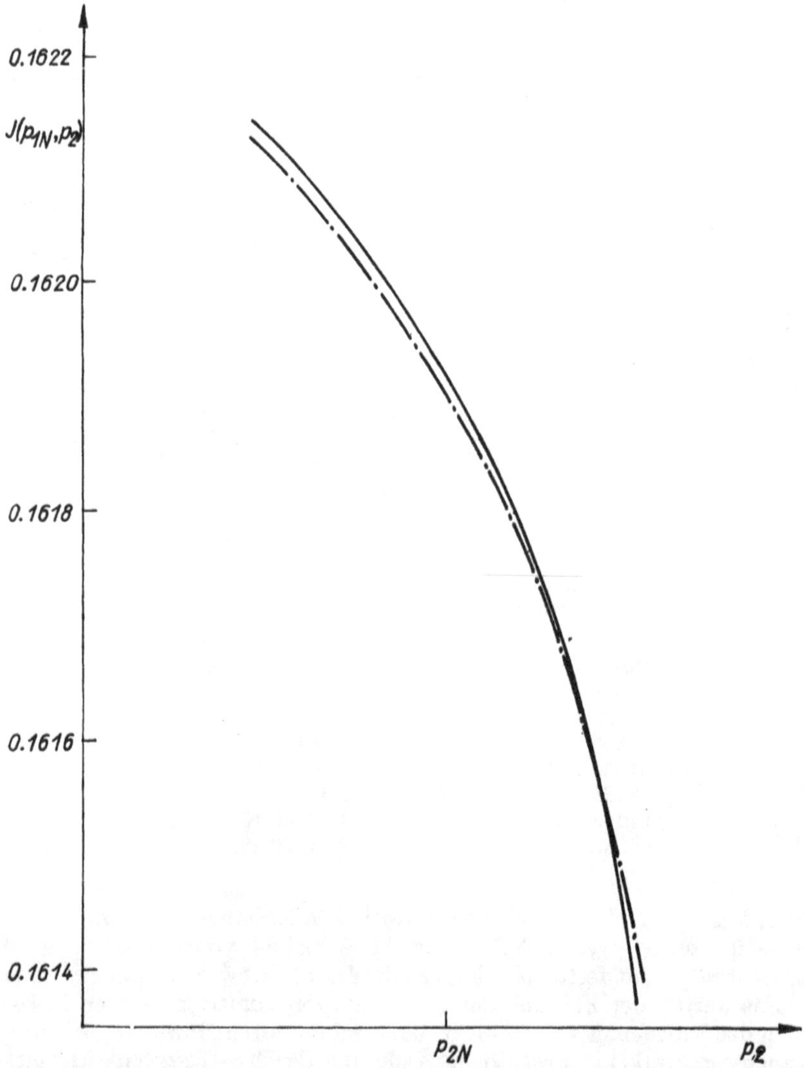

Abb. 5. **Abhängigkeit der NH_3-Austrittskonzentration vom H_2/N_2-Verhältnis bei konstantem p_{1N}**

—— exakt —·— approximiert

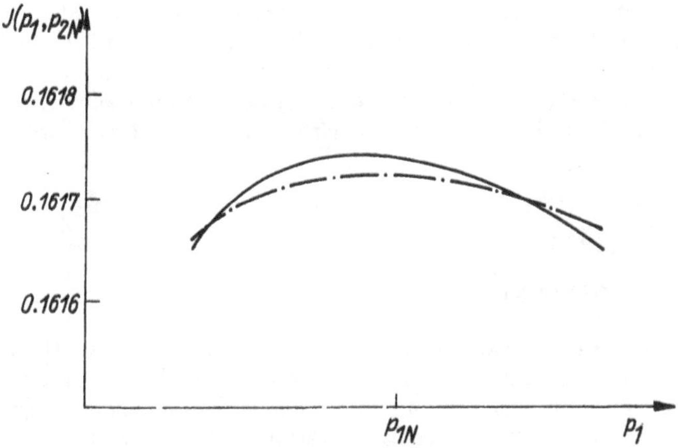

Abb. 6. Abhängigkeit der NH_3-Austrittskonzentration von der korrigierten Reaktionsenthalpie bei konstantem p_{2N}

—— exakt —·— approximiert

Auf Grund der stark unterschiedlichen Änderungsfrequenzen der Parameter p_1 und p_2 ist es möglich, deren Kovarianz zu vernachlässigen. Daher ergibt sich für den Erwartungswert der Zielfunktion

$$E[J] = a_0 + a_3\sigma_{p_1}^2 + a_4\sigma_{p_2}^2. \tag{4.2}$$

4.4. *Maximierung des Erwartungswerts der Zielfunktion im Raum der Steuergrößen*

In diesen Abschnitt ist die Aufgabe

$$\max_{u \in U} \left\{ \underset{p \in P}{E} [z_{NH_3}] \right\}$$

zu lösen. Als Nebenbedingungen fungieren die Gleichungen des mathematischen Modells. Die Notwendigkeit der Stabilisierung des Betriebsregimes läßt sich als Ungleichheitsnebenbedingung formulieren.

Wie bereits in Abschnitt 3. erwähnt, fand zur Optimierung das gradientenfreie Suchverfahren nach Powell Anwendung. Als Startwert der Erwartungswertoptimierung wurden die optimalen Steuergrößen u_N^* verwendet, die sich durch Maximierung der NH_3-Austrittskonzentration bei festen Nennwerten der Störgrößen ermitteln lassen:

$$u_{1N}^* = 114469 \text{ Nm}^3/\text{h}$$

$$u_{2N}^* = 61243 \text{ Nm}^3/\text{h}.$$

Dem entspricht eine NH_3-Austrittskonzentration von 16.173%. Die Suche beginnt nun parallel zu den Koordinatenachsen u_1 und u_2 mit einer Anfangsschrittweite von $s_i = 0.01u_{iN}^*$. Die Optimierung wurde beendet, wenn sich die Steuergrößen in der fünften und die Zielfunktion in der achten Stelle nicht mehr änderten. Nach 6 Iterationen (55 Erwartungswertberechnungen) erhielten wir

$$J_E^* = 16.165\%$$

$$u_{1E}^* = 113854 \text{ Nm}^3/\text{h}$$

$$u_{2E}^* = 64213 \text{ Nm}^3/\text{h}.$$

Das Optimum des Erwartungswerts liegt genauso wie das Optimum der Zielfunktion selbst am Rand, aber nicht auf dem Rand des zulässigen (stabilen) Gebiets. Die zur Berücksichtigung der Ungleichheitsnebenbedingung eingeführte Straffunktion wurde während der Rechnung nicht wirksam.

Durch numerische Experimente konnte nachgewiesen werden, daß bei steigender Streuung der Störgrößen (steigender Parameterunsicherheit) der optimale Wert des Erwartungswerts der Zielfunktion, wie zu erwarten ist, sinkt, der optimale Durchsatz durch Bypass 3 ebenfalls sinkt und durch Bypass 4 steigt.

4.5. *Effektivitätsabschätzung und Verringerung der globalen Empfindlichkeit bei der erwartungswertoptimalen Steuerung des Ammoniaksynthesereaktors*

Bei der Effektivitätsabschätzung (vgl. Abschnitt 3.) wird zunächst der Erwartungswert $E[J(u_N^*, p)]$ bei nennwertoptimaler Steuerung u_N^* mit dem maximalen Erwartungswert der Zielfunktion $E[J(u_N^*, p)]$ verglichen. Daraus ergibt sich

$$\Delta J_{\text{eff}} = E[J(u_N^*, p)] - E[J(u_N^*, p)] = 2.53\ 10^{-3}\%.$$

Das ist für die hohe projektierte Leistung der Anlage ein Wert, der zu einem meßbaren Erlöszuwachs führt.

Numerisch wurde ermittelt, daß die durch Übergang von u_N^* zu u_E^* erschließbare Reserve ΔJ_{eff} etwa proportional zu den Streuungen σ_{p_i} wächst.

Um die Verringerung der globalen Empfindlichkeit der Zielfunktion gegenüber Parameteränderungen infolge dieses Übergangs ermitteln zu können, war es erforderlich, die Optimierungsprobleme

$$J_{\min N}^*(u_N^*) = \min_{p \in P} J(u_N^*, p) \tag{4.3}$$

und

$$J_{\min E}^*(u_E^*) = \min_{p \in P} J(u_E^*, p) \tag{4.4}$$

zu lösen. Das Suchgebiet P ist hier dasselbe wie das Gebiet für die Approximation der Zielfunktion, das (durch Nichtstabilisierbarkeit eingeschränkte) $3\sigma_{p_i}$-Gebiet.

Aus der Durchführung der Approximation (Durchrechnung des Stützstellenplans) ergab sich die Vermutung, daß kein freies Minimum der Zielfunktion in P existiert. Daher wurde das Komplexverfahren nach Box [3] zur Lösung der genannten Optimierungsaufgaben verwendet.

Als Startwerte dienten die Nennwerte der Parameter p_N, der Startkomplex wurde aus vier Punkten aufgebaut. Die Optimierung wurde beendet, wenn sich fünf hintereinander berechnete Zielfunktionswerte relativ um weniger als 10^{-6} unterschieden. Die Rechenzeit betrug bei 85 Zielfunktionswertberechnungen etwa 1 h. Das Optimum liegt auf der Grenze des H_2/N_2-Verhältnisses. Die erzielten Ergebnisse sind in Tabelle 2 zusammengefaßt.

Tabelle 2: Vergleich von Zielfunktionswerten zur Abschätzung der Verringerung der globalen Empfindlichkeit

	$\min_{p \in P} J(u, p)$	$E[J(u, p)]$
u_N^*	16.130 ($J^*_{\min N}$)	16.163 (J_{EN})
u_E^*	16.136 ($J^*_{\min E}$)	16.165 (J_E^*)

Die globale Empfindlichkeit gegenüber Parameteränderungen beträgt für u_N^*

$$\Delta J_1 = J_{EN} - J^*_{\min N} \approx 3.32\ 10^{-2}, \qquad \text{für } u_E^*$$

$$\Delta J_2 = J_E^* - J^*_{\min E} \approx 2.92\ 10^{-2}.$$

Durch den Übergang von u_N^* zu u_E^* verringert sich die globale Empfindlichkeit der Zielfunktion um absolut $4 \cdot 10^{-3}\%$ (oder relativ 13%), was eine ΔJ_{eff} vergleichbare Größenordnung ist.

Schließlich soll nicht unerwähnt bleiben, daß die Differenz

$$\Delta J_{\text{zu}} = J(u_N^*, p_N) - J(u_E^*, p_N) \tag{4.5}$$

kleiner ist als ΔJ_{eff}. Sie beträgt $9\ 10^{-4}\%$. Da $J(u_N^*, p_N)$ der zu festen Nennwerten der Parameter gehörige optimale Wert der Zielfunktion ist, bedeutet ein geringes ΔJ_{zu}, daß die Verluste durch den Übergang von u_N^* zu u_E^* klein sind, wenn die Parameter nicht von ihren Nennwerten abweichen.

5. Bestimmung optimaler Entwurfsgrößenzuschläge zur Kompensation von Parameterunsicherheiten

In diesem Abschnitt wird eine Methode beschrieben, mit deren Hilfe Sicherheitsfaktoren oder Entwurfsgrößenspielräume bei der Auslegung verfahrenstechnischer Prozeßeinheiten oder Systeme unter Parameterunsicherheit so bestimmt werden können, daß eine möglichst kleine Überdimensionierung zustandekommt. Anders ausgedrückt, die „Systemreserven" sollen minimiert werden.

Die Methode wurde in ihren Grundzügen von TAKAMATSU und HASHIMOTO [14—16] entwickelt. Sie wird hier um einige Überlegungen zur Einbeziehung nichtlinearer Ungleichheitsnebenbedingungen und zur Linearisierbarkeit des mathematischen Modells sowie um einen Vorschlag zur Wahl der Vorzeichen für die Parameteränderungen bereichert. Anschließend erfolgt eine Gegenüberstellung mit der nichtlinearen Minimaxstrategie. Am Beispiel eines Reaktor-Separator-Systems wird die Anwendung der Methoden demonstriert.

5.1. *Theoretische Darlegung der Methode*

Das mathematische Modell des Systems sei in der Form

$$g(x, u, d, p) = 0 \tag{5.1}$$

vektoriell gegeben. Mitunter sind gewisse Ausgangsgrößen des Systems fixiert, wodurch die Freiheitsgrade für den Entwurf eingeschränkt werden:

$$y_i = f_i(x, u, d, p) = c_i \qquad i = 1 \dots l, \quad l < r \tag{5.2}$$

Bei festen Parameternennwerten p_N besteht die Aufgabe des optimalen Entwurfs wiederum darin, die Entwurfs- und Steuergrößen d und u so festzulegen, daß eine von ihnen abhängige Zielfunktion J ihren extremalen (hier minimalen) Wert annimmt:

$$J_N^*(u_N^*, d_N^*) = \min_{u,d} J(x, u, d, p) \tag{5.3}$$

Für die mit Unsicherheiten behafteten Modellparameter wird angenommen, daß die oberen und unteren Grenzen ihres Schwankungs- bzw. Unsicherheitsbereiches bekannt sind, die Kenntnis der Verteilungsdichtefunktion der Parameter ist hier nicht erforderlich.

Weichen die Parameter p von ihren Nennwerten p_N um einen Betrag Δp ab, wobei die Steuergrößen u konstant sein sollen, dann ergeben sich Abweichungen in den Ausgangsgrößen y und in der Zielfunktion J. Die Aufgabe bestehe nun darin, entweder die Entwurfsgrößen d allein oder zusammen mit den Steuergrößen u so neu festzulegen, zu korrigieren, daß

1. bei einer Änderung der Parameter p die Änderung der Ausgangsgrößen y nur in einem bestimmten, vorgegebenen Bereich liegt;

2. die gewichtete Summe der Abweichungen Δd und Δu von den ursprünglichen Optimalwerten möglichst klein wird.
Durch diese Maßnahmen werden mit möglichst geringem Aufwand (möglichst kleiner Systemreserve) die Parameteränderungen kompensiert.

Unter der Voraussetzung der Linearisierbarkeit des mathematischen Modells erhält man aus Gleichung (5.1) die Änderung der Zustandsgrößen Δx zu

$$\Delta x = -\left(\frac{\partial g}{\partial x}\right)^{-1} \left\{\frac{\partial g}{\partial u} \Delta u + \frac{\partial g}{\partial d} \Delta d + \frac{\partial g}{\partial p} \Delta p\right\}. \tag{5.4}$$

Die partiellen Ableitungen sind dabei Matrizen, der obere Index -1 bedeutet demzufolge die Inversion.

Durch Linearisierung der Gleichung (5.2) folgt für die Abweichungen der Ausgangsgrößen Δy

$$\Delta y = \frac{\partial f}{\partial u} \Delta u + \frac{\partial f}{\partial x} \Delta x + \frac{\partial f}{\partial d} \Delta d + \frac{\partial f}{\partial p} \Delta p \tag{5.5}$$

und durch Einsetzen von Gleichung (5.4)

$$\begin{aligned}\Delta y = &\left\{\frac{\partial f}{\partial u} - \frac{\partial f}{\partial x} \left(\frac{\partial g}{\partial x}\right)^{-1} \frac{\partial g}{\partial u}\right\} \Delta u \\ &+ \left\{\frac{\partial f}{\partial d} - \frac{\partial f}{\partial x} \left(\frac{\partial g}{\partial x}\right)^{-1} \frac{\partial g}{\partial d}\right\} \Delta d \\ &+ \left\{\frac{\partial f}{\partial p} - \frac{\partial f}{\partial x} \left(\frac{\partial g}{\partial x}\right)^{-1} \frac{\partial g}{\partial p}\right\} \Delta p\end{aligned} \tag{5.6}$$

Die Aufgabe der Festlegung optimaler Entwurfsgrößenzuschläge läßt sich dann als Linearoptimierungsproblem (LOP) wie folgt formulieren:

$$\min_{\Delta u, \Delta d} \{\Phi = \Phi(\Delta d, \Delta u) \mid a_j \leqq \Delta y_j \leqq b_j, \Delta d \geqq 0, \Delta p_k = \pm \eta_k\}$$
$$i = 1 \ldots l, \quad k = 1 \ldots q \tag{5.7}$$

Darin bedeutet Φ die neue Zielfunktion, sie läßt sich allgemein formulieren als

$$\Phi = \sum_{i=1}^{m} w_i \Delta d_i + \sum_{j=1}^{r} v_j \Delta u_j. \tag{5.8}$$

Die Größen w_i und v_j sind Wichtungsfaktoren. Falls vom Problem her keine Aussagen über deren Wahl vorliegen, kann man die Empfindlichkeitskoeffizienten der Originalzielfunktion J gegenüber den Entwurfs- und Steuergrößen d_i und u_j verwenden. Die Abweichungen Δd_i und Δu_j werden dann entsprechend dem Einfluß von d_i und u_j auf J gewichtet uns summiert:

$$\Phi = \sum_{i=1}^{m} \frac{\partial J}{\partial d_i} \Delta d_i + \sum_{j=1}^{r} \frac{\partial J}{\partial u_j} \Delta u_j. \tag{5.9}$$

Durch Linearisierung von (5.3) und Einsetzen von Gleichung (5.4) erhält man in vektorieller Schreibweise

$$\Phi = \left\{\frac{\partial J}{\partial d} - \frac{\partial J}{\partial x}\left(\frac{\partial g}{\partial x}\right)^{-1}\frac{\partial g}{\partial d}\right\}\Delta d + \left\{\frac{\partial J}{\partial u} - \frac{\partial J}{\partial x}\left(\frac{\partial g}{\partial x}\right)^{-1}\frac{\partial g}{\partial u}\right\}\Delta u. \quad (5.10)$$

Als Nebenbedingungen des LOP fungieren

$$a_j \leqq \Delta y_j \leqq b_j \quad (5.11)$$

Darin sind a_j und b_j die vorgegebenen oberen und unteren Grenzen der zulässigen Abweichungen der Systemausgangsgrößen. Die Δy_j selbst werden aus Gleichung (5.6) berechnet. Zusätzliche Nebenbedingungen sind $\Delta d \geqq 0$.

Die zu kompensierenden Parameteränderungen Δp_k sind vorzugeben. In [16] wurde vorgeschlagen, die Vorzeichen der Parameteränderungen so zu wählen, daß die Nebenbedingungen des LOP (5.11) in der Tendenz möglichst stark verletzt werden. Das soll zunächst erläutert werden:

Für zwei Parameter läßt sich Δy folgendermaßen schreiben:

$$\Delta y = e_1 \Delta y + e_2 \Delta d + e_3 \Delta p_1 + e_4 \Delta p_2. \quad (5.12)$$

Dabei sind die Koeffizienten $e_1 \cdots e_4$ die entsprechenden Klammerausdrücke aus (5.6), die sich für gegebene u, d und p berechnen lassen. Wenn nun z.B. e_3 und e_4 positiv sind, Δy aber die positive Grenze b nicht überschreiten darf, müssen die Vorzeichen von p_1 und p_2 positiv gewählt werden. Unabhängig von den anderen Größen wird dann Δy am größten. Soll umgekehrt Δy die negative Grenze $-a$ nicht verletzen und besitzen e_3 und e_4 ein negatives und ein positives Vorzeichen, dann wird das Vorzeichen von Δp_1 positiv, dasjenige von Δp_2 negativ gewählt. So liegt man auf der sicheren Seite.

Gewöhnlich tritt jedoch dann der Fall auf, daß ein und dasselbe Δp_k in den verschiedenen Nebenbedingungen (5.11) ein verschiedenes Vorzeichen besitzt. Das ist natürlich praktisch ausgeschlossen. Daher wird abweichend von [16] der Vorschlag gemacht, in allen Nebenbedingungen dieselben Vorzeichen für die Δp_k zu wählen und unter den hieraus resultierenden 2 dim (p) Varianten von Vorzeichenkombinationen die sicherste, d. h. die mit den größten Entwurfsgrößenzuschlägen, auszuwählen. Das erfordert zwar die zusätzliche Berechnung von 2 dim(p) − 1 linearen Optimierungsproblemen, kann aber zu einer weiteren Verringerung der Überdimensionierung führen.

Einige Bemerkungen zur Berechnung der ersten partiellen Ableitungen in den Gleichungen (5.6) und (5.10). Bei sehr einfachen mathematischen Modellen ist es möglich, diese Ableitungen oder Empfindlichkeitskoeffizienten analytisch zu berechnen. Für kompliziertere Modelle ist es jedoch unumgänglich, die Gleichungen (5.5) und (5.9) zu verwenden und die darin auftretenden partiellen Ableitungen durch Bildung von numerischen Differenzenquotienten anzunähern.

Für komplexe verfahrenstechnische Systeme lassen sich die Empfindlichkeitskoeffizienten mit Hilfe der Methode des konjugierten Prozesses bestimmen [39]. Da komplexe verfahrenstechnische Systeme normalerweise iterativ zu berechnen sind, bedeutet die Bildung von a Differenzenquotienten eine $(a + 1)$malige iterative Systemdurchrechnung. Durch Anwendung der Methode des konjugierten Prozesses läßt sich der Aufwand auf eine einmalige Berechnung des Systems und die Lösung eines linearen Gleichungssystems reduzieren.

Die oben beschriebene Methode der Festlegung von Entwurfsgrößenzuschlägen, stellt ein Näherungsverfahren dar, die sie an die Voraussetzung der Linearisierbarkeit des mathematischen Modells im Variationsbereich der Modellparameter gebunden ist. Es muß zumindest gewährleistet sein, daß in den Punkten $p \pm \Delta p$ die Abweichung ΔJ von J_N ihren größten Wert im Parameterbereich annimmt. Eine Überprüfung dieser Forderung läßt sich durch die Lösung des nichtlinearen Optimierungsproblems

$$\max_{p \in P} [J(x, u, d, p)]$$

durchführen. Die Lösung muß dann auf dem Rand des zulässigen Gebiets P liegen. Oft ist es jedoch ausreichend, die Übereinstimmung der Vorzeichen der ersten partiellen Ableitungen $J\partial/\partial p$ an den Stellen $p \pm \Delta p$ zu überprüfen. Wenn außerdem die normierten zweiten Ableitungen $\left(\frac{\partial^2 J}{\partial p^2}\right) \frac{p^2}{J}$ als ein Maß für die Krümmung der Hyperfläche $J(p)$ klein sind, kann man Linearisierbarkeit voraussetzen.

In [16] wurde davon ausgegangen, daß das ursprüngliche nichtlineare Optimierungsproblem (5.3) nicht durch Nebenbedingungen in Ungleichungsform beschränkt ist. Solche Nebenbedingungen treten jedoch beim verfahrenstechnischen Entwurf nicht selten auf. Nebenbedingungen des Typs

$$h(x, u, d, p) \leqq 0 \tag{5.13}$$

lassen sich bei der Lösung des LOP berücksichtigen, wenn man zulässige Verletzungen dieser Bedingungen vorgibt:

$$c_k \leqq \Delta h_k \leqq d_k \qquad k = 1 \dots s \tag{5.14}$$

Die Linearisierung von Gleichung (5.13) unter Einbeziehung von (5.4) ergibt

$$\begin{aligned} \Delta h = & \left\{\frac{\partial h}{\partial u} - \frac{\partial h}{\partial x}\left(\frac{\partial g}{\partial x}\right)^{-1}\frac{\partial g}{\partial u}\right\}\Delta u \\ & + \left\{\frac{\partial h}{\partial d} - \frac{\partial h}{\partial x}\left(\frac{\partial g}{\partial x}\right)^{-1}\frac{\partial g}{\partial d}\right\}\Delta d \\ & + \left\{\frac{\partial h}{\partial p} - \frac{\partial h}{\partial x}\left(\frac{\partial g}{\partial x}\right)^{-1}\frac{\partial g}{\partial p}\right\}\Delta p. \end{aligned} \tag{5.15}$$

Setzt man (5.15) in die Beschränkungen (5.14) ein, so erhält man die zusätzlichen Nebenbedingungen für das LOP.

5.2. *Anwendung auf ein Reaktor-Separator-System*

5.2.1. *Optimaler Entwurf bei Nennwerten der Parameter*

Das den Berechnungen zugrunde liegende System ist in Abb. 7 dargestellt. Es besteht aus einem kontinuierlichen Rührkessel und einem Separator. Im Reaktor läuft die Reaktion

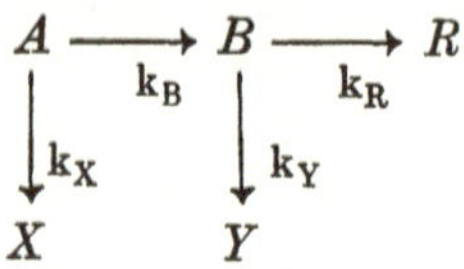

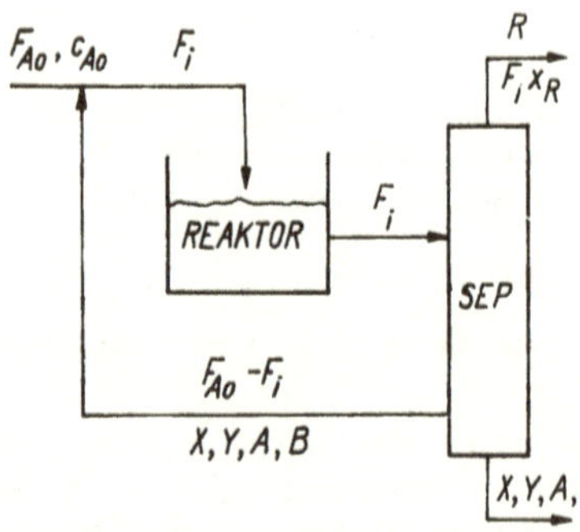

Abb. 7. Reaktor-Separator-System

ab. Zielprodukt ist R; der Rohstoff enthält nur die Komponente A in der molaren Konzentration c_{A0}. Das Reaktionsprodukt enthält alle Komponenten. Im Separator wird ein Produktstrom abgetrennt, der nur die Komponente R enthält. Die Komponenten A und B werden im Verhältnis α, die Komponenten X und Y im Verhältnis β zu den Mengen dieser Komponenten am Eingang des Separators zurückgeführt. Die Verhältnisse der molaren Konzentrationen der Komponenten c_i ($i = A, B, R, X, Y$) zu c_{A0} werden mit x_i bezeichnet, der Rohstoffmolstrom mit F_{A0} und der Molstrom am Eingang des Reaktors mit F_i. Das Reaktorvolumen sei V, die Reaktionsgeschwindigkeitskonstanten werden mit k_i bezeichnet. Dann hat das mathematische Modell des Systems für stationäre, isotherme Fahrweise den folgenden Aufbau:

$$\begin{aligned}
&F_{A0} + \alpha F_i x_A - F_i x_A - V(k_B + k_X)\, c_{A0} x_A = 0 \\
&\alpha F_i x_B - F_i x_B + V c_{A0}[k_B x_A - (k_R + k_Y)\, x_B] = 0 \\
&\beta F_i x_X - F_i x_X + V c_{A0} k_X x_A = 0 \\
&\beta F_i x_Y - F_i x_Y + V c_{A0} k_Y x_B = 0 \\
&V c_{A0} k_R x_B - F_i x_R = 0 \\
&x_A + x_B + x_R + x_Y + x_X = 1
\end{aligned} \qquad (5.16)$$

Die geforderte Menge an R und die Summe der molaren Konzentrationen der Produkte X und Y seien vorgegeben:

$$\begin{aligned} y_1 &= F_i x_R = c_1 \\ y_2 &= (x_X + x_Y)\, c_{A0} = c_2 \end{aligned} \tag{5.17}$$

Die zur Berechnung erforderlichen Daten sind in Tabelle 3 zusammengestellt.

Für den optimalen Entwurf bei Nennwerten der Parameter ist die Entwurfsgröße Reaktorvolumen V so zu wählen, daß die Gesamtkosten des Systems

$$J = p_1 V + p_2[\alpha F_i(x_A + x_B) + \beta F_i(x_X + x_Y)] \tag{5.18}$$

minimal sind. Sie setzen sich aus Festkosten und Kosten für die Rückführung zusammen, p_1 und p_2 sind die entsprechenden Preise (s. Tab. 3).

Tabelle 3: Daten zur Berechnung des Reaktor-Separator-Systems

$F_{A0} = 100$ mol/h	$c_{A0} = 0.1$ mol/l	$k_B = 0.4\ h^{-1}$
$k_R = 0.1\ h^{-1}$	$k_X = 0.02\ h^{-1}$	$k_Y = 0.01\ h^{-1}$
$c_1 = 70$ mol/h	$c_2 = 0.005$ mol/h	
$p_1 = 0.01$ WE/l	$p_2 = 0.125$ WE/(mol/h)	

Das mathematische Modell (5.16) und die Randbedingungen (5.17) bilden ein nichtlineares Gleichungssystem mit 8 Variablen und 8 Gleichungen. Es ist jedoch nicht erforderlich, alle 8 Variablen iterativ zu berechnen. In [41–43] wurde das Problem der Strukturanalyse nichtlinearer Gleichungssysteme mit dem Ziel der Festlegung einer optimalen Berechnungsreihenfolge bei möglichst wenig Iterationsvariablen behandelt. Eine mit Hilfe des Programms Ravel [44] durchgeführte Strukturanalyse ergab, daß es hier ausreicht, z. B. die Variablen x_R und x_X iterativ zu berechnen. Die restlichen Variablen lassen sich explizit ermitteln. Die zu überprüfenden Iterationsgleichungen sind

$$\begin{aligned} FW_1 &= F_i x_B - F_i x_B + V c_{A0}[k_B x_A - (k_R + k_Y)\, x_B] = 0 \\ FW_2 &= x_A + x_B + x_R + x_X + x_Y - 1 = 0 \end{aligned} \tag{5.20}$$

Die iterative Lösung des nichtlinearen Gleichungssystems erfolgte mit Hilfe des Spiralverfahrens nach Jones [3] durch Minimierung der gewichteten Quadratsumme

$$FQ = \min_{x_R, x_X} \sum_{i=1}^{2} W_i FW_i^2 \tag{5.21}$$

mit $W_1 = 1.$ und $W_2 = 10.$ Als Startwerte wurden $x_R = 0.21$ und $x_X = 0.015$ verwendet. Für $FQ = 0$ ist das Problem exakt gelöst, die Suche wurde für $FQ < 10^{-13}$ beendet. Für $V = 12759.8$ sind in Tab. 4 die Simulationsergebnisse zusammengestellt.

Tabelle 4: Simulationsergebnisse des Reaktor-Separator-Systems für ein vorgegebenes Reaktorvolumen

$F_i = 313.54$	$\alpha = 0.919$	$\beta = 0.275$
$x_A = 0.178$	$x_B = 0.549$	$x_X = 0.0197$
$x_Y = 0.0303$	$x_R = 0.223$	$J = 154.29$ WE

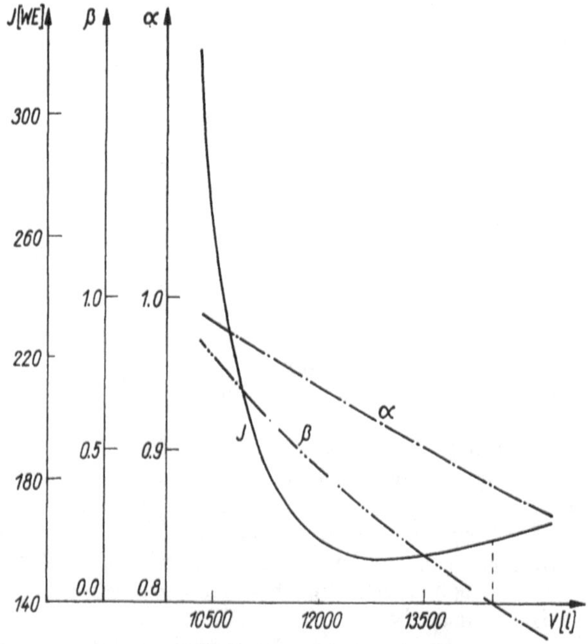

Abb. 8. Kosten und Rückführungsverhältnisse des Reaktor-Separator-Systems in Abhängigkeit vom Reaktorvolumen

Die Kostenminimierung wurde nach dem gradientenfreien Suchverfahren von POWELL durchgeführt. Als Startwerte wurden $V = 10000.$ und $V = 15000.$ verwendet. Die Anfangsschrittweite betrug jeweils 1% davon. Abbruch erfolgte, wenn sich der Zielfunktionswert in der 8. Stelle nicht mehr änderte. In beiden Fällen ergab sich nach 18 Zielfunktionswertberechnungen (Rechenzeit 3 s)

$$V_N^* = 12759.7571\,\text{l};\quad J_N^* = 154.2926\text{ WE}.$$

Dabei muß in jedem Schritt das nichtlineare Gleichungssystem (5.19, 5.20) gelöst werden.

Bild 8 zeigt den Verlauf der Zielfunktion in Abhängigkeit vom Reaktorvolumen. Dort ist auch dargestellt, wie sich die Rückführungsverhältnisse α

und β in Abhängigkeit von V ändern. Wie aus dem Bild ersichtlich ist, existiert für das nichtlineare Optimierungsproblem eine Beschränkung, da $0 \leqq \beta \leqq 1$ gefordert wird. Für $V > 14400$ ist diese Bedingung aber verletzt. Das Optimum liegt jedoch nicht auf dem Rand des zulässigen Gebiets.

5.2.2. *Bestimmung optimaler Entwurfsgrößenzuschläge für das Reaktor-Separator-System*

Die Reaktionsgeschwindigkeitskonstanten k_B und k_X werden als unsicher mit

$$|\Delta k_B| \leqq 0.2\, k_B \quad \text{und} \quad |\Delta k_X| \leqq 0.2\, k_X \tag{5.22}$$

angenommen. Für die Ausgangsvariablen y_1 und y_2 wurden die Beschränkungen

$$\Delta y_1 \geqq -a_1 \quad \text{und} \quad b_2 \geqq \Delta y_2 \geqq -a_2 \tag{5.23}$$

angesetzt. Außerdem gelten die Bedingungen

$$\begin{aligned} -\alpha &\leqq \Delta\alpha \leqq (1-\alpha) \\ -\beta &\leqq \Delta\beta \leqq (1-\beta) \end{aligned} \tag{5.24}$$

für die Steuergrößenvariation (auch die neu zu berechnenden α- und β-Werte müssen zwischen 0 und 1 liegen) und

$$\Delta V \geqq 0 \tag{5.25}$$

für den Entwurfsgrößenzuschlag.

Die in den Gleichungen (5.10) und (5.6) auftretenden Empfindlichkeitskoeffizienten wurden auf Grund der Einfachheit des mathematischen Modells analytisch berechnet.

Als Zielfunktion für das LOP ergibt sich, wenn man als Wichtungsfaktoren die Empfindlichkeitskoeffizienten $\frac{\partial \Phi}{\partial d}$ und $\frac{\partial \Phi}{\partial u}$ verwendet:

$$\Phi = \min_{\Delta V, \Delta\alpha, \Delta\beta} [5.975\ 10^{-3}\, \Delta V + 1.9244\ 10^2\, \Delta\alpha + 6.268\, \Delta\beta]$$

Zunächst wird der Vorschlag von Takamatsu und Hashimoto für die Wahl der Vorzeichen der Parametervariationen akzeptiert. Man erhält dann folgende Nebenbedingungen:

$$\begin{aligned} &e_1 \Delta V + e_2 \Delta\alpha + e_3 \Delta\beta + (+e_4)(-k_B) + (-e_5)(+\Delta k_X) \geqq -a_1 \\ &e_6 \Delta V + e_7 \Delta\alpha + e_8 \Delta\beta + (-e_9)(-\Delta k_B) + (+e_{10})(+\Delta k_X) \leqq b_2 \\ &e_6 \Delta V + e_7 \Delta\alpha + e_8 \Delta\beta + (-e_9)(+\Delta k_B) + (+e_{10})(+\Delta k_X) \geqq -a_2 \end{aligned} \tag{5.26}$$

Die Vorzeichen von e_4, e_5, e_9 und e_{10} ergeben sich aus der Berechnung der entsprechenden Empfindlichkeitskoeffizienten. Wie man sieht, unterscheiden sich die daraus resultierenden Vorzeichen der Parameteränderungen in den zweiten und dritten Nebenbedingungen.

Die Lösung des LOP wurde nach dem Simplex-Verfahren durchgeführt [45]. Dazu war es erforderlich, die Größen $\Delta\alpha$ und $\Delta\beta$ so zu transformieren, daß beide stets positive Werte annehmen. Als neue Variable erhält man

$$\begin{aligned} \Delta\alpha_{\text{neu}} &= \Delta\alpha + 0.919 \\ \Delta\beta_{\text{neu}} &= \Delta\beta + 0.275 \end{aligned} \tag{5.27}$$

Diese Transformation muß in allen Nebenbedingungen des LOP vorgenommen werden, statt (5.24) erhält man dann

$$1 - \Delta\alpha_{\text{neu}} \geqq 0$$

$$1 - \Delta\beta_{\text{neu}} \geqq 0.$$

In [16] wurde nachgewiesen, daß eine Kompensation der vorgegebenen Parameterunsicherheiten durch alleinige Änderung des Reaktorvolumens, d. h. ohne zusätzliche Änderung der Steuergrößen, für die gegebenen Werte a_1, a_2 und b_2 nicht möglich ist.

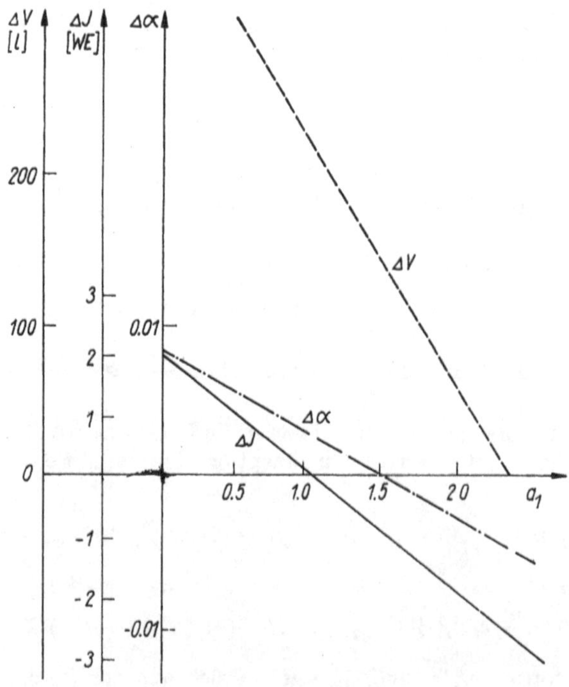

Abb. 9. Entwurfs- und Steuergrößenzuschläge in Abhängigkeit von a_1

Auf der anderen Seite ist es für $a_2 > 22.5\ 10^{-4}$ und $b_2 > 4\ 10^{-4}$ möglich, nur durch Variation der Steuergrößen α und β die Parameterunsicherheiten zu kompensieren.

In allen Fällen ist es bei Berücksichtigung der Parameterunsicherheit günstiger, die Komponenten X und Y nicht zurückzuführen (im Gegensatz zur Optimierung bei festen Nennwerten der Parameter). Das geht daraus hervor, daß stets $\Delta\beta = -0.2748$ (also $\beta = 0$) erhalten wurde.

In Abb. 9 wird gezeigt, wie sich die Größen ΔJ, ΔV und $\Delta\alpha$ bei steigendem a_1 verhalten. Daraus ist ersichtlich, daß sich der Entwurfsgrößenzuschlag ebenso wie die Abweichungen der Zielfunktion und des Rückführungsverhältnisses verkleinern, je größer die erlaubte Verletzung der Nebenbedingung $y_1 \geqq -a_1$ ist.

Verengt man systematisch den Bereich, in dem sich die Abweichung Δy_2 bewegen darf, steigen umgekehrt Volumenzuschlag und Zielfunktionszuwachs (Abb. 10).

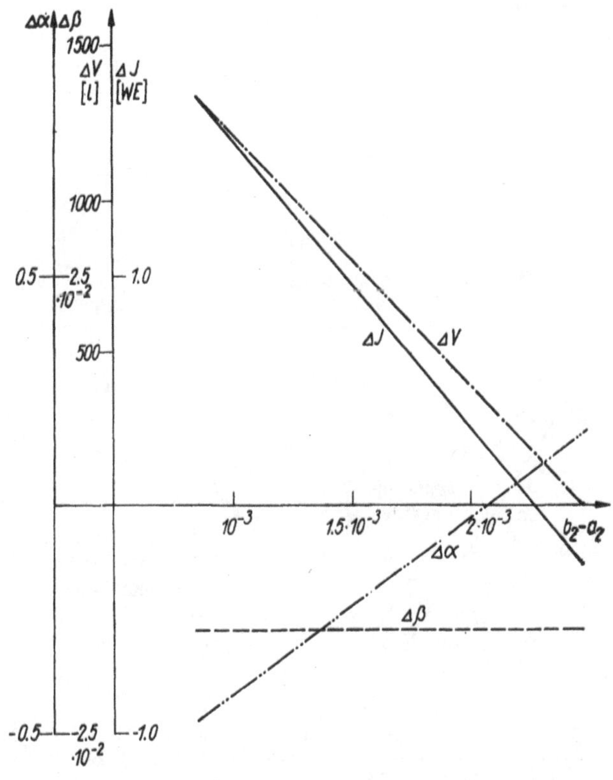

Abb. 10. Entwurfs- und Steuergrößenzuschläge in Abhängigkeit von $b_2 - a_2$

Für $a_1 = 1.0$ wird bei

$$7.2\ 10^{-5} \geqq \Delta y_2 \geqq -8.1\ 10^{-4}$$

die Grenze der maximal möglichen Verkleinerung des Bereichs erreicht, in dem eine Kompensation der vorgegebenen Parameterunsicherheiten erfolgen kann. Eine weitere Verengung des Bereichs führt zur Unlösbarkeit des LOP. An dieser Grenze gilt

$$\Delta J = 1.78;\ \Delta V = 1333;\ \Delta\alpha = -0.0232;\ \Delta\beta = -0.275.$$

Abweichend von [16] wurde nun davon abgegangen, die Vorzeichen der Δp_k so zu wählen, daß die Nebenbedingungen des LOP möglichst stark verletzt werden. Den Parameteränderungen Δk_B und Δk_X wurde in allen Nebenbedingungen dasselbe Vorzeichen gegeben. Es ergeben sich dann die 4 möglichen Kombinationen:

	Δk_B	Δk_X
1	+	+
2	+	−
3	−	+
4	−	−

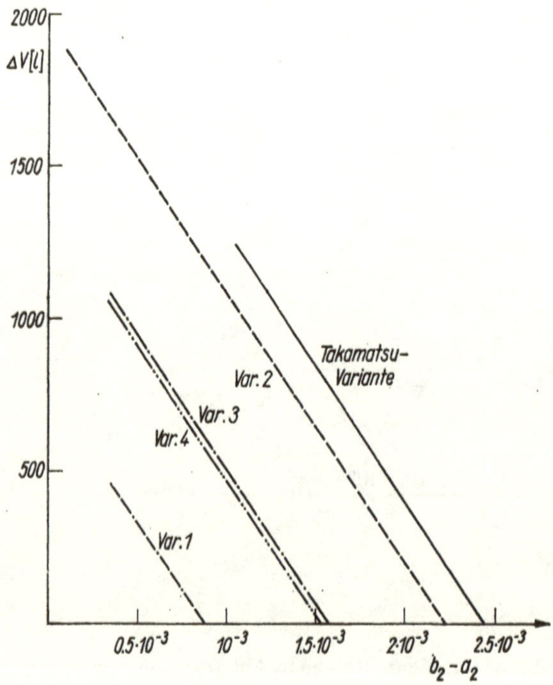

Abb. 11, Volumenzuschlag ΔV für verschiedene Vorzeichenkombinationen in Abhängigkeit von $b_2 - a_2$

Var.	Δk_B	Δk_X
1	+	+
2	+	−
3	−	+
4	−	−

In Abb. 11 ist dargestellt, wie sich der Volumenzuschlag ΔV verhält, wenn man den zulässigen Variationsbereich von Δy_2 nun wiederum systematisch einschränkt. Es sind die vier Vorzeichenkombinationen und zum Vergleich die Variante von Takamatsu (vgl. auch Abb. 10) angegeben.

Die unter den vier Kombinationen sicherste Variante, d. h. die mit dem größten Volumenzuschlag, ist Variante 2. Das Resultat ist deutlich besser als in der Variante von TAKAMATSU, die erforderlichen Volumenzuschläge sind durchweg kleiner. Die mögliche Einschränkung von Δy_2 ist größer, d. h. für schärfere Forderungen an die Abweichung der Ausgangsgröße y_2 ist noch eine Kompensation möglich. Sogar für $\Delta y_2 = 0$ läßt sich noch ein Ausgleich der Parameterunsicherheit erreichen.

5.3. *Vergleich mit der nichtlinearen Minimax-Strategie*

Die Zielstellung der Minimax-Strategie ist bereits im Abschnitt 2. erläutert worden. Sie kann hier angewendet werden, wenn gefordert wird, daß trotz Parameterunsicherheit die Randbedingungen (5.17) des Reaktor-Separator-Systems erfüllt bleiben sollen. Zunächst wird das Beispiel betrachtet, anschließend werden einige Konsequenzen für die Behandlung schwieriger Probleme gezogen.

Für den Entwurf des Reaktor-Separator-Systems bedeutet die Anwendung der Minimax-Strategie die Lösung der Aufgabe

$$\min_{V} \left\{ \max_{k_B, k_X} [J(V, k_X, k_B)] \right\} \tag{5.28}$$

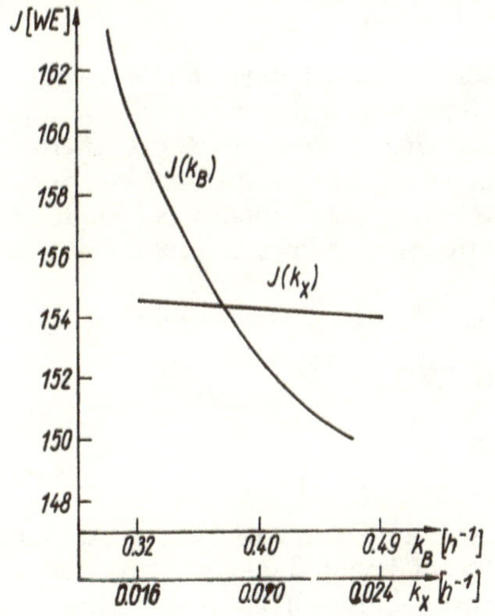

Abb. 12. Kosten des Reaktor-Separator-Systems in Abhängigkeit von den unsicheren Parametern k_X und k_B

Es verbergen sich darin zwei ineinander verschachtelte nichtlineare Optimierungsaufgaben. Das innere Problem besteht darin, die maximalen Kosten im Variationsbereich der Modellparameter und die dazugehörigen Parameterwerte zu bestimmen. Damit ist man sicher, daß im Bereich der Parameterunsicherheit kein schlechterer Zielfunktionswert existieren kann. In Abb. 12 ist die Abhängigkeit der Zielfunktion Kosten von den Parametern k_B und k_X in deren Variationsbereich dargestellt. Aus diesem Verlauf ist sofort ersichtlich, daß die maximalen Kosten an den unteren Grenzen des Variationsbereichs der Parameter erreicht werden. Trotzdem wurde das Problem

$$\max_{k_B, k_X} [J(V, k_B, k_X)]$$

einmal mit dem Komplexverfahren nach Box gelöst. Als Startwerte für die Modellparameter dienten deren Nennwerte $k_{BN} = 0.4$ und $k_{XN} = 0.02$. Der Komplex wurde innerhalb des Gebietes

$$k_{BN} - 0.2\, k_{BN} \leqq k_B \leqq k_{BN} + 0.2\, k_{BN}$$

$$k_{XN} - 0.2\, k_{XN} \leqq k_X \leqq k_{XN} + 0.2\, k_{XN}$$

aus vier Punkten aufgebaut. Die Optimierung wurde beendet, wenn sich 5 hintereinander berechnete Zielfunktionswerte relativ um weniger als 10^{-6} unterschieden.

Für ein vorgegebenes Volumen $V = V_N{}^* = 12759.757$ erhält man nach 60 Zielfunktionswertberechnungen

$$\max_{k_B, k_X} [J] = 163.5633 \text{ WE}$$

mit

$$k_B = 0.3200 \quad \text{und} \quad k_X = 0.1602.$$

Das Maximum wurde also tatsächlich an der unteren Grenze gefunden.

Für das äußere nichtlineare Optimierungsproblem, d. h. die Wahl des Reaktorvolumens nach dem Kriterium, den Maximalwert der Zielfunktion im Parameterbereich zu minimieren, wurde das gradientenfreie Suchverfahren nach Powell angewendet. Als Startwert für V diente das Volumen $V_N{}^*$ aus der Optimierung ohne Berücksichtigung der Parameterunsicherheit. Die Anfangsschrittweite betrug $0.01\, V_N{}^*$.

Nach 32 Schritten der äußeren Optimierung (Rechenzeit 3 min) erhält man

$$\min_V \left\{\max_{k_B, k_X} [J]\right\} = 161.7667 \text{ WE}$$

mit

$$V_M{}^* = 13406.807$$

Dabei wurde in jedem Schritt der äußeren Optimierung das innere Optimierungsproblem vollständig (d. h. mit hoher Genauigkeit) gelöst. Da für die Lösung des inneren Problems durchschnittlich 50 Zielfunktionswertberechnungen erforderlich sind, machen sich etwa 1600 Lösungen des nichtlinearen Gleichungssystems (5.16, 5.17) nötig.

Nach der Minimax-Strategie ergibt sich ein Entwurfsgrößenzuschlag $\Delta V = 647.05$. Das drückt sich in einer Kostenänderung von $\Delta J = 7.4741$ WE aus. Es ist nun aber garantiert, daß sich der Wert der Zielfunktion keinesfalls verschlechtern kann, gleichgültig welchen Wert die Parameter k_B und k_X in ihrem Unsicherheitsbereich annehmen. Weiterhin wird die Einhaltung der Randbedingungen (6.17) garantiert [51].

Bereits die Zahl der erforderlichen Zielfunktionswertberechnungen beim Reaktor-Separator-Beispiel verdeutlicht, wie schwierig die Lösung des Minimax-Problems wird, wenn die Zielfunktionswertberechnung eine zeitaufwendige Arbeit ist oder wenn die Zahl der Parameter und der Entscheidungsvariablen größer wird. Man wird sich in solchen Fällen mit der Durchrechnung eines groben Gitters von Punkten zufriedengeben müssen, solange nicht sehr leistungsfähige Rechner zur Verfügung stehen. Aber auch das kann bereits eine deutliche Verringerung des Entscheidungsrisikos mit sich bringen.

6. Literatur

[1] Bojarinow, A. I., Kafarow, W. W.: „*Optimierungsmethoden in der Chemie und chemischen Technologie*, Akademie-Verlag, Berlin 1972

[2] Ostrowski, G. M., Wolin, J. M.: „*Methoden zur Optimierung komplexer verfahrenstechnischer Systeme*“, Akademie-Verlag, Berlin 1973

[3] Damert, K., Balzer, D., Reinig, G.: „*Nichtlineare Optimierung für Modellierung und Prozeßsteuerung*“, Akademie-Verlag, Berlin 1976

[4] Reinisch, K.: „*Kybernetische Grundlagen und Beschreibung kontinuierlicher Systeme*“, Berlin 1974

[5] Chang, T. M., Wen, C. Y.: I&EC Fdls. **7** (1968), 3, 422

[6] Takamatsu, T., u. a.: J. of Chem. Engrg. of Japan **4** (1971), 1, 87

[7] Dinkelnbach, G.: „*Sensitivitätsanalyse und parametrische Programmierung*“, Braunschweig 1971

[8] Dittmar, R., Hartmann, K., Ostrowski, G. M.: Vortrag auf der 8. Tagung des WTR 8 der Ständigen Kommission Chemie des RGW, Moskau 1974

[9] Dittmar, R., Hartmann, K.: Vortrag, Verfahrenstechnische Jahrestagung Dresden 1974

[10] Chen, M. S. K., u. a.: I&EC Proc. Des. and Developm. **9** (1970), 4, 514

[11] Chang, T. M.: Phil. Diss. Morgantown 1967

[12] Weinrich, S. D., Lapidus, L.: AIChE J. **17** (1971), 6, 1471

[13] Seinfeld, J. H., McBridge, W. L.: I&EC Proc. Des. and Devel. **9** (1970), 1, 53

[14] Takamatsu, T., u. a.: I&EC Proc. Des. and Devel. **9** (1970), 3, 368

[15] Takamatsu, T., Hashimoto, I.: 2nd IFAC Symp. on Sensitivity and Adaptivity Dubrovnik 1968

[16] Takamatsu, T., u. a.: J. of Chem. Engrg. of Japan **6** (1973), 5, 553

[17] Feldbaum, A. A.: „*Osnovy teorii optimalnych sistem*“, Moskva 1966

[18] Watanabe, N., u. a.: Chem. Engrg. Sci. **28** (1973), 3, 905

[19] Kittrell, J. R., Watson, C. C.: Chem. Engrg. Progr. **68** (1966), 4, 79

[20] Wen, C. Y., Chang, T. M.: I&EC Proc. Des. and Devel. **7** (1968), 1, 49

[21] FRIESECKE, D.: Diss. A, TH Leuna-Merseburg 1975
[22] NISHIDA, N., u. a.: I&EC Proc. Des. and Devel. **13** (1974), 3, 209
[23] NISHIDA, N., u. a.: AIChE J. **18** (1972), 3, 561
[24] ROHRER, SOBRAL: IEEE Trans. on Autom. Contr. **10** (1965), 1, 43
[25] SPÄTH, H.: „*Spline-Funktionen zur Interpolation glatter Kurven und Flächen*", Braunschweig 1973
[26] WILCK, P.: Angew. Inform. 1971, 9, 415
[27] DITTMAR, R., u. a.: Chem. Technik, im Druck
[28] REINIG, G.: Kand. Diss., Leningrad 1973
[29] LUTSCHUTENKOW, S.: Diss. A, TH Leuna-Merseburg 1975
[30] REINIG, G.: unveröff. Forschungsbericht, VEB PCK Schwedt, 1972
[31] BALZER, D., REINIG, G., ILJIN, B. W.: in: „*Automatisierte Steuerung kontinuierlicher Produktionsprozesse*, Akademie-Verlag, Berlin 1975
[32] URONEN, P.: DISCOP Györ 1971, Preprints
[33] KUBEC, J., u. a.: 2nd Symp. on the use of computers in chem. engrg, Usti nad Labem 1973, Preprints, T. II
[34] SHAH, M. J., WEISENFELDER, A. J.: Automatica **5** (1969), 319
[35] DAMERT, K. u. a.: Chem. Engrg. Comms., im Druck
[36] DAMERT, K. u. a.: Wiss. Zeitschrift TH Leuna-Merseburg 1975, H. 1
[37] HARTMANN, K. u. a.: „*Versuchsplanung und -auswertung in der Stoffwirtschaft*", Leipzig 1974
[38] Autorenkoll.: „*Novyje idei v planirovanii eksperimenta*", Moskva 1971
[39] OSTROWSKIJ, G. M., WOLIN, J. M.: „*Optimierung chemischer Reaktoren*", Akademie-Verlag, Berlin 1973
[40] DAMERT, K. u. a.: Wiss. Zeitschrift TH Leuna-Merseburg, 1975, H. 4
[41] LEDET, W. P., HIMMELBLAU, D. M.: Adv. in Chem. Engrg. 8 (1970), 185
[42] SOYLEMEZ, S., SEIDER, W. C.: AIChE J. **19** (1973), 5, 934
[43] KEVORKIAN, SNOEK: in: „*Perspectives in Optimal Engineering Design*", Prentice Hall 1973, *Ed.*: WILDE, J.
[44] DITTMAR, R.: unveröff. Programmdokumentation, VEB PCK Schwedt, 1975
[45] KÜNZI, H. P. u. a.: „*Numerische Methoden der mathematischen Optimierung*", Leipzig 1969
[46] HETSCHER, I.: Diplomarbeit TH Leuna-Merseburg 1975, Sektion Verfahrenstechnik
[47] AVRIEL, M., WILDE, D. H.: I&EC Proc. Des. and Devel. **8** (1969), 1, 124
[48] JOFFE, I. I., LEVIN, J. M.: Chem. Technik **23** (1971), 4, 207
[49] LEVIN, J. M., JOFFE, I. I.: Teor. osn. chim. techn. 1974, 1, 43
[50] DITTMAR, R.: „*Optimierung bei Parameterunsicherheit für den Entwurf und die Steuerung verfahrenstechnischer Systeme*", Diss. A, TH Leuna-Merseburg, 1976

Verfahren zur optimalen Strukturierung von Wärmeübertragungssystemen

(K. Hartmann, I. Hacker, L. Rockstroh)

Summary

The paper gives a short survey of the methods available in the field of the optimum synthesis of heat transfer systems for industrial practice, proposing the division of the design methods into non local methods and systematic step by step methods in order to systematize the different strategies of synthesis. Two methods which were respectively developed and improved by the authors are discussed in detail, the Merseburg method and the adaptive heuristic structuring.

In the Merseburg method, the problem of synthesis is formulated as an assignment problem, the heating and cooling streams including the external heating and cooling streams being divided into elements of equal size. The assignment problem is solved by the so-called Hungarian method. The method is demonstrated by use of an example. The adaptive heuristic structuring is based on the use of a set of engineering thumb rules so-called heuristic rules, each giving the possibility of a step by step selection of two streams to be coupled. By use of a learning process of which a detailed description is given, the competing heuristic rules are selected in such a way that a given objective function becomes extremal. The efficiency of the method is demonstrated by some test examples.

1. Problemstellung

Noch bis in unsere Zeit ist der Entwurf der Struktur eines verfahrenstechnischen Systems, d. h. der inneren Kopplungen entsprechend gewählter Prozeßeinheiten, die ein neues sinnvolles Ganzes, ein System, das bestimmte Funktionen erfüllen soll, ergeben, im wesentlichen eine Domäne der Erfahrung und Intuition des Entwurfsingenieurs. Auf der Grundlage von Analogiebetrachtungen zu ähnlichen Systemen, Erfahrungswerten und Faustregeln, die Verfahrensingenieure beim Entwurf zahlreicher Verfahren und Anlagen gesammelt haben sowie neuen Erkenntnissen, insbesondere über neue effektivere Prozeßeinheiten, gestaltet der Ingenieur ein neues System. Durch dieses Vorgehen ist er in der Lage, in einer endlichen Zeit ein funktionserfüllendes System zu entwerfen. Dabei ist er in der Regel intuitiv immer bestrebt, zumindest die Teilsysteme ausgehend von seinem Erfahrungsschatz und der zur Verfügung stehenden Zeit optimal zu gestalten.

Mit der zunehmenden Komplizierung verfahrenstechnischer Systeme, der Integration unterschiedlicher Verfahren, dem Übergang zu Anlagen mit hoher

Einzelleistung und extremen Betriebsbedingungen u. a. Entwicklungstendenzen verfahrenstechnischer Systeme wird es notwendig, den intuitiven Gestaltungsprozeß — auch die übliche Variantenberechnung muß dazu gezählt werden — durch Entwurfsverfahren zu ergänzen, die die Gesetze der Systemverfahrenstechnik in Form determinierter oder stochastischer Algorithmen berücksichtigen.

Seit ungefähr 1965 wird intensiv an der Entwicklung von algorithmierten Verfahren zur optimalen Strukturierung verfahrenstechnischer Systeme gearbeitet. Die ersten Arbeiten waren im wesentlichen dem Entwurf homogener verfahrenstechnischer Systeme gewidmet, d. h. Systemen, die aus gleichartigen Elementen (Prozeßeinheiten) bestehen. Solche Systeme sind z. B. Wärmeübertragungssysteme, Stofftrennsysteme, Reaktorsysteme u. a. Zum jetzigen Zeitpunkt existieren zur Strukturoptimierung dieser Systeme bereits einige anwendungsreife Methoden und Algorithmen. Der Entwurf heterogener verfahrenstechnischer Systeme, d. h. von Systemen mit unterschiedlichen Prozeßeinheiten, ist z. Z. Gegenstand intensiver Forschungsarbeiten.

Im folgenden sollen ein Überblick über Verfahren zur Synthese optimaler Wärmeübertragungssysteme gegeben und zwei Entwurfsalgorithmen, die Forschungsergebnisse der Autoren bzw. Weiterentwicklungen bekannter Verfahren darstellen, ausführlicher beschrieben werden.

Zuvor wird die Problemstellung für den optimalen Entwurf von Wärmeübertragungssystemen umrissen.

Ein Wärmeübertragungssystem besteht aus einer beliebigen Anzahl von Einrichtungen zur Wärmeübertragung (Wärmeübertrager, Öfen), die beliebig durch Stoffströme miteinander verbunden sind. Die Gesamtheit der Kopplungen der Elemente wird als Struktur bezeichnet. Das Wärmeübertragungssystem wird definiert durch seine Struktur und die Größe sowie Gestalt der Wärmeübertragungsflächen an den Kopplungsstellen der Stoffströme. Die Stoffströme können Produktströme, bezogen auf Chemieanlagen, und Ströme zusätzlicher Heiz- und Kühlmedien sein.

Das Optimierungsproblem des Wärmeübertragungssystems besteht darin, für gegebene Stoffeigenschaften, Mengen- und Wärmekapazitätsströme und Eintritts- sowie Austrittstemperaturen an der Systemgrenze von m Produktheizströmen und n Kühlströmen unter Verwendung von zusätzlichen Heiz- und Kühlmedien diese Ströme so zu koppeln, daß die geforderten Werte der Austrittstemperaturen bzw. spezifischen Austrittsenthalpien mit minimalem Kostenaufwand erreicht werden.

Synthesemethoden für optimale Wärmeübertragungssysteme finden ihren effektiven Einsatz nicht nur beim Entwurf neuer Systeme, sondern im gleichen Maß bei der Rationalisierung und Rekonstruktion vorhandener Anlagen. Sie sind ein wesentliches Mittel, um eine rationelle Energieanwendung zu erreichen, sie sind deshalb wichtiges Arbeitsinstrument bei Prozeßanalysen, bei denen energiewirtschaftliche Aufgabenstellungen zu lösen sind.

Der Verfahrensingenieur wird die Ergebnisse der Strukturoptimierung stets in sein Gesamtkonzept einpassen und die optimale Struktur nicht als Dogma, sondern als flexiblen Baustein betrachten, der verändert werden kann, aber unter den vorgegebenen Bedingungen, speziell der gewählten Zielgröße, die optimale Lösung darstellt.

2. Übersicht über Synthesemethoden für Wärmeübertragungssysteme

Von allen homogenen verfahrenstechnischen Systemen sind Synthesealgorithmen für Wärmeübertragungssysteme bisher am intensivsten bearbeitet worden. Das hat zu einer relativen Vielfalt unterschiedlicher Entwurfsalgorithmen geführt, im folgenden soll ein Versuch einer Systematisierung dieser Entwurfsalgorithmen gemacht werden.

2.1. Versuch einer Systematisierung von Entwurfsalgorithmen für Wärmeübertragungssysteme

Im Zusammenhang mit den Arbeiten zur Entwicklung von Synthesealgorithmen wurden auch wesentliche Gesetze und Eigenschaften von Wärmeübertragungssystemen gefunden und untersucht. So lassen sich z. B. beliebig komplizierte Wärmeübertragungssysteme als Kombinationen der Grundstrukturen gleichsinnige und gegensinnige Parallelschaltung sowie der Kreuzschaltung darstellen [1]. Eine andere wichtige Eigenschaft von Wärmeübertragungssystemen besteht darin, daß aus wenigen Strömen und Elementen eine außerordentlich große Anzahl unterschiedlicher Strukturen gebildet werden kann. So existieren z. B. für zwei kalte und zwei heiße Ströme (vier Ströme) 4200 theoretisch mögliche Strukturen, für 5 Ströme sind es bereits $3 \cdot 10^6$ und für 6 Ströme 10^{11}.

Von diesen theoretischen Strukturen sind zwar nicht alle von praktischer Bedeutung, weil z. B. einige thermodynamisch nicht realisierbar sind, trotzdem ist die Anzahl der zu untersuchenden Systeme noch außerordentlich groß und auch beim Einsatz von modernen EDVA ist aus dieser Menge die Auswahl der optimalen Variante kaum durchführbar. Viele Synthesemethoden versuchen deshalb das kombinatorische Problem zu umgehen und von vornherein nur suboptimale Systeme zur engeren Prüfung zuzulassen, bzw. die Aufgabenstellung so zu formulieren, daß das kombinatorische Problem in eine andere Lösungsmethode mit eingebettet wird. Die erstere Vorgehensweise kann als Kennzeichen systematischer Aufbauverfahren verwendet werden, bei denen die Struktur des zukünftigen Systems schrittweise aufgebaut wird, beginnend von einzelnen Elementen und Teilsystemen, wobei jeweils nur immer eine bestimmte Teilmenge von Strukturen auf ihre Optimalität bzw. ihren Beitrag für das Gesamtsystem geprüft werden muß.

Bei dem zweiten Vorgehen werden die möglichen Strukturen des zukünftigen Systems in eine globale Ausgangsstruktur eingebettet und je nach Zielfunktion, Modell und Nebenbedingungen, als Aufgabe der Linearoptimierung oder

der nichtlinearen Optimierung behandelt. Diese Verfahren sollen als globale Synthesemethoden bezeichnet werden, da das gesuchte optimale System bereits in der globalen Ausgangsstruktur mit eingebettet ist.

Eine andere Systematik der Synthesealgorithmen stammt von Henrdy, Rudd und Seader [2]. Sie unterscheiden Dekompositionsmethoden, direkte Optimierungsmethoden, heuristische Verfahren und Evolutionsprozeduren. Dekompositionsmethoden zerlegen das ursprüngliche Problem in kleinere Systeme, für die Lösungsmethoden bereits bekannt sind. Die direkten Optimierungsverfahren sind mit dem o.g. globalen Verfahren identisch, heuristische und Evolutionsverfahren sind schrittweise Aufbauverfahren. Auch Hlavaček [3] folgt dieser Systematik, ergänzt sie jedoch durch eine Gruppe von Verfahren, die die Systemgestaltung ohne Strukturvorstellungen beginnen. Diese Methoden werden in unserer Systematik den systematischen Aufbauverfahren zugeordnet.

2.2. *Globale Verfahren zur Struktursynthese*

Entsprechend der gewählten Systematik gehören zu dieser Gruppe Struktursynthesemethoden, die auf der Anwendung von Algorithmen der Linearoptimierung und der nichtlinearen Optimierung beruhen.

2.2.1. *Verfahren mit Algorithmen der linearen Optimierung*

Diese Synthesemethoden haben gemeinsam, daß die originalen Wärmeströme in kleinere Elemente aufgestellt und auf der Basis dieser Wärmestromelemente Kostenelemente berechnet werden.

2.2.1.1. *Verfahren von Kesler und Parker*

Kesler und Parker verwenden in ihrem programmierten Syntheseverfahren erstmalig die Zuordnungsmethode für die verfahrenstechnische Optimierung von Wärmeübertragungssystemen [4]. Die heißen und kalten Ströme werden in solch kleine Wärmestromelemente gleichen Betrages zerlegt, daß die Zielvariable, jährliche Gesamtkosten des Wärmeübertragungssystems mit genügender Genauigkeit als lineare Funktion dieser Elemente dargestellt werden kann. Unter dieser Voraussetzung wird das Syntheseproblem als lineares Optimierungsproblem (im folgenden LOP genannt) formuliert und gelöst.

Auf der Grundlage dieser Aufteilung und der Kopplungsmöglichkeiten wird die sog. Hauptmatrix des LOP aufgestellt. Die Zeilen bilden hierbei die Elemente der heißen und kalten Ströme. Als Spalten stehen Vektoren. Die Elemente dieser Vektoren sind die Werte 1 und 0. Sie geben an, welche heißen und kalten Elemente bzw. Gruppen von Elementen jeweils miteinander wärmetechnisch gekoppelt werden können. Die Zielfunktion enthält additiv die

Kosten für alle ausführbaren Kopplungen einzelner Wärmestromelemente und von Gruppen einander angrenzender Elemente der heißen und kalten Ströme und der Heiz- und Kühlmittel. Das Verfahren besteht im abwechselnden Lösen von Zuordnungsproblemen und dem Herstellen neuer Basen für die Lösung des LOP mit Hilfe eines speziellen Algorithmus der linearen Optimierung. Anhand der Lösung des Zuordnungsproblems werden aus der Hauptmaritx Vektoren ausgewählt. Danach wird versucht, diese Vektoren in die gerade aktuelle Basis einzuführen. Hierzu wird geprüft, ob das Wärmeübertragungssystem, bezogen auf die gefundene Zuordnung, ausführbar ist, und ob sich der Wert der Zielfunktion verbessert. Einander angrenzende Kopplungen gleicher Strompaare werden jeweils zu größeren Kopplungen vereinigt. Der Ablauf des gesamten Verfahrens ist in Abb. 1 dargestellt.

Erfahrungsgemäß konvergiert der Algorithmus in einer endlichen Anzahl von Schritten zum globalen Optimum des Systems. Die Kostenelemente werden mit Hilfe der üblichen Beziehungen über die Wärmeübertragungsflächen bzw. Wärmeströme ermittelt. Eine Optimierung des Wärmeübertragungssystems bei gegebener Struktur des inneren Teilsystems erfolgt in [4] nicht.

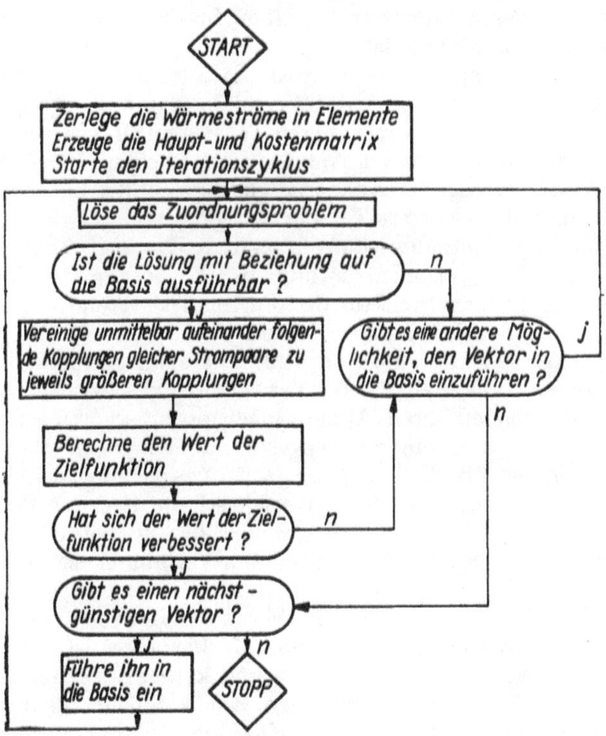

Abb. 1. Ablaufplan des Verfahrens von KESLER und PARKER

Die Ströme werden nur seriell in Elemente zerlegt; das Aufspalten in parallele Ströme ist nicht möglich.

In einem veröffentlichten Beispiel [4] wurden 4 Ströme in insgesamt 20 Elemente zerlegt. Bei der linearen Optimierung mußten 20 Gleichungen mit 111 Unbekannten gelöst werden. Werden die Wärmestromelemente zu groß gewählt, treten zu große Abweichungen bei der Linearisierung der Zielfunktion auf. Kesler und Parker schlugen deshalb vor, das Problem mit mehreren 100 Gleichungen mit mehreren 1000 Unbekannten zu lösen, um eine bessere Anpassung an die Wirklichkeit zu erreichen. Das exponentielle Anwachsen der Größe des LOP mit der Anzahl und Größe der Wärmeströme begrenzt die Anwendbarkeit dieses Verfahrens bei industriellen Aufgabenstellungen. Daraus erklärt sich auch, daß eine Nutzung des Verfahrens von Hand nicht möglich ist.

2.2.1.2. Verfahren von Kobayashi, Umeda und *Ichikawa*

Diese Methode besteht im wesentlichen aus dem abwechselnden Lösen von Zuordnungsproblemen und dem Optimieren der Gesamtsysteme bei gegebener Struktur des inneren Teilsystems so lange, bis der Wert der Zielfunktion, jährliche Gesamtkosten, minimal ist [5].

Die heißen und kalten Ströme werden als Blöcke in Wärmestromdiagrammen (Temperatur-Wärmekapazitätsstrom-Diagrammen) dargestellt. Mit einem angenommenen Wert des im inneren Teilsystem übertragenen Wärmestromes werden die übertragbaren Anteile der einzelnen Wärmströme bestimmt. Diese Anteile werden in annähernd gleichgroße Wärmestromelemente durch waagerechte und senkrechte Teilung zerlegt.

Mit Hilfe bekannter Kostenbeziehungen werden Kostenelemente berechnet und daraus ein Zuordnungsproblem formuliert. Die Lösung des Zuordnungsproblems liefert die optimale Struktur des inneren Teilsystems.

Einander angrenzende Kopplungen gleicher Strompaare werden zu jeweils größeren Kopplungen vereinigt. Danach wird das Gesamtsystem bei gegebener Struktur des inneren Teilsystems unter Verwendung realistischer Kosten für die Apparate entsprechend ihren Abmessungen optimiert. Es wird geprüft, ob der aktuelle Wert des im inneren Teilsystem übertragenen Wärmestromes gleich dem angenommen ist. Falls eine zu große Abweichung zwischen beiden Werten besteht, wird iterativ ein neuer Wert bestimmt und das Verfahren ab entsprechender Stelle im Ablauf so lange wiederholt, bis befriedigende Übereinstimmung herrscht. Der Ablauf des gesamten Verfahrens ist in Abb. 2 dargestellt.

Die rechentechnische Dimension des Problems hängt wesentlich ab von der gewählten Größe des Wärmestromelementes. Je kleiner es ist, um so größer ist die Anzahl der Elemente aus den heißen und kalten Strömen, aber um so genauer wird die optimale Struktur gefunden. Eine mögliche Lösung wäre, die Elementengröße exakt auf den größten gemeinsamen Teiler aller übertragbaren Anteile der Wärmeströme festzulegen. Damit würde zwar die Größe der Wärme-

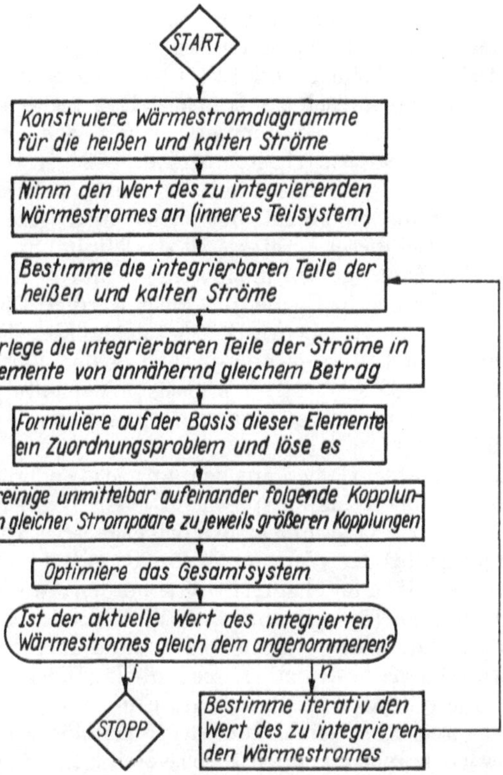

Abb. 2. Ablaufplan des Verfahrens von Kobayashi, Umeda und Ichikawa

ströme exakt berücksichtigt, die Dimension der entstehenden Matrizen kann jedoch sehr groß werden. Die Größe des Wärmestromelementes kann auf Kosten der Behandlungsgenauigkeit immer so eingerichtet werden, daß das Problem rechentechnisch beherrschbar ist.

Es gibt keine Garantie, daß die serielle und parallele Aufteilung der Wärmeströme in optimaler Weise erfolgt. Das Verfahren ist für Aufgabenstellungen mit nur je einem Heiz- und Kühlmittel geeignet. Die Anwendung des Verfahrens für industrielle Aufgabenstellungen ist nur auf einer EDVA sinnvoll. Für sehr kleine Probleme ist eine Behandlung von Hand evtl. zumutbar.

2.2.1.3. *Verfahren von Nishida, Kobayashi und Ichikawa*

Nishida, Kobayashi und Ichikawa [6] stellten einige Theoreme über die Teilung der übertragbaren Anteile der Wärmeströme in Elemente und über die optimale Zuordnung der Wärmestromelemente auf. Für in der Wärmeübertragungsfläche lineare Kostenfunktionen fanden sie die notwendigen Bedingungen für die minimale Wärmeübertragungsfläche des inneren Teilsystems: die übertragbaren Anteile der heißen und kalten Ströme sind in fallender Temperaturreihenfolge wärmetechnisch zu koppeln. Das bedeutet, daß das Heizelement mit der höchsten Eintrittstemperatur mit dem Kühlelement gekoppelt wird, das auf die höchste Austrittstemperatur, bezogen auf das innere Teilsystem, zu bringen ist; das Heizelement mit der nächst tieferen Eintrittstemperatur wird mit dem Kühlelement mit der nächst niedrigeren Austrittstemperatur gekoppelt usw. Bei dieser Strategie ist das Minimum der Gesamtfläche unabhängig von der Zahl der Wärmeübertrager und der Art, wie die übertragbaren Anteile der Ströme in Elemente zerlegt werden. Die unter den Punkten 2.2.1.2. und 2.2.1.3. beschriebenen Synthesetechniken sind einander sehr ähnlich. Die wesentlichen Unterschiede zwischen beiden Verfahren sind, daß bei letzterem in unterschiedlich große Wärmestromelemente geteilt werden kann und die optimale Struktur des inneren Teilsystems aus einer Temperaturreihenfolge resultiert.

Diese Methode besteht im wesentlichen aus dem abwechselnden Bestimmen der Struktur des inneren Teilsystems entsprechend einer Temperaturreihenfolge und dem Optimieren des Gesamtsystems bei gegebener Struktur des inneren Teilsystems so lange, bis der Wert der Zielfunktion, jährliche Gesamtkosten, minimal ist. Für die heißen und kalten Ströme werden die Wärmestromdiagramme konstruiert. Mit einem angenommenen Wert des im inneren Teilsystem insgesamt übertragenen Wärmestromes werden die übertragbaren Anteile der einzelnen Wärmeströme bestimmt. Diese Anteile (Blöcke im Wärmestromdiagramm) werden jeweils an den Werten der Ein- und Austrittstemperaturen der Ströme waagerecht in Teilblöcke zerlegt. Teilblöcke mit gleichen Temperaturgrenzen werden jeweils zu einem Block vereinigt. Heiße und kalte Blöcke (Elemente) werden in der Reihenfolge abnehmender Temperaturen gekoppelt. Dabei werden, wenn erforderlich, die Blöcke waagerecht geteilt. Die entstehenden Wärmestromelemente sind im allgemeinen verschieden groß. Blöcke, die mit solchen Blöcken gekoppelt werden, die aus unterschiedlichen Strömen entstanden sind, werden senkrecht geteilt. Die Struktur des inneren Teilsystems ergibt sich aus der Zuordnung der Wärmestromelemente entsprechend der o. g. Temperaturreihenfolge. Einander angrenzende Kopplungen gleicher Strompaare werden zu jeweils größeren Kopplungen vereinigt. Danach wird das Gesamtsystem bei gegebener Struktur des inneren Teilsystems unter Verwendung realistischer Kosten für die Apparate entsprechend ihren Abmessungen optimiert. Es wird geprüft, ob der aktuelle Wert des im inneren Teilsystem übertragenen Wärmestromes gleich dem angenommenen ist. Falls eine zu große Abweichung zwischen beiden Werten besteht, wird iterativ ein neuer Wert bestimmt und das Verfahren so lange wiederholt, bis befriedigende Übereinstimmung herrscht. Der Ablauf des gesamten Verfahrens ist in Abb. 3 dargestellt.

Das Verfahren hat die Eigenschaft, innere Teilsysteme mit relativ vielen parallelen Stromaufteilungen zu erzeugen. Das hat relativ kleine Apparate

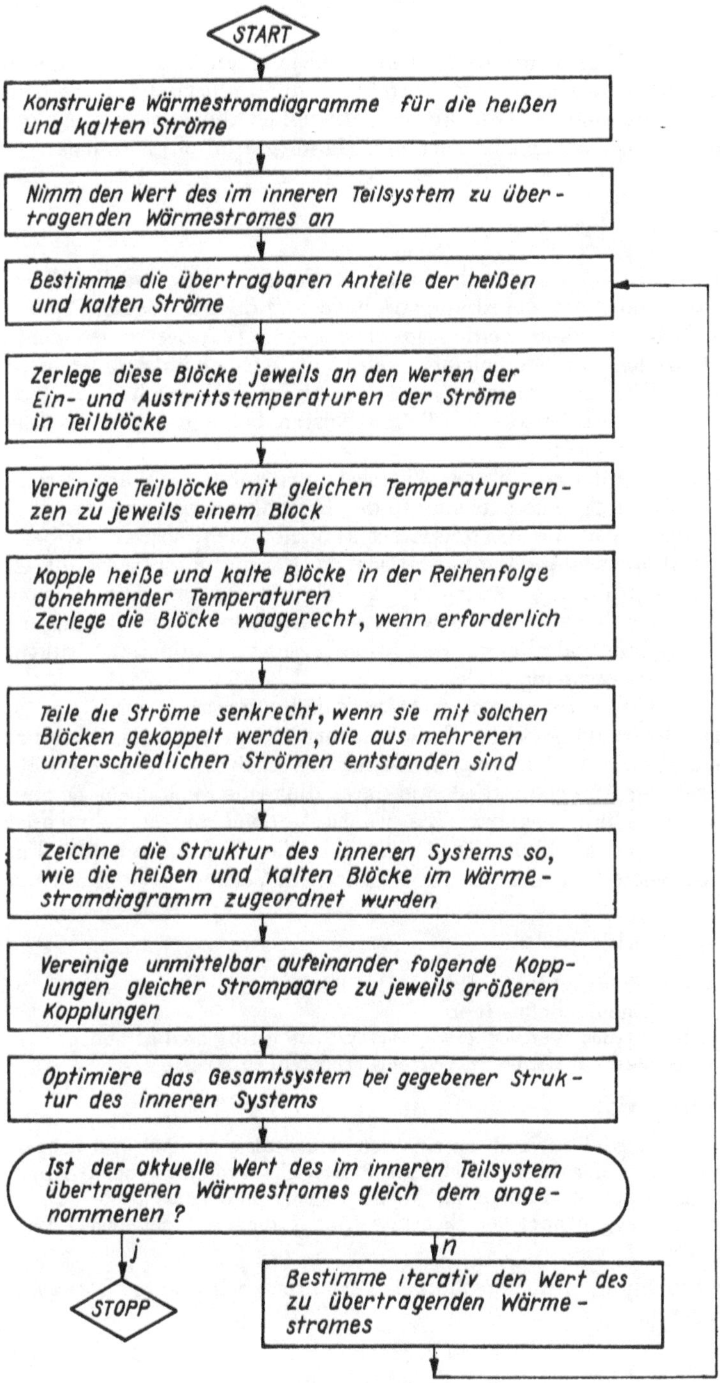

Abb. 3. Ablaufplan des Verfahrens von Nishida, Kobayashi und Ichikawa

zur Folge. Es ist für Aufgabenstellungen mit nur je einem Heiz- und Kühlmittel geeignet. Die Anwendung des Verfahrens auf industrielle Aufgabenstellungen ist nur auf einer EDVA sinnvoll. Lediglich die Bestimmung der Struktur des inneren Teilsystems ist evtl. von Hand (graphisch) zumutbar.

2.2.1.4. *„Merseburger“ Verfahren*

Diese Methode besteht im wesentlichen aus der Formulierung des Syntheseproblems als mathematisches Zuordnungsproblem und dessen Lösung [7].

Die Heiz- und Kühlströme werden in gleichgroße Wärmestromelemente seriell aufgeteilt. Jedes Heizstromelement wird mit jedem Kühlstromelement zum Zwecke der Wärmeübertragung wärmetechnisch gekoppelt. Für jede Kopplungsmöglichkeit werden die jährlichen Kosten berechnet und als Elemente einer Matrix angeordnet.

Zum Erreichen des Bilanzzustandes Wärmestromangebot = Wärmestrombedarf werden nötigenfalls Kostenelemente der Fremdheizung bzw. -kühlung als Zeilen bzw. Spalten in die Kostenmatrix aufgenommen, so daß sie beim Erreichen dieses Bilanzzustandes quadratisch ist (Grundmatrix). Damit ist das Struktursyntheseproblem als Zuordnungsproblem formuliert. Seine Lösung auf der Basis der Grund- bzw. einer erweiterten Matrix mit Hilfe der ungarischen bzw. Potentialmethode liefert die optimale (kostenminimale) Struktur des Wärmeübertragungssystems.

Je kleiner das Wärmestromelement betragsmäßig gewählt wird, um so genauer wird das Optimum gefunden. Das Verfahren ist prinzipiell anwendbar für beliebig viele Heiz- und Kühlmittel, modifiziert auch für mehrere gleichzeitig. Die Grenzen der Anwendbarkeit sind durch die rechentechnische Dimension der Aufgabenstellung gegeben. Sie wächst schnell mit zunehmender Anzahl der Ströme und abnehmender Größe der Wärmestromelemente. Für industrielle Aufgabenstellungen ist die Anwendung des Verfahrens nur auf einer EDVA sinnvoll.

Vorteile der Methode:

- zur Lösung werden bekannte Algorithmen der linearen Optimierung verwendet, die zum globalen Kostenminimum führen
- die optimale Struktur des Wärmeübertragungssystems wird global gefunden, d. h. ohne vorher die Struktur für Teile des Systems ermitteln zu müssen

Nachteile der Methode:

- die Wärmedurchgangszahlen und spezifischen Flächenkosten der Wärmeübertragungseinrichtungen werden innerhalb der 3 Bereiche Produkt-Produkt-Kopplungen, Fremdheizung und -kühlung als jeweils gegeben und konstant betrachtet
- eine Optimierung und Auswahl der Elemente (Apparate) aus vorhandenen Baureihen erfolgt nicht

Die Weiterentwicklung des Merseburger Verfahrens wird unter Punkt 3. ausführlich dargestellt.

2.2.2. *Strukturparametermethoden*

Die Strukturparametermethoden gehen von der nichtlinearen Systemaufgabe aus und legen die Strukturparameter, d. h. die Kopplungen, sowie Auslegungsvariablen optimal fest. Im allgemeinen ist das Optimierungssystem gemischtganzzahlig. Entsprechend den angewendeten Suchstrategien kann man determinierte Algorithmen und Zufallssuchverfahren unterscheiden.

2.2.2.1. *Strukturparametermethode mit determinierten Suchverfahren*

Ein Synthesealgorithmus, der das Strukturierungsproblem global durch direkte nichtlineare Optimierung löst, stammt von UMEDA, HIRAI und ICHIKAWA [8]. Wie bei allen globalen Methoden wird eine redundande globale Struktur, die alle zu untersuchenden Varianten enthält, als Ausgangsbasis aufgestellt. Die Struktur des Systems wird durch Strukturparameter, die Aufteilungsfaktoren der aus den Elementen oder Teilsystemen austretenden Ströme darstellen, repräsentiert:

$$X_{ni} = \sum_{n=1}^{N} \sum_{i=1}^{I(n)} a_{ni}^{mj} \cdot Y_{mj} \tag{2.1}$$

X_{ni} – Vektor des i-ten Eingangsstromes des n-ten Elementes;
Y_{mj} – Vektor des j-ten Ausgangsstromes des m-ten Elementes;
a_{ni}^{mj} – Strukturparameter (Aufteilungsfaktor), der angibt, welcher Anteil des j-ten Ausgangsstromes des m-ten Elementes dem i-ten Eingangsstrom des n-ten Elementes zugeordnet wird.

Definitionsgemäß gilt für die Strukturparameter

$$0 \leqq a_{ni}^{mj} \leqq 1 \tag{2.2}$$

außerdem gilt

$$\sum_{n=1}^{N} \sum_{i=1}^{I(n)} a_{ni}^{mj} = 1 \tag{2.3}$$

Die Optimierung des Systems erfolgt bezüglich der Strukturparameter a_{ni}^{mj} und der übrigen Entscheidungsvariablen des Systems U (technologische und Auslegungsvariable, die zu einer Gruppe U zusammengefaßt werden sollen).

Das Optimierungsproblem lautet damit:

$$Z^* = \operatorname*{extr}_{a,U} Z(X, U, a) \tag{2.4}$$

Als Nebenbedingungen müssen die Gleichungen (2.1) und (2.2) sowie (2.3) und die Elementmodelle

$$Y_{ni} = F_{ni}(X_{n1}, X_{n2}, \ldots, U_n) \tag{2.5}$$

sowie die Nebenbedingungen bezüglich der Zustands- und Entwurfsvariablen

$$g_{ni}(X_{n1}, X_{n2}, \ldots, Y_{n1}, Y_{n2}, \ldots, U_n) \leqq 0 \tag{2.6}$$

berücksichtigt werden.

Die Beziehung (2.2) stellt eine Einbettung des diskreten Problems (eigentlich gilt für die $a_{nl}^{mj} = 0$ oder $a_{nl}^{mj} = 1$) in eine stetige Aufgabe dar und ermöglicht damit erst eine Lösung unter Verwendung bekannter Optimierungsmethoden. Nach Durchführung der Optimierung müssen die stetigen Strukturparameter auf die ursprünglichen diskreten Werte 0 oder 1 auf- oder abgerundet werden.

Eine Variante der Strukturparametermethode, die die Vorteile der Mehrebenenoptimierung nutzt, wurde von Umeda und Ichikawa vorgeschlagen [9]. Durch Bildung einer Lagrange-Funktion ausgehend von der ursprünglichen Zielfunktion und den Nebenbedingungen können nach einer weiteren Methode mit Hilfe des Kuhn-Tucker-Theorems die notwendigen Optimalitätsbedingungen abgeleitet werden. Die Lösung des entstehenden Gleichungssystems erfolgt über iteratives Schätzen der Lagrangeschen Multiplikatoren.

Die Vorteile dieser Methode bestehen darin, daß Struktur und Entscheidungsvariablen gleichzeitig optimal festgelegt werden können. Für kleinere Probleme können mit Erfolg die bekannten Suchschrittverfahren angewendet werden.

Wesentliche Nachteile der Methode sind, daß in der Ausgangsstruktur nicht alle theoretisch und praktisch möglichen Strukturvarianten enthalten sind und durch die Einbettung des diskreten Optimierungsproblems in eine stetige Aufgabe und die nachfolgende Rundung auf diskrete Werte keine Garantie für die optimale Lösung mehr vorhanden ist. Außerdem besteht die Möglichkeit, nur ein lokales und kein globales Extremum zu erreichen. Die Lösung der Aufgabe hängt oft von den gewählten Startwerten ab.

Das Strukturparameterverfahren wird mit Vorteil z. Z. nur für kleine Systeme genutzt werden können.

2.2.2.2. *Strukturparametermethode mit stochastischem Suchverfahren*

1974 schlugen Fan und Mishra [10] vor, die mit der Strukturparametermethode formulierte mathematische Aufgabenstellung nicht mit determinierten, sondern mit stochastischen Suchverfahren zu lösen. Sie betrachten die Gesamtheit der möglichen Kombinationen der Systemstrukturen und der Entwurfsvariablen als Grundgesamtheit im Sinne der mathematischen Statistik und entnehmen aus dieser Grundgesamtheit solange zufällige Stichproben, bis sie in die Nähe des globalen Optimums gekommen sind (Methode der zufälligen Stichproben). Die Auswahl der Stichproben geschieht hierbei wie folgt. Ein Zufallszahlengenerator erzeugt für jede Entscheidungsvariable des Strukturparameterproblems eine Zufallszahl. Durch eine Transformation werden daraus die Zahlenwerte für die Entscheidungsvariablen selbst ermittelt und über ein Simulationsprogramm die Zielfunktion des Systems berechnet. Dieser

Vorgang wird solange wiederholt, bis das folgende Abbruchkriterium erfüllt ist:

$$Z_{min} \leqq \mu - B \cdot \sigma \quad \text{für Minimierungsprobleme} \tag{2.7}$$

$$Z_{max} \geqq \mu + B \cdot \sigma \quad \text{für Maximierungsprobleme} \tag{2.8}$$

Z – Zielfunktion;
μ – Erwartungswert;
σ – Streuung;
B – positive reelle Zahl.

Liegt eine Normalverteilung vor, ergibt sich z. B. für $B = 2$ ein Konfidenzintervall von 97,5%.

Die beschriebene Methode der zufälligen Stichproben kann durch verschiedene „Lenkalgorithmen" in ihrer Effektivität noch verbessert werden.

Eine zweite Möglichkeit der stochastischen Lösung des Strukturparameterproblems stellt das adaptive Zufalls-Such-Verfahren von Fan und Mitarbeitern [11] dar. Es beinhaltet eine Kombination einer stochastischen Gradientenmethode [12] mit der stochastischen „automata method" [13].

Vorteile der stochastischen Methoden:

- Der Rechenaufwand ist unabhängig von der Anzahl der Entscheidungsvariablen. Damit können prinzipiell auch große Probleme gelöst werden.
- Die Methoden finden eine Lösung in der Nähe des globalen Optimums, auch wenn lokale Optima existieren.
- Die Methoden sind einfach zu programmieren.

Nachteile der stochastischen Methoden:

- Die Anwendung von stochastischen Methoden zur Lösung von Syntheseproblemen mittels der Strukturparametermethode beseitigt nicht den Hauptnachteil der Strukturparametermethode, daß vor der eigentlichen Strukturoptimierung alle zu betrachtenden Strukturvarianten in eine globale Struktur zusammenzufassen sind. Das erfordert insbesondere bei der Synthese von Wärmeübertragungssystemen wegen der nicht zu überschauenden Vielzahl der Strukturalternativen eine einschneidende Vorauswahl.
- Das Abbruchkriterium ist unsicher, da die Art der Verteilungsfunktion im allgemeinen unbekannt ist.
- Die Lösung liegt nur in der Nähe des Optimums.

Obwohl die Methoden der stochastischen Synthese insbesondere auch für heterogene Systeme eine Reihe von Vorteilen bieten, werden sie für die Synthese von Wärmeübertragungssystemen auf Grund der extremen Vielfalt der möglichen Strukturen nur begrenzte Anwendungsmöglichkeiten finden.

2.3. *Systematische Aufbauverfahren*

Die Syntheseverfahren dieser Gruppe werden durch den schrittweisen Aufbau der optimalen Struktur charakterisiert; damit umgehen sie das kombinatorische Problem und gestatten die Anwendung bekannter Lösungsverfahren auf Teilsysteme bzw. nutzen die Erfahrungen der Projektanten. Die wesentlichsten Vertreter dieser Gruppe sind Dekompositionsmethoden sowie die Evolutionsmethode.

2.3.1. *Dekompositionsmethoden*

Unter dem Begriff Dekompositionsmethoden sollen hier jene Synthesetechniken zusammengefaßt werden, die die Lösung des Originalproblems entweder durch Zerlegung der Aufgabenstellung oder aber durch Zerlegung des Lösungsraumes zu erreichen versuchen. Typische Vertreter dieser Synthesetechniken sind

— die heuristische Strukturierung [14] und
— die „branch and bound"-Methode [15].

2.3.1.1. *Heuristische Strukturierung*

Die heuristische Strukturierung stellt eine relativ eigenständige Synthesemethode dar, sie geht aber in ihrem Grundgedanken auf einen Vorschlag von RUDD [16 zur Dekomposition chemisch-technologischer Systeme zurück. Hiernach wird das Originalproblem entsprechend Gl. (2.9) zerlegt:

$$Z^*(X) = \underset{\text{Schnittort}}{\mathrm{Opt}} \left[\underset{\text{Schnittvariable}}{\mathrm{Opt}} \left(Z^*(S_I) + Z^*(S_{II}) \right) \right] \tag{2.9}$$

Z^* — optimale Zielfunktion;
X — Satz von Größen zur Kennzeichnung der Aufgabenstellung;
S_I, S_{II} — Teilaufgaben der Gesamtaufgabenstellung X.

Die Lösung dieser Gleichung erfordert die Kenntnis der optimalen Zielfunktion Z^* für jede Teilaufgabe, die jedoch in der Regel, wenn es sich nicht bereits um ein Element mit einer sog. verfügbaren Technologie handelt, nicht bekannt ist und nur schwer abgeschätzt werden kann. MASSO und RUDD [14] führten deshalb die zusätzliche Bedingung ein, daß die Dekomposition des Originalproblems oder eines unlösbaren Teiles von ihm zu Teilproblemen führen muß, von denen mindestens eines sofort lösbar ist. Gl. (2.9) lautet dann:

$$\begin{gathered} Z^*(X) = \underset{(X_j \cup T_j) \subset R}{\mathrm{Opt}} \left[\underset{T_j}{\mathrm{Opt}} \{ Z^*(X_j \cup T_j) \subset R + Z^*(\overline{X}_j \cup T_j) \} \right] \\ X = X_j \cup \overline{X}_j \qquad X_j \cap \overline{X}_j = 0 \end{gathered} \tag{2.10}$$

X_j — Satz von Größen zur Kennzeichnung der Aufgabenstellung der abgetrennten Teilaufgabe;
T_j — Schnittvariable zwischen der abgetrennten Teilaufgabe und der Restaufgabe;
R — Bereich der verfügbaren Technologie.

Zur Wahl von X_j und T_j schlagen MASSO und RUDD [14] die Verwendung sog. heuristischer Regeln vor, die sich aus dem Erfahrungswissen des Ingenieurs ableiten. Da es relativ viele, sich teilweise widersprechende heuristische Regeln gibt bzw. solche abgeleitet werden können, wird diese Dekompositionsstrategie mit einem iterativ lernenden Schema zur schrittweisen Verbesserung der Wahl der Regeln zur Ermittlung der Schnittstelle auf jeder Dekompositionsebene gekoppelt. Hierzu wird jeder Regel, die zur Auswahl der Teilaufgaben dient, auf jeder Dekompositionsebene ein Gewicht zugeordnet, das nach Abschluß eines Syntheseversuches vergrößert oder verkleinert wird, je nachdem, ob sich die Zielfunktion des Gesamtsystems verbessert oder verschlechtert hat.

Die heuristische Strukturierung ist in der beschriebenen Form anwendbar auf homogene verfahrenstechnische Systeme, insbesondere auf Wärmeübertragungssysteme und Stofftrennsysteme.

Für Wärmeübertragungssysteme geben Masso und Rudd [14] folgende heuristische Regeln an:

- Wähle diejenige Stromkopplung, die eine Wärmeübertragerfläche mit maximalen Kosten erfordert.
- Wähle diejenige Stromkopplung, bei der die Kosten für eine separate Kühlung und Heizung mit Fremdenergie maximal sind.
- Wähle diejenige Stromkopplung, bei der die Prozeßkosten für die separate Heizung und Kühlung der sog. Reste (Ströme mit den Parametern, die sich nach der Stromkopplung ergeben und die noch nicht den Erfordernissen der Aufgabenstellung entsprechen) minimal sind.
- Wähle diejenige Stromkopplung, die eine maximale Wärmeübertragung in dieser Stufe ermöglicht.
- Wähle einen Heiz- und einen Kühlstrom zufällig aus.

Die letzte Regel, sie sog. Zufallsregel, wurde eingeführt, da die ausschließliche Verwendung nichtzufälliger Regeln dazu führen kann, daß bestimmte, u. U. optimale Kopplungen systematisch ausgelassen werden, entweder weil sie von diesen Regeln nicht erzeugt werden können oder weil sie auf Grund der Gewichtsverteilung nicht erzeugt werden.

Zur Ermittlung der Schnittvariablen T_j, bei der heuristischen Strukturierung von Wärmeübertragungssystemen sind das die Stromtemperaturen nach der Kopplung, schlagen Masso und Rudd [14] folgende Regel vor:

> Kopple die Ströme bis der Strom mit der kleineren Wärmemenge voll abgearbeitet ist bzw. ein vorgegebener Mindestwert für die Temperaturdifferenz $\Delta t_{\min}$ zwischen den beiden Strömen erreicht wurde.

Die Größe von $\Delta t_{\min}$ ist vom Anwender auf Grund von Erfahrungen vorzugeben. Eine Iteration dieses Wertes erfolgt nicht.

Die Kopplung der Prozeßströme untereinander wird solange fortgeführt, bis wegen Unterschreitung von $\Delta t_{\min}$ keine Kopplung mehr möglich ist. Die verbleibenden Prozeßströme bzw. die Reste von Prozeßströmen werden dann mit Fremdheiz- bzw. Fremdkühlmedien auf die geforderten Temperaturen gebracht.

Kafarow und Mitarbeiter [17] präzisierten und modifizierten die Methode von Masso und Rudd insbesondere bezüglich der Auswahl der heuristischen

Regeln für jede Dekompositionsebene und begründeten den Lernalgorithmus. Zur Auswahl der heuristischen Regeln definierten Kafarow und Mitarbeiter eine sog. Auswahlwahrscheinlichkeit

$$P_{ij} = \frac{G_{ij}}{\sum_{k=1}^{i_{max}} G_{kj}} \tag{2.11}$$

G – Gewicht für heuristische Regeln;
i – Index für die heuristischen Regeln $i = 1, 2, \ldots k, \ldots i_{max}$;
j – Index für die Dekompositionsebenen $j = 1, 2, \ldots j_{max}$

und wählten mittels gleichverteilter Zufallszahlen, die von einem Zufallszahlengenerator erzeugt wurden, die heuristischen Regeln entsprechend der von den Gewichten fixierten Auswahlwahrscheinlichkeit für jede Dekompositionsebene aus.

Einschätzung der Methode:

- Die Nutzung des Erfahrungswissens des Ingenieurs gestattet eine effektive Reduzierung der Vielfalt der zu betrachtenden Lösungen.
- Die Methode liefert in der Regel eine gute, aber nicht unbedingt die optimale Lösung.
- Die Methode gestattet die Lösung großer für die industrielle Praxis interessanter Problemstellungen.
- Der Lernalgorithmus kann noch nicht voll befriedigen.

Grenzen der Methode:

- Die Elemente der erzeugten Wärmeübertragungssysteme beinhalten nur Kopplungen von jeweils 2 Prozeßströmen.
- Stromteilungen und Stromvereinigungen sind nicht vorgesehen.
- Die Abwärmenutzung besitzt das Primat gegenüber Fremdheizung und Fremdkühlung.
- Die Schnittvariablen werden nicht optimiert.

2.3.1.2. „Branch and bound"-Methode

1970 schlugen Lee, Masso und Rudd [15] vor, die „branch and bound"-Methode [18] zur Synthese von Wärmeübertragungsysstemen zu verwenden. Diese Methode gehört ebenfalls zu der Gruppe der Dekompositionsmethoden und besteht aus 2 Strategien:

- der Branching-Strategie und
- der Bounding-Strategie.

Branching-Strategie

Durch die Branching-Strategie wird das Originalproblem, genauer gesagt der Lösungsraum für das Originalproblem, derart zerlegt, daß einfachere Probleme entstehen, die mit der nachfolgend beschriebenen Bounding-Strategie gelöst werden können. Nach Kafarow und Mitarbeitern (19, 20] sollte hierbei jede Teilaufgabe die Kopplung zweier beliebiger Ausgangsströme enthalten. Die Anzahl der Teilaufgaben der 1. Dekompositionsebene beträgt dann

$$r \leqq (n \cdot m) \tag{2.12}$$

n — Anzahl der Heizströme;
m — Anzahl der Kühlströme

Diese Branching-Strategie ist auf weiteren Dekompositionsebenen solange fortzusetzen, bis der Aufwand für die Lösung der entstandenen Teilprobleme mit der Bounding-Strategie minimal wird.

Bounding-Strategie

Die Bounding-Strategie beruht darauf, daß man zunächst die Kopplungsmöglichkeiten eines jeden Stromes mit allen anderen Strömen betrachtet ohne zu prüfen, ob diese Ströme nicht gleichzeitig mit anderen Strömen gekoppelt werden. In einem zweiten Schritt wird dann die sog. Netzwerkdurchführbarkeit überprüft. Im einzelnen werden folgende Schritte abgearbeitet. Zunächst werden die Kosten für die Kopplung aller Heizströme mit allen Kühlströmen ermittelt. Die verbleibenden Stromreste werden aufgelistet. Im nächsten Schritt erfolgt die Berechnung der Kosten für die Kopplung der ursprünglichen Ströme mit den in dem 1. Schritt verbliebenen Stromresten sowie die Kopplung der Reste untereinander. Diese Prozedur wird solange fortgesetzt, bis es keine koppelbaren Reste mehr gibt. Die Ergebnisse der Berechnung werden in Listen, sog. Prozeßzustandslisten oder Marschroutenlisten, zusammengefaßt. Sie enthalten für jeden Strom die verschiedenen möglichen Marschrouten und ihre Kosten (die Hälfte der Kosten für die internen Kopplungen sowie den vollen Betrag für Fremdheizung und Fremdkühlung). Die Marschrouten eines jeden Stromes werden in den Listen nach steigenden Kosten sortiert. Anhand dieser Listen kann nun ein Wärmeübertragungssystem synthetisiert werden durch Wahl einer Marschroute für jeden Strom. Da die Marschrouten für jeden Strom nach steigenden Kosten sortiert wurden, ergeben die jeweils an 1. Stelle liegenden Marschrouten das System mit den geringsten Kosten. Ist dieses System nicht realisierbar, d. h. überträgt mindestens ein Strom unter gleichen Bedingungen an mehr als einen Strom Wärme, so wird das nächst teurere System ausgesucht usw. Das erste auf diese Art und Weise gefundene durchführbare System ist dann für das betrachtete Teilproblem die optimale Lösung.

Wurden alle Teilprobleme mit der Bounding-Strategie gelöst, erfolgt die Auswahl der besten Lösung aus den optimalen Teilproblemlösungen.

Zur Verringerung des Speicherplatzbedarfes und der Rechenzeit — beide steigen bei der dargelegten klassischen „branch and bound"-Methode exponentiell mit der Anzahl der Ströme — wurden von Lee, Masso und Rudd [15] sowie Siirola [21] eine Reihe von Vorschlägen unterbreitet, die diese Methode auch für größere, industriell interessante Probleme praktikabel machen. Ein

Teil dieser Vorschläge beeinträchtigt den großen Vorteil der „branch and bound“-Methode, die optimale Lösung mit Sicherheit zu finden, nicht. Andere Vorschläge sind heuristischer Natur und erreichen die Senkung der Rechenzeit nur bei Verzicht auf die Garantie für das Auffinden des Optimums.

Rathorne und Powers [22] haben zur Behebung des Nachteiles der Bounding-Strategie, daß zunächst eine große Anzahl von undurchführbaren Systemen erzeugt wird, ein sog. „forward branching scheme“ vorgeschlagen, das nur durchführbare Schemata erzeugt. Eine Modifikation der Branching-Strategie stellt auch die von Pho und Lapidus [23] vorgeschlagene Zielbaummethode dar.

Vorteile der Methode:

- Die optimale Lösung wird bei Verzicht auf einige rechenzeit- und speicherplatzsparende Maßnahmen garantiert erreicht.
- Durch Anwendung einiger heuristischer Regeln kann die Methode bei vertretbarem Rechenaufwand auch auf sehr große Systeme angewendet werden. In diesem Fall führt die Methode zwar nicht garantiert zum Optimum, wohl aber zu einer brauchbaren Lösung.

Nachteile der Methode:

- Bezüglich der Art der Stromkopplung sind gewisse Restriktionen einzuhalten.
- Fremdheizung und Fremdkühlung werden nicht voll integriert, sie liegen grundsätzlich an den Stromanfängen bzw. den Stromenden.
- Es erfolgt keine Optimierung der Entwurfsvariablen.

Es wird eingeschätzt, daß die „branch and bound“-Methode mit den vorgeschlagenen Modifizierungen z. Z. mit zu den leistungsfähigsten Methoden zur Synthese von Wärmeübertragungssystemen gehört und zur Lösung industrieller Probleme geeignet ist.

2.3.2. *Evolutionsmethoden*

Diese — im Prinzip allgemein anwendbare Methode — besteht in der schrittweisen Verbesserung eines die Anforderungen an ein Verfahren erfüllenden verfahrenstechnischen Systems.

Durch zielgerichtete Veränderungen an den Elementen und Teilsystemen des Verfahrens wird versucht, die Eigenschaften des zu entwerfenden Systems zu verbessern. Eine solche Strategie setzt natürlich umfangreiche allgemeine und spezielle Kenntnisse der Systemtheorie und der konkreten Technologie sowie der allgemeinen Verfahrenstechnik voraus. Dieses ursprünglich von King [24] intuitiv angewendete Verfahren erfordert nach der Modifikationsphase jeweils eine komplette Analyse des Systems, d. h. eine vollständige Durchrechnung des Verfahrens, um zu prüfen, ob sich der Wert der Zielfunktion des modifizierten Systems tatsächlich verbessert hat. McGalliard und Westerberg [25] verknüpften das Prinzip der Evolutionsmethode mit der Zweiebenen-Methode [26] durch Berechnung der jeweils primalen und dualen

Aufgaben, aus deren Lösung (LAGRANGE-Parameter) ohne Optimierung des Gesamtsystems erkennbar ist, ob die vorgesehene Modifikation zu einer Verbesserung des Zielgrößenwertes führt oder nicht. Nach der Bezeichnung der unterschiedlichen Vorgehensweisen nennt man die erste – Methode der intuitiven Modifikation und die zweite – Methode der algorithmisierten Modifikation. Eine Variante der intuitiven Modifikation besteht in der Anwendung von heuristischen Regeln zur Systemverbesserung [27]. Eine Variante der algorithmisierten Modifikation stammt von WILDE [28], der zur Systemverbesserung Informationen der Empfindlichkeitsanalyse verwendet.

Die wesentlichen Vorteile der Evolutionsmethoden bestehen darin, daß sie weitgehend dem traditionellen Vorgehen des Ingenieurs entsprechen und dessen konkrete Prozeßkenntnisse ausnutzen.

Damit ist jeder qualifizierte Ingenieur in der Lage, zumindest die Methode der intuitiven Modifikation anzuwenden. Durch die Existenz von Programmsystemen zur automatisierten Berechnung verfahrenstechnischer Systeme (Flow-sheet-simulation programs) wird dem Ingenieur die Analyse des modifizierten Systems wesentlich erleichtert. Die algorithmisierte Modifikation erfordert allerdings höheren mathematischen Aufwand.

Ein wesentlicher Nachteil der Methode besteht darin, daß auf Grund der als Ausgangsbasis gewählten Strukturvariante in der Regel nur ein lokales Optimum gefunden werden kann. Die Verwendung mehrerer prinzipiell unterschiedlicher Ausgangsvarianten stellt zwar eine Verbesserung dar, garantiert aber auch kein absolutes Optimum des Syntheseproblems.

3. Zuordnungsverfahren

In der Technischen Hochschule „Carl Schorlemmer“, Leuna-Merseburg, wurde eine Synthesetechnik entwickelt, die als Zuordnungsverfahren bezeichnet wird.

Die wesentlichen Schritte des Verfahrens sind

- die Aufteilung der globalen Heiz- und Kühlströme in Elemente,
- die Formulierung und Lösung von Zuordnungsproblemen und
- die Optimierung des gesamten Wärmeübertragungssystems

Das Wärmeübertragungssystem besteht im Modell aus einem inneren Teilsystem (Kopplungen der Produktströme) und einem äußeren Teilsystem (Kopplungen der Fremdheizung und -kühlung).

Heizströme sind zu kühlende Ströme von Chemieprodukten. Die Wärmeübertragung kann mit Kühlströmen im inneren Teilsystem und mit Kühlmitteln im äußeren Teilsystem, hier Fremdkühlung, erfolgen. Die von den Heizströmen abzuführenden Wärmeströme können Ströme fühlbarer Wärmen, Kondensationswärmen und deren Gemische sein.

Kühlströme sind zu erwärmende Ströme von Chemieprodukten. Die Wärmeübertragung kann mit Heizströmen im inneren Teilsystem und mit Heizmitteln im äußeren Teilsystem, hier Fremdheizung, erfolgen. Die den Kühlströmen zuzuführenden Wärmeströme können Ströme fühlbarer Wärmen, Verdampfungswärmen und deren Gemische sein.

Unter Heizmitteln werden Medien wie Rauchgase, Wasserdampf und Wärmeträgersubstanzen verstanden. Kühlmittel sind Medien wie Wasser, Luft und Sole. Die wärmetechnischen Kopplungen der Heiz- und Kühlströme im inneren Teilsystem werden im allgemeinen durch Rohrbündelwärmeübertrager realisiert. Die Kopplungen der Fremdheizung sind apparatetechnisch öl- und gasgefeuerte Öfen und Rohrbündelwärmeübertrager. Die Wärmeübertragung im Teil Fremdkühlung erfolgt in Rohrbündelwärmeübertragern und Luftkühlern. Die Darstellung von Wärmeübertragungssystemen in 2 Teilsystemen wird in Abb. 4 gezeigt.

Die Teile Fremdheizung und -kühlung in Wärmeübertragungssystemen können aus mehreren Gründen erforderlich sein:

1. Bilanz der von den Heiz- und Kühlströmen abzugebenden und aufzunehmenden Wärmeströme geht nicht auf, d. h. Wärmestromangebot > Wärmestrombedarf oder umgekehrt.

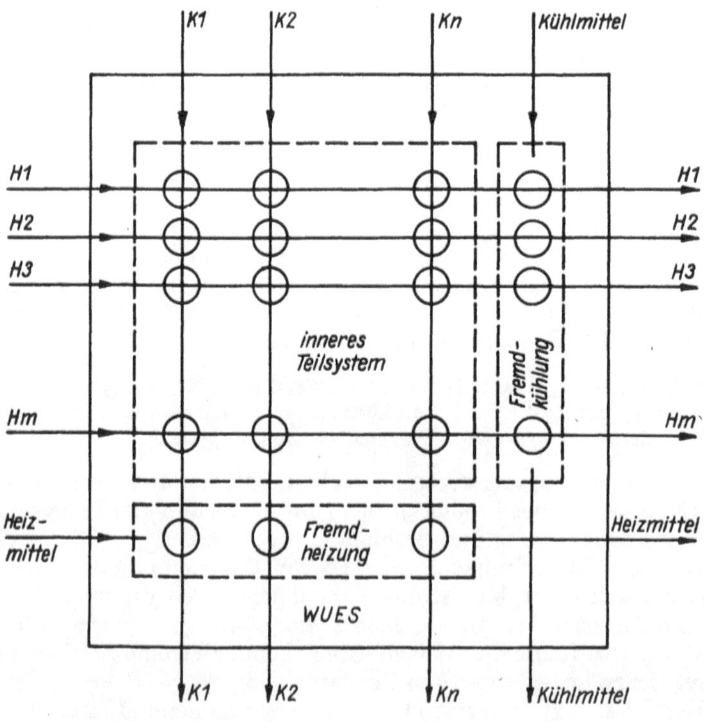

Abb. 4. Darstellung von Wärmeübertragungssystemen in 2 Teilsystemen

2. Aus thermodynamischen Gründen (Temperaturniveaus der Wärmeströme) ist es nicht möglich, die Wärmeströme restlos von Produkt an Produkt zu übertragen.
3. Aus ökonomischen Gründen ist es zweckmäßig, Teile der Wärmeströme an Kühl- und Heizmittel zu übertragen.

Das Syntheseverfahren leistet die optimale verfahrenstechnische Dimensionierung von Wärmeübertragungssystemen für beliebige Aufgabenstellungen. Das Optimum bezieht sich auf jährliche Gesamtkosten. Das Schwergewicht liegt, wie bei den bereits bekannten Verfahren, auf der optimalen Strukturierung der Systeme. Es hat sich erwiesen, daß die Struktur einen weit stärkeren Einfluß auf die Gesamtkosten des Systems ausübt als die Dimensionierung der Apparate.

Die Zielfunktion berücksichtigt die festen und variablen Kosten des inneren und äußeren Teilsystems. Die festen Kosten sind im wesentlichen eine Funktion der installierten Wärmeübertragungsflächen, die variablen Kosten eine Funktion der erforderlichen Mengenströme Heiz- und Kühlmittel. Die thermoökonomische Modellierung der festen Kosten des inneren und äußeren Teilsystems erfolgt auf der Basis realistischer Kosten der Apparate entsprechend ihren Abmessungen. Durch Bezugnahme auf die Baureihen der Standards TGL 20783 und TGL 20784 für Rohrbündelwärmeübertrager ist es möglich, diese Apparate kostenminimal zu dimensionieren.

Charakteristisch für das Verfahren ist das serielle Teilen der globalen Wärmeströme in gleichgroße kleine Wärmestromelemente. Je hochgradiger diese Teilung erfolgt, um so größer sind die Kombinationsmöglichkeiten der Heiz- und Kühlstromelemente, um so genauer wird das Kostenminimum gefunden. Die Grenze für diese Teilung ist durch die zunehmende Dimension des rechentechnischen Problems mit zunehmendem Teilungsgrad gegeben. Die Größe des Wärmestromelementes dq wird zu Beginn der Rechnung so festgelegt, daß das Problem mit Beziehung auf Speicherplatzbedarf und erforderliche Rechenzeit beherrschbar ist. Durch die serielle Teilung bleibt der ursprüngliche Wert der Wärmekapazitätsströme in den Elementen erhalten. Die den Strömen zugeordneten Temperaturen am Ein- und Austritt der Elemente ergeben sich nach dem Schema $ta = te \pm dq/w$, je nachdem, ob es sich um einen Kühl- oder Heizstrom handelt. So entsteht die Menge der Heiz- und Kühlstromelemente.

Resultieren aus der Teilung der globalen Wärmeströme insgesamt m Heizelemente und n Kühlstromelemente, so können bezüglich m und n folgende Fälle eintreten:

1. $m = n$

In der Aufgabenstellung ist Wärmestromangebot = Wärmestrombedarf.

2. $m > n$

In der Aufgabenstellung ist Wärmestromangebot > Wärmestrombedarf. Die Lösung des Problems setzt aber den Bilanzzustand Angebot = Bedarf voraus. Deshalb werden $(m - n)$ Wärmestromelemente der Fremdkühlung in die Bilanz eingeführt.

3. $m < n$

In der Aufgabenstellung ist Wärmestromangebot $<$ Wärmestrombedarf. Zur Erreichung des Bilanzgleichgewichtes werden $(n - m)$ Elemente der Fremdheizung in die Rechnung eingeführt.

Im allgemeinen ist die Anzahl der Heiz- und Kühlstromelemente verschieden groß. In der vorgenannten Bilanz werden lediglich die Mengen der Wärmeströme verglichen; ihre Temperaturniveaus werden nicht berücksichtigt. Das erstmalig erreichte Bilanzgleichgewicht muß nicht bedeuten, daß das Dimensionierungsproblem auf dieser Stufe bereits optimal gelöst werden kann. Jedes Heizelement, das sind die Elemente der Heizströme und des Heizmittels, wird mit jedem Kühlelement, d. h. mit den Elementen der Kühlströme und des Kühlmittels, wärmetechnisch gekoppelt, so weit das thermodynamisch möglich ist. Für diese Kopplungen werden jeweils die jährlichen Gesamtkosten berechnet. Schreibt man z. B. die Heizelemente als Zeilen und die Kühlelemente als Spalten, so entsteht eine quadratische Matrix, deren Elemente die Kosten der wärmetechnischen Kopplungen sind. Für den Fall, daß der Bilanzzustand Wärmestromangebot — Wärmestrombedarf erstmalig erreicht wird, heißt die Kostenmatrix Grundmatrix. Für z. B. $m < n$ lautet die Grundmatrix

$$\mathbf{k} = \begin{pmatrix} k_{1,1} & k_{1,2} & \cdots & k_{1,n} \\ k_{2,1} & k_{2,2} & \cdots & k_{2,n} \\ \vdots & \vdots & & \vdots \\ k_{m,1} & k_{m,2} & \cdots & k_{m,n} \\ \vdots & \vdots & & \vdots \\ k_{n,1} & k_{n,2} & \cdots & k_{n,n} \end{pmatrix} \begin{matrix} \\ \\ \\ \\ \left.\begin{matrix} \\ \\ \end{matrix}\right\} \begin{matrix} (n - m) \\ \text{Zeilen der Fremdheizung} \end{matrix} \end{matrix} \tag{3.1}$$

Die Kostenelemente werden nach folgendem Schema berechnet:

$$\text{inneres Teilsystem} \quad k_{i,j} = \frac{dq \cdot pfp_{i,j} \cdot zp}{kp_{i,j} \cdot dt_{i,j}} \tag{3.2}$$

$$\text{Fremdheizung} \quad k_{i,j} = \frac{dq \cdot pfh_{i,j} \cdot zh}{kh_{i,j} \cdot dt_{i,j}} + \frac{dq \cdot pmh_{i,j} \cdot b}{dih_{i,j}} \tag{3.3}$$

$$\text{Fremdkühlung} \quad k_{i,j} = \frac{dq \cdot pfk_{i,j} \cdot zk}{kk_{i,j} \cdot dt_{i,j}} + \frac{dq \cdot pmk_{i,j} \cdot b}{dik_{i,j}} \tag{3.4}$$

Die Variablen haben folgende Bedeutung:

k = jährliche Gesamtkosten; dq = Wärmestromelement; pfp = spezifischer Flächenpreis des inneren Teilsystems; pfh = spezifischer Flächenpreis der Fremdheizung; pfk = spezifischer Flächenpreis der Fremdkühlung; zp = Jahresfestkostensatz des inneren Teilsystems; zh = Jahresfestkostensatz der Fremdheizung; zk = Jahresfestkostensatz der Fremdkühlung; kp = Wärmedurchgangszahl des inneren Teilsystems; kh = Wärmedurchgangszahl der Fremdheizung; kk = Wärmedurchgangszahl der Fremdkühlung; dt = Triebkraft der Wärmeübertragung; pmh = spezifischer Massenpreis des Heizmittels, pmk = spezifischer Massenpreis des Kühlmittels; dih = genutzte Enthalpiedifferenz des Heizmittels; dik = genutzte Enthalpiedifferenz des Kühlmittels; b = jährliche Betriebsstunden.

Die Indizes i und j beziehen sich auf die Zuordnung des i-ten Heizelementes zum j-ten Kühlelement.

Die Kostenelemente von thermodynamisch unmöglichen und nicht gewollten Kopplungen (ökonomisch sinnlose Kombinationen der Heiz- und Kühlmittelströme) werden mit einer Zahl belegt, die sich größenmäßig genügend von den übrigen Werten unterscheidet. Damit wird von vornherein gesichert, daß die optimale Lösung des Problems nur sinnvolle Kopplungen enthält.

Jedes der Heiz- und Kühlelemente, die der Kostenmatrix zugrunde liegen, kann genau einmal eine Kopplung eingehen. Deshalb steht in jeder Zeile und Spalte der Kopplungsmatrix von Wärmeübertragungssystemen genau eine Kopplung. Sie heißen unabhängige Kopplungen. Die optimalen unabhängigen Kopplungen aus dem Bereich der Möglichkeiten zu finden, ist Aufgabe der Strukturoptimierung. Mit dem Aufstellen der Kostenmatrix ist das Problem der Struktursynthese als mathematisches Zuordnungsproblem formuliert. Es stellt sich wie folgt dar:

$$\text{Zielfunktion} \quad gk = \sum_{i=1}^{n} \sum_{j=1}^{n} k_{i,j} \cdot x_{i,j} \overset{!}{=} \min \tag{3.5}$$

mit

$$x_{i,j} = \begin{cases} 1 \text{ für Zuordnung } i \rightarrow j \\ 0 \text{ für Nichtzuordnung } i \rightarrow j \end{cases}$$

Der Index i numeriert die Heizelemente, Index j die Kühlelemente. $k_{i,j}$ sind die jährlichen Gesamtkosten für die Zuordnung des Heizelementes i zum Kühlelement j. $x_{i,j}$ gibt den Vollzug oder Nichtvollzug einer Zuordnung $i \rightarrow j$ an.

Nebenbedingungen

$$\sum_{j=1}^{n} x_{i,j} = 1 \qquad \text{für } i = 1, 2, \ldots, n \tag{3.6}$$

$$\sum_{i=1}^{n} x_{i,j} = 1 \qquad \text{für } j = 1, 2, \ldots, n \tag{3.7}$$

Die Nebenbedingungen besagen, daß jedes Heizelement nur einem Kühlelement und jedem Kühlelement nur ein Heizelement zugeordnet wird.

Zur Kostenmatrix **k** gehört die Zuordnungsmatrix

$$\mathbf{x} = \begin{pmatrix} x_{1,1} & x_{1,2} & \cdots & x_{1,n} \\ x_{2,1} & x_{2,2} & \cdots & x_{2,n} \\ \vdots & \vdots & & \vdots \\ x_{n,1} & x_{n,2} & \cdots & x_{n,n} \end{pmatrix} \tag{3.8}$$

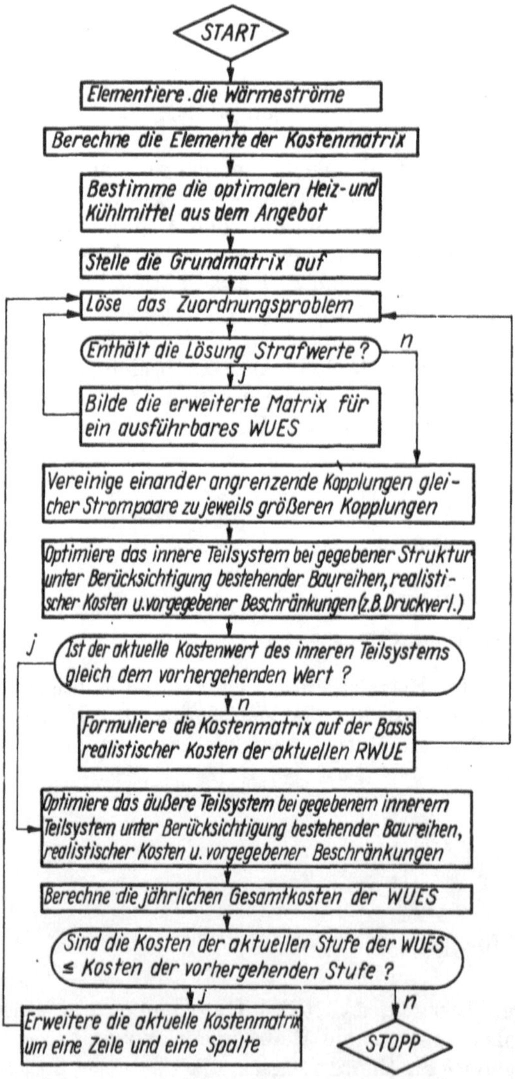

Abb. 5. Ablaufplan des Zuordnungsverfahrens

In der Zuordnungsmatrix ist in jeder Zeile und Spalte genau ein $x_{i,j} = 1$ so zu setzen, daß der Wert der Zielfunktion minimal wird; alle anderen $x_{i,j}$ sind gleich Null.

Das Zuordnungsproblem wird mit einer der bekannten Methoden gelöst, z. B. ungarische Methode, Potentialmethode. Die Lösung liefert die optimale Struktur des Wärmeübertragungssystems bei gegebener Kostenmatrix. Einander angrenzende Kopplungen gleicher Strompaare werden zu jeweils größeren Kopplungen in Übereinstimmung mit den Baureihen für die Wärmeübertragungseinrichtungen vereinigt. Für diese Kopplungen werden die Kosten neu bestimmt, und das Zuordnungsproblem wird erneut gelöst.

Dieses Verfahren wird so lange fortgesetzt, bis sich die festen Kosten des inneren Teilsystems nicht mehr ändern.

Das Zuordnungsproblem wird zuerst auf der Stufe Grundmatrix gelöst. Enthält die Lösung mindestens einen Strafwert, so ist das Wärmeübertragungssystem auf dieser Stufe nicht ausführbar.

Deshalb werden erweiterte Matrizen gebildet, indem die Grundmatrix jeweils um genau eine Zeile der Heizmittelelemente und genau eine Spalte der Kühlmittelelemente erweitert wird. Die Matrix, die erstmals ein ausführbares Wärmeübertragungssystem liefert, wird erhalten, indem zur Grundmatrix genau so viele Zeilen (Fremdheizung) und Spalten (Fremdkühlung) als äußerste Reihen hinzugefügt werden, wie Strafwerte in der Lösung auf der Basis Grundmatrix enthalten sind. Das optimale (kostenminimale) Wärmeübertragungssystem wird gefunden, indem die Systeme in der Umgebung dieser Stufe untersucht werden. Das Verfahren läßt die Benutzung jeweils mehrerer Heiz- und Kühlmittel zu. Der Ablauf des gesamten Verfahrens ist in Abb. 5 dargestellt.

An einer relativ kleinen industriellen Aufgabenstellung soll die Anwendung des Zuordnungsverfahrens gezeigt werden. Es handelt sich um die optimale verfahrenstechnische Dimensionierung eines Wärmeübertragungssystems mit zwei Heizströmen und einem Kühlstrom.

Allerdings wurde das Problem mit einer noch primitiven Version des Verfahrens bearbeitet: in den 3 Bereichen inneres Teilsystem, Fremdheizung und -kühlung wurden die Wärmedurchgangszahlen und die spezifischen Flächenkosten der Wärmeübertragungseinrichtungen als gegeben und konstant angesehen. Die wichtigsten Ausgangsdaten der Rechnung sind in Tab. 1 zusammengestellt.

Die angegebenen Temperaturen sind auf die Systemgrenze bezogen. Als Heizmittel dient Rauchgas, als Kühlmittel wird Wasser verwendet.

Wärmebedarf $4{,}5 \cdot 10^6$ kcal/h
Wärmeangebot $3{,}9 \cdot 10^6$ kcal/h
Wärmedefizit $0{,}6 \cdot 10^6$ kcal/h

Der Elementenstrom wurde $dq = 3 \cdot 10^5$ kcal/h gesetzt, so daß eine Grundmatrix von Format (15,15) entstand.

Die Zuordnungsprobleme wurden mit der ungarischen Methode gelöst. Die optimalen wärmetechnischen Kopplungen sind in Tab. 2 zusammengestellt.

Tabelle 1: Ausgangsdaten einer Beispielrechnung

wh_1	$= 1{,}8 \cdot 10^4$ kcal/h · grd
wh_2	$= 1{,}2 \cdot 10^4$ kcal/h · grd
wk_1	$= 3{,}0 \cdot 10^4$ kcal/h · grd
qh_1	$= 2{,}7 \cdot 10^6$ kcal/h
qh_2	$= 1{,}2 \cdot 10^6$ kcal/h
qk_1	$= 4{,}5 \cdot 10^6$ kcal/h
the_1	= 250 °C
the_2	= 200 °C
tke_1	= 100 °C
tha_1	= 100 °C
tha_2	= 100 °C
tka_1	= 250 °C
thm	= 750 °C
$tkme$	= 25 °C
$tkma$	= 40 °C
kp	= 100 kcal/m² · h · grd
kh	= 50 kcal/m² · h · grd
kk	= 150 kcal/m² · h · grd
pfp	= 150 M/m²
pfh	= 900 M/m²
pfk	= 150 M/m²
pmh	$= 4{,}7143 \cdot 10^{-3}$ M/kg Rauchgas
pmk	$= 2{,}7 \cdot 10^{-5}$ M/kg Wasser
b	= 8000 h/Jahr
dq	$= 3 \cdot 10^5$ kcal/h
$zp = zh = zk$	= 0,25 1/Jahr

wh = Wärmekapazitätsstrom eines Heizstromes, wk = Wärmekapazitätsstrom eines Kühlstromes, qh = Wärmestrom eines Heizstromes, qk = Wärmestrom eines Kühlstromes, the = Eintrittstemperatur eines Heizstromes, tke = Eintrittstemperatur eines Kühlstromes, tha = Austrittstemperatur eines Heizstromes, tka = Austrittstemperatur eines Kühlstromes, thm = mittlere Temperatur des Heizmittels, $tkme$ = Eintrittstemperatur des Kühlmittels, $tkma$ = Austrittstemperatur des Kühlmittels.

Die optimale Struktur des Wärmeübertragungssystems ist aus Abb. 6 ersichtlich.

Einander angrenzende Kopplungen gleicher Strompaare wurden jeweils zu größeren Kopplungen zusammengefaßt.

Das endgültige optimale Wärmeübertragungssystem wird in Abb. 7 gezeigt. Die dort angegebenen Werte sind die Ein- und Austrittstemperaturen der Heiz- und Kühlströme an den Rohrbündelwärmeübertragern und am Ofen.

Das Zuordnungsverfahren kann für industrielle Aufgabenstellungen sinnvoll nur auf einer EDVA angewendet werden. Dies wird insbesondere durch die Auswahl und Optimierung der Wärmeübertragungsrichtungen und durch hohe Teilungsgrade der Wärmeströme erforderlich.

Tabelle 2. Optimale wärmetechnische Kopplung einer Beispielrechnung

Index i/Index j	the_j/tka_j	tha_i/tke_j	Heizstrom bzw. -mittel/ Kühlstrom bzw. -mittel
1/5	250,0 210,0	233,3 200,0	$H1/K1$
2/6	233,3 200,0	216,7 190,0	$H1/K1$
3/7	216,7 190,0	200,0 180,0	$H1/K1$
4/9	200,0 170,0	175,0 160,0	$H2/K1$
5/8	200,0 180,0	183,3 170,0	$H1/K1$
6/10	183,3 160,0	166,7 150,0	$H1/K1$
7/11	175,0 150,0	150,0 140,0	$H2/K1$
8/12	166,7 140,0	150,0 130,0	$H1/K1$
9/14	150,0 120,0	125,0 110,0	$H2/K1$
10/13	150,0 130,0	133,3 120,0	$H1/K1$
11/15	133,3 110,0	116,7 100,0	$H1/K1$
12/16	125,0 40	100,0 25	$H2$/Wasser
13/17	116,7 40	100,0 25	$H1$/Wasser
14/4	750 220,0	750 210,0	Ofen/$K1$
15/3	750 230,0	750 220,0	Ofen/$K1$
16/2	750 240,0	750 230,0	Ofen/$K1$
17/1	750 250,0	750 240,0	Ofen/$K1$
H	Heizstrom	K	Kühlstrom

Ausblick

Das Zuordnungsverfahren hat sich zur optimalen Gestaltung von Wärmeübertragungssystemen sehr gut bewährt. Die programmtechnische Realisierung umfaßt auch die Auswahl TGL-gerechter Wärmeübertrager und deren Optimierung.

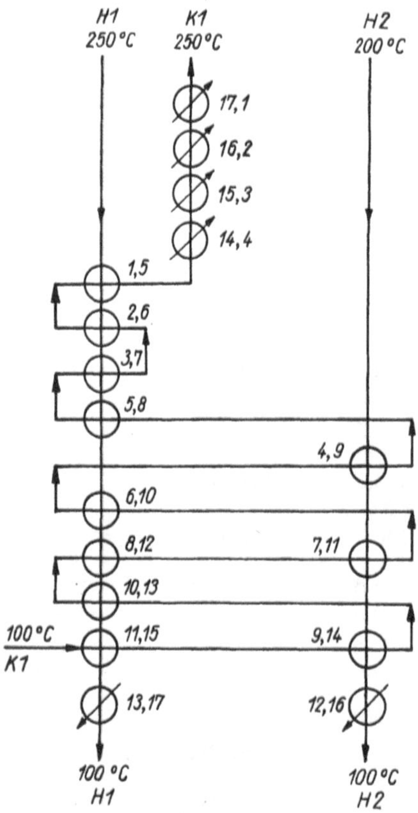

Abb. 6. Optimale wärmetechnische Kopplungen in einem Wärmeübertragungssystem (Beispielrechnung)

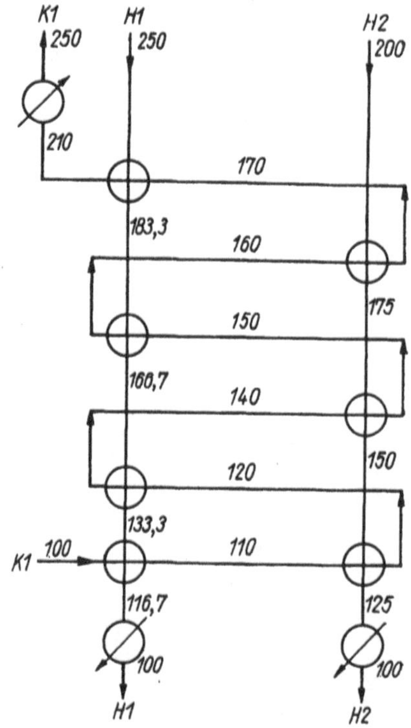

Abb. 7. Verfahrenstechnisch optimales Wärmeübertragungssystem (Beispielrechnung). Die Zahlenangaben sind Temperaturen in °C.

Seine Vorteile gegenüber methodisch anderen Verfahren sind in der strengen Aufteilung der globalen Wärmeströme in Elemente und im mathematisch exakten Strukturfinden begründet.

Die Aufteilung macht es möglich, daß die Ströme in praktisch beliebig kleinen Schritten kombiniert werden können. Dadurch können Kopplungen mit den jeweils günstigsten Triebkräften der Wärmeübertragung ausgewählt werden. Die optimale Struktur bei gegebener Kostenmatrix ergibt sich jeweils durch einmaliges Anwenden einer Lösungsmethode für Zuordnungsprobleme.

Eine Verknüpfungsmöglichkeit mit Syntheseverfahren für heterogene verfahrenstechnische Systeme besteht unmittelbar dann, wenn die Optimierung in Teilbereichen durchgeführt wird, z. B. zuerst das Stoffübertragungssystem, anschließend das Wärmeübertragungssystem und Vergleich mehrerer Varianten der Teilsysteme. Sie besteht auch darin, daß durch bestimmte wertmäßige Belegung von Kostenelementen die entsprechenden Kopplungen in der Lösung mit Sicherheit enthalten sind oder nicht. Insofern besteht eine Art Steuermöglichkeit auf die Struktur des Wärmeübertragungssystems im komplexen System.

Anwendungen auf großtechnische Aufgabenstellungen erbrachten Nutzeffekte in Höhe von mehreren Millionen Mark.

4. Adaptiver heuristischer Entwurf von Wärmeübertragungssystemen

Die nachfolgend beschriebene Methode zum Entwurf von Wärmeübertragungssystemen basiert auf dem unter Punkt 2.3.1.1. dargelegten Grundgedanken der Dekomposition mittels heuristischer Regeln. Da die Methode im Verlauf eines Lernprozesses sowohl die optimale Struktur als auch die Entwurfsvariablen zu ermitteln gestattet, wird sie als adaptive heuristische Entwurfsmethode bezeichnet. Gegenüber anderen Entwurfsmethoden hat sie im wesentlichen die folgenden Vorteile:

- Sie gestattet die Nutzung des vorliegenden und ständig wachsenden Erfahrungsschatzes des Ingenieurs und damit eine wesentliche Einschränkung der Vielfalt der zu betrachtenden Lösungsmöglichkeiten.
- Sie eignet sich nicht nur für die Synthese von Wärmeübertragungssystemen, sondern prinzipiell für homogene Systeme, in modifizierter Form auch für heterogene Systeme.

4.1. Heuristische Regeln

Nach Masso und Rudd [14] besteht die Funktion einer heuristischen Regel darin, eine Gesamtaufgabe derart in zwei Teile zu zerlegen, daß mindestens eine von ihnen sofort gelöst werden kann. Im Falle der Synthese von Wärmeübertragungssystemen heißt das, daß eine heuristische Regel auf jeder Dekompositionsebene jeweils einen Heiz- und einen Kühlstrom, die als nächste zu koppeln sind, auszuwählen gestatten muß. Im folgenden soll der Begriff der heuristischen Regel jedoch erweitert werden und eine ingenieurwissenschaftliche oder empirische Erfahrungstatsache, die einen schrittweisen, möglichst optimalen Entwurf eines verfahrenstechnischen Systems ermöglicht, beinhalten. Die heuristischen Regeln können dann u. a. in folgende 3 Gruppen eingeteilt werden:

- strukturierende Regeln
- Regeln zur Auswahl der Elementtypen
- Regeln zur Parameterbestimmung (Parameter = Entwurfsvariable)

Die strukturierenden heuristischen Regeln entsprechen im wesentlichen der von Masso und Rudd gewählten Definition. Neben den unter Pkt. 2.3.1.1.

bereits genannten Regeln dieser Art sind die folgenden von Interesse:

- Kopple den Heizstrom mit der höchsten Eintrittstemperatur mit dem Kühlstrom mit der höchsten Austrittstemperatur.
- Kopple den Heizstrom mit der höchsten Eintrittstemperatur mit dem Kühlstrom mit der höchsten Eintrittstemperatur.
- Kopple zunächst diejenigen Kühlströme mit Heizströmen, die nur mit hochwertiger Fremdenergie behandelt werden können (z. B. mit Elektroenergie oder Kältemitteln).

Die Funktion von Rand- oder Nebenbedingungen bei den strukturierenden Regeln üben sog. Verbotsregeln aus. Sie verbieten die Kopplung bestimmter Ströme miteinander. Die Gründe für derartige Verbote können in der Technologie des Verfahrens, dem gewünschten Grad der wärmetechnischen Integration der zu verschiedenen Teilen des komplexen verfahrenstechnischen Systems gehörenden Prozeßströme u. a. m. liegen. Die Darstellung der verbotenen Kopplungen kann im Rechner in Form einer Matrix (s. Tab. 3) erfolgen. Die mit „1" gekennzeichneten Kopplungen sind die verbotenen. Die Verbotsregeln werden zur Überprüfung jedes Kopplungsvorschlages angesprochen. Liegt ein Verbot vor, so wird diese Kopplung verworfen und die nächste von der gleichen strukturierenden Regel vorgeschlagene Kopplung überprüft.

Tabelle 3: Verbotsmatrix

Kühlströme	Heizströme				
	1	2	3	⋯	n
1	0	0	1	⋯	0
2	1	0	0	⋯	0
3	0	0	0	⋯	0
.	.	.	.		.
.	.	.	.		.
.	.	.	.		.
m	0	1	0	⋯	1

Als strukturierende Regeln im weitesten Sinne können auch heuristische Regeln angesehen werden, die eine Modifizierung der ursprünglichen Aufgabenstellung zum Ziel haben. Beispiele hierfür sind:

- Teile Ströme mit relativ großer Wärmekapazität so auf, daß eine Kopplung mit Strömen etwa gleichgroßer Wärmekapazität und passenden Temperaturniveaus möglich wird.
- Vereinige Ströme etwa gleicher Temperatur, die von der Technologie her mischbar sind, derart, daß eine Kopplung mit Strömen etwa gleicher Wärmekapazität und passenden Temperaturniveaus möglich wird.

Da die genannten Regeln noch keine eindeutigen Anweisungen darstellen, sollten sie vor der Abarbeitung eines Syntheseprogrammes auf Anwendbarkeit überprüft und die Aufgabenstellung gegebenenfalls modifiziert werden.

Die heuristischen Regeln zur Auswahl der Elementtypen sollen in Abhängigkeit von den Eigenschaften der jeweils zu koppelnden Prozeßströme wie Volumenströme, Drücke, Temperaturen, Phasenzustand, evtl. Phasenänderung, Verschmutzung usw. einen geeigneten Apparatetyp festlegen, dessen Eigenschaften dann der Berechnung der Stromkopplung (mittlere Temperaturdifferenz, Wärmeübergangskoeffizienten, Druckverluste, Apparatekosten usw.) zugrunde gelegt werden. Bisher liegen Erfahrungen mit Röhrenbündelwärmeübertragern vor, eine Erweiterung auf andere Typen bereitet aber prinzipiell keine Schwierigkeiten.

Die heuristischen Regeln zur Parameterbestimmung dienen bei der Synthese von Wärmeübertragungssystemen der möglichst optimalen Wahl des Maßes der Wärmeübertragung zwischen den jeweils fixierten Heiz- und Kühlströmen. Hierfür stehen neben den bereits unter Pkt. 2.3.1.1. genannten Regeln folgende zur Verfügung:

- Unterbrich die Kopplung bei Erreichen einer maximalen Temperaturdifferenz Δt_{max}.
- Unterbrich die Kopplung bei Beginn oder Ende einer Phasenänderung (diese Regel resultiert aus apparativen Gesichtspunkten).

Die konkrete Nutzung dieser Regeln, insbesondere die zahlenmäßige Festlegung von Werten für Δt_{min} und Δt_{max}, erfordert Erfahrungen, gegebenenfalls mehrere Durchrechnungen. Hierbei ist zu beachten, daß die optimalen Werte für Δt_{min} und Δt_{max} nicht für alle Elemente gleich groß sind. Möglichkeiten einer Optimierung der Entwurfsvariablen, die über die hier dargelegte heuristische Festlegung hinausgehen, werden unter Pkt. 4.5. behandelt.

Bei der Betrachtung der verschiedenen heuristischen Regeln erhebt sich die Frage, ob sie alle berechtigt sind oder ob man sich auf einige wenige, möglichst auf eine von jeder Art, beschränken kann. Hierzu ist zu sagen, daß jede heuristische Regel ganz bestimmten thermoökonomischen u. a. Bedingungen der Aufgabenstellung entspricht und sie daher für die Synthese beliebiger Wärmeübertragungssysteme alle ihre Existenzberechtigung besitzen. SCHOLZ [29] konnte das für eine Reihe derartiger Regeln an ausgewählten Beispielen, bei denen jeweils nur eine ganz bestimmte Regel zum optimalen System führte, nachweisen. Trotz dieser Erkenntnis ist es z. Z. jedoch noch nicht möglich, diese Bedingungen exakt anzugeben und ihnen die entsprechenden Regeln zuzuordnen.

4.2. *Struktursynthese*

4.2.1. *Auswahl der zu koppelnden Ströme*

In den Punkten 2.3.1.1. und 4.1. wurden verschiedene strukturierende Regeln zusammengestellt, die jede für sich die Auswahl der auf der betrachteten Dekomposit onsebene zu koppelnden Heiz- und Kühlströme ermöglichen. Da eine eindeutige Festlegung der jeweils unter den gegebenen Bedingungen optimalen Regel nicht möglich ist, müssen Algorithmen verwendet werden, die eine möglichst optimale Auswahl gestatten. Hierfür bieten sich folgende Möglichkeiten an:

– Aus der Palette der vorhandenen Regeln wird eine ausgewählt und mit dieser die zur Verfügung stehenden Ströme nacheinander gekoppelt. Dieser Algorithmus zeichnet sich durch eine große Einfachheit aus und ist sogar bei großen Systemen ohne besondere Hilfsmittel, z. B. mit einem Temperatur-Enthalpie-Diagramm, anwendbar. Da sich im Verlauf der Synthese die thermoökonomischen Bedingungen der noch nicht strukturierten Restaufgabenstellung ändern können, für alle Syntheseschritte aber die gleiche Regel verwendet wird, wird selbst dann, wenn in getrennten Syntheseversuchen nacheinander alle zur Verfügung stehenden strukturierenden Regeln verwendet würden, nicht die optimale Lösung gefunden werden. Für erste Näherungen kann dieser Weg aber durchaus empfohlen werden.
– Entsprechend einem Vorschlag von Masso und Rudd [14] sowie Kafarow und Mitarbeitern [17] können den strukturierenden Regeln für jede Dekompositionsebene Gewichte G_{ij} zugeordnet werden mit

$$\sum_i G_{ij} = 1 \quad j = 1, \ldots, j_{\max} \tag{4.1}$$

i – Index für die Nummer der strukturierenden Regel;
j – Index für die Nummer der Dekompositionsebene.

Mit Hilfe eines Zufallszahlengenerators, der gleichverteilte Zufallszahlen erzeugt, wird für jede Dekompositionsebene eine Zufallszahl $0 \leqq z \leqq 1$ erzeugt und entsprechend Abb. 8 eine der strukturierenden Regeln ausgesucht. Die Gewichte werden dann im Rahmen des nachfolgend näher erläuterten Lernprozesses modifiziert und sollten sich im Idealfall nach möglichst wenig Syntheseversuchen auf jeder Dekompositionsebene für die jeweils optimale Regel dem Wert 1 nähern bzw. ihn erreichen, so daß nur noch die optimale Lösung erzeugt wird. Da die Erzeugung von gleichverteilten Zufallszahlen u. U. zu numerischen Schwierigkeiten führen kann (Zyklenbildung, Lückenbildung usw.), wurde versucht, die Regeln mit dem jeweils größten Gewicht für die Stromauswahl zu verwenden. Das führt aber in Verbindung mit einem Lernprozeß zur stabilen Erzeugung einer nichtoptimalen Lösung.

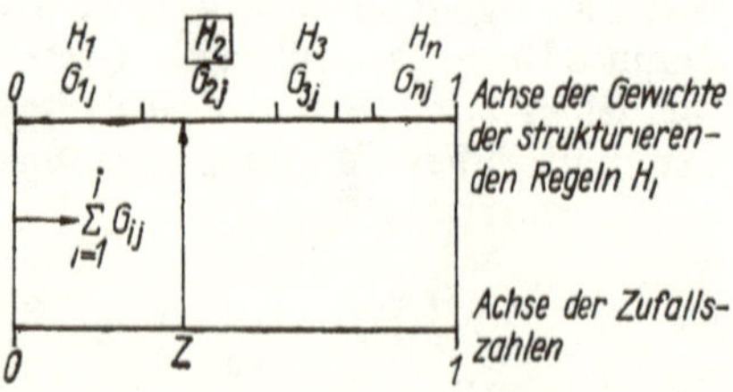

Abb. 8. Auswahl der zu verwendenden strukturierenden Regel mittels Zufallszahlen

H_i – heuristische Regel; G_{ij} – Gewicht der Regel H_i auf der j-ten Dekompositionsebene, z – gleichverteilte Zufallszahl $0 \leqq z \leqq 1$, H_2 – ausgewählte Regel

– Eine dritte Möglichkeit zur Auswahl eines Strompaares besteht in der Bewertung der konkurrierenden Kopplungen. Der Grundgedanke der Auswahl ist folgender: Die einzelnen Regeln berücksichtigen jeweils nur einen oder einige Aspekte, die insgesamt für die optimale Wahl der Strompaarung von Bedeutung sind. Listet man alle von den strukturierenden Regeln vorgeschlagenen Kopplungen auf, so wird diejenige Kopplung, die von mehreren bzw. den meisten Regeln vorgeschlagen wird, die meisten Aspekte der optimalen Auswahl berücksichtigen und sollte daher für die Strukturierung verwendet werden. Um die Wertigkeit der einzelnen Regeln zu berücksichtigen, können auch hier Gewichte eingeführt werden.

Tabelle 4: Bewertungsmatrix zur Auswahl der konkurrierenden Stromkopplungen

Kopplungsvorschlag	Regel 1	Regel 2	Regel 3	Regel 4	Regel 5	$\sum_i G_{ij}$
1	G_{1j}	G_{2j}				$G_{1j} + G_{2j}$
2			G_{3j}			G_{3j}
3				G_{4j}	G_{5j}	$G_{4j} + G_{5j}$

Tab. 4 enthält eine derartige Bewertungsmatrix. Für jeden Kopplungsvorschlag werden in die Matrix die Gewichte der diese Kopplung vorschlagenden Regeln eingetragen und für jede Kopplung summiert. Für die Strukturierung wird diejenige mit dem höchsten Wert $\sum_i G_{ij}$ verwendet.

Wird der eben beschriebene Weg zur Kopplungswahl mit den in Punkt 4.4. dargelegten Lernalgorithmen zur Gewichtskorrektur kombiniert, kann es zur stabilen Erzeugung nichtoptimaler Lösungen kommen. Es wird deshalb bei dieser Art der Stromauswahl empfohlen, die Gewichte in mehreren unabhängigen Syntheseversuchen systematisch zu variieren und danach das beste System auszuwählen.

4.2.2. *Möglichkeiten der Kopplung von 2 Strömen*

Wurde mit Hilfe einer der oben beschriebenen Methoden für die jeweilige Dekompositionsebene ein Heizstrom und ein Kühlstrom ausgewählt, so muß noch die Art der Kopplung festgelegt werden. Für die heuristische Struktursynthese kommen hierbei 4 Möglichkeiten in Betracht (s. Abb. 9):

- die Kopplung vom warmen Ende (*a*)
- die Kopplung vom kalten Ende (*b*)
- die Kopplung vom warmen Ende des Heizstromes und vom kalten Ende des Kühlstromes her, sog. Gegenstrom I (*c*)
- die Kopplung vom kalten Ende des Heizstromes und vom warmen Ende des Kühlstromes her, sog. Gegenstrom II (*d*).

Die genannten Kopplungsarten unterscheiden sich bezüglich der verwendeten Triebkräfte sowie bezüglich der verbleibenden Restströme. Die für eine Aufgabenstellung optimale Kopplungsart hängt von den thermoökonomischen Gegebenheiten der Aufgabenstellung ab, im wesentlichen von der Relation zwischen Wärmeangebot und Wärmebedarf sowie dem Temperaturniveau der Prozeßströme und der Fremdenergien. Kann zu Beginn der Synthese keine eindeutige Entscheidung gefällt werden, so kann z. B. eine zusätzliche Hierarchieebene mit den 4 Regeln „kopple vom warmen Ende", „kopple vom kalten Ende", „kopple im Gegenstrom I" und „kopple im Gegenstrom II" mit einem separaten Lernalgorithmus vorgesehen werden.

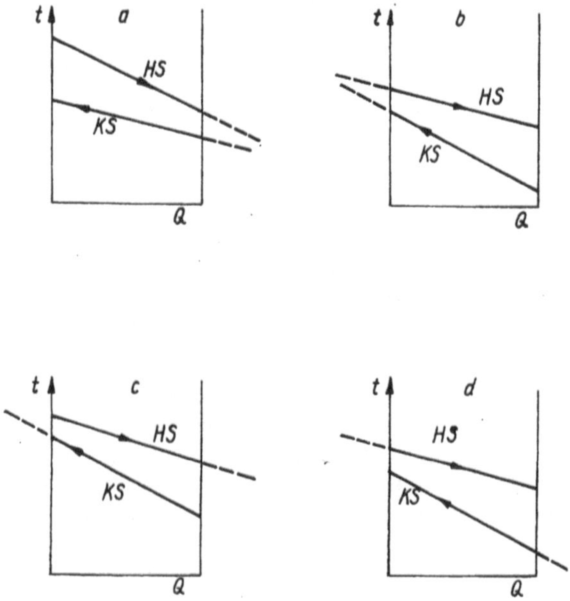

Abb. 9. Möglichkeiten der Kopplung eines Heiz- und eines Kühlstromes

HS – Heizstrom; *KS* – Kühlstrom; *Q* – Wärmemenge; *t* – Temperatur

4.2.3. *Algorithmen zur Verfeinerung der Syntheseprozedur*

Die dargelegte Syntheseprozedur kann durch folgende Ergänzungen verfeinert werden:

— Begrenzung der zwischen Prozeßströmen übertragenen Wärmemenge nach unten ($\Delta Q_{\min}$-Bedingung):

Im Verlauf der schrittweisen Strukturierung treten in der Regel sog. Reste auf, die weiter gekoppelt werden. Hierbei kann es zu Kopplungen mit sehr kleinen Resten kommen, die die Zielfunktion gegenüber einer Fremdheizung oder Fremdkühlung dieser Reste zwar geringfügig verbessern, das Wärmeübertragungssystem aber unverhältnismäßig komplizieren. Es hat sich deshalb als zweckmäßig erwiesen, eine untere Grenze $\Delta Q_{\min}$ für die zwischen Prozeßströmen übertragene Wärmemenge vorzugeben. Ggf. kann diese Wärmemenge von Strom zu Strom verschieden gewählt werden.

— Auswahl optimaler Fremdheiz- und Fremdkühlmedien:

Stehen zur Fremdheizung und/oder zur Fremdkühlung verschiedene Medien mit unterschiedlichen Temperaturniveaus und unterschiedlichen sonstigen Kennwerten zur Verfügung, so kann für jede Dekompositionsebene der optimale Energieträger durch einen Kostenvergleich ermittelt werden.

— Integration der Fremdenergieträger in die Kopplungsprozedur für die Prozeßströme:

Bei den in der Literatur beschriebenen Methoden zur heuristischen Strukturierung, teilweise aber auch bei anderen Synthesemethoden, werden zunächst immer die Prozeßströme untereinander gekoppelt und anschließend erfolgt die Kopplung der Restströme mit Fremdenergieströmen. Hierdurch werden u. U. nichtoptimale Systeme erzeugt. Bei dem adaptiven heuristischen Entwurf ist es jedoch ohne Mehraufwand möglich, die Prozeßströme durch einen Pseudo-Prozeßstrom von der Größe der erforderlichen Fremdwärmezufuhr bzw. Fremdkühlung (in erster Näherung Differenz zwischen dem Wärmeangebot und dem Wärmebedarf) zu ergänzen. Dieser Strom wird dann optimal in das Gesamtsystem eingebaut.

4.3. *Zielfunktion*

Als Zielfunktion haben sich bei dem heuristischen Entwurf von Wärmeübertragungssystemen die Gesamtkosten gk entsprechend Gl. 4.2 bewährt:

$$gk = K_1 + K_2 + K_3 + K_4 + K_5 + \cdots \tag{4.2}$$

gk – Gesamtkosten des Systems;
K_1 – Amortisationskosten (Abschreibungskosten);
K_2 – Betriebskosten für Fremdheizung;
K_3 – Betriebskosten für Fremdkühlung;
K_4 – Betriebskosten zur Förderung der Heiz- und Kühlströme;
K_5 – Wartungskosten.

Da die Zielfunktion erst nach Vorliegen des vollständig synthetisierten Systems berechnet werden muß, kann sie prinzipiell mit einer beliebigen Genauigkeit ermittelt werden. Die nachfolgenden Ansätze sind für mittlere Genauigkeitsansprüche geeignet, sie können prinzipiell durch andere Ansätze ersetzt werden. Restriktionen von seiten der adaptiven heuristischen Entwurfsmethode gibt es nicht.

Amortisationskosten (Abschreibungskosten):

$$K_1 = \eta \cdot z \cdot F_0 \cdot \sum_k \left[\left(\frac{F_k}{F_0} \right)^{\varkappa} \cdot p_{kF_0} \right] \tag{4.3}$$

η – Verhältnis von Investkosten des Wärmeübertragungssystems zur Summe der Apparatekosten;
z – Amortisationsfaktor (Abschreibungssatz);
F_0 – Fläche des Bezugswärmeübertragers mit den spezifischen Flächenkosten p_{kF_0};
F_k – Fläche des Wärmeübertragerelementes k;
$\varkappa$ – Degressionsfaktor für die Flächenkosten.

Jährliche Betriebskosten

$$K_3 = b \cdot \sum_{FHk} (Q_{FHk} \cdot P_{FHk}) \tag{4.4}$$

$$K_4 = b \cdot \sum_{FKk} (Q_{FKk} \cdot P_{FKk}) \tag{4.5}$$

b — jährliche Benutzungsdauer;
Q_{FHk} — vom Fremdheizungselement k zu übertragende Wärmemenge;
Q_{FKk} — vom Fremdkühlungselement k abzuführende Wärmemenge;
P_{FHk} — Energiepreis des Fremdheizmediums für Fremdheizungselement k;
P_{FKk} — Energiepreis des Fremdkühlmittels für Fremdkühlungselement k.

4.4. Lernalgorithmus

Das Prinzip des Lernprozesses wurde bereits unter Punkt 2.3.1.1. beschrieben. Der Algorithmus läßt sich in 4 Schritte gliedern:

1. Zuordnung von Gewichten zu jeder heuristischen Regel.
2. Auswahl der zu verwendenden heuristischen Regeln mittels der zugeordneten Gewichte.
3. Bewertung des jeweils synthetisierten Systems durch Vergleich mit einer Basiszielfunktion.
4. Berechnung eines neuen Gewichtssatzes in Abhängigkeit von dem Ergebnis der Bewertung.

Für die Schritte 1, 3 und 4 lassen sich hierbei verschiedene Einzelalgorithmen ableiten und zu Gesamtalgorithmen kombinieren. Um diese Lernalgorithmen bezüglich ihrer Effektivität einschätzen und vergleichen zu können sowie Erfahrungen über den Einfluß von Anfangsgewichtsverteilung, Schrittweite bei der Gewichtsmodifizierung usw. unabhängig von speziellen Eigenschaften realer Testbeispiele untersuchen zu können, wurde ein Ersatzmodell aufgestellt und mit diesem umfangreiche Testrechnungen durchgeführt. Das Ersatzmodell hat folgende Form: Vorgegeben sind i_{max} strukturierende Regeln, mit denen ein System, bestehend aus j_{max} Elementen, synthetisiert werden soll. Jeder Regel wurde auf jeder Dekompositionsebene eine sog. „Regelgüte"

$$RG_{ij}$$

i — Index für strukturierende Regel;
j — Index für Dekompositionsebene.

zugeordnet mit

$RG_{ij} = 1$ falls die Regel i auf der Dekompositionsebene j das richtige Element für das optimale System auswählt und

$RG_{ij} = 0$ falls die Regel i auf der Dekompositionsebene j nicht das richtige Element für das optimale System auswählt.

Die Zielfunktion kann dann als Summe der Regelgüte der für die Synthese verwendeten Regeln definiert werden:

$$Z = \sum_{j} \sum_{i} RG_{ij} \cdot L_{ij} \tag{4.6}$$

mit $L_{ij} = 1$ für verwendete Regeln
$L_{ij} = 0$ für nicht verwendete Regeln

Das optimale System besitzt damit eine Zielfunktion der Größe j_{max}.

Nachfolgend werden die für die Schritte 1, 3 und 4 abgeleiteten Algorithmen zusammengestellt und anhand der mit dem Testmodell durchgeführten Rechnungen kritisch eingeschätzt.

Zu 1.: Zuordnung der Gewichte

Die zweifellos günstigste Lösung für die Zuordnung der Gewichte besteht darin, den Raum der möglichen thermoökonomischen und sonstigen Bedingungen, durch die eine Problemstellung gekennzeichnet ist, in eindeutig abgrenzbare Teile zu zerlegen und diesen eine begrenzte Anzahl von für diese Bedingungen zutreffenden strukturierenden Regeln mit je einem Gewicht zuzuordnen. In diesem Fall müßten die Ergebnisse des Lernprozesses einen gewissen Grad an Allgemeingültigkeit besitzen und damit von einer Aufgabenstellung zur anderen übertragbar sein. Auf diesem Gebiet liegen jedoch z. Z. noch keine praktikablen Lösungsvorschläge vor.

Zur Überwindung dieser Schwierigkeiten können den strukturierenden Regeln auf jeder Dekompositionsebene Gewichte zugeordnet werden, so daß eine Gewichtsmatrix entsteht. Beim Lernprozeß kann es hierbei zu Schwierigkeiten kommen, da sich von Syntheseversuch zu Syntheseversuch die thermoökonomischen und sonstigen Bedingungen der auf der jeweiligen Dekompositionsebene vorliegenden Restaufgabenstellung ändern und damit unterschiedliche optimale heuristische Regeln existieren, die von dem Lernalgorithmus angesteuert werden.

Ordnet man hingegen jeder Regel für alle Dekompositionsebenen nur ein Gewicht zu (es verbleibt dann nur noch ein Gewichtsvektor statt einer Gewichtsmatrix), so umgeht man zwar diese Schwierigkeiten, dafür konvergiert diese Methode in der Nähe der Lösung langsamer und wird selbst nach Erreichen der optimalen Gewichtsverteilung das optimale System nicht ständig, sondern nur in gewissen Abständen erzeugen.

Da sich die Rechenzeit pro Syntheseversuch und der Speicherplatzbedarf bei den beiden Alternativen nur unwesentlich unterscheiden und die Testrechnungen eine gewisse Überlegenheit des Lernalgorithmus mit der Gewichtsmatrix gezeigt haben, wird die Verwendung einer Gewichtsmatrix empfohlen.

Zu 3.: Basiszielfunktion

Als Basiszielfunktion, mit der das jeweils aktuelle System verglichen wird, kommen in Betracht

- die Zielfunktion des vorher erzeugten Systems,
- die Zielfunktion des bisher besten Systems.

Die Testrechnungen haben die eindeutige Überlegenheit der Verwendung der Zielfunktion des bisher besten Systems gezeigt. Bei Verwendung der Zielfunktion des zuletzt erzeugten Systems konnten trotz einer großen Anzahl von Syntheseversuchen keine befriedigenden Lernergebnisse erzielt werden.

Zu 4.: Berechnung eines neuen Gewichtssatzes

Die Berechnung eines neuen Gewichtssatzes kann durch Modifizierung folgender Basisgewichte erfolgen:

- Gewichte, mit denen das zuletzt synthetisierte System erzeugt wurde,
- Gewichte, mit denen das zuletzt erzeugte beste System synthetisiert wurde,
- Gewichte, die sich nach der Korrektur der Gewichte des zuletzt erzeugten besten Systems ergeben.

Anhand der durchgeführten Testrechnungen konnte die Überlegenheit des 1. Vorschlages gegenüber dem 2. und 3. nachgewiesen werden.
Die Gewichtskorrektur selbst kann wie folgt durchgeführt werden:

- Modifizierung der Basisgewichte der verwendeten Regeln durch einen konstanten Betrag ΔG gemäß Gl. (4.7)

$$G^*_{ij} = G_{ij\text{Basis}} + P \cdot L_{ij} \cdot \Delta G \tag{4.7}$$

$$P \begin{cases} +1 & \text{falls} \quad Z \geqq Z_{\text{Basis}} \\ -1 & \text{falls} \quad Z < Z_{\text{Basis}} \end{cases}$$

$$L_{ij} \begin{cases} 1 & \text{falls Regel } i \text{ auf Ebene } j \text{ verwendet wurde} \\ 0 & \text{falls Regel } i \text{ auf Ebene } j \text{ nicht verwendet wurde.} \end{cases}$$

$G_{ij\text{Basis}}$ – Basisgewicht für Regel i auf Ebene j;
G^*_{ij} – modifiziertes nicht normiertes Gewicht für Regel i auf Ebene j.

Wird bei $Z < Z_{\text{Basis}}$ $P = 0$ gesetzt, so erfolgt nur bei einer Verbesserung oder Einstellung der bisher besten Zielfunktion eine Gewichtskorrektur. Der Lernprozeß erfolgt in diesem Fall gleichmäßiger, insgesamt aber etwas langsamer. Die nach Gl. (4.7) erhaltenen modifizierten Gewichte werden zweckmäßigerweise normiert:

$$G_{ij} = \frac{G^*_{ij}}{\sum\limits_i G^*_{ij}} \qquad j = 1, \ldots, j_{\max} \tag{4.8}$$

— Modifizierung der Gewichte der verwendeten Regeln entsprechend der Häufigkeit ihrer Anwendung:

$$G_i = G_{i\text{Basis}} + P \cdot H_i \cdot \Delta G \tag{4.9}$$

H_i — Häufigkeit der Verwendung der Regel i im betrachteten Syntheseversuch

Diese Art der Gewichtskorrektur ist nur anwendbar bei Verwendung eines Gewichtsvektors und bringt in diesem Fall Vorteile gegenüber einer Korrektur gemäß Gl. (4.7)

— Eine interessante Möglichkeit der Gewichtskorrektur besteht weiterhin darin, zusätzlich zur Bewertung des Gesamtsystems durch Vergleich der Zielfunktionen die erzeugten Elemente zu bewerten und dementsprechend die Gewichte der diese Elemente erzeugenden Regeln zu verändern. Grundlage für die Bewertung der Elemente des Wärmeübertragungssystems können spezifische Kosten, spezifische Exergieverluste, Temperaturdifferenzen u. a. sein. Der Anteil dieser zusätzlichen Korrektur ist jedoch in Grenzen zu halten, da sonst der systemtechnische Aspekt der Synthese unterdrückt wird und nichtoptimale Systeme stabil erzeugt werden können.

Bei der Modifizierung der Gewichte hat es sich als vorteilhaft erwiesen, eine untere Grenze $\Delta G_{ij\min}$ nicht zu unterschreiten. Damit wird gewährleistet, daß keine der heuristischen Regeln im Rahmen des Lernprozesses vorzeitig, evtl. unberechtigt, eliminiert wird.

Abbruchkriterien

Bei Verwendung eines Lernalgorithmus muß der Syntheseprozeß anhand eines Kriteriums abgebrochen werden. Bei Erfüllung dieses Kriteriums sollte das optimale System mindestens einmal erzeugt worden sein. Es muß in diesem Zusammenhang eingeschätzt werden, daß es ein solches Kriterium nicht gibt und es im strengen Sinn für heuristische Entwurfsmethoden auch nicht geben kann. Es gibt aber Kriterien, bei deren Erfüllung mit hoher Wahrscheinlichkeit angenommen werden kann, daß mit den verwendeten heuristischen Regeln und dem Lernalgorithmus kein besseres System mehr erzeugt wird und auf die Synthese weiterer Systeme daher verzichtet werden kann. Kriterien dieser Art sind

— die Anzahl der Syntheseversuche,
— die Anzahl der Syntheseversuche ohne Verbesserung der Zielfunktion und
— die Wahrscheinlichkeit der Wiedererzeugung der bisher besten Lösung [14].

Bei praktischen Berechnungen hat es sich bewährt, je nach der Problemgröße die Anzahl der Syntheseversuche vorzugeben und nach Vorliegen des Rechnerausdruckes anhand der schrittweisen Verbesserung der Zielfunktion, dem Hystogramm der Zielfunktionen aller erzeugten Systeme, der erreichten Gewichtsverteilung u. a. Informationen zu entscheiden, ob die Berechnung fortgesetzt oder abgebrochen wird.

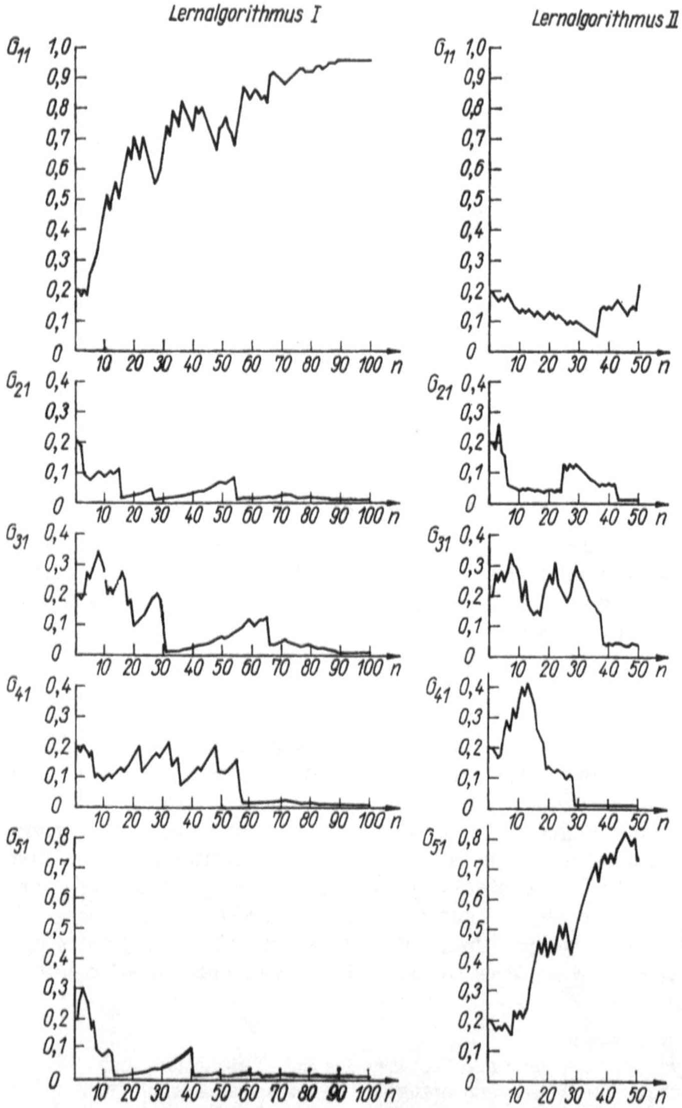

Abb. 10. Gewichtsverlauf für 2 verschiedene Lernalgorithmen

Lernalgorithmus I: Gewichtsmatrix, Basiszielfunktion bisher beste Zielfunktion, Basisgewichte = aktuelle Gewichte

Lernalgorithmus II: Gewichtsmatrix Basiszielfunktion = Zielfunktion des zuletzt erzeugten Systems, Basisgewichte = aktuelle Gewichte

G_{ij} – Gewicht der Regel i auf Dekompositionsebene j;
G_{11} – Gewicht der für die 1. Dekompositionsebene optimalen Regel ($RG_{11} = 1$)
$G_{12}-G_{14}$ – Gewichte der für die 1. Dekompositionsebene ungeeigneten Regeln ($RG = 0$)
n – Anzahl der Syntheseversuche

Zur Verdeutlichung der Arbeitsweise eines Lernalgorithmus, insbesondere der Entwicklung der Gewichte, der Kennwerte für den Abbruchtest, der Zielfunktionen usw., wurden in den Abb. 10, 11 und 12 Ergebnisse der Testrechnungen mit dem Ersatzmodell mit zwei unterschiedlichen Lernalgorithmen dargestellt. Der qualitative Unterschied der beiden Algorithmen, der durch die unterschiedliche Wahl der Basiszielfunktion bedingt ist, ist deutlich zu erkennen.

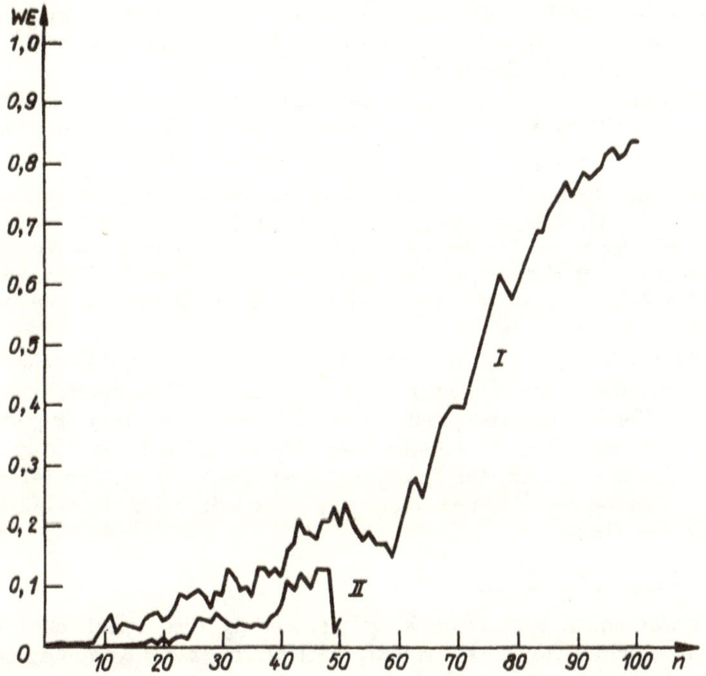

Abb. 11. Verlauf der Wahrscheinlichkeit der Wiedererzeugung der bisher besten Lösung WE

n – Anzahl der Syntheseversuche,
I – Lernalgorithmus I (siehe Abb. 10);
II – Lernalgorithmus II (siehe Abb. 10)

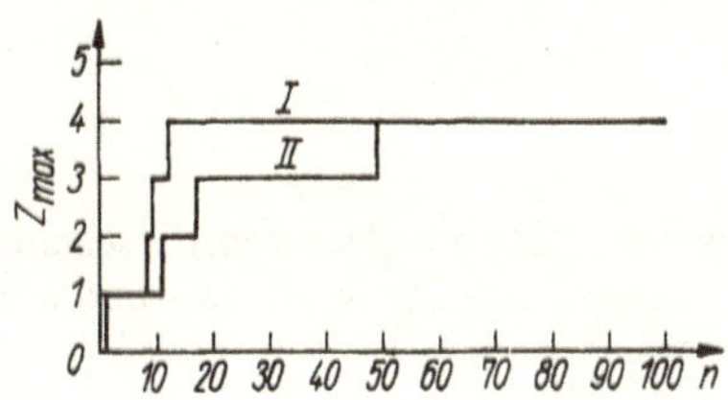

Abb. 12. Verlauf der Zielfunktion des „bisher besten Systems“

Z_{max} – Zielfunktion des „bisher besten Systems“,
n – Anzahl der Syntheseversuche,
I – Lernalgorithmus I (siehe Abb. 10);
II – Lernalgorithmus II (siehe Abb. 10)

4.5. *Optimierung der Entwurfsvariablen (Parameteroptimierung)*

Der Effekt einer Optimierung der Entwurfsvariablen, nachfolgend auch als Parameteroptimierung bezeichnet, ist bei Wärmeübertragungssystemen in der Regel geringer als der Effekt einer Strukturoptimierung. Aus diesem Grunde wurde offensichtlich der Parameteroptimierung in der Vergangenheit wenig Aufmerksamkeit geschenkt. Untersuchungen in dieser Richtung zeigten jedoch, daß auch bei Wärmeübertragungssystemen, deren Strukturen mit heuristischen Regeln entworfen wurden, durch eine Parameteroptimierung Zielfunktionsverbesserungen von 10% und mehr möglich sind. Deshalb sollen hier kurz einige Möglichkeiten aufgezeigt werden.

Auf Grund der Tatsache, daß beim Entwurf von Wärmeübertragungssystemen der Effekt der Strukturoptimierung in der Regel den der Parameteroptimierung übersteigt, bietet sich die folgende zweistufige Vorgehensweise an:

- Synthese des Wärmeübertragungssystems in der beschriebenen Art und Weise unter Annahme bestimmter heuristischer Regeln zur Festlegung der Systemvariablen. Auswahl einer begrenzten Anzahl favorisierter Alternativlösungen (Vorauswahl).
- Optimierung der Parameter dieser favorisierten Systeme mit Hilfe einer der bekannten Methoden der nichtlinearen Optimierung. Endgültige Auswahl des Systems mit der besten Zielfunktion.

Interessant ist aber auch die Möglichkeit, alle oder einige Entwurfsvariable des Systems analog zur Struktur mit Hilfe von sog. Parameterregeln, die den zulässigen Bereich der entsprechenden Parameter überstreichen, und einem Lernalgorithmus optimal zu bestimmen. Dies kann z. B. wie folgt realisiert werden: Als freie Parameter des Systems werden die in jedem internen Element zu übertragenden Wärmemengen Q_k gewählt. Diese Parameter können jeweils in den Grenzen

$$Q_{\min k} \leqq Q_k \leqq Q_{k\max} \tag{4.10}$$

variiert werden. Zur systematischen Abtastung dieses Bereiches werden l Parameterregeln definiert. Diese lauten: „Unterbrich die Kopplung der beiden Ströme bei

$$Q_{ki} = Q_{\min k} + i \cdot \frac{Q_{k\max} - Q_{k\min}}{l - 1}; \qquad i = 1 \ldots l\text{“} \tag{4.11}$$

Diese Parameterregeln werden analog zu den strukturierenden Regeln mit Gewichten für jede Dekompositionsebene belegt und in einem Lernprozeß optimal ausgewählt.

4.6. *Grobablaufplan*

Der Gesamtzusammenhang der einzelnen dargelegten Syntheseschritte geht aus dem Grobablaufplan in Abb. 13 hervor. Die Parameteroptimierung wurde hier nicht mit aufgenommen.

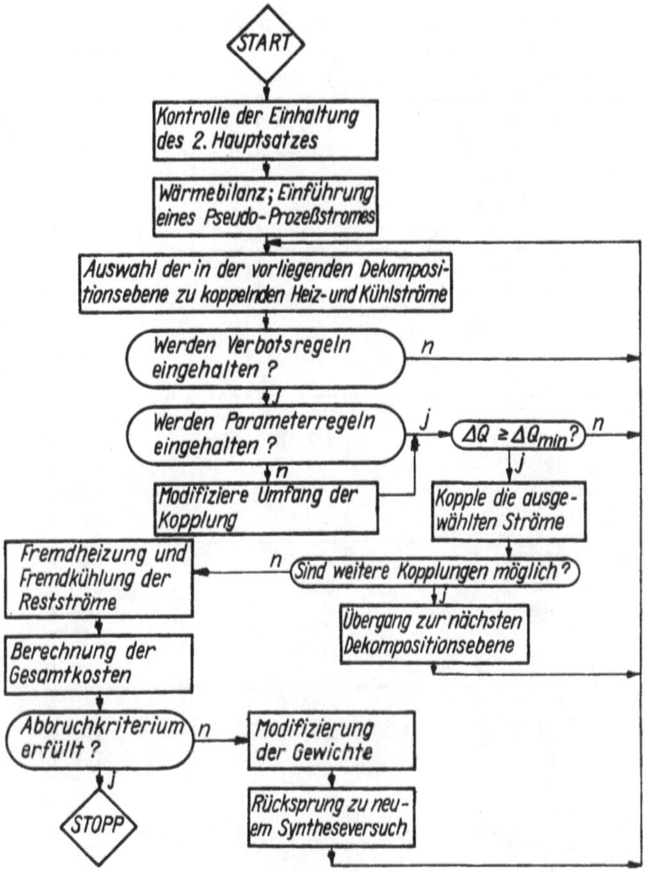

Abb. 13. Grobablaufplan der adaptiven heuristischen Entwurfsmethode

4.7. *Numerische Erfahrungen mit dem adaptiven heuristischen Entwurf von Wärmeübertragungssystemen, Vergleich mit anderen Synthesemethoden*

Auf der Grundlage der unter Pkt. 4.1.—4.5. dargelegten Einzelschritte des adaptiven heuristischen Entwurfs von Wärmeübertragungssystemen wurde in dem VEB Leuna-Werke „W. Ulbricht" ein Rechenprogramm in FORTRAN für den Rechner CDC 3300 aufgestellt und mit diesem Programm eine größere Zahl von Testrechnungen durchgeführt. Bei der Wahl der Testrechnungen wurde versucht, eine möglichst breite Palette der technisch interessanten Problemstellungen zu erfassen und auch in der Literatur veröffentlichte Synthesebeispiele nachzurechnen. Nachfolgend werden 3 dieser Testbeispiele zur

Tabelle 5: Aufgabenstellung für die Beispiele 1–3 (Pkt. 4)

	Beispiel 1	Beispiel 2	Beispiel 3
G_{11}	40000 kg/h	27778 lb/h	16670 lb/h
G_{12}	62800 kg/h	25000 lb/h	20000 lb/h
G_{13}	9100 kg/h		28000 lb/h
G_{14}	2760 kg/h		23800 lb/h
G_{15}			33600 lb/h
G_{21}	60600 kg/h	20643 lb/h	14450 lb/h
G_{22}	74630 kg/h	23060 lb/h	11530 lb/h
G_{23}	4545 kg/h		16000 lb/h
G_{24}			32760 lb/h
G_{25}			26350 lb/h
t_{e11}	200°C	320°F	320°F
t_{e12}	170°C	480°F	480°F
t_{e13}	190°C		440°F
t_{e14}	90°C		520°F
t_{e15}			390°F
t_{e21}	120°C	140°F	140°F
t_{e22}	50°C	240°F	240°F
t_{e23}	80°C		100°F
t_{e24}			180°F
t_{e25}			200°F
t_{a11}	150°C	200°F	200°F
t_{a12}	98°C	280°F	280°F
t_{a13}	80°C		150°F
t_{a14}	90°C		300°F
t_{a15}			150°F
t_{a21}	117°C	500°F	431°F
t_{a23}	80°C		430°F
t_{a24}			350°F
t_{a25}			400°F
t_{hm}	210°C	540°F	458°F
t_{kme}	25°C	100°F	100°F
t_{kma}	35°C	180°F	180°F
α_p	400	300	300
α_{km}	400 } kcal/m² h grd	300 } BTU/sqft h°F	} BTU/sqft h°F
α_{hm}	80	600	600
c_{p11}	1	0,6 } BTU/lb grd F	1
c_{p12}	1 } kcal/kg grd C	0,8	1
c_{p13}	1		1 } BTU/lb grd F
c_{p14}/r_{14}	545 kcal/kg		1
c_{p15}			1

Tabelle 5 (Fortsetzung)

	Beispiel 1	Beispiel 2	Beispiel 3
c_{p21}	1 kcal/kg grd C	0,7 BTU/lb grd F	1 BTU/lb grd F
c_{p23}/r_{13}	550 kcal/kg		1 BTU/lb grd F
c_{p24}			1 BTU/lb grd F
c_{p25}			1 BTU/lb grd F
η	2	1	1
z	0,1 1/a	0,1 1/a	0,1 1/a
F_0	1 m²	1 sqft	1 sqft
pf	50 M/m²	350 $/sqft	350 $/sqft
$\varkappa$	1	0,6	0,6
b	7500 h/a	8380 h/a	8500 h/a
pmk	20 M/10⁶ kcal	0,625 $/10⁶ BTU	0,625 $/10⁶ BTU
pmh	10 M/10⁶ kcal	1,54 $/10⁶ BTU	1,3 $/10⁶ BTU
$\Delta Q_{\min}$	0,5 · 10⁶ kcal/h	0,5 · 10⁶ BTU/h	0,3 · 10⁶ BTU/h
$\Delta t_{\min k}$	10 grd C	20 grd F	20 grd F
$\Delta t_{\min w}$	10 grd C	20 grd F	20 grd F

Symbolerläuterung:

G — Mengenstrom
t_e — Eintrittstemperatur eines Heiz- oder Kühlstromes
t_a — Austrittstemperatur eines Heiz- oder Kühlstromes
t_{hm} — Temperatur des Heizmediums (Sattdampftemperatur)
t_{kme} — Eintrittstemperatur des Kühlmediums
t_{kma} — Austrittstemperatur des Kühlmediums
α_p — Wärmeübergangskoeffizient eines Produktstromes
α_{km} — Wärmeübergangskoeffizient des Kühlmediums
α_{hm} — Wärmeübergangskoeffizient des Heizmediums
c_p — spezifische Wärme
r — Verdampfungswärme
η — Verhältnis von Investkosten zur Summe der Apparatekosten
z — Abschreibungssatz
F_0 — Fläche des Bezugswärmeübertragers
pf — spezifische Flächenkosten
$\varkappa$ — Degressionsexponent
b — jährliche Benutzungsdauer
pmk — Preis des Kühlmediums
pmh — Preis des Heizmediums
$\Delta Q_{\min}$ — minimale zu übertragende Wärmemenge bei Kopplung eines Heiz- und Kühlstromes (interne Stromkopplung)
$\Delta t_{\min k}$ — minimale Temperaturdifferenz am kalten Ende einer internen Stromkopplung
$\Delta t_{\min w}$ — minimale Temperaturdifferenz am warmen Ende einer internen Stromkopplung

Indices 11—15: Heizströme Indices 21—25: Kühlströme

Demonstration der Wirkungsweise und Leistungsfähigkeit des adaptiven heuristischen Entwurfs von Wärmeübertragungssystemen dargelegt. Die Spezifizierung der Beispiele geht aus Tab. 5 hervor. Zur Synthese wurden die folgenden strukturierenden Regeln verwendet:

Regel 1: Kopple den Heizstrom mit der höchsten Eintrittstemperatur mit dem Kühlstrom mit der höchsten Austrittstemperatur.

Regel 2: Kopple einen zufällig gewählten Heizstrom mit einem zufällig gewählten Kühlstrom.

Regel 3: Kopple die beiden Heiz- und Kühlströme, bei denen die Summe der sog. Restwärmen minimal ist.

Regel 4: Kopple die beiden Heiz- und Kühlströme, die eine maximale Wärmeübertragung in dieser Stufe ermöglichen.

Die Kopplung der jeweiligen Heiz- und Kühlströme erfolgte vom warmen Ende. Eine Parameteroptimierung im Sinne des Punktes 4.5. erfolgte nicht.

Beispiel 1:

Beispiel 1 besitzt 4 Heizströme und 3 Kühlströme, es gehört damit zu den Problemen mittlerer Größe. Neben Strömen, die fühlbare Wärme übertragen, wurde auch ein kondensierender und ein verdampfender Strom aufgenommen. Um ohne größeren Aufwand einen Vergleich mit der unter Punkt 3. beschriebenen Zuordnungsmethode zu ermöglichen, wurde mit einem Degressionsfaktor $\varkappa = 1$ gerechnet. Die Anfangsgewichte G_{ij} wurden für alle Regeln und alle Dekompositionsebenen gleichverteilt ($G_{ij} = 0{,}25$) angenommen.

In 20 Syntheseversuchen wurden damit insgesamt 6 verschiedene Systeme erzeugt, deren Zielfunktionen aus Tab. 6 ersichtlich sind.

Tabelle 6: Zielfunktionen der im Beispiel 1 erzeugten Systeme

$52{,}9 \cdot 10^3$ M/a	$56{,}0 \cdot 10^3$ M/a
$54{,}2 \cdot 10^3$ M/a	$57{,}2 \cdot 10^3$ M/a
$54{,}3 \cdot 10^3$ M/a	$169{,}0 \cdot 10^3$ M/a

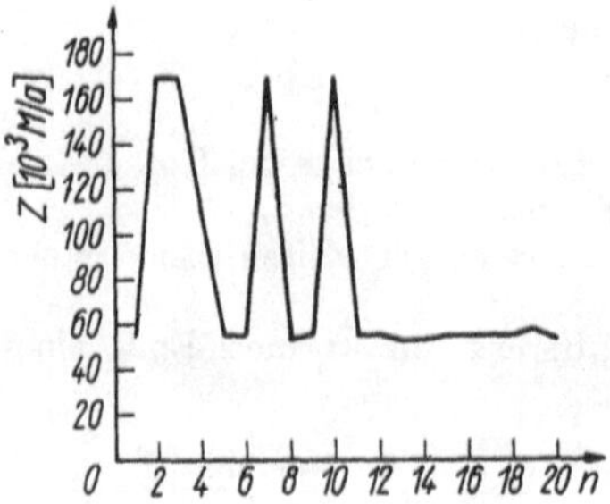

Abb. 14. Lernprozeß bei Beispiel 1

Z – Zielfunktion der erzeugten Systeme (Gesamtkosten),
n – Anzahl der Syntheseversuche

Der Verlauf des Lernprozesses geht aus Abb. 14 hervor. Auffallend ist der hohe Anteil der Lösungen, die relativ dicht am Optimum liegen (5 von insgesamt 6). Das optimale System geht aus Abb. 15a hervor. Eine Analyse dieses Systems ergab, daß es bei Verzicht auf die Zufallsregel nicht synthetisiert werden könnte (Schritte 1 und 3 wurden durch die Zufallsregel ausgewählt).

Die Lösung des Beispieles 1 mit der unter Punkt 3 dargelegten Zuordnungsmethode ergab das aus Abb. 15b ersichtliche System mit einer Zielfunktion von 50,0 · 10^3 M/a. Dieser Wert liegt etwas niedriger als derjenige bei Anwendung der adaptiven heuristischen Entwurfsmethode. Allerdings ist das mit der Zuordnungsmethode erzeugte System im Aufbau komplizierter und besitzt damit Nachteile, die in der Zielfunktion nicht zum Ausdruck kommen.

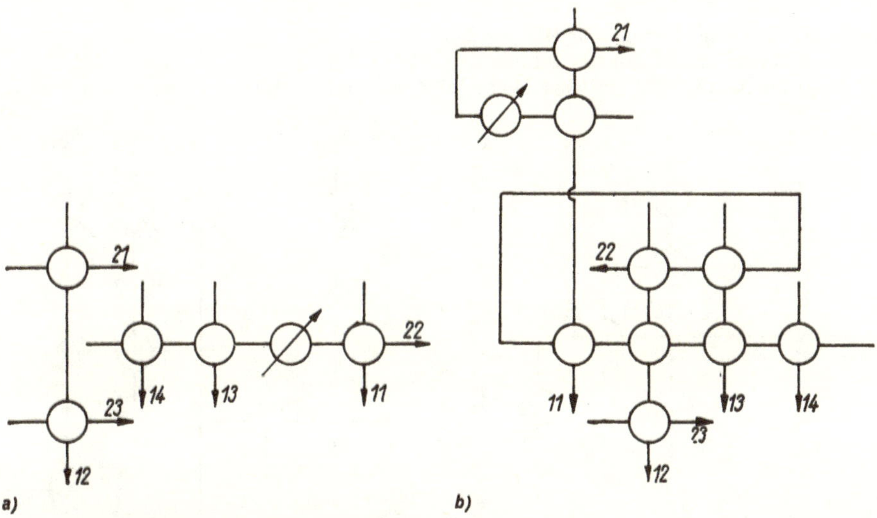

a) b)

Abb. 15. Optimale Systeme für Beispiel 1
a) adaptive heuristische Entwurfsmethode ($Z = 52.9 \cdot 10^3$ M/a)
b) Zuordnungsmethode ($Z = 50.0 \cdot 10^3$ M/a)

Beispiel 2:

Das Beispiel 2 wurde von MASSO und RUDD [14] mittels der heuristischen Strukturierung und von LEE [15] mittels der „branch and bound"-Methode synthetisiert. Als optimales System ergab sich in beiden Fällen das in Abb. 16a dargestellte System mit einer Zielfunktion von 13.7 · 10^3 $/a. Die Synthese mit der adaptiven heuristischen Entwurfsmethode ergab bereits beim 2. Versuch das aus Abb. 16b ersichtliche System mit einer Zielfunktion von 13.6 · 10^3 $/a. Dieser Wert wurde bei insgesamt 20 Syntheseversuchen 7mal reproduziert.

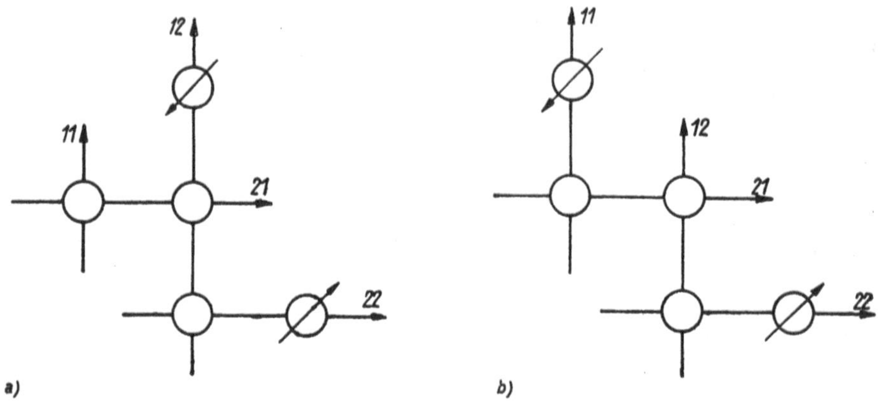

Abb. 16. Optimale Systeme für Beispiel 2
a) nach Masso und Rudd sowie Lee ($Z = 13{,}7 \cdot 10^3$ \$/a)
b) adaptive heuristische Entwurfsmethode ($Z = 13{,}6 \cdot 10^3$ \$/a)

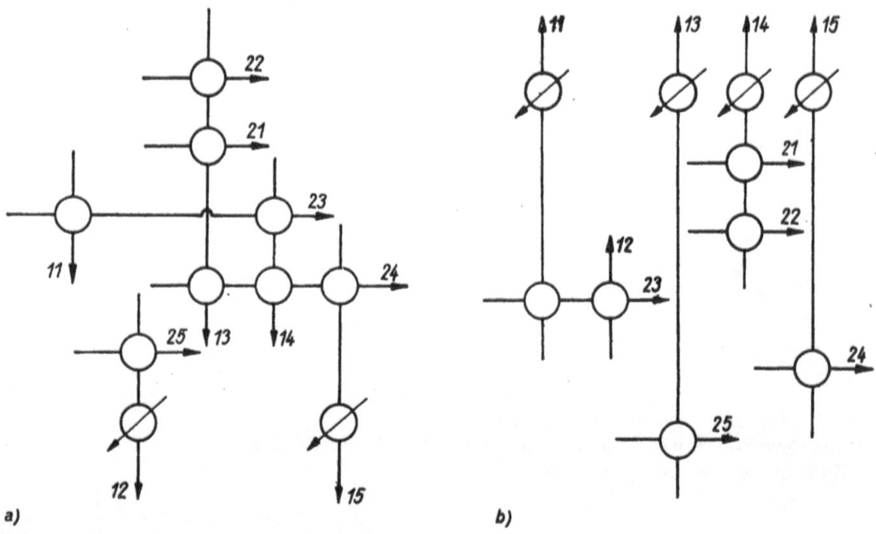

Abb. 17. Optimale Systeme für Beispiel 3
a) nach Pho und Lapidus ($Z = 44{,}2 \cdot 10^3$ \$/a)
b) adaptive heuristische Entwurfsmethode ($Z = 44{,}2 \cdot 10^3$ \$/a)

Beispiel 3:

Das Beispiel 3 stellt das z. Z. größte systematisch synthetisierte Wärmeübertragungssystem dar, das in der Literatur veröffentlicht wurde. Es stammt von Pho und Lapidus [23] und wurde von ihnen mit einer Zielbaummethode synthetisiert. Diese Methode stellt eine Modifizierung der „branch and bound"-Methode dar. Sie umgeht die bei der „branch and bound"-Methode notwendige Betrachtung vieler „nichtdurchführbarer" Systeme, erfordert aber, wenn das Optimum mit Sicherheit gefunden werden soll, das systematische Erzeugen aller „durchführbaren" Systeme. Pho und Lapidus erhielten als optimales System das in Abb. 17a dargestellte System mit einer Zielfunktion von 44,2 $\times$ 10^3 \$/a. Mit der adaptiven heuristischen Entwurfsmethode ergab sich nach 9 Versuchen das in Abb. 17b dargestellte System mit einer Zielfunktion von ebenfalls 44,2 $\cdot$ 10^3 \$/a. Der erforderliche Rechenaufwand dürfte damit bei der heuristischen Strukturierung wesentlich geringer sein. Trotz der gleichen Zielfunktion handelt es sich um zwei unterschiedliche Systeme. Der Grund hierfür ist in der unterschiedlichen Art der Kopplung zweier Ströme zu suchen (Pho und Lapidus: sog. Gegenstrom I; adaptiver heuristischer Entwurf: Kopplung vom warmen Ende). Bei insgesamt 76 Syntheseversuchen wurden 57 verschiedene Systeme erzeugt, von denen sich 10 Systeme bezüglich der Zielfunktion weniger als 2% von dem Optimum unterschieden.

Um die Effektivität der heuristischen Regeln zu testen, wurde das Beispiel 3 in Anlehnung an einen Vorschlag von Fan und Mishra [10] durch eine stochastische Auswahl der Kopplungen gelöst (hierzu wurden die Gewichte der Zufallsregel 1 und die der anderen Regeln 0 gesetzt). Die Ergebnisse gehen aus Abb. 18

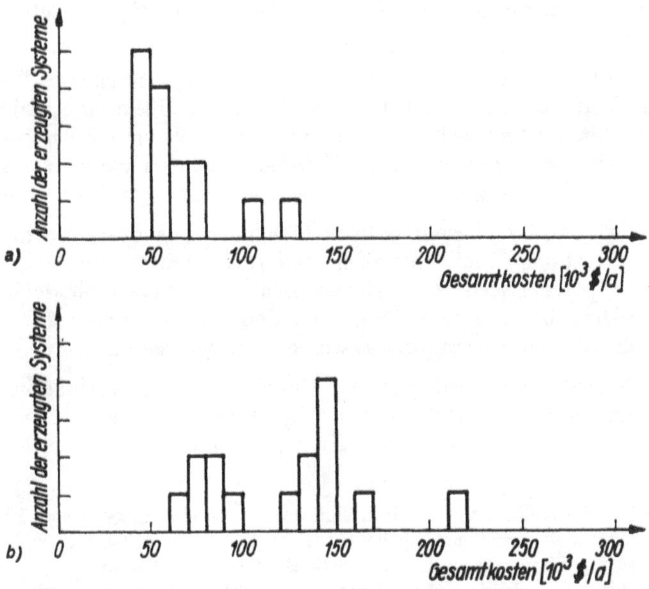

Abb. 18. Hystogramme der Zielfunktionen der für Beispiel 3 erzeugten Systeme
a) adaptive heuristische Entwurfsmethode
b) stochastische Entwurfsmethode

hervor. Der Vergleich der beiden Hystogramme zeigt deutlich, daß die heuristischen Regeln aus der Vielfalt der möglichen Lösungen bevorzugt solche auswählen, die in der Nähe des Optimums liegen. Bei einer stochastischen Strukturierung liegen die Lösungen dagegen näherungsweise normalverteilt und besitzen einen bedeutend höheren Erwartungswert. Die Anzahl der Syntheseversuche zur Erzeugung der optimalen bzw. einer nahezu gleichwertigen Lösung ist daher bei dem adaptiven heuristischen Entwurf geringer als bei einer stochastischen Strukturierung. Dieser Sachverhalt wurde auch bei kleineren Systemen beobachtet.

Zusammenfassung der numerischen Erfahrungen:

Die mit der adaptiven heuristischen Entwurfsmethode gesammelten Erfahrungen können wie folgt zusammengefaßt werden:

1. In allen untersuchten Fällen wurden Wärmeübertragungssysteme erzeugt, die bezüglich der Zielfunktion befriedigten und sich durch einen relativ einfachen Aufbau auszeichneten.

2. In einigen Fällen konnte durch eine vorherige Modifizierung der Problemstellung bzw. durch eine nachträgliche Analyse der erzeugten Systeme eine Verbesserung der Zielfunktion bzw. eine Vereinfachung des Systems erreicht werden. Von dieser Möglichkeit sollte in allen Fällen Gebrauch gemacht werden.

3. Der Rechenaufwand steigt bei der adaptiven heuristischen Entwurfsmethode im Unterschied zu den meisten anderen Synthesemethoden nicht exponentiell mit der Anzahl der Ströme, sondern näherungsweise proportional zur Anzahl der zu koppelnden Ströme. Dadurch eignet sie sich insbesondere für die Lösung großer, technisch interessanter Probleme.

4. Das optimale bzw. ein diesem nahezu gleichwertiges System wurde auch bei größeren Systemen meist bis zum 10. Syntheseversuch erzeugt. Damit dürfte die adaptive heuristische Entwurfsmethode bezüglich der Rechenzeit insbesondere bei größeren Systemen den meisten anderen Synthesemethoden für Wärmeübertragungssysteme überlegen sein.

5. Bei größeren Systemen wurden in der Regel neben der optimalen Lösung weitere Lösungen gefunden, die sich bezüglich der Zielfunktion nur geringfügig vom Optimum unterschieden. Hieraus leiten sich zwei Schlußfolgerungen ab:

— Wird mit der adaptiven heuristischen Entwurfsmethode in gewissen Fällen die optimale Lösung nicht gefunden, so ist doch die Wahrscheinlichkeit groß, daß die besten erzeugten Systeme nahe dem eigentlichen Optimum liegen.

— Da die adaptive heuristische Entwurfsmethode nicht nur eine, sondern eine Reihe von guten Lösungen liefert, können zusätzlich andere, in der Zielfunktion nicht verankerte Kriterien wie z. B. Stabilität, Komplexität u. a. m. zur endgültigen Auswahl eines Systems herangezogen werden.

6. Die Verteilungskurve der erzeugten Systeme ist im Vergleich zur stochastischen Synthese stark zugunsten der „guten“ Lösungen verschoben. Dies spricht für die Effektivität der heuristischen Regeln, die schlechte Lösungen a priori aus der Betrachtung ausschließen.
7. Bei Verzicht auf die Zufallsregel wird die Verteilungskurve der Zielfunktionen der erzeugten Systeme noch weiter zum Optimum hin verschoben, da im wesentlichen unbefriedigende Lösungen entfallen. Da bei gewissen Aufgabenstellungen die optimale Lösung jedoch nur bei Einbeziehung der Zufallsregel erzeugt werden kann, sollte die Zufallsregel stets vorgesehen werden, allerdings mit einem nicht zu hohem Anfangsgewicht.
8. Die Effektivität des Lernalgorithmus kann noch nicht voll befriedigen. Da das optimale bzw. ein ihm nahezu gleichwertiges System jedoch in der Regel lange vor Abschluß des Lernprozesses erzeugt wird, ist dieser Umstand vom praktischen Standpunkt aus gesehen ohne größere Bedeutung. Im Extremfall kann die Synthese sogar mit konstanten Gewichten erfolgreich durchgeführt werden.
9. Die ausschließliche Verwendung der Regel 1 bzw. einer ihr analogen Regel liefert im allgemeinen eine dem Optimum nahe Lösung. Sie sollte deshalb als Startpunkt für den Lernprozeß verwendet werden.

5. Literatur

[1] Rockstroh, L., Abschlußarbeit im Postgradualstudium „Systemverfahrenstechnik“, Technische Hochschule „Carl Schorlemmer“, Leuna-Merseburg, Sektion Verfahrenstechnik, 1974

[2] Hendry, J. E., Rudd, D. F., Seader, J. D., AIChE Journ. **19** (1973), 1

[3] Hlaváček, V., „*Analysis and Synthesis of Complex-Plants*“, Vortrag auf dem Symposium „*Computers in the Design and Erection of Chemical Plants*“, Karlovy Vary, 31. 8.–4. 9 .1975

[4] Kesler, M. G., Parker, R. O., Chem. Eng. Prog. Symp. Ser. **65** (1969), 92; 111

[5] Kobayashi, S., Umeda, T., Ichikawa, A., Chem. Eng. Sci. **26** (1971), 9; 1367

[6] Nishida, N., Kobayashi, S., Ichikawa, A., Chem. Eng. Sci. **26** (1971); 1841

[7] Rockstroh, L., Hartmann, K., Chem. Techn. **27** (1975), 8; 439

[8] Umeda, T., Hirai, A., Ichikawa, A., Chem. Engng. Sci., **27** (1972), 795

[9] Umeda, T., Ichikawa, A., Ind. Eng. Chem. Process Design and Develop. **10** (1971), 229

[10] Fan, L. T., Mishra, P. N., Vortrag, 76. National AIChE Meeting, Tulsa, Oklahoma, März 1974

[11] Fan, L. T., Chen, H. T., Aldis, D., Vortrag, Symposium „*Computers in the design and errection of chemical plants*“, Karlovy Vary, Sept. 1975

[12] Saridis, G. N., IEEE Trans. Auto. Control **AC-19** (1974), 798

[13] Naredva, K., Thathacker, M. A. L., JEEE Trans. SMC, **SMC-4** (1974), 323

[14] Masso, A. H., Rudd, D. F., AIChE Journ. **15** (1969), 10

[15] Lee, K. F., Masso, A. H., Rudd, D. F., Ind. Eng. Chem. Fund **9** (1970), 48

[16] Rudd, D. F., AIChE Journ. **14** (1968), 343

[17] Kafarow, W. W., Perow, W. L., Mešalkin, W. P., Kalmykow, A. N., Dokl. akad. nauk SSSR, 218, 5 (1974), 1163
[18] Lawler, E. L., Wood, D. E., Operation Research **14**, 4 (1966), 699
[19] Kafarow, W. W., u. a., Dokl. akad. nauk SSSR, 219, 2 (1974), 408
[20] Kafarow, W. W., Perow, V. L., Mešalkin, V. P., Vortrag, Symposium „*Computers in the design and errection of chemical plants*“, Karlovy Vary, Sept. 1975
[21] Siirola, J. J., Vortrag, 76. National AIChE Meeting, Tulsa, USA, März 1974
[22] Rathorne, R. N. S., Powers, G. J., Ind. Eng. Chem. Proc. Des. Devel. **14** (1975), 175
[23] Pho, T. K., Lapidus, L., AIChE Journ. **19** (1973), 1182
[24] King, C. I., Gantz, D. W., Barnes, F. I., Ind. Eng. Chem. Process Design Develop. **11** (1972), 271
[25] McGalliard, R. L., Westerberg, A. W., Chem. Eng. Jour. **4** (1972)
[26] Lasdon, L. S., *Optimization Theory for Large Systems*, McMillan, New York 1970
[27] Barnes, F. I., King, C. I., „*Synthesis of Cascade Refrigeration and Liquefaction Systems*“, Vortrag zum 76. National AIChE-Meeting (Tulsa Oklahoma March 1974)
[28] Wilde, D. I., Buynoski, M. S., in: „*Optimization and Design*“, Prentice Hall, N.I. 1973, 350
[29] Scholz, E., Diplomarbeit, Technische Hochschule „Carl Schorlemmer“ Leuna-Merseburg, Sektion Verfahrenstechnik, 1975

Zuverlässigkeitsanalyse verfahrenstechnischer Anlagen

(G. GRUHN, W. NEUMANN, H. HEINIG, G. KÄMPFER)

Summary

The paper contains a summary of essential characteristics for the reliability analysis of chemical plants and an algorithm for their effective determination by means of electronic data processing. Furthermore, possibilities for obtaining the necessary primary data are discussed.

Two methods are proposed for the reliability analysis of complicated systems, taking into consideration the different kinds of redundancy and the time dependence of reliability characteristics for the individual elements. Reliability analysis by means of life models and Monte Carlo simulation are discussed for problems of the maintenance of systems.

1. Einleitung

Unter technischer Zuverlässigkeit versteht man in der allgemeinsten Form ein Kriterium, das die Änderung der nominellen Funktionstüchtigkeit von Erzeugnissen im Verlaufe der Zeit charakterisiert.

Da dieses Kriterium Rückschlüsse auf die Güte von Erzeugnissen gestattet, ist es vom Wesen her ein Qualitätsmerkmal, das aber im Gegensatz zu anderen hauptsächlich das Langzeitverhalten beschreibt.

Die besonders in den letzten Jahren zu beobachtende Intensivierung in der Auseinandersetzung mit theoretischen und praktischen Fragen der Zuverlässigkeit ergibt sich im wesentlichen aus folgenden Umständen:

- Der Komplexitätsgrad technischer Systeme steigt z. Z. schneller an als die Zuverlässigkeit ihrer Einzelteile. Da die Systemzuverlässigkeit u. a. sehr wesentlich von der Anzahl ihrer Einzelteile bestimmt wird, sinkt sie bei sehr komplexen Systemen häufig auf unzulässige Werte ab.
- Es werden zunehmend höhere Anforderungen an den Umfang und die Qualität der Funktionsübung technischer Systeme gestellt, wobei häufig die Betriebsbedingungen gleichzeitig extremer werden.
- Die Fragen bezüglich der Sicherheit für das Bedienungspersonal und die Umwelt rücken immer stärker in den Vordergrund. Bestimmte Störungen können bei den derzeitigen Anlagenkapazitäten z. B. in der Kerntechnik, dem Transportwesen oder in der chemischen Industrie zu katastrophalen Folgen führen.
- Es ist eine zunehmende Orientierung auf eine kostenoptimale Auslegung und einen kostenoptimalen Betrieb technischer Anlagen zu verzeichnen. Die Zuverlässigkeit wirkt sich unmittelbar auf die Investitions- und Betriebskosten aus und bestimmt

alle Kosten, die durch planmäßige oder unplanmäßige Nichtverfügbarkeiten mit allen Folgeerscheinungen auftreten.
- Der ständig ansteigende Grundmittelbestand würde bei gleichbleibender technischer Zuverlässigkeit von Erzeugnissen in einigen Jahren zu einem nicht vertretbaren Instandhaltungsaufwand führen.

Die Möglichkeiten zur zielgerichteten Beeinflussung der Zuverlässigkeit sind sehr vielfältig und enthalten sowohl technische und technologische als auch organisatorische und ingenieurpsychologische Maßnahmen unter Verwendung unterschiedlicher qualitativer und quantitativer Methoden. Die Auswahl der jeweils effektivsten Maßnahmen und Methoden zur Zuverlässigkeitserhöhung wird dabei im wesentlichsten von der Art der Erzeugnisse, den vorherrschenden Ausfallmechanismen, dem Umfang an Informationen über das Störgeschehen sowie der jeweiligen Phase des Reproduktionsprozesses bestimmt.

Eine Reihe von Problemen, wie z. B. der Entwurf optimaler Systemstrukturen, die Planung einer effektiven vorbeugenden Instandhaltung sowie die Einschätzung des Langzeitverhaltens von Erzeugnissen als Qualitätskriterium ist nur mit Hilfe von quantitativen Zuverlässigkeitsanalysen möglich.

2. Zuverlässigkeitsanalyse von Elementen

2.1. Primärdatengewinnung

Jede quantitative Zuverlässigkeitsangabe ist prognostischer Natur und basiert zwangsläufig auf der Extrapolation gewisser Primärdaten über das Stör- und Schadensgeschehen der jeweiligen Erzeugnisse.

Vom Umfang und von der Qualität der zur Verfügung stehenden Primärdaten wird deshalb die statistische Sicherheit der für eine quantitative Analyse erforderlichen und aus diesen Primärdaten unmittelbar zu bestimmenden Zuverlässigkeitskenngrößen abhängig sein.

Prinzipiell können Primärdaten über das Zuverlässigkeitsverhalten von Ausrüstungen der chemischen Industrie ermittelt werden aus physikalisch begründeten Verschleißmodellen, aus der statistischen Auswertung von Testversuchen auf Prüfständen bei Simulation der Betriebsbedingungen oder aus Stör- und Schadensstatistiken.

Die ersten zwei Methoden sind für den Bereich der chemischen Industrie allerdings nur sehr begrenzt anwendbar. Physikalisch begründete Modelle existieren z.Z. nur für eine geringe Anzahl einfacher Bauteile, bei denen als Ausfallursachen fast ausschließlich mechanischer Verschleiß oder Korrosion auftreten. Sogenannte Zufallsausfälle, die von ihrem Wesen her sehr unterschiedlich sind, deren Anteil am gesamten Stör- und Ausfallgeschehen aber recht erheblich ist, werden von ihnen folglich nicht erfaßt. Die nur begrenzte Anwendbarkeit von Testversuchen auf Prüfständen resultiert für chemische Ausrüstungen hauptsächlich aus dem Umstand, daß bei den derzeitigen Anlagenkapazitäten die Simulation der Betriebsbedingungen oft technisch nicht möglich oder ökonomisch nicht vertretbar ist. Zum anderen sind die mittleren Lebensdauern dieser Ausrüstungen in der Regel so hoch, daß nur über eine Zeitraffung durch erschwerte Testbedingungen annehmbare Prüfzeiten erreicht werden können.

Die Extrapolation der unter erschwerten Bedingungen erhaltenen Primärdaten auf normale Betriebsbedingungen wird noch ungenügend beherrscht und bürgt deshalb die Gefahr erheblicher Verfälschungen.

Von wesentlicher Bedeutung für die Gewinnung von Primärdaten über das Zuverlässigkeitsverhalten von Chemieanlagen sind Stör- und Schadensstatistiken. Die fortschreitende Einführung solcher Statistiken in Industriezweigen des In- und Auslandes stellt dabei erstmals eine breite Basis für quantitative Zuverlässigkeitsanalysen dar [1—4]. Trotz eines unterschiedlichen Aufbaus und Detailliertheitsgrades von Stör- und Schadensstatistiken werden in ihnen gewöhnlich folgende Informationen erfaßt:

- Daten zur eindeutigen Identifikation der gestörten bzw. geschädigten Objekte (Typ, Seriennummer, Leistungsparameter, konstruktive Besonderheiten, Einsatzbedingungen usw.);
- Beschreibung des Stör- und Schadensbildes;
- Angaben über Stör- und Schadensursache;
- Zeitpunkt und Dauer der Störung bzw. des Schadens;
- getroffene Störungsbehebungsmaßnahmen;
- entstandener gesellschaftlicher Schaden.

Bei der Zusammenstellung von Stichproben zur Ermittlung von Zuverlässigkeitskenngrößen für Bauteile bzw. verfahrenstechnische Grundausrüstung aus Stör- und Schadensstatistiken muß der Umstand berücksichtigt werden, daß die Einsatzbedingungen in der chemischen Industrie sehr heterogener Natur sind. Innerhalb einer Stichprobe können deshalb nur Störungen und Ausfälle von Elementen zusammengefaßt werden, die von der konstruktiven Art und der Belastung her vergleichbar sind.

2.2. *Zuverlässigkeitskenngrößen für Elemente mit und ohne Erneuerung*

Das Zuverlässigkeitsverhalten von Elementen ohne Berücksichtigung des Reparaturprozesses (ohne Erneuerung) läßt sich durch eine Reihe von Kenngrößen quantitativ beschreiben. Zu den geläufigsten und aussagekräftigsten Kenngrößen gehören die Überlebungswahrscheinlichkeit $R(t)$ und die Ausfallwahrscheinlichkeit $Q(t)$.

Betrachten wir die Lebensdauer T eines technischen Objektes oder eine andere charakteristische Bezugsgröße zur Beschreibung des Langzeitverhaltens wie Zyklenzahl, Weglänge usw. als Zufallsgröße, so gibt die Verteilungsfunktion

$$R(t) = P\{T > t\}$$

die Wahrscheinlichkeit an, mit der die Lebensdauer T größer als ein vorgegebener Betrachtungszeitraum t ist. Für die Ausfallwahrscheinlichkeit gilt

$$Q(t) = P\{T \leqq t\}. \tag{2}$$

Da $Q(t)$ das Komplement von $R(t)$ ist, ergibt die Summe beider Kenngrößen stets eine konstante Größe, die gewöhnlich auf 1 normiert wird.

$$R(t) + Q(t) = 1. \tag{3}$$

Dabei nimmt $Q(t)$ zwischen 0 bei $(t = 0)$ und 1 bei $(t = \infty)$ monoton zu und $R(t)$ zwischen 1 bei $(t = 0)$ und 0 bei $(t = \infty)$ monoton ab.

Die zeitliche Ableitung der Ausfallsverteilungsfunktion ist eine weitere charakteristische Zuverlässigkeitskenngröße — die Ausfalldichte

$$\frac{dQ(t)}{dt} = f(t). \tag{4}$$

Da die Verteilungsfunktionen $R(t)$ und $Q(t)$ stetig sind, gilt

$$Q(t) = \int_0^t f(t)\,dt, \tag{5}$$

$$R(t) = \int_t^\infty f(t)\,dt, \tag{6}$$

$$\int_0^\infty f(t)\,dt = 1. \tag{7}$$

Um die Ausfallintensität technischer Erzeugnisse pro Zeiteinheit zu quantifizieren, wird die sogenannte Ausfallquote $\lambda(t)$ verwendet.

Sie ist definiert als

$$\lambda(t) = -\frac{\frac{dR(t)}{dt}}{R(t)} = \frac{f(t)}{R(t)}. \tag{8}$$

Die Lösung der Differentialgleichung (8) ergibt die Zuverlässigkeitsfunktion

$$\lambda(t) \cdot dt = -\frac{dR(t)}{R(t)},$$

$$-\int_0^t \lambda(\tau)\,d\tau = \int_0^t \frac{dR(\tau)}{R(\tau)} = \ln R(\tau)\Big|_0^t = \ln R(t) - \ln R(0),$$

$$R(t) = e^{-\int_0^t \lambda(\tau)d\tau}. \tag{9}$$

Soll die Überlebenswahrscheinlichkeit für Elemente in einem Zeitintervall Δt unter der Bedingung berechnet werden, daß die Elemente vor Δt (von $t = 0$ bis $t = t_1$) ausfallfrei betrieben worden sind, gilt für diese bedingte Überlebenswahrscheinlichkeit

$$R(t_1, \Delta t) = \frac{R(t_1 + \Delta t)}{R(t_1)} = \frac{e^{-\int_0^{t_1+\Delta t} \lambda(\tau) d\tau}}{e^{-\int_0^{t_1} \lambda(\tau) d\tau}}$$

$$R(t_1, \Delta t) = e^{-\int_{t_1}^{t_1+\Delta t} \lambda(\tau) d\tau} . \tag{10}$$

Die Größe $R(t_1, \Delta t)$ stellt also praktisch die Wahrscheinlichkeit dar, daß ein Element, das bereits die Betriebszeit t_1 erreicht hat, auch die folgende Zeit Δt überlebt.

Die bisher definierten Zuverlässigkeitskenngrößen für Elemente ohne Erneuerung sind ohne Zweifel die aussagekräftigsten, da sie das Ausfallverhalten vollständig beschreiben. Wie aus Tab. 1 zu ersehen ist, lassen sich sämtliche dieser Kenngrößen ineinander umformen [5].

Tabelle 1: Funktionelle Beziehungen zwischen unterschiedlichen Zuverlässigkeitskenngrößen

	$Q(t)$	$R(t)$	$f(t)$	$\lambda(t)$
$Q(t)$	$Q(t)$	$1 - R(t)$	$\int_0^t f(\tau)\, d\tau$	$1 - \exp\left(-\int_0^t \lambda(\tau)\, d\tau\right)$
$R(t)$	$1 - Q(t)$	$R(t)$	$\int_t^\infty f(\tau)\, d\tau$	$\exp\left(-\int_0^t \lambda(\tau)\, d\tau\right)$
$f(t)$	$\frac{dQ(t)}{dt}$	$-\frac{dR(t)}{dt}$	$f(t)$	$\lambda(t) \exp\left(-\int_0^t \lambda(\tau)\, d\tau\right)$
$\lambda(t)$	$\frac{\frac{dQ(t)}{dt}}{1 - Q(t)}$	$-\frac{d}{dt}(\ln R(t))$	$\frac{f(t)}{\int_t^\infty f(\tau)\, d\tau}$	$\lambda(t)$

Eine weitere besonders häufig angewendete und anschauliche Zuverlässigkeitskenngröße ist die mittlere Lebensdauer θ.

Sie stelle die mathematische Erwartung der Betriebszeit T dar und ergibt sich aus

$$\theta = E(T) = \int_0^\infty t f(t)\, dt. \tag{11}$$

Durch partielle Integration und entsprechende Umformung unter Berücksichtigung von Gl. (6) erhält man

$$\theta = -t \cdot R(t)\Big|_0^\infty + \int_0^\infty R(t)\, dt$$

Da gilt

$$-tR(t)\Big|_0^\infty = 0,$$

ergibt sich für θ

$$\theta = \int_0^\infty R(t)\, dt. \tag{12}$$

Im Fall einer konstanten Ausfallrate, d. h. bei zeitunabhängiger Ausfallintensität von Elementen, stellt sich zwischen mittlerer Lebensdauer und Ausfallrate folgende Beziehung ein:

$$\theta = \int_0^\infty e^{-\lambda t}\, dt = -\frac{1}{\lambda} e^{-\lambda t}\Big|_0^\infty = \frac{1}{\lambda}. \tag{13}$$

Für die Überlebenswahrscheinlichkeit kann folglich geschrieben werden

$$R(t) = e^{-t/\theta}. \tag{14}$$

Der Mittelwert θ wird in diesem Fall auch als MTBF (Mean Time Between Failures) bezeichnet.

Die Dispersion der Betriebszeit T wird mitunter gleichfalls als Zuverlässigkeitskriterium benutzt. Sie ergibt sich aus

$$\sigma^2 = D^2(T) = \int_0^\infty (t - \Theta_0)^2 f(t)\, dt. \tag{15}$$

Die für die Quantifizierung des Zuverlässigkeitsverhaltens geeignetsten und am häufigsten verwendeten Verteilungsgesetze sind die Exponentialverteilung, die WEIBULL-Verteilung, die Normalverteilung und die log. Normalverteilung.

Für die einzelnen Kenngrößen ergeben sich bei Verwendung dieser Verteilungsfunktionen folgende Beziehungen:

Exponentialverteilung

$$R(t) = e^{-\lambda t}$$

$$Q(t) = 1 - e^{-\lambda t}$$

$$f(t) = \lambda e^{-\lambda t}$$

$$\theta = \frac{1}{\lambda}$$

$$\sigma^2 = \frac{1}{\lambda^2}.$$

WEIBULL-Verteilung

$$R(t) = e^{-\lambda t^\alpha}$$

$$Q(t) = 1 - e^{-\lambda t^\alpha}$$

$$f(t) = \alpha \cdot \lambda t^{\alpha-1} e^{-\lambda t^\alpha}$$

$$\lambda(t) = \alpha \cdot \lambda \cdot t^{\alpha-1}$$

$$\theta = \frac{1}{\lambda^{1/\alpha}} \Gamma\left(\frac{1}{\alpha} + 1\right)$$

$$\sigma^2 = \frac{\Gamma\left(1 + \frac{2}{\alpha}\right) - \left[\Gamma\left(1 + \frac{1}{\alpha}\right)\right]^2}{\lambda^{2/\alpha}}.$$

Normalverteilung

$$R(t) = \frac{1}{\sigma\sqrt{2\pi}} \cdot \int\limits_{\tau}^{\infty} e^{-\frac{(t-\mu)^2}{2\sigma^2}} dt$$

$$Q(t) = \frac{1}{\sigma\sqrt{2\pi}} \cdot \int\limits_{0}^{\tau} e^{-\frac{(t-\mu)^2}{2\sigma^2}} dt$$

$$f(t) = \frac{1}{\sigma\sqrt{2\pi}} \cdot e^{-\frac{(t-\mu)^2}{2\sigma^2}}$$

Die Ausfallrate $\lambda(t)$ wächst monoton an und nähert sich asymtotisch der Geraden

$$y = \frac{t - \mu}{\sigma}.$$

Bei der Verwendung der Normalverteilung ist zu beachten, daß sie für einen Wertebereich von $(-\infty, +\infty)$ definiert ist. Aus diesem Grund kann auf diesen Verteilungstyp nur zurückgegriffen werden, wenn gilt $\mu - 2{,}5\sigma > 0$.

Logarithmische Normalverteilung

$$R(t) = \frac{1}{\sigma\sqrt{2\pi}} \int_{\tau}^{\infty} \frac{1}{t}\, e^{-\frac{(\ln t-\mu)^2}{2\sigma^2}}\, dt$$

$$Q(t) = \frac{1}{\sigma\sqrt{2\pi}} \int_{0}^{\tau} \frac{1}{t}\, e^{-\frac{(\ln t-\mu)^2}{2\sigma^2}}\, dt$$

$$f(t) = \frac{1}{\sigma\sqrt{2\pi}} \cdot \frac{1}{t}\, e^{-\frac{(\ln t-\mu)^2}{2\sigma^2}}$$

$$\theta = e^{\left(\mu+\frac{\sigma^2}{2}\right)}$$

$$\sigma^2 = e^{(2\mu+\sigma^2)} \cdot (e^{\sigma^2} - 1)$$

Die bisher betrachteten Zuverlässigkeitskenngrößen beziehen sich auf Elemente ohne Erneuerung, d. h. der Reparaturprozeß wird durch sie nicht berücksichtigt. Da die überwiegende Anzahl industrieller Erzeugnisse insbesondere auch verfahrenstechnische Anlagen reparabel ist, stellt sich die Frage nach Zuverlässigkeitskenngrößen für reparierbare Elemente.

Dieses Problem führt zum Erneuerungsprozeß, auf den hier nicht näher eingegangen werden soll. Als für praktische Belange wichtigste und in den meisten Fällen auch ausreichende Kenngröße soll lediglich der stationäre Wert der Verfügbarkeit erwähnt werden, dessen Ableitung in [6] enthalten ist. Er ergibt sich aus

$$\lim V(t) = \frac{T_L}{T_L + T_S} \tag{16}$$

Dabei stellt $V(t)$ die Verfügbarkeit, T_L — die Laufzeit und T_S die Stillstandszeit der Elemente dar.

In Abb. 1 ist schematisch ein Erneuerungsprozeß dargestellt.

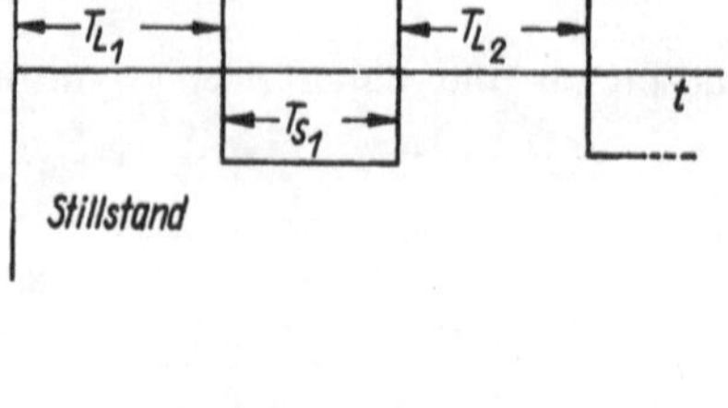

Abb. 1. Graphische Darstellung eines Erneuerungsprozesses

2.3. *Zuverlässigkeitsanalyse von Elementen auf EDVA*

Der Aufwand zur Ermittlung von Zuverlässigkeitskenngrößen aus statistischen Daten über das Stör- und Schadensgeschehen technischer Erzeugnisse ist so groß, daß für breit angelegte Zuverlässigkeitsanalysen die Anwendung von EDV-Programmen unentbehrlich ist [7—9].

Um ein einheitliches Vorgehen bei der Festlegung der jeweils zu ermittelnden Kenngrößen zu gewährleisten und damit eine Vergleichbarkeit der durch die Zuverlässigkeit bedingten bzw. beeinflußten Qualitätsmerkmale zu erreichen, ist es angebracht, von der TGL 20096/03 auszugehen. Nach dieser TGL können für unterschiedliche Erzeugnisse entsprechend ihrer Spezifik anhand eines Klassifikationsschemas Schlüsselzahlen ausgewählt werden, die Art und Anzahl der zu berechnenden Zuverlässigkeitskenngrößen festlegen.

Im folgenden soll ein entsprechendes Programm für die EDVA R 300 vom Aufbau her kurz beschrieben werden.

Mit Hilfe dieses Programms lassen sich alle Zuverlässigkeitskenngrößen, die in der TGL 20096/03 enthalten sind, berechnen. Dabei ist es möglich, die Kenngrößen, die in Form von Verteilungsfunktionen anzugeben sind, durch die Exponentialverteilung, die Weibull-Verteilung, die Normalverteilung und die logarithmische Normalverteilung anzunähern. Die Auswahl dieser Typen von Verteilungsfunktionen basiert auf praktischen Erfahrungen.

Das Programm gestattet einmal bei Kenntnis des Ausfallmechanismus der industriellen Erzeugnisse, d. h. wenn auf einen bestimmten im Programm vorhandenen Typ der Verteilungsfunktion zu schließen ist, diese zur Näherung zu verwendende Verteilungsfunktion festzulegen. Ist z. a. der Ausfallmechanismus für die zu untersuchende Stichprobe von industriellen Erzeugnissen nicht bekannt, d. h. wenn über den zu erwartenden Typ der Verteilungsfunktion keine Information vorliegt, wählt das Programm den Verteilungstyp aus, der das Ausfallverhalten der entsprechenden Stichprobe mit dem niedrigsten (zulässigen) Signifikanzniveau beschreibt. Für spezielle Untersuchungen ist es möglich, über einen entsprechenden Steuerparameter eine Annäherung der empirischen Verteilungsfunktionen durch alle im Programm vorhandenen Typen von normierten Verteilungsfunktionen vorzunehmen. Dabei wird für jede Annäherung gleichzeitig das entsprechende Signifikanzniveau ermittelt.

Als Eingabedaten für das Programm dienen die aus Stör- und Schadensstatistiken oder Testversuchen gewonnenen Betriebs- und Erneuerungszeiten einer Stichprobe gleichartiger Elemente während eines bestimmten Betrachtungszeitraums. Nehmen wir an, daß j-te Element sei während dieser Zeit k_j-mal ausgefallen und l_j-mal erneuert worden.

Der Stichprobenumfang k ergibt sich aus der Anzahl sämtlicher registrierter Betriebszustände, die zwischen zwei Ausfällen eintraten

$$k = k_1 + \cdots + k_N .$$

Für die Gesamtzahl der Erneuerungen gilt analog

$$l = l_1 + \cdots + l_N .$$

Da die Betrachtungen zur Ermittlung der Verteilung der Erneuerungsdauer denen zur Bestimmung der Ausfallverteilung völlig analog sind, genügt es, nur einen Fall zu behandeln.

Durch die einzelnen Lebensdauern

$$t_{ij}, \quad (i = 1, \ldots, N; \quad i = 1, \ldots, k_i)$$

ist die Stichprobe vom Umfang k gegeben. Werden alle t_{ij} nach aufsteigenden Werten zusammengefaßt, so entsteht eine geordnete Stichprobe $(t_1, \ldots, t_k)$, wobei im allgemeinen nur gilt

$$t_1 \leqq t_2 \leqq \cdots \leqq t_k.$$

Für die Realisierung eines im Programm vorgesehenen χ^2-Anpassungstestes müssen die vorliegenden Lebensdauern der Elemente in Klassen eingeteilt werden. Ist der Stichprobenumfang k größer als 50, so wird die Klassenanzahl r nach der Beziehung

$$r = [5 \lg k] \tag{17}$$

berechnet. Die Klassenbreite c ergibt sich aus

$$c = \left[\frac{t_k - t_1}{r}\right] + 1, \tag{18}$$

wobei $t_k - t_1$ die Variationsbreite der geordneten Stichprobe $(t_1, \ldots, t_k)$ darstellt. Nach der Bestimmung der Klassenanzahl und der Klassenbreite kann die Anzahl der Ausfälle pro Klasse ermittelt werden

$$h_i = n\big(t_1 + (i-1)\,c\big) - n(t_1 + i)\,c = \Delta n_i, \; (i = 1, \ldots, r).$$

Treten in einer Klasse weniger als 5 Ausfälle auf, so müssen benachbarte Klassen zusammengefaßt werden. Falls der Umstand eintritt, wird die Klassenanzahl neu bestimmt. Gilt dann

$$6 \leqq r \leqq 20,$$

so sind die Voraussetzungen für den χ^2-Anpassungstest erfüllt.

Die Schätzung der unbekannten Parameter der Verteilungsfunktionen für die empirischen Häufigkeiten der Betriebs- bzw. Erneuerungszeiten erfolgt mit Hilfe der Likelihood-Schätzung. Dieses Verfahren ist besonders geeignet, da es weniger aufwendig ist als z. B. eine Regressionsrechnung.

Die Likelihood-Funktion der Weibull-Verteilung hat die Gestalt

$$\ln L = k(\ln \lambda + \ln \alpha) + (\alpha - 1) \sum_{i=1}^{k} \ln t_i - \lambda \sum_{i=1}^{k} t_i^{\alpha}. \tag{19}$$

Daraus ergibt sich die Maximum-Likelihood-Gleichung für den Parameter λ

$$\frac{\partial \ln L}{\partial \lambda} = \frac{k}{\lambda} - \sum_{i=1}^{k} t_i^{\alpha} = 0$$

$$\lambda = \frac{k}{\sum_{i=1}^{k} t_i^{\alpha}}. \tag{20}$$

Für $\alpha = 1$ ist dies die Maximum-Likelihood-Schätzung des Parameters λ der Exponentialverteilung.

Für α gilt

$$\frac{\partial \ln L}{\partial \alpha} = \frac{k}{\alpha} + \sum_{i=1}^{k} \ln t_i - \lambda \sum_{i=1}^{k} t_i^{\alpha} \cdot \ln t_i = 0 .$$

Nach Einsetzen des erhaltenen Schätzwertes für λ ergibt sich

$$\frac{k}{\alpha} + \sum_{i=1}^{k} \ln t_i - \frac{k \sum_{i=1}^{k} \ln t_i \cdot t_i^{\alpha}}{\sum_{i=1}^{k} t_i^{\alpha}} = 0 . \tag{21}$$

Diese Bestimmungsgleichung für den Parameter α wird mit dem Newtonschen Näherungsverfahren gelöst. Dabei wird, ausgehend von einem Näherungswert α_0, im Punkt $(\alpha_0, f(\alpha_0))$ die Tangente an die Kurve gelegt. Die Nullstelle der Tangente ergibt sich als der nächste Näherungswert α_1. Analog werden weitere Näherungswerte bestimmt. Die Gleichung der Tangente an die Kurve $y = f(\alpha)$ im Punkt $(\alpha_0, f(\alpha_0))$ lautet

$$y = f(\alpha_0) + f'(\alpha_0)(\alpha - \alpha_0) .$$

Die Nullstelle der Tangente hat den Wert

$$\alpha_1 = \alpha_0 + \left[-\frac{f(\alpha_0)}{f'(\alpha_0)}\right].$$

Dies ist der verbesserte Näherungswert für α_0. Die n-te Newtonsche Näherung wird somit nach der Formel

$$\alpha_n = \alpha_{n-1} + \left[-\frac{f(\alpha_{n-1})}{f'(\alpha_{n-1})}\right], \quad (n = 1, 2, \ldots)$$

berechnet. Aus (21) folgt

$$f'(\alpha) = -\frac{k}{\alpha^2} - k \cdot \frac{\sum_{i=1}^{k} [\ln t_i]^2 \cdot t_i^{\alpha} \sum_{i=1}^{k} t_i^{\alpha} - \left[\sum_{i=1}^{k} \ln t_i \cdot t_i^{\alpha}\right]^2}{\left[\sum_{i=1}^{k} t_i^{\alpha}\right]^2} .$$

Da für die Weibull-Verteilung gewöhnlich $0 < \alpha < 5$ gilt, wird mit $\alpha_0 = 1$ als Anfangsnäherung begonnen. Die Approximation wird abgebrochen, wenn sich zwei aufeinanderfolgende Näherungswerte um weniger als ε unterscheiden. Aus α kann dann nach (20) λ berechnet werden.

Für die Normalverteilung hat die Maximum-Likelihood-Funktion die Gestalt

$$\ln L = \ln \prod_{i=1}^{k} \frac{1}{\sigma \sqrt{2\pi}} \exp\left\{-\frac{1}{2}\left(\frac{t_i - \mu}{\sigma}\right)^2\right\}. \tag{22}$$

Durch partielle Differentiation nach μ bzw. σ und Auflösung nach μ bzw. σ ergeben sich die Likelihood-Gleichungen für die Parameter μ und σ der Normalverteilung

$$\mu = \frac{1}{k} \sum_{i=1}^{k} t_i, \tag{23}$$

$$\sigma = \sqrt{\frac{1}{k} \sum_{i=1}^{k} (t_i - \mu)^2}. \tag{24}$$

Analog dazu ergibt sich bei einer logarithmisch normalverteilten Überlebenswahrscheinlichkeit für die Parameter μ und σ

$$\ln L = \ln \prod_{i=1}^{k} \frac{1}{\sigma \sqrt{2\pi}\, t_i} \exp\left\{-\frac{1}{2}\left(\frac{\ln t_i - \mu}{\sigma}\right)^2\right\} \tag{25}$$

$$\mu = \frac{1}{k} \sum_{i=1}^{k} \ln t_i, \tag{26}$$

$$\sigma = \sqrt{\frac{1}{k} \sum_{i=1}^{k} (\ln t_i - \mu)^2}. \tag{27}$$

Nach der Klasseneinteilung der Stichprobenwerte und der Parameterschätzung nach der Maximum-Likelihood-Methode kann der χ^2-Anpassungstest durchgeführt werden.

Dazu werden die theoretischen Häufigkeiten bestimmt und die Testgröße χ^2 berechnet und mit den kritischen Werten der χ^2-Verteilung verglichen.

Dabei sind im Programm die Signifikanzniveaus

$$\beta = 0{,}1;\ 0{,}05;\ 0{,}01;\ 0{,}001$$

vorgesehen. Da beim χ^2-Anpassungstest die Übereinstimmung von hypothetischer und tatsächlicher Verteilung um so besser ist, je größer das Signifikanzniveau β ist, wird mit $\beta = 0{,}1$ begonnen. Gilt schließlich

$$\chi^2 \geqq \chi_f^2(0{,}001),$$

so muß die Nullhypothese H_0 abgelehnt werden. Die Anzahl der Freiheitsgrade f beträgt im Fall der Exponentialverteilung $f = r - 2$ und im Fall der Weibull-, Normal- und logarithmischen Normalverteilung $f = r - 3$.

Falls die Voraussetzungen für den χ^2-Anpassungstest nicht erfüllt sind, oder aber eine Ablehnung der Nullhypothese H_0 erfolgte, wird der KOLMOGOROFF-Test durchgeführt.

Gilt für gewisse i

$$t_i = t_{i+1} = \cdots = t_{i+j},$$

so gilt in Verallgemeinerung zu (18)

$$F_k(t) = \begin{cases} 0, & t \leqq t_1 \\ \dfrac{i+j}{k}, & t_i < t \leqq t_{i+j+1} \\ 1, & t > t_k \end{cases}$$

Da die Stichprobenwerte in geordneter Form vorliegen, können nacheinander für jeden Wert die Größen $F_k(t_i)$, $F(t_i)$ und D_k berechnet werden. Da $F_k(t)$ eine Stufenfunktion ist und die maximale Abweichung an einer Sprungstelle liegt, sind jeweils die Größen

$$d_{1i} = |F_k(t_i) - F(t_i)|$$

$$d_{2i} = |F_k(t_{i+1}) - F(t_i)|$$

zu berechnen. D_k ergibt sich dann aus

$$D_k = \max\left(\max_i (d_{1i}), \max_i (d_{2i})\right).$$

Es wird dann die Testgröße

$$x = \sqrt{k}\, D_k \tag{28}$$

berechnet und nacheinander mit den kritischen Werten $\lambda'\beta$ für kleiner werdendes $\beta = 0{,}1;\ 0{,}05;\ 0{,}001$ verglichen. Gilt schließlich

$$x \geqq \lambda'_{0,01},$$

so muß H_0 abgelehnt werden.

Sind die Verteilungen der Lebensdauern und Erneuerungszeiten bestimmt worden, so lassen sich ohne Schwierigkeiten die Werte für die stationären Verfügbarkeiten berechnen.

Für den Fall, daß keine statistischen Anpassungstests wegen geringer Stichprobenumfänge durchgeführt werden konnten oder aber führten die Tests zur Ablehnung der Hypothese H_0, werden nur die empirischen Mittelwerte berechnet.

Der prinzipielle Aufbau des Programms ist in Abb. 2—4 dargestellt.

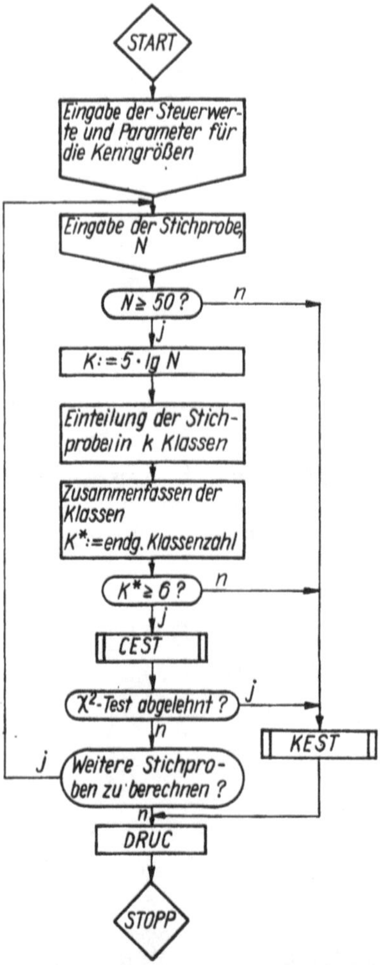

Abb. 2. Vereinfachter PAP zur Berechnung von Zuverlässigkeitskenngrößen für Elemente

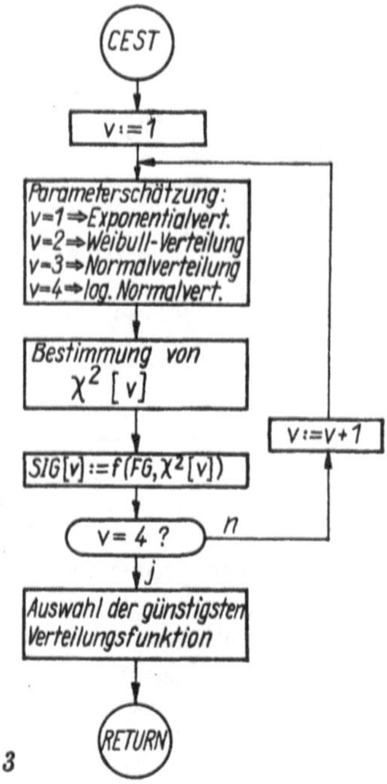

Abb. 3

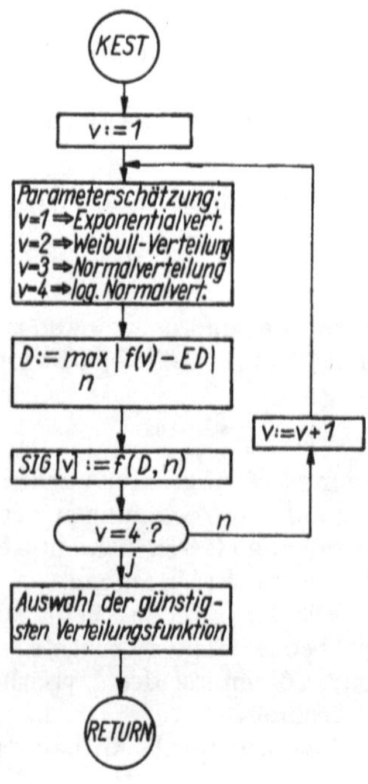

Abb. 4

Abb. 3. Unterprogramm CEST

Abb. 4. Unterprogramm KEST

2.4. Zuverlässigkeitskenngrößen verfahrenstechnischer Grundausrüstungen

Eine Auswertung von Veröffentlichungen zu Fragen von Zuverlässigkeitskenngrößen für verfahrenstechnische Grundausrüstungen zeigt, daß einerseits bisher nur sehr wenig Angaben vorliegen und zum anderen eine Vergleichbarkeit dieser Angaben nur schwer möglich ist. Dieser Umstand wird im wesentlichen bedingt durch das sehr unterschiedliche Spektrum an Einsatzbedingungen von Apparaten und Maschinen in der chemischen Industrie sowie durch relativ geringe Stückzahlen von Aggregaten vergleichbarer Konstruktion, die unter ähnlichen Bedingungen betrieben werden.

Zum anderen liegt beim Hersteller von Chemieanlagen sicherlich eine gewisse Zurückhaltung bezüglich der Veröffentlichung von Daten über das Langzeitverhalten ihrer Erzeugnisse vor.

Auf die Notwendigkeit von Zuverlässigkeitskenngrößen für den optimalen Entwurf und die vorbeugende Instandhaltung verfahrenstechnischer Ausrüstungen wurde wiederholt hingewiesen.

In Tab. 2 ist eine Zusammenstellung in der Literatur veröffentlichter Zuverlässigkeitskenngrößen für einige wesentliche verfahrenstechnische Grundausrüstungen angegeben.

Tabelle 2: Zuverlässigkeitskenngrößen ausgewählter verfahrenstechnischer Grundausrüstungen

Grundausrüstung	Mittlere Lebensdauer 10^3 h	Ausfallrate 10^6 h^{-1}	Literatur
Pumpen mit Maschinenantrieb		1,12–31,3	[10]
Einstufige Kreiselpumpen für Kaltwasser	20–35	1,2–10	[11]
Mehrstufe Kreiselpumpen für Kaltwasser	20–30	1,2–12	[11]
Einstufe Kreiselpumpen aus Epoxidharz für Säuren und Laugen	1–20	6–32	[11]
Einstufige Flüssigkeits-Feststoff-gemischpumpen	6–14	16–25	[11]
Einstufige HZ-Pumpen	72		[12]
Verdichter		0,342–2,4	[13]
Gebläse	1–5		[13]
Ventilatoren		0,89–3,57	[13]
Wärmeübertrager		2,21–18,6	[10]
Rohrleitungen		0,25–4,85	[10]
Flüssigkeitsbehälter		0,083–0,270	[10]
Mechanische Filter		0,045–1,8	[10]

3. Zuverlässigkeitsanalyse von Systemen

In den bisherigen Betrachtungen wurde sich auf Zuverlässigkeitskenngrößen verfahrenstechnischer Objekte beschränkt, ohne deren innere Struktur zu berücksichtigen. Ein wesentlicher Aspekt der Zuverlässigkeitsanalyse komplexer Anlagen besteht allerdings darin, bei Kenntnis der Zuverlässigkeit der Einzelteile und deren Verknüpfung das Zuverlässigkeitsverhalten der komplexen Anlage zu modellieren. Dieses Problem führt zur Zuverlässigkeit von Systemen.

Voraussetzung für Zuverlässigkeitsanalysen von Systemen sind folglich die Kenntnis entsprechender Zuverlässigkeitskenngrößen für die einzelnen Systemelemente und die zuverlässigkeitslogischen Relationen zwischen ihnen.

Da für komplexe verfahrenstechnische Anlagen wie auch für andere technische Objekte in der Regel nur deren technologische Struktur bekannt ist und technologische und zuverlässigkeitslogische Struktur nicht identisch sind, müssen vor jeder Zuverlässigkeitsanalyse entsprechende Transformationen vorgenommen werden. Diese Transformationen beinhalten den Aufbau von Systemstrukturen, die im wesentlichen die Auswirkungen von Elementeausfällen auf den Systemausfall widerspiegeln und den Belastungszustand von redundanten Elementen im Reservezustand charakterisieren. Für die dabei auftretenden zuverlässigkeitslogischen Grundstrukturarten existieren entsprechende Funktionen zur quantitativen Beschreibung des Zuverlässigkeitsverhaltens [5, 6,25].

3.1. Zuverlässigkeitsanalyse von Systemen unterschiedlicher Struktur mit EDVA

Da der Aufwand für Zuverlässigkeitsanalysen komplexer Systeme sehr erheblich ist, besonders wenn die Zeitabhängigkeit der einzelnen Kenngrößen berücksichtigt werden sollen, bietet sich die Anwendung von EDV-Programmen an [14—16].

Im folgenden soll auf die wesentlichsten Modelle und den strukturellen Aufbau eines entsprechenden Programms für eine EDVA R 300 eingegangen werden.

Das Programm geht von Booleschen Zuverlässigkeitsmodellen aus und berücksichtigt dadurch nur zwei Funktionszustände (ausgefallen und funktionstüchtig).

An Strukturarten können alle für praktische Belange wesentlichen Schaltungen wie Reihen- oder Serienschaltungen, vermaschte Schaltungen, kalte, warme und heiße Redundanzen berücksichtigt werden. Es ist gleichfalls möglich, bei heißer Redundanz, die bei dieser Schaltungsart vom Prinzip her gegebene statistische Abhängigkeit zwischen den einzelnen Elementen zu berücksichtigen. Die Zuverlässigkeitskenngrößen für die Elemente müssen als Überlebenswahrscheinlichkeiten vorliegen. Dabei ist es möglich, sie sowohl als

Mittelwerte als auch in Form von Normalverteilungen, WEIBULL-Verteilungen oder Exponentialverteilungen einzugeben.

Im folgenden soll kurz auf die verwendeten Modelle für die einzelnen Reservegruppen eingegangen werden.

Die BOOLEschen Modelle für die zuverlässigkeitslogischen Grundstrukturen wie Serienschaltung und vermaschte Schaltung sollen hier nicht weiter erwähnt werden, da sie aus der Literatur hinreichend bekannt sind [5].

3.1.1. *Berechnung heißer Reservegruppen*

Bei einer heißen Reserve sind alle Elemente den gleichen Belastungen unterworfen. Sind dabei in einer Reservegruppe n Elemente enthalten und nur m Elemente ($n > m$) zur Aufrechterhaltung der Funktion der Reservegruppe erforderlich, spricht man von einer „m von n"-Schaltung. Die Berechnung der Überlebenswahrscheinlichkeit erfolgt über die Parallelform der Systemfunktion oder für gleiche Überlebenswahrscheinlichkeiten der Elemente nach folgender Beziehung

$$R_{m,k}(t) = \sum_{i=0}^{k} \binom{n}{i} R^{n-i}(t) \left(1 - R(t)\right)^i \tag{29}$$

$k = n - m$

Dabei stellt $R_{m,k}(t)$ die Überlebenswahrscheinlichkeit oder Intaktwahrscheinlichkeit der Reservegruppe und $R(t)$ die Überlebenswahrscheinlichkeit der einzelnen Elemente dar.

3.1.2. *Berechnung kalter Reservegruppen*

Bei einer kalten Reseve stehen die Reserveelemente unbelastet in Bereitschaft und können während dieser Zeit in der Regel nicht ausfallen. Der Übergang vom Reservezustand in den Betriebszustand soll augenblicklich erfolgen. Damit kann die kalte Reserve als ein Erneuerungsprozeß mit vernachlässigbarer Erneuerungszeit behandelt werden.

Werden gleichzeitig betriebene Elemente aus einem gemeinsamen Reservefonds ersetzt, spricht man von gleitender Reserve. Die Berechnung gleitender Reserve erfolgt über eine Rekursionsformel [17]

$$R_{m,k}(t) = \sum_{i=0}^{k} \left[\left(R_{i+1}(t) - R_i(t)\right)\right] \cdot R_{m-1,k-1}(t) \tag{30}$$

mit $R_0(t) = 0,\ R_i(t) = 1 - F_i(t)$

$R_{n,0}(t) = R^n(t)$

$R_{1,k}(t) = R_k(t)$

Diese Rekursionsformel gilt nur für identisch verteilte Lebensdauern der Reserveelemente.

Der Sonderfall der Exponentialverteilung liefert eine geschlossene Lösung

$$R_{m,k} = \sum_{i=0}^{k} \frac{(mt/\Theta)^i}{i\,!} \cdot \exp\left(-\frac{m \cdot t}{T}\right) \tag{31}$$

Notwendige Umschalteinrichtungen werden hier nicht berücksichtigt.

Um die Unzuverlässigkeit von Umschalteinrichtungen zu erfassen, sind zwei in [6] angegebene Schaltungsmodelle berücksichtigt worden.

Modell 1: Jedes Element besitzt einen Schalter, der mit einer bestimmten Schaltzuverlässigkeit β arbeitet. Für die Funktion der Gruppe ist entscheidend, daß bei Ausfall eines Elementes ein beliebiges anderes Element der Reservegruppe dessen Funktion übernimmt. Nach dem Satz der totalen Wahrscheinlichkeit gilt:

$$R^*_{m,k}(t) = \sum_{i=0}^{k} \binom{k}{i} \beta^i (1-\beta)^{k-i}\, R_{m,m+i}(t) \tag{32}$$

Dabei ist $R^*_{m,k}(t)$ die Verteilung der Reservegruppe mit Umschalteinrichtung. Kann der Schalter nach einem entsprechenden Verteilungsgesetz während der Betriebszeit ausfallen, so soll damit auch das Element, zu dem der Schalter gehört, gleichfalls ausfallen. Schalter und Element bilden im Sinne der Zuverlässigkeit eine Serienschaltung.

$$R(t) = R_{\text{Element}}(t) \cdot R(t)_{\text{Schalter}}\,. \tag{33}$$

Modell 2: Die gesamte Gruppe besitzt nur einen Umschalter. Alle Elemente werden in einer festen Reihenfolge eingeschalten. Versagt der Schalter im Umschaltmoment mit der Wahrscheinlichkeit $(1-\beta)$ oder fällt der Schalter nach einem Verteilungsgesetz zu einer bestimmten Zeit aus, gilt die gesamte Gruppe als ausgefallen.

Die Berücksichtigung der Umschalteinrichtung erfolgt durch folgende Gleichung [6]:

$$R^*_{m,k}(t) = \sum_{i=1}^{k} (1-\beta)\, \beta^{i-1}\, R_{m,m+i-1}(t) + \beta^k \cdot R_{m,k}(t) \tag{34}$$

Im Falle der Exponentialverteilung ist wieder eine einfache Lösung möglich. Für den Fall der „m von n"-Schaltung ergibt sich:

$$R^*_{m,k}(t) = \sum_{i=0}^{k} \frac{(m \cdot \beta t/\Theta)^i}{i\,!} \exp\left(-\frac{m \cdot t}{\Theta}\right). \tag{35}$$

Falls die Umschalteinrichtung zusätzlich nach einem bestimmten Verteilungsgesetz ausfällt, wird $R^*_{m,k}(t)$ mit der Verteilungsfunktion $R_s(t)$ multipliziert.

3 1.3. *Berechnung warmer Reservegruppen*

Werden die Reserveelemente einer Reservegruppe im Bereitschaftszustand geringfügig belastet, liegt eine warme Reserve vor. Solche Strukturarten werden in den Fällen verwendet, in denen der Übergang vom Reservezustand in den Betriebszustand in kurzer Zeit realisiert werden muß. Die geringe Ausfallwahrscheinlichkeit im Reservezustand erhöht sich im Einschaltmoment sprungartig.

In [6] wird für die warme Reserve folgende Gleichung angegeben:

$$Q_{k+1}(t) = \int_0^t \left(1 - R_{k+1}^{(r)}(\tau)\, R_{k+1}^{(a)}(\tau, t)\right) dQ_k(\tau) \tag{36}$$

In dieser Gleichung bedeutet $Q_{k+1}(t)$ die Ausfallwahrscheinlichkeit für eine Gruppe mit k Reserveelementen, $R_{k+1}^{(r)}(\tau)$ die Überlebenswahrscheinlichkeit des $k + 1$ten Elementes im Reservezustand bis zur Zeit τ und $R_{k+1}^{(a)}(\tau, t)$ die Überlebenswahrscheinlichkeit des $k + 1$ten Elementes im Betriebszustand während des Intervalles (τ, t). Die Auswertung von Gleichung (36) wird dadurch erschwert, daß die Funktion für $P_{k+1}^{(a)}(\tau, t)$ nicht bekannt ist. Ihre Bestimmung auf statistischem Wege erfordert einen großen Aufwand, da sie von zwei Argumenten abhängt. Es wird daher in erster Näherung folgende Beziehung verwendet:

$$P_k^{(a)}(\tau, t) = P_k^{(a)}(t - \tau) \tag{37}$$

Die Berücksichtigung der Umschalter erfolgt analog zur kalten Reserve, lediglich das Modell 1 wird ausgeklammert, da die Schalter während des Reservezustandes in Betrieb sein müssen.

3.1.4. *Programmaufbau*

Der prinzipielle Aufbau des Programmsystems ist in Abb. 5 dargestellt. Auf rechentechnische Besonderheiten soll hier verzichtet werden.

Das Programm STEU enthält die gesamten Ansteueralgorithmen für die einzelnen Elemente.

Mit dem Programm EINZ werden Einzelelemente, mit HEIS heiße Reservegruppen, mit KALT kalte Reservegruppen, mit WARM warme Reservegruppen und mit STAT Reservegruppen berechnet, in denen zwischen den Elementen bezüglich des Ausfallverhaltens statistische Abhängigkeiten vorliegen.

Die Zuverlässigkeitsanalyse mit Hilfe des Programms erfolgt derart, daß zu Beginn durch Berechnung aller Reservegruppen die vorliegende Systemstruktur stets auf eine Serienschaltung oder auf eine vermaschte Schaltung reduziert wird, die sich dann ohne Schwierigkeiten mit Hilfe Boolscher Systemfunktionen im Programm STRU auswerten läßt.

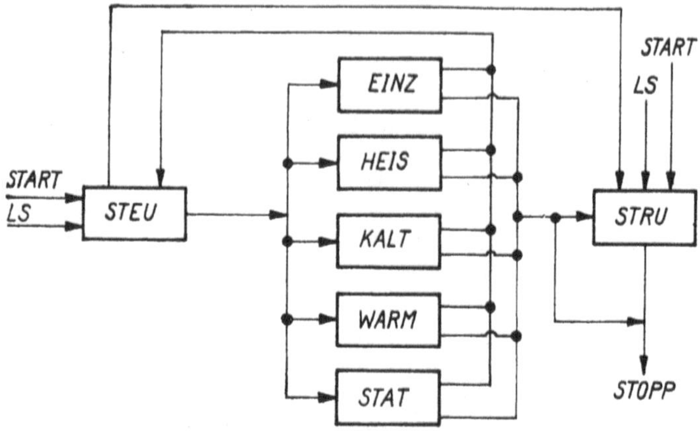

Abb. 5. Schematische Darstellung eines Programms zur Zuverlässigkeitsanalyse von Systemen

3.1.5. Zuverlässigkeitsanalyse eines verfahrenstechnischen Systems

Mit Hilfe des beschriebenen Programms soll eine quantitative Zuverlässigkeitsanalyse eines Teilsystems aus dem Bereich der Petrolchemie durchgeführt werden. Die zuverlässigkeitslogische Systemstruktur ist in Abb. 6 dargestellt und beinhaltet eine heiße Reservegruppe, bestehend aus den Elementen 1.1 und 1.2, den Einzelelementen 2, 3, 4, 5, 6 und einer kalten Reservegruppe mit den Elementen 7.1 und 7.2. Die Unzuverlässigkeit der Umschalteinrichtung soll in diesem Fall nicht berücksichtigt werden.

Als Zuverlässigkeitskenngrößen für die einzelnen Elemente liegen deren Überlebenswahrscheinlichkeiten in Form von Weibull-Verteilungen folgender Art vor:

$$R(t) = e^{-(t/\theta)^{\alpha}}.$$

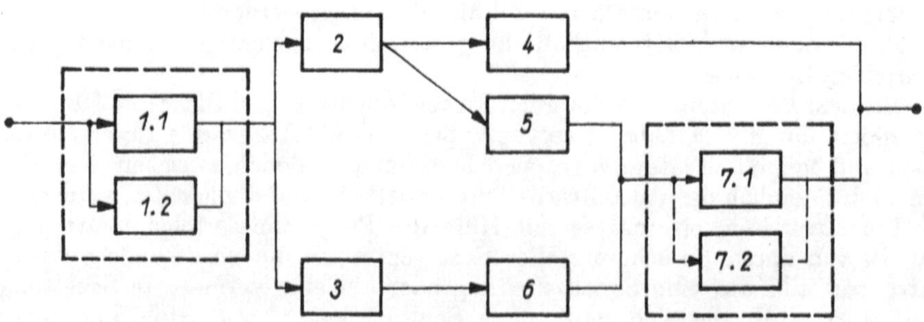

Abb. 6. Zuverlässigkeitslogische Darstellung eines verfahrenstechnischen Teilsystems

Der Betrachtungszeitraum der Zuverlässigkeitsanalyse soll sich auf 300 Tage beschränken. Die Beträge für die Überlebenswahrscheinlichkeiten der Elemente in einer Schrittweite von 30 Tagen und die Parameter der Verteilungsfunktionen sind in Tab. 3 angegeben. Basiselement und Reserveelement in den beiden Reservegruppen verfügen jeweils über gleiche Überlebenswahrscheinlichkeiten. Für alle Elemente wurde bezüglich des Ausfallverhaltens statistische Unabhängigkeit vorausgesetzt. Bei der Zuverlässigkeitsanalyse des Systems werden zu Beginn die Überlebenswahrscheinlichkeiten beider Reservegruppen berechnet. Dadurch kann die Systemstruktur vereinfacht und auf eine vermaschte Schaltung mit drei Operationsphaden zurückgeführt werden. Die Systemfunktion lautet in diesem Fall

$$\begin{aligned} R_s = {} & R_1R_2R_4 + R_1R_2R_5R_7 + R_1R_3R_6R_7 \\ & - R_1R_2R_4R_5R_7 - R_1R_2R_3R_4R_6R_7 \\ & - R_1R_2R_3R_5R_6R_7 + R_1R_2R_3R_4R_5R_6R_7 . \end{aligned}$$

Die Ergebnisse der Zuverlässigkeitsanalyse sind in Abb. 7 dargestellt.

Tabelle 3: Überlebenswahrscheinlichkeiten der Elemente 1—7

Zeit Tage	Überlebenswahrscheinlichkeit						
	$R_{1.1}$ $R_{1.2}$	R_2	R_3	R_4	R_5	R_6	$R_{7.1}$ $R_{7.2}$
	$\alpha = 1{,}44$ $\theta = 450$	$\alpha = 2{,}13$ $\theta = 2700$	$\alpha = 1{,}56$ $\theta = 562$	$\alpha = 1{,}04$ $\theta = 436$	$\alpha = 1{,}14$ $\theta = 723$	$\alpha = 1{,}48$ $\theta = 1360$	$\alpha = 1{,}00$ $\theta = 256$
0	1,0000	1,0000	1,0000	1,0000	1,0000	1,0000	1,0000
30	0,9996	0,9999	0,9897	0,9400	0,9738	0,9965	0,9926
60	0,9972	0,9997	0,9699	0,8806	0,9432	0,9902	0,9764
90	0,9912	0,9992	0,9442	0,8230	0,9113	0,9822	0 9511
120	0,9809	0,9987	0,9140	0,7699	0,8790	0,9729	0,9191
150	0,9656	0,9979	0,8804	0,7192	0,8468	0,9625	0,8808
180	0,9452	0,9969	0,8443	0,6713	0,8148	0,9511	0,8430
210	0,9198	0,9957	0,8063	0,6264	0,7834	0,9389	0,8015
240	0,8897	0,9943	0,7671	0,5842	0,7526	0,9261	0,7587
270	0,8555	0,9926	0,7271	0,5447	0,7225	0,9127	0,7156
300	0,8178	0,9908	0,6869	0,5077	0,6931	0,8987	0,6729

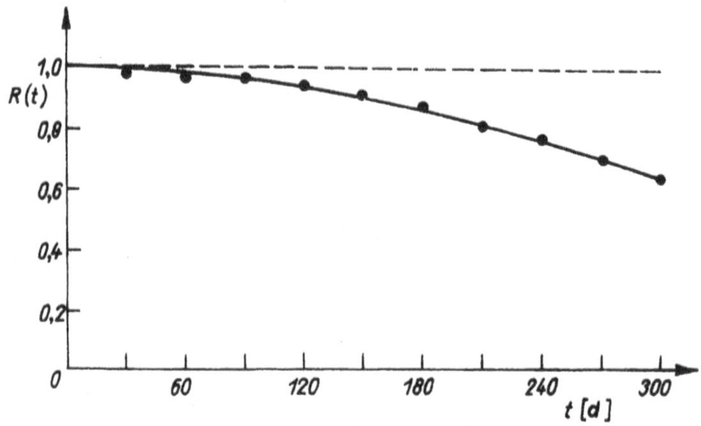

Abb. 7. Graphische Darstellung der Zuverlässigkeitsfunktion eines verfahrenstechnischen Teilsystems

3.2. *Zuverlässigkeitsanalyse von Systemen mit Hilfe eines Lebensmodells und Monte-Carlo-Simulation*

3.2.1. *Aufbau eines Lebensmodells*

Eine weitere Möglichkeit zur Modellierung der Zuverlässigkeit verfahrenstechnischen Systeme besteht in der statistischen Simulation von Lebensvorgängen mit Hilfe eines Lebensmodells. Diese Methode eignet sich besonders für Probleme der vorbeugenden Instandhaltung, da als Ergebnis dieser Zuverlässigkeitsanalyse die Lebensvorgänge technischer Systeme als Folge der Systemzustände Betrieb — Ausfall — Betrieb usw. in ihrer zeitlichen Dauer dargestellt werden.

In einer Reihe von Veröffentlichungen [21—24] gibt es bereits Hinweise für die Anwendung der Monte-Carlo-Simulation zur Zuverlässigkeitsanalyse von Systemen.

Das hier benutzte Lebensmodell eines technischen Systems beschreibt dessen Lebensvorgang als Wechselwirkung von Elementzustand, Teilsystem- und Systemzustand. Die einzelnen Systemelemente und Teilsysteme können folgende Zustände einnehmen: Betrieb, Reparatur und betriebsbereite Reserve.

Aus den zuverlässigkeitslogischen Beziehungen zwischen den einzelnen Elementen ergeben sich Auswirkungen von Zustandsänderungen der Elemente auf den Funktionszustand der einzelnen Teilsysteme bzw. des Gesamtsystems (Abb. 8).

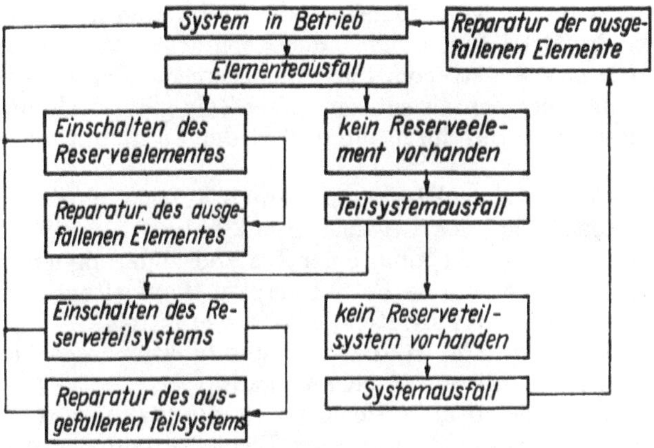

Abb. 8. Lebensmodell eines technischen Systems

3.3.2. *Statistische Auswertung von Lebensmodellen auf EDVA mit Hilfe der Monte-Carlo-Simulation*

Die Voraussetzung für diese Zuverlässigkeitsanalyse sind das zuverlässigkeitslogische Modell des zu untersuchenden Systems sowie die Verteilungsfunktion für die Betriebs- und Reparaturzeiten der einzelnen Elemente in Form von Exponential- oder WEIBULL-Verteilungen.

Beide Verteilungen erlauben ohne Schwierigkeiten eine Umkehrfunktion zu definieren, wie z. B.

$$R(t) = e^{-(\lambda t)^\alpha}$$

$$t = \frac{1}{\lambda} [-\ln R(t)]^{1/\alpha}.$$

mit $R(t)$ als Überlebenswahrscheinlichkeit und λ, α als die Ausfallparameter.

Durch Einsatz von Zufallszahlen für $R(t)$ im Bereich von 0 bis 1 ist es möglich, zufällige Realisierungen der Elementarzustände „Betrieb" zu erzeugen. Analog kann die zeitliche Dauer der Elementarzustände „Reparatur" bestimmt werden. Für alle Systemelemente kann so ein Lebensvorgang während einer bestimmten Einsatzdauer (Betrachtungszeitraum) simuliert werden. Unter Berücksichtigung der zuverlässigkeitslogischen Systemstruktur und der Funktionszustände der einzelnen Elemente wird der Funktionszustand des Systems als eine Folge von Betriebs- und Reparaturdauern quantitativ ermittelt. Eine hinreichend große Anzahl von Simulationsdurchläufen und deren statistische Auswertung ergibt wahrscheinliche Zeitdauer für die Systemzustände. Die Kennzeichnung der Funktionszustände der einzelnen Elemente bzw. Teilsysteme erfolgt mittels einer „Tabelle des aktuellen Zustandes" (TAZ).

In diese Tabelle wird für jedes Element oder Teilsystem in je einer Spalte der Endzeitpunkt des Betriebszustandes, der Reparatur oder der Beginn der betriebsbereiten Reserve eingetragen. Für jedes Element oder Teilsystem darf nur je eine Spalte mit einer Zahl belegt sein. Diese Zahl gibt durch ihren Standort den Funktionszustand und durch ihren Wert den Zeitpunkt der Zustandsänderung an.

Eine Zustandsänderung eines Elementes kann als Folge die Zustandsänderung eines Teilsystems bzw. des Gesamtsystems haben. Aus diesem Grund wird in der TAZ der nächste Zeitpunkt einer Zustandsänderung eines Elementes gesucht, d. h., es werden bei den Betriebsdauern (Laufzeiten) und Reparaturdauern die jeweils kleinsten auftretenden Werte ermittelt.

Über Lenkungsregeln wird anhand der Systemfunktion entschieden, wie die weitere Simulation des Elementelebens verläuft.

Lenkungsregeln entscheiden als „Weichen" im Programm auf Grund des aktuellen Zustandes des Systems und seiner Elemente und der Art der Zustandsänderung, welchen Einfluß diese Zustandsänderung auf den Zustand des Systems und seiner Elemente besitzt.

Diese Lenkungsregeln sind mit mathematischen Beziehungen gekoppelt, die durch die Veränderung der Endzeitpunkte für Reparatur und Betrieb bzw. Anfangszeitpunkte für betriebsbereite Reserve in der TAZ die neuen Zustände kennzeichnen. Abb. 9 zeigt schematisch eine Lenkungsregel.

Die Aktualisierung der TAZ basiert auf einer Zeitfortschreibung wie z. B.: Endzeitpunkt Betrieb + zufällige Reparaturdauer = Endzeitpunkt Reparatur. Endzeitpunkt Reparatur + nächste zufällige Betriebsdauer = nächster Endzeitpunkt Betrieb usw.

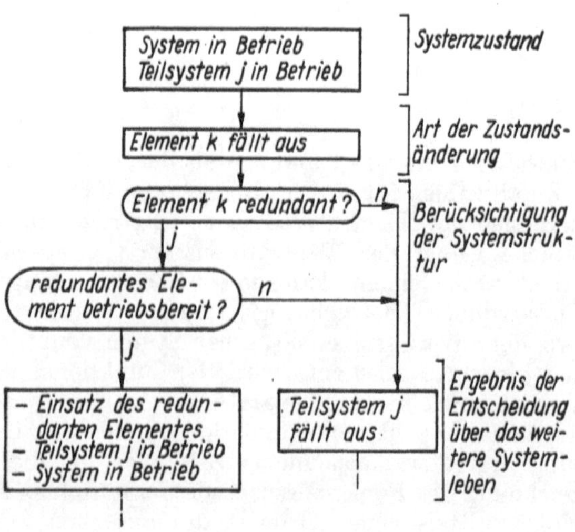

Abb. 9. Lenkungsregel

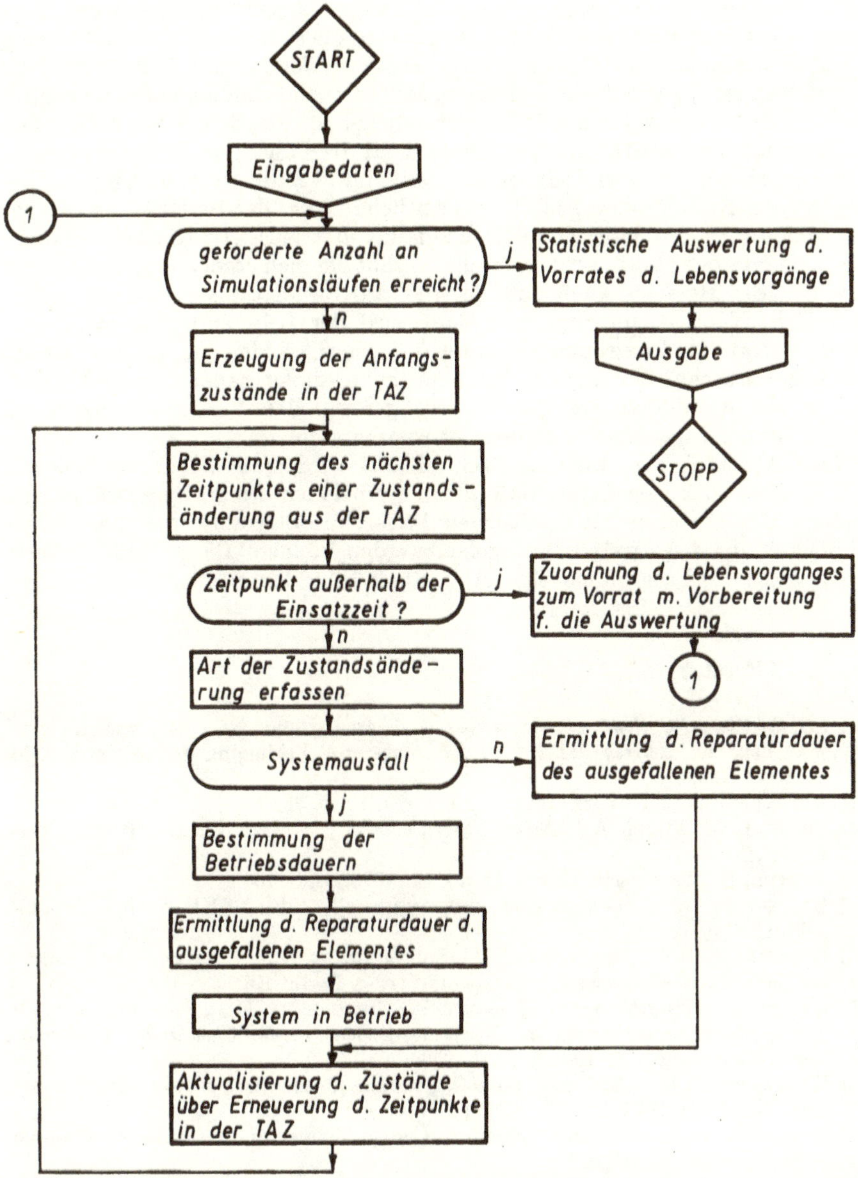

Abb. 10. Vereinfachter PAP eines Rechenprogramms zur Zuverlässigkeitsanalyse mit Lebensmodell und Monte-Carlo-Simulation

Dadurch erfolgt ein Aufbau des simulierten Lebensvorganges vom Zeitpunkt 0 bis zum Ende des Betrachtungszeitraumes. Nach der Aktualisierung der TAZ wird nach der gleichen Vorgehensweise der nächste Zeitpunkt einer Zustandsänderung ermittelt. Bei einem Systemausfall infolge eines Elementeausfalls wird die entsprechende Betriebsdauer gespeichert, bei Reparaturende des Systems die Reparaturdauer. Damit wird die Folge von Betriebsdauer — Reparaturdauer — Betriebsdauer usw. erhalten. Charakteristisch für den Lebensweg des Systems sind Anzahl und zeitliche Dauer der Betriebs- und Reparaturphasen. Da durch die Simulation zufällige Betriebs- und Reparaturdauern der Elemente berechnet werden, ist die Anzahl der sich ergebenden Funktionszustände des Systems auch zufällig und pro Simulationsverlauf oft unterschiedlich. Nach jedem Simulationslauf wird der Lebensvorgang einem aus einem Vorrat (im Programm enthalten!) zugeordnet, der eine gleiche Anzahl von Lebensabschnitten enthält. Die Zuordnung erfolgt dabei so, daß die Zeitdauern der Abschnitte des Lebensvorganges auf den Vorrat so übertragen werden, daß sie statistisch ausgewertet werden können.

Nach Abschluß aller Simulationsdurchläufe wird jeder Lebensvorgang aus dem Vorrat so ausgewertet, daß für die einzelnen Funktionszustände des Systems der Mittelwert der zeitlichen Dauer, die Streuung und die relative Häufigkeit ihres Auftretens angegeben werden können. Die prinzipielle Vorgehensweise des Programms ist in Abb. 10 als PAP dargestellt.

4. Literatur

[1] „*Einheitliches System zur Erfassung und Auswertung des Stör- und Havariegeschehens im Bereich des MfC*“, Richtlinie zur Verfügung 5/70 Leipzig 1970, VVB CA Leipzig

[2] Effenberger, H., Energietechnik **16** (1966), 12, S. 52

[3] Fogel, L. J., Fogel, A., „*Reliability Handbook*“, McGRAW-HILL BOOK COMPANY, 1966

[4] Vetter, H., Technische Überwachung **11** (1970), S, S. 75

[5] Reinschke, K., „*Zuverlässigkeit von Systemen*“, Bd. 1, VEB Verlag Technik, Berlin **1973**

[6] Gnedenko, B. W., Beljajew, J. K., Solowjew, A. D., „*Mathematische Methoden der Zuverlässigkeitstheorie I*“, Akademie-Verlag, Berlin 1968

[7] Gruhn, G., Neumann, W., Schmidt, F., Bornschein, M., „*Ergebnisse von Zuverlässigkeitsuntersuchungen an Wärmeübertragern in der Chemischen Industrie*“, Chem. Techn., **26**. Jg., Heft 6, Juni 1974

[8] Whitaker, G. D., „*Statistical reliability models for chemical process plant*“ Chem. Eng. (Gr. Brit), 1973, Nr. 278, S. 471

[9] Методика статистической обработки информации о надежности технических изделий на ЭЦВМ.
Всесоюзный научно-усследовательский институт стандартизации, Москва 1974.

[10] Schubert, K., Diplomarbeit, Technische Hochschule „Carl Schorlemmer“ Leuna-Merseburg 1974

[11] Зубова, А. Ф., Надежность машин и аппаратов химических производств, издательство Машиностроение Ленинград 1971
[12] Surek, D., „*Ermittlung von Zuverlässigkeitskenngrößen für Pumpen*", Pumpen und Verdichter 1975, Heft 2, S. 31
[13] Schmidt, F., Dissertation TH Merseburg, „Carl Schorlemmer" Leuna-Merseburg
[14] Дубинский, Н. М., Надежность систем газоснабжения, издательство Техника, Киев 1970
[15] Christiaanse, W. R., „*A Technique for the Analysis of Reparirable Redundand System*", Transactions on Realibility, Vol. &-19, Nr. 2, May 1970
[16] Enzmann, W., „*Ein Algorithmus zur Berechnung von Zuverlässigkeitsdaten komplexer redundanter Systeme*", Angewandte Informatik, Heft 11, 1973
[17] Hunger, Th., Diplomarbeit Technische Hochschule „Carl Schorlemmer" Leuna-Merseburg, 1974
[18] Keller, H. D., „*Ein Computerprogramm zur Berechnung der Zuverlässigkeit von Systemen unabhängiger Elemente*", Angewandte Informatik, Heft 8, 1973
[19] Störmer, H., „*Mathematische Theorie der Zuverlässigkeit*", Akademie-Verlag, Berlin 1970
[20] Schön, H.-G., Diplomarbeit Technische Hochschule „Carl Schorlemmer" Leuna-Merseburg, 1972
[21] Frotscher, J.: „*Simulationsmodelle für ökonomisch-organisatorische Probleme*", Schriftenreihe: „*Datenverarbeitung*", Verlag die Wirtschaft, Berlin 1968
[22] Sisnonok, N. A., Kredencer, B. P., „*Anwendung der EDVA für die Analyse der Funktionszuverlässigkeit radioelektronischer Systeme*" (Osnyvnye voprosy teorii i praktiki nadeshnosti), Isd. „Sovetskoe radio", Moskva 1971
[23] Lachmann, G., *Beitrag zur Ermittlung der Zuverlässigkeit technischer Systeme*", Dissertation, TH Karlsruhe 1971
[24] Weber, G., „*Methoden der Zuverlässigkeitsanalyse von Systemen*", Technische Zuverlässigkeit 1971, Tagung in Nürnberg, Tagungsheft.
[25] Reinschke, K., „*Aufstellen von Zuverlässigkeitsersatzschaltungen und Fehlerbäumen*", Reihe Automatisierungstechnik, Band 181, VEB Verlag Technik 1977.

www.ingramcontent.com/pod-product-compliance
Lightning Source LLC
LaVergne TN
LVHW091724021026
849161LV00003BA/302